"十三五"职业教育国家规划教材

电机与电气控制

（第4版）

刘子林　主　编

张焕丽
　　　　副主编
王玉武

王荣海　主　审

电子工业出版社

Publishing House of Electronics Industry

北京·BEIJING

内 容 简 介

本书共5篇15章，有机地结合电机学、电力拖动、电气控制3门课程的内容，深入浅出地阐述了直流电机及拖动、变压器、三相异步电动机及拖动、其他用途的电机、电气控制技术的相关内容。每章末都附有本章小结、习题，题型多样、灵活，便于启发学生思维、提高职业技能。

本书是在普通高等教育"十二五"职业教育国家规划教材《电机与电气控制》（第3版）和近几年的研究成果的基础上，结合编者40多年的教学实践经验修订而成的。本书内容更加切合我国高职教育学生现状和实际，基本理论以必需够用为度，突出理论知识的应用和实践能力的培养。本书围绕"分析—理解—应用"的主线，强调电机运行分析；抓住电机应用重点，突出电机内部电与磁、能量传递与转换两大关系；凸显电力拖动系统中的启动、调速、制动和控制四大问题。全书图文并茂，力求内容深入浅出、通俗易懂，便于读者自学，特别是解决了高职、高专院校学生学习本课程枯燥无味而又不易弄懂的难题。

本书可作为职业本科、高职、高专院校机电一体化专业、电气自动化技术专业、数控技术应用专业及自考相关专业的教学用书，也可供电气化和机电技术人员参考。

未经许可，不得以任何方式复制或抄袭本书之部分或全部内容。
版权所有，侵权必究。

图书在版编目（CIP）数据

电机与电气控制 / 刘子林主编. —4版. —北京：电子工业出版社，2022.3

ISBN 978-7-121-38056-3

Ⅰ. ①电… Ⅱ. ①刘… Ⅲ. ①电机学－高等学校－教材②电气控制－高等学校－教材 Ⅳ. ①TM3②TM921.5

中国版本图书馆 CIP 数据核字（2019）第 271601 号

责任编辑：郭乃明　　　　　特约编辑：田学清
印　　刷：河北鑫兆源印刷有限公司
装　　订：河北鑫兆源印刷有限公司
出版发行：电子工业出版社
　　　　　北京市海淀区万寿路173信箱　　　邮编：100036
开　　本：787×1092　1/16　印张：21.25　字数：530.4千字
版　　次：2003年9月第1版
　　　　　2022年3月第4版
印　　次：2025年6月第7次印刷
定　　价：43.00元

凡所购买电子工业出版社图书有缺损问题，请向购买书店调换。若书店售缺，请与本社发行部联系，联系及邮购电话：（010）88254888，88258888。

质量投诉请发邮件至 zlts@phei.com.cn，盗版侵权举报请发邮件至 dbqq@phei.com.cn。

本书咨询联系方式：（010）88254561，34825072@qq.com。

前言

本书历经近 20 年的使用、反复推敲锤炼，强调其专业特色，并根据我国职业院校学生和教育现状，着重学生技术应用的训练，力争培养高素质技术型人才。

本书的特点是：对一般理论、基本概念进行了阐述；注重应用，辅以大量图形进行分析，简化烦琐的数学推导，增强实践性，突出实用性；强化学生的工程意识、质量意识和创新意识，培养学生解决实际问题的能力。全书内容力求通俗易懂，便于读者自学；同时注重扩大知识面，介绍了一些电机拖动现代控制方法。为使条理更加清晰，第 4 版对第 3 版部分章节内容进行了简化和调整，特别是插图更加完善。对于书中※部分，各院校可根据教学时数灵活删减，习题参考答案和电子教案可登录华信教育网获取。

本书可与刘子林编著的"十三五"国家级规划教材《实用电机拖动维修技术》（实训）配套使用。

本书由绵阳职业技术学院刘子林担任主编，并编写绪论及第 4～10 章；绵阳职业技术学院张焕丽和中材建设有限公司项目区域经理王玉武担任副主编，张焕丽编写第 12～15 章，王玉武编写第 1～3 章和第 11 章。全书由刘子林统稿，由绵阳职业技术学院王荣海教授主审。

本书在编写过程中得到了阎召俊、刘萌、向俊成、阎严、李强、魏波、刘文新、罗德华、刘洋、熊伟、邓如光、魏刚等同志的大力支持和帮助，在此对他们的辛勤劳动表示感谢。由于编者水平有限，书中难免存在疏漏及不足之处，恳请读者批评指正。

编　者

目 录

绪论 1

第 1 篇　直流电机及拖动

第 1 章　直流电机的原理 7
1.1　直流电机的基本工作原理 7
　　1.1.1　直流电机的模型结构 7
　　1.1.2　直流发电机的工作原理 8
　　1.1.3　直流电动机的工作原理 9
　　1.1.4　直流电机的可逆原理 10
1.2　直流电机的结构和额定值 10
　　1.2.1　直流电机的结构 10
　　1.2.2　直流电机的铭牌 13
　　1.2.3　直流电机的电枢绕组 14
1.3　直流电机电枢绕组的感应电势、电磁转矩、磁场和换向 21
　　1.3.1　电枢绕组的感应电势 E_a 和电磁转矩 T 21
　　1.3.2　直流电机的磁场 22
　　※1.3.3　直流电机的换向 25
本章小结 29
习题 1 30

第 2 章　直流电动机 33
2.1　直流电动机的基本方程式 33
　　2.1.1　电压平衡方程式 33
　　2.1.2　功率平衡方程式 33
　　2.1.3　转矩平衡方程式 34
2.2　直流并（他）励电动机的工作特性 35
　　2.2.1　转速特性——$n = f(P_2)$ 35
　　2.2.2　转矩特性——$T = f(P_2)$ 35
　　2.2.3　效率特性——$\eta = f(P_2)$ 35
2.3　生产机械的负载转矩特性 36
2.4　直流电动机的机械特性 37
　　2.4.1　电动机的机械特性方程式 37
　　2.4.2　固有机械特性 38
　　2.4.3　人为机械特性 38

	2.4.4 直流电动机的正/反转	40
2.5	直流串励电动机	41
	2.5.1 串励电动机的接线与特点	41
	2.5.2 串励电动机的机械特性	42
本章小结		43
习题 2		43

第 3 章 直流电动机的启动、调速和制动 ... 46

3.1	直流电动机的启动	46
	3.1.1 对直流电动机的启动性能的基本要求	46
	3.1.2 启动方法	46
3.2	直流电动机的调速	49
3.3	直流并（他）励电动机的制动	53
	3.3.1 制动与电动的区别	53
	3.3.2 能耗制动	53
	3.3.3 反接制动	55
	3.3.4 回馈制动（再生发电制动）	57
3.4	直流电动机的故障判断及维修方法	57
本章小结		59
习题 3		60

第 2 篇 变压器

第 4 章 单相变压器 ... 63

4.1	变压器的工作原理、应用、结构、铭牌和额定值	63
	4.1.1 变压器的工作原理	63
	4.1.2 变压器的应用	64
	4.1.3 变压器的结构	64
	4.1.4 变压器的铭牌和额定值	69
4.2	单相变压器的空载运行	70
	4.2.1 空载运行时的物理状况	70
	4.2.2 变压器的感应电势和变比	71
	4.2.3 变压器的空载电流 i_0	73
	4.2.4 变压器空载运行时的等值电路和相量图	73
4.3	变压器的负载运行	75
	4.3.1 变压器负载运行时的物理状况	75
	4.3.2 变压器负载运行时的磁势平衡方程式	76
	4.3.3 变压器负载运行时的电压平衡方程式	76
	4.3.4 变压器绕组的折算	77
	4.3.5 变压器负载运行时的等值电路	78
4.4	变压器参数的测定	80

4.4.1　变压器空载试验 80
　　4.4.2　变压器短路试验 81
4.5　变压器的运行特性 82
　　4.5.1　变压器的外特性和电压变化率 83
　　4.5.2　变压器的效率特性 84
本章小结 87
习题4 87

第5章　三相变压器

5.1　三相变压器的磁路系统 91
5.2　三相变压器的电路系统——连接组 92
　　5.2.1　变压器原、副绕组首末端标记 92
　　5.2.2　单相变压器的连接 92
　　5.2.3　三相变压器绕组的接法 94
　　5.2.4　三相变压器的连接组别 94
5.3　变压器的并联运行 97
　　5.3.1　变比不等时的变压器并联运行 98
　　5.3.2　连接组别不同时的并联运行 99
　　5.3.3　短路阻抗相对值（或短路阻抗压降）不等时的并联运行 100
5.4　电力变压器的维护 100
　　5.4.1　电力变压器的巡视 100
　　5.4.2　变压器的异常运行及维修 102
　　5.4.3　电力变压器的容量选择 103
本章小结 103
习题5 104

第6章　其他用途的变压器

6.1　自耦变压器 106
6.2　仪用互感器 107
　　6.2.1　电压互感器 108
　　6.2.2　电流互感器 109
6.3　电焊变压器（交流弧焊机） 111
本章小结 112
习题6 113

第3篇　三相异步电动机及拖动

第7章　三相异步电动机

7.1　三相异步电动机的基本工作原理和结构 115
　　7.1.1　三相异步电动机的基本工作原理 115
　　7.1.2　三相异步电动机的结构 119
　　7.1.3　三相异步电动机的主要指标 122

- 7.2 三相交流绕组 123
  - 7.2.1 三相交流绕组的基本术语 123
  - 7.2.2 三相绕组的构成原则 124
  - 7.2.3 三相单层绕组 125
  - 7.2.4 三相双层绕组 130
- 7.3 交流绕组的感应电势 133
  - 7.3.1 线圈感应电势 133
  - 7.3.2 线圈组电势 135
  - 7.3.3 每相电势 136
- 7.4 三相异步电动机空载运行 137
  - 7.4.1 三相异步电动机与变压器的异同 137
  - 7.4.2 转子不动（转子绕组开路）时的空载运行 137
  - 7.4.3 转子转动（转子绕组短路）时的空载运行 138
- 7.5 三相异步电动机负载运行 139
  - 7.5.1 转子各物理量与转差率 S 的关系 139
  - 7.5.2 磁势平衡方程式 140
  - 7.5.3 电压平衡方程式 142
  - 7.5.4 负载运行时的等值电路 142
- 7.6 三相异步电动机参数的测定 145
  - 7.6.1 三相异步电动机空载试验 145
  - 7.6.2 三相异步电动机短路试验 147
- 7.7 三相异步电动机的功率和转矩平衡方程式 148
  - 7.7.1 异步电动机的功率平衡关系 148
  - 7.7.2 异步电动机的转矩平衡关系 149
  - 7.7.3 异步电动机的工作特性 150
- 7.8 三相异步电动机的机械特性 151
  - 7.8.1 三相异步电动机的电磁转矩 T 151
  - 7.8.2 机械特性及特点 154
- 本章小结 155
- 习题 7 156

第 8 章 三相异步电动机的电力拖动

- 8.1 三相异步电动机的启动性能 161
  - 8.1.1 衡量异步电动机启动性能的标准 161
  - 8.1.2 异步电动机的启动特点 161
- 8.2 三相鼠笼式异步电动机的启动 162
  - 8.2.1 三相鼠笼式异步电动机的直接启动 162
  - 8.2.2 鼠笼式异步电动机的降压启动 163
- 8.3 三相绕线式异步电动机的启动 167
  - 8.3.1 三相绕线式异步电动机转子外串电阻启动 167

| 8.3.2 转子外串频敏变阻器启动 | 169 |

8.4 三相异步电动机的调速 … 171
8.4.1 三相异步电动机变极 2P 调速 … 171
8.4.2 三相异步电动机变频 f_1 调速 … 173
8.4.3 改变转差率 S 调速 … 176

8.5 三相异步电动机的制动 … 180
8.5.1 三相异步电动机的正、反转 … 180
8.5.2 三相异步电动机的能耗制动 … 181
8.5.3 三相异步电动机的反接制动 … 183
8.5.4 异步电动机的回馈（再生发电）制动 … 185

8.6 三相异步电动机常见故障及维护 … 187
8.6.1 电动机启动前的准备和启动时的注意事项 … 187
8.6.2 电动机运行中的监视与维护 … 188
8.6.3 电动机的定期检修 … 189
8.6.4 三相异步电动机常见故障现象、原因分析及故障处理 … 190

本章小结 … 192
习题 8 … 193

第 4 篇 其他用途的电机

第 9 章 单相异步电动机 … 196
9.1 单相异步电动机的结构特点 … 196
9.2 单相异步电动机的工作原理 … 198
9.2.1 单相异步电动机的脉振磁场 … 198
9.2.2 单相异步电动机的工作过程 … 199
9.2.3 单相异步电动机旋转磁场的产生 … 200
9.3 单相分相式异步电动机 … 201
9.3.1 单相电阻（分相）启动异步电动机 … 201
9.3.2 单相电容（分相）启动异步电动机 … 202
9.3.3 单相电容运转异步电动机 … 203
9.3.4 单相双值电容异步电动机 … 203
9.4 单相罩极式异步电动机 … 204
9.4.1 单相凸极式罩极异步电动机的结构 … 204
9.4.2 单相凸极式罩极异步电动机的工作原理 … 204
9.4.3 单相罩极式异步电动机的应用 … 205
9.5 三相异步电动机的单相运行 … 205
9.5.1 Y 接法的三相异步电动机改接为单相使用 … 206
9.5.2 D 接法的三相异步电动机改接为单相使用 … 206
9.6 单相异步电动机的调速 … 207
9.6.1 串联电抗器降压调速 … 208

####　9.6.2　电动机绕组抽头调速 208
9.7　单相异步电动机的定子绕组 209
####　9.7.1　单相电阻分相启动和电容分相启动异步电动机的定子绕组 209
####　9.7.2　单相同心式绕组 210
####　9.7.3　单相电容运转和双值电容异步电动机绕组 211
####　9.7.4　单相正弦绕组 212
9.8　单相异步电动机常见故障及维修 216
####　9.8.1　单相异步电动机常见故障与三相异步电动机常见故障的区别 216
####　9.8.2　单相异步电动机常见故障的维修方法 216
本章小结 218
习题 9 219

※第 10 章　同步电机 221
10.1　同步电机的基本工作原理、分类及结构 221
####　10.1.1　同步电机的基本工作原理 221
####　10.1.2　同步电机的分类 222
####　10.1.3　凸极式同步电机的结构 223
####　10.1.4　同步电机的型号和额定值 226
10.2　同步电动机的电压平衡方程式和相量图 227
####　10.2.1　同步电动机的电压平衡方程式 227
####　10.2.2　同步电动机的等值电路和相量图 227
####　10.2.3　同步电动机的功率 228
10.3　同步补偿机（同步调相机） 230
10.4　同步电动机的启动 231
####　10.4.1　同步电动机本身不能自行启动 231
####　10.4.2　启动方法 231
本章小结 233
习题 10 233

第 11 章　控制电机 235
11.1　伺服电动机 235
####　11.1.1　伺服电动机的特点 235
####　11.1.2　直流伺服电动机 236
####　11.1.3　交流伺服电动机 237
11.2　步进电动机 241
####　11.2.1　反应式步进电动机的结构 241
####　11.2.2　反应式步进电动机的工作原理 242
11.3　测速发电机 245
####　11.3.1　直流测速发电机 245
####　11.3.2　交流测速发电机 248
11.4　直线电动机 250

11.4.1 直线异步电动机的结构 250
11.4.2 直线异步电动机的工作原理 251
11.4.3 直线异步电动机的类型 252
11.4.4 直线异步电动机的应用 253

11.5 电动机的选择 253
11.5.1 电动机的发热、冷却及工作方式 253
11.5.2 绝缘材料及性能 254
11.5.3 电动机工作方式的选择 256
11.5.4 电动机额定功率、额定电压、电流类型、额定转速结构形式的选择 256

本章小结 259
习题 11 260

第 5 篇 电气控制技术

第 12 章 常用低压电器 263

12.1 刀开关和转换开关 263
12.1.1 刀开关 263
12.1.2 转换开关（又称组合开关） 264

12.2 自动开关 265
12.2.1 自动开关的工作原理 265
12.2.2 自动开关的选择方法和维护 266

12.3 熔断器 266
12.3.1 熔断器的结构 267
12.3.2 熔断器的技术参数 267
12.3.3 常用低压熔断器 267
12.3.4 熔断器的选择和使用注意事项 269

12.4 主令电器 269
12.4.1 按钮 269
12.4.2 行程开关 270

12.5 接触器 271
12.5.1 交流接触器 271
12.5.2 直流接触器 273
12.5.3 接触器的主要技术数据 274

12.6 继电器 274
12.6.1 电磁式电流、电压继电器和中间继电器 274
12.6.2 时间继电器 275
12.6.3 热继电器 277
12.6.4 速度继电器 278

12.7 低压控制电器的常见故障与维修 279
本章小结 280

习题 12 280

第13章 电气控制的基本线路..282
13.1 电气控制线路的绘制...282
13.1.1 常用电气控制系统的图形符号...282
13.1.2 电气控制系统图...282
13.2 三相异步电动机的直接启动控制线路...284
13.2.1 单向连续旋转控制线路...284
13.2.2 点动与连续旋转控制线路...285
13.2.3 正、反转控制线路...286
13.2.4 自动往复循环控制线路...287
13.2.5 多地控制与顺序控制线路...287
13.3 三相鼠笼式异步电动机的降压启动控制线路...................................288
13.3.1 星形-三角形换接降压启动控制线路...288
13.3.2 串联电阻（或电抗）降压启动控制线路...................................289
13.3.3 自耦变压器（补偿器）降压启动控制线路...............................290
13.4 三相绕线式异步电动机的启动控制线路...290
13.4.1 转子绕组串联电阻的启动控制线路...290
13.4.2 转子绕组串联频敏变阻器的启动控制线路...............................291
13.5 三相异步电动机的制动控制线路...292
13.5.1 反接制动控制线路...293
13.5.2 能耗制动控制线路...294
13.5.3 单管能耗制动...295
13.6 三相异步电动机的调速控制线路...295
本章小结...297
习题 13 298

第14章 机床电气控制线路..299
14.1 摇臂钻床控制线路...299
14.1.1 主要结构和运动形式...299
14.1.2 电力拖动的特点和控制要求...300
14.1.3 电气控制线路分析...300
14.2 万能铣床的电气控制线路...303
14.2.1 主要结构和运动形式...303
14.2.2 电力拖动方式和控制要求...304
14.2.3 电气控制线路分析...304
14.3 机床电气控制线路的维护与检修...307
14.3.1 机床电气控制线路的维护...307
14.3.2 机床控制线路的检修...308
14.3.3 典型机床控制线路的故障分析...308
本章小结...309

习题 14 310
第 15 章 可编程序控制器（PLC） 311
15.1 PLC 概述 311
15.1.1 PLC 的产生与发展 311
15.1.2 PLC 的定义与特点 311
15.1.3 PLC 的分类 312
15.1.4 PLC 的组成与工作过程 312
15.1.5 PLC 的技术指标 316
15.2 三菱 FX2 系列 PLC 316
15.2.1 FX2 系列 PLC 的构成与内部元件 316
15.2.2 FX2 系列 PLC 的基本指令 318
15.2.3 FX2 系列 PLC 的步进指令 320
15.2.4 FX2 系列 PLC 的功能指令 322
本章小结 323
习题 15 324
参考文献 325

绪　　论

内容提要

- 主要介绍电机与电气控制技术在国民经济中的作用，电机及电气控制技术的发展方向，电机所用材料及其特点，学习本课程的方法等内容。
- 通过绪论的学习达到以下目的：①使读者对电机与电气控制课程的内容有一个轮廓性的了解；②使读者了解本课程在工业、农业、国防、科研、航天领域实现自动控制的重要作用及发展前景，从而激发读者学习本课程的兴趣；③为本课程的后续学习奠定一定的基础。

一、电机与电气控制技术在国民经济中的作用

（一）电机在国民经济中的作用

电能是国民经济各部门中应用较广泛的能源，而电能的生产、传送、分配和使用都必须通过电机来实现。在电力工业中，电机是发电厂和变电所的主要设备，在机械、冶金、石油、化工、纺织、建材等企业中的各种生产机械都广泛采用不同类型的电动机来拖动，在一个现代化工厂中，需要几百至几万台电机。交通运输业中电力机车的牵引，现代农业中的电力排灌、播种、收割、农副产品的加工，电机都是不可缺少的动力机械。在医疗器件、家用电器设备中，同样离不开各种各样的电机来驱动。电机在国民经济和日常生活中都是应用较广泛的动力机械，也是主要的用电设备。

随着科学技术的高速发展，工业、农业、国防、航天设施的自动化程度越来越高，各种控制电机作为执行、检测、放大和运算部件，这类电机品种繁多、精度要求高，如雷达的自动定位、人造卫星发射和飞行的控制、电梯的自动选层与显示、计算机外围设备、机器人和音像设备均需要应用大量控制电机。可见，电机是生产过程自动化的重要前提，在国民经济各个领域和日常生活中都起着重要的作用。可以说，电机是电气化的心脏，任何一个国家的经济都离不开电机工业的发展。

（二）电气控制技术在生产中的作用

不同产品的生产工艺和精度不同，常需要生产机械具有不同的速度，这就要求对拖动生产机械的电动机进行控制。控制的方法很多，有电气控制、液压控制、气动控制、机械控制或配合使用，但以电气控制技术尤为普遍。

随着科学技术的突飞猛进，对生产工艺的要求也越来越高，这就对电气控制技术提出了更高的要求。控制方法从手动到自动，功能从简单到复杂，控制技术从单机到群控，操作由笨重到轻便，推动了生产技术的不断更新和高速发展。

二、电机、电力拖动的组成和现代电力拖动的发展方向

（一）电力拖动的组成

电力拖动是指用电动机作为原动机拖动生产机械，其组成可用图1表示。

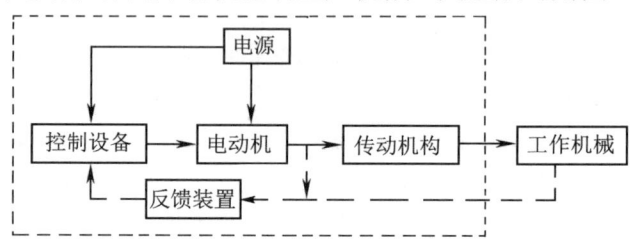

图1 电力拖动的组成

目前，电力拖动系统主要有两种形式：一种是采用一台电动机拖动一台生产机械，称为单电动机拖动系统，它省去了大量中间传动机构、效率高、控制线路简单、安全；另一种是在大型复杂机器设备中，一台生产机械具有多个工作机构，运动形式也各不相同，常采用多台电动机分别拖动不同的工作机构，目前，多数生产机械采用这种拖动方式，称为多电动机拖动系统，它不但可简化机械结构，而且控制灵活，便于实现自动化。机器的电气控制系统不仅可对电动机的启动、制动、反转等进行控制，而且还具有对各台电动机之间实行协调、联锁、顺序切换，以及显示工作状态的功能，可实现远距离控制。

（二）电机及电气控制技术的发展

1. 电机的发展概况

电机是随着生产力的发展而发展的，它与国民经济和科学技术的发展密切相关，反过来，电机的发展又促进了生产力的不断提高，随着生产力的发展，蒸汽动力在使用和管理上的不便迫使人们去寻找新的能源与动力，此时电磁学得到了兴起和发展。

1820年，奥斯特发现了电流的磁效应，从而揭开了研究电磁本质的序幕；1821年，法拉第进行了电流在磁场中受到电磁力的实验以后，出现了电动机的雏形；1831年，法拉第提出了电磁感应定律，同年10月，他发明了世界上第一台发电机；1889年，俄国科学家设计制造了三相变压器和三相异步电动机；1891年，三相异步电动机开始使用，从而开拓了电能应用的新局面，工业上的动力机械很快被电动机代替，人类便从繁重的体力劳动中解放了出来，并完成了过去不能和不易完成的生产任务，同时，为生产过程自动化创造了有利的条件，把社会生产力迅速推进到电气时代；1940年，发达国家生产的同步电机单机容量达到两万千瓦，目前为十二万千瓦。

1953年，我国进行了中小型电机统一设计，从此有了自己的产品。1957年，电机年产量达十四万五千五百千瓦，是1949年电机年产量的23倍，自给率达75%以上。1958年，制造了世界上第一台一千二百千瓦双水内冷汽轮发电机，震动了国际电工界。1964年，制成了一万二千五百千瓦双水内冷汽轮发电机。1972年，制造了三万千瓦双水内冷汽轮发电

机和水轮发电机。1987 年，制成了 60×10³kW 定子水内冷、转子氢内冷大型汽轮发电机。目前一百万千瓦水轮发电机已在白鹤滩水电站投产发电。

我国从 20 世纪 50 年代开始研制电机，历经了产品仿制、自行设计和研制阶段，逐步形成了我国自己的生产体系，现有多个品种，其中，中小型电机换代过程为 J→JO→JO2→Y→Y2→Y3，目前已大批量生产 Y2 系列，达到国际同期先进水平。我国从 20 世纪 70 年代开始研制高效节能变压器，其换代过程为 SJ→S5→S7→S9→SH11→S13→S15，目前，正在推广的 S15 变压器铁芯片采用高性能非金合金硅钢片和五级全斜步进接缝的叠片形式，比 S13 变压器的空载损耗下降 80%～89%，负载损耗下降 10%～30%，产品更加节能，本系列变压器符合 IEC 60076、GB/T 6451—2015、GB 1094—2013 等国内外标准。我国已能生产 1000kV、36×10⁴kVA 及以下各类变压器，规格达千余种。

2. 电气控制技术的发展方向

电力拖动的控制方式由手动控制逐步向自动控制方向发展，手动控制利用刀开关、控制器等手动控制电器，由人力操纵实现电动机的启动、调速、停止或正/反转；自动控制利用自动控制装置控制电动机，人在自动控制过程中只发出信号并监视生产机械的运行状况。电气控制分为断续控制系统和连续控制系统。20 世纪 80 年代，由于电力电子技术和微电子技术的迅速发展，以及二者的相互融合，交流电动机调速技术有很大突破，出现了鼠笼式电动机变频调速系统和绕线式异步电动机转子串级调速系统。调速技术上的突破使交流调速系统得到了迅速推广，正逐步取代直流调速系统。特别是随着数控、电力电子、计算机及网络等技术的发展，电力拖动也正向自动控制系统——无触点控制系统、计算机控制系统迈进。

1969 年，美国率先研制出第一台可编程控制器（简称 PLC），随后许多国家竞相研制，各自形成体系。它具有数据运算、数据处理和通信网络等多种功能。它的最大优点是可靠性高，平均无故障运行时间可达 10 万小时以上，现已成为电气控制系统中应用最为广泛的核心装置。20 世纪 70 年代，出现了计算机群控系统，即直接数控（DNC）系统：由一台较大型的计算机控制管理多台数控机床和数控加工中心，能完成多品种、多工序的产品加工。近年来又出现了计算机集成制造系统（CIMS）、综合运用计算机辅助设计（CAD）、计算机辅助制造（CAM）、智能机器人等多项高技术，形成了从产品设计到制造的智能化生产的完整体系。

电气控制技术是伴随着社会生产规模的扩大、生产水平的提高而不断发展的，同时，它又反过来促进了社会生产力的进一步提高，从而为电力拖动达到最佳运行状态，实现更理想的控制插上了翅膀。

三、电机的类型及所用材料

（一）电机的类型

1. 按功能分类

电机
- 发电机：将机械能转换为电能
- 电动机：将电能转换为机械能
- 变压器、变频机：分别改变电压和频率
- 控制电机：自动系统中的部件，用来完成信息的某种处理

2. 按运行状况分类

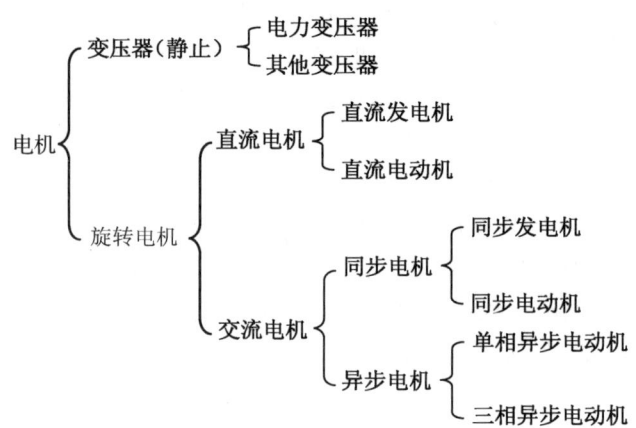

（二）电机所用材料

电机以能量转换和输出为目的，其特点是建立在电磁感应和电路定律基础之上，因此，电机有磁路和电路，二者之间及带电体之间需要有良好的绝缘物质隔开。另外，还需要有结构材料，使电机构成整体。

1. 导电材料

导电材料用于制作电机的电路部分，为降低电阻损耗，必须选用电阻率小、导电性能好的材料，常用铜线或铝线。

2. 导磁材料

导磁材料用于制作电机的磁路部分，为增大磁导，常用硅钢片和铸钢。

3. 绝缘材料

对于绝缘材料，要求其介电强度高、耐热性能好。根据耐热能力的不同，绝缘材料可分为6个等级，其极限温度及温升如表1所示。

表1 绝缘材料的极限温度及温升

绝缘等级		A	E	B	F	H	C
最高允许温度/℃		105	120	130	155	180	180以上
热点温差/℃		5	5	10	15	15	15
温升/K	电阻法	60	75	80	100	125	125以上
	温度计法	55	65	70	85	105	105以上

电机运行时产生的损耗变成热能，导致绕组温度升高，绕组绝缘最热点的温度不可超过最高允许温度，否则电机绝缘会很快老化，甚至烧毁。

电机温升既与所用绝缘材料等级有关，又与周围环境温度有关，在不同的季节、不同的时间、不同的地点，环境温度是不尽相同的，为了统一起见，GB 755—2019规定，各种电机工作的周围环境温度不得超过40℃，即40℃为我国的标准环境温度。另外，绕组温升还与测量方法有关，常用的测量方法有温度计法、电阻法和埋置检温计法。因此，温升是绕组绝缘最高允许温度减去标准环境温度（40℃），再减去热点温差所得的值，如F级绝缘的温升为(155-40-15)K=100K（电阻法）。

4. 结构材料

结构材料用于制作支撑件，以支撑各零部件，使电机成为一个整体，因此，要求其机械强度高，常用铸钢、钢板制成，对于小型电机，也有用铝合金或工程塑料制成支撑件的。

（三）铁磁材料的特点及损耗

1. 磁滞现象和损耗

铁磁材料包括铁、镍、钴及其合金，这些导磁材料的导磁系数 μ_{Fe} 是非导磁材料（真空）的导磁系数 μ_0 的 2000～6000 倍（$\mu_{Fe}/\mu_0 = 2000～6000$）。因此，同样大的激磁电流，在铁芯线圈中比在空心线圈中产生的磁通 Φ 大许多。

电机的磁路是由铁磁材料构成的，因此，必然出现磁滞现象，如图 2 所示。

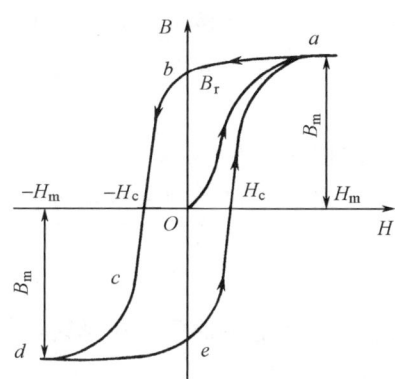

图 2 铁磁材料的磁滞回线

根据电工知识可知，铁磁材料在交变磁场作用下而反复磁化的过程中，磁畴之间不断地发生摩擦消耗能量，引起损耗，这种损耗称为磁滞损耗 P_h。

通过实验得出磁滞损耗为

$$P_h \propto f \cdot B_m^\alpha$$

对于常用的硅钢片，当 $B_m = 1.0～1.6T$ 时，$\alpha = 2$。

2. 涡流损耗 P_w

如图 3 所示，当交变磁通 Φ 穿过铁芯时，在铁芯中必然产生感应电势 E_w 和电流 I_w，I_w 在铁芯中呈涡流状流动，称为涡流。I_w 流过铁芯时必然产生损耗 P_w，即

$$P_w = I_w^2 r_w = I_w r_w \cdot E_w / r_w = E_w^2 / r_w$$

由于电势 $E_w \propto fB_m$，即 $\Phi \propto B_m$，因此可得

$$P_w \propto f^2 B_m^2 / r_w$$

式中，r_w——涡流回路等效电阻（Ω）。

f——磁通交变频率（Hz）。

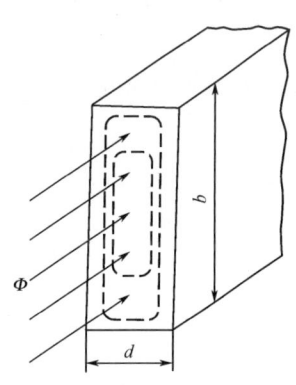

图 3 一片硅钢片中的涡流

实验表明，硅钢片的涡流损耗 P_w 还与硅钢片的厚度的平方 d^2 成正比，即

$$P_w \propto f^2 B_m^2 d^2 / r_w$$

在电机和变压器中，为降低涡流损耗，常采用 0.35～0.5mm 的钢片，并在钢片中加入 4%的硅，以提高电阻率，故称硅钢片。

3．铁耗 P_{Fe}

常将磁滞损耗 P_h 和涡流损耗 P_w 之和称为铁耗，即

$$P_{Fe} = P_h + P_w$$

铁耗是分析电机、变压器铁芯发热等故障及寻找故障原因的基本物理量。

四、电机与电气控制的主要内容、任务及学习方法

电机与电气控制技术是机电一体化、生产过程自动化、数控应用、电气自动化技术等专业的一门实用性很强的专业课，本课程是电机学、电力拖动和电气控制 3 门学科的有机结合。它涉及面较广，既有理论，又有实际技术问题；既有从应用角度出发对一般原理和运行特性的论述，又有依据工程观念对实际问题进行简化、抓住主要因素进行讨论的工程方法。

本课程的主要任务是使学生掌握交/直流电机、变压器、控制电机的结构、工作原理及应用，以及电气控制系统的基本环节、工作原理和实例分析，培养学生独立分析问题和解决实际问题的能力。

学习本课程的方法如下。

（1）对于初学者来说，会感到较为复杂抽象，在学习结构时，应结合实物，弄清各部件的组成和作用，以增强感性认识。

（2）在学习中，应注意各种电机的共性和特殊性，善于归纳总结，加深理解。

（3）学习基本理论，弄清电机的电磁关系和各物理量的概念；注重实践与理论、使用与维修相结合，在实验、实训、实习中多动脑动手，将所学知识用于分析电机与电气控制线路的故障及检修。

（4）熟悉常用控制电器的结构、原理、用途，了解其型号规格，并能正确使用和选择。

（5）熟练掌握电气控制电路的分析方法。

第 1 篇　直流电机及拖动

直流电机是直流发电机和直流电动机的总称，它们的能量转换过程是可逆的。

直流电动机与异步电动机相比，具有经济地在较宽广范围内平滑地调速且良好地启动性能，因而广泛应用于轧钢机、电力机车、大型机床拖动系统中。直流发电机主要用作直流电源，但随着电力电子技术的发展，晶闸管变流装置正逐步取代直流发电机。因此，本篇主要分析直流电机的结构、基本工作原理、运行特性及在生产中的应用。

第 1 章　直流电机的原理

内容提要

- 本章主要讲述直流电机的基本工作原理、结构及各部件的作用，重点介绍能量转换的核心部件——电枢绕组的不同形式的连接规律和特点。
- 感应电动势和电磁转矩的计算。
- 直流电动机不同励磁方式的特点。
- 直流电机的磁场及改善换向的方法。

直流电机是实现直流电能与机械能互相转换的一种旋转电磁机械，其结构、基本工作原理既是直流电机的使用、故障分析和维护的基础，又是直流电力拖动不可缺少的重要内容。

1.1　直流电机的基本工作原理

1.1.1　直流电机的模型结构

为便于理解，首先从一台简单模型电机开始讨论直流电机的基本工作原理。

如图 1.1 所示，定子内圆上均匀地固定着两主磁极 N、S，它可以是永久磁铁，也可以是电磁铁，作用是产生主磁通 Φ。

在两主磁极 N、S 之间，有一铁制的圆柱体，其表面开有槽，槽内嵌有一线圈 abcd；线圈首末两端分别连接到两圆弧形的铜片 1、2（换向片）上，换向片之间用绝缘材料隔开，且构成一整体，称为换向器，它固定在转轴上，随转轴一起转动，整个转动部分称为转子或电枢。两个固定不动的电刷 A、B 压在换向器上，以保持滑动接触，从而接通内外电路。

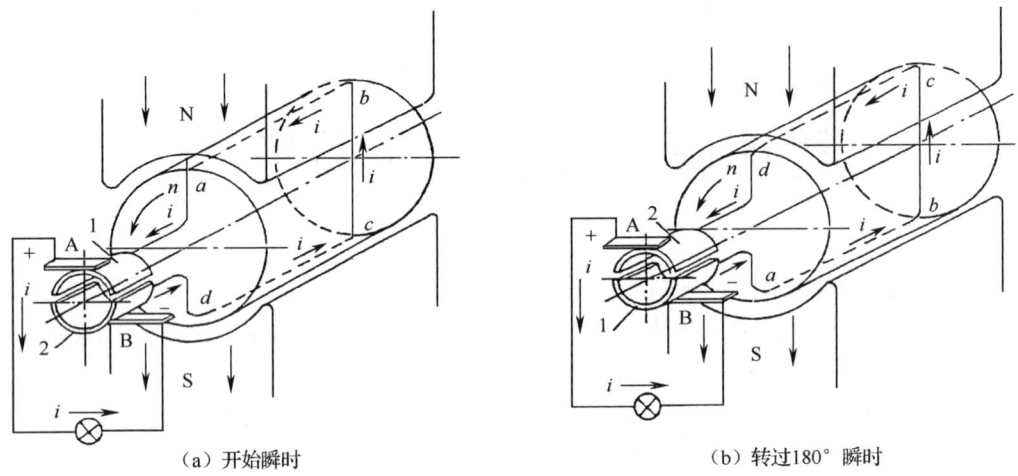

(a) 开始瞬时　　　　　　　　　　(b) 转过180°瞬时

图 1.1　直流发电机的工作原理

1.1.2　直流发电机的工作原理

1. 感应电势的产生

当直流发电机被原动机拖动，并以恒速 v_a 逆时针方向旋转时，如图 1.1（a）所示，在开始瞬时，线圈两有效边 ab 和 cd 将切割磁力线产生感应电势，其方向由右手定则确定。ab 处于 N 极下，电势方向由 $b \to a$；cd 处于 S 极下，电势方向由 $d \to c$。在电刷的作用下接通内外电路，其电流 i 的流向为 $d \to c \to b \to a \to 1 \to A(+) \to \otimes$（负载）$\to B(-) \to 2 \to d$。可见，在电源外部，电流 i 从电刷 A 流出，具有正极性，用"＋"表示；电流 i 从电刷 B 流入，具有负极性，用"－"表示。

（2）当电枢转到 90°时，线圈有效边 ab 和 cd 分别转到 N、S 极之间的几何中心线上，此处磁通密度 $B_x = 0$，因此 $e = 0$，$i = 0$。

（3）当电枢转到 180°时，如图 1.1（b）所示，ab 边处于 S 极下，感应电势方向由 $a \to b$；cd 边处于 N 极下，感应电势方向由 $c \to d$，恰与开始瞬时相反，其电流 i 的流向为 $a \to b \to c \to d \to 2 \to A(+) \to \otimes \to B(-) \to 1 \to a$。可见，电刷 A 始终与转到 N 极下的线圈边所连接的换向片接触，电刷 B 始终与转到 S 极下的线圈边所连接的换向片接触，故极性始终不变，即 A 为"＋"，B 为"－"。

由以上分析可知，线圈内部产生的感应电势为一交变电势，但通过电刷与换向器的作用，电刷两端为一单方向的直流电势。

2. 电动势的波形

根据电磁感应原理，每根导体产生的电势为

$$e \propto B_x L v_a \tag{1-1}$$

式中，B_x——导体所在位置的磁通密度（T）；

L——导体切割磁力线的有效边长度（m）；

v_a——导体线速度（m/s）。

由于 $v_a =$ 常数，$L =$ 常数，所以 $e \propto B_x$，即导体电势随时间的变化规律与气隙磁通密度的分布规律相同。图 1.2 为一交变的梯形波，换一个纵坐标，电势波形与磁通密度波形可用同一曲线表示。可见，通过电刷和换向器的作用，可以及时地将线圈内部的交变电势变换成电刷两端的单方向直流电势，如图 1.3 所示，它的大小在零和最大值之间脉动，这种过大的脉动对电机运行极为不利。为了减小电势脉动的波幅，实际电机的电枢是由许多线圈组成的，这些线圈均匀分布于电枢表面，并按一定规律连接起来。图 1.4 为一台两极直流电机且电枢上嵌有在空间上互差 90°的两个线圈产生的电势波形。可见，电势增大了，但脉动程度减小了。实际上，若每磁极下电枢的线圈边数大于 8，则电势脉动幅值将小于1%，基本上为一直流电势，如图 1.5 所示。

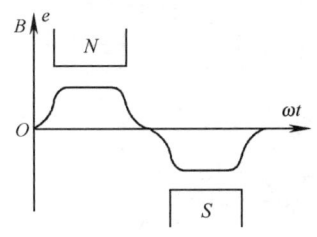

图 1.2 线圈电动势波形

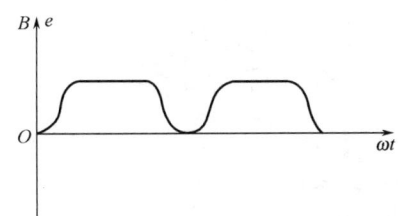

图 1.3 电刷两端的电动势波形

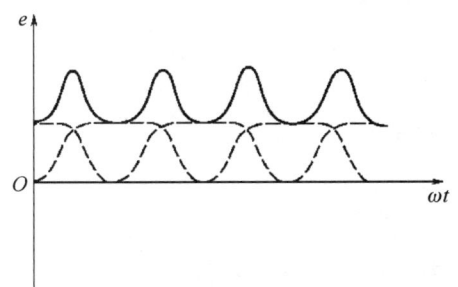

图 1.4 两个线圈换向后的电动势波形

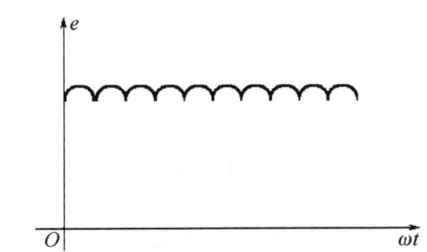

图 1.5 多个线圈电刷两端的电动势波形

1.1.3 直流电动机的工作原理

直流电动机的结构与直流发电机的结构完全相同，如图 1.6 所示。不同的是，直流电动机的电刷两端必须外接一直流电源。

（1）在如图 1.6（a）所示的瞬时，电流 i 的方向为"+"→A→换向片1→a→b→c→d→换向片 2→B→"–"。根据电磁力定律，线圈有效边 ab 和 cd 分别受到电磁力 f 的作用，其大小为

$$f = B_x Li \tag{1-2}$$

式中，B_x——导体所在位置的磁通密度（T）；

L——导体被磁场切割的有效边长度（m）；

i——导体中流过的电流（A）；

f——载流线圈边产生的电磁力（N）。

电磁力 f 的方向可用左手定则确定。如图 1.6 所示，f_{ab} 和 f_{cd} 方向虽然相反，但对于转轴所形成的转矩 T 的方向是相同的，转矩 T 驱动电枢沿逆时针方向旋转。

（2）当转到90°时，线圈有效边 ab 和 cd 便转到中心线上，此处磁通密度 $B_x=0$，因此 $f=0$，$T=0$，但由于机械惯性的作用，电枢仍能转过一个角度。

（3）当转到180°时，电刷又将分别与换向片2、1接触，此时电流 i 的方向为"+"→A→换向片 $2 \to d \to c \to b \to a \to$ 换向片 $1 \to B \to$ "−"，如图 1.6（b）所示。可见，ab、cd 中的 i 改变了方向，且 ab 转到了 S 极下，cd 转到了 N 极下，电机仍然产生逆时针方向的电磁转矩 T，从而保持电枢沿着一固定方向旋转，拖动生产机械，实现了将电能转换成机械能。

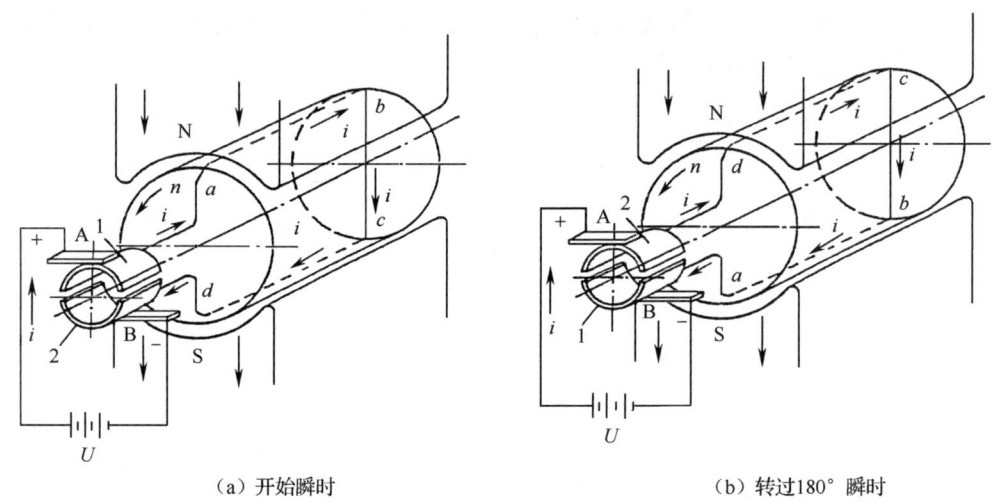

(a) 开始瞬时　　　　　　　　　　(b) 转过180°瞬时

图 1.6　直流电动机工作原理图

1.1.4　直流电机的可逆原理

直流电动机与直流发电机在结构上并无本质区别，但外部条件不同。

（1）直流发电机必须要由一原动机拖动，产生感应电势 e（由右手定则确定方向），接通负载便有一电流 i 流过，i 与 e 方向相同。同时，载流导体 ab、cd 受到电磁力的作用（由左手定则确定方向）而产生转矩 T，其方向与转速 n 的方向相反，故称阻转矩或制动转矩 T。

（2）直流电动机必须外加直流电源，通过电刷和换向器的作用，及时地将电刷两端的直流电变换成线圈内部的交流电，从而产生单方向电磁转矩 T（由左手定则确定方向），T 驱动电枢旋转，T 的方向与电动机旋转方向相同。同时，旋转的导体 ab、cd 切割磁场，便产生一电势 e（由右手定则确定方向），其方向与电流方向相反，故称反电势 e。

可见，无论是发电机还是电动机，由于电与磁的相互作用，电势 e 和电磁转矩 T 都是同时存在的，只是施加的外部条件不同而已。任何一台电机既可以作为发电机运行，又可以作为电动机运行，这便是直流电机的可逆原理，它同样适用于交流电机。

1.2　直流电机的结构和额定值

1.2.1　直流电机的结构

直流电机的结构如图 1.7 所示，截面图（4 极）如图 1.8 所示，它的组成如下。

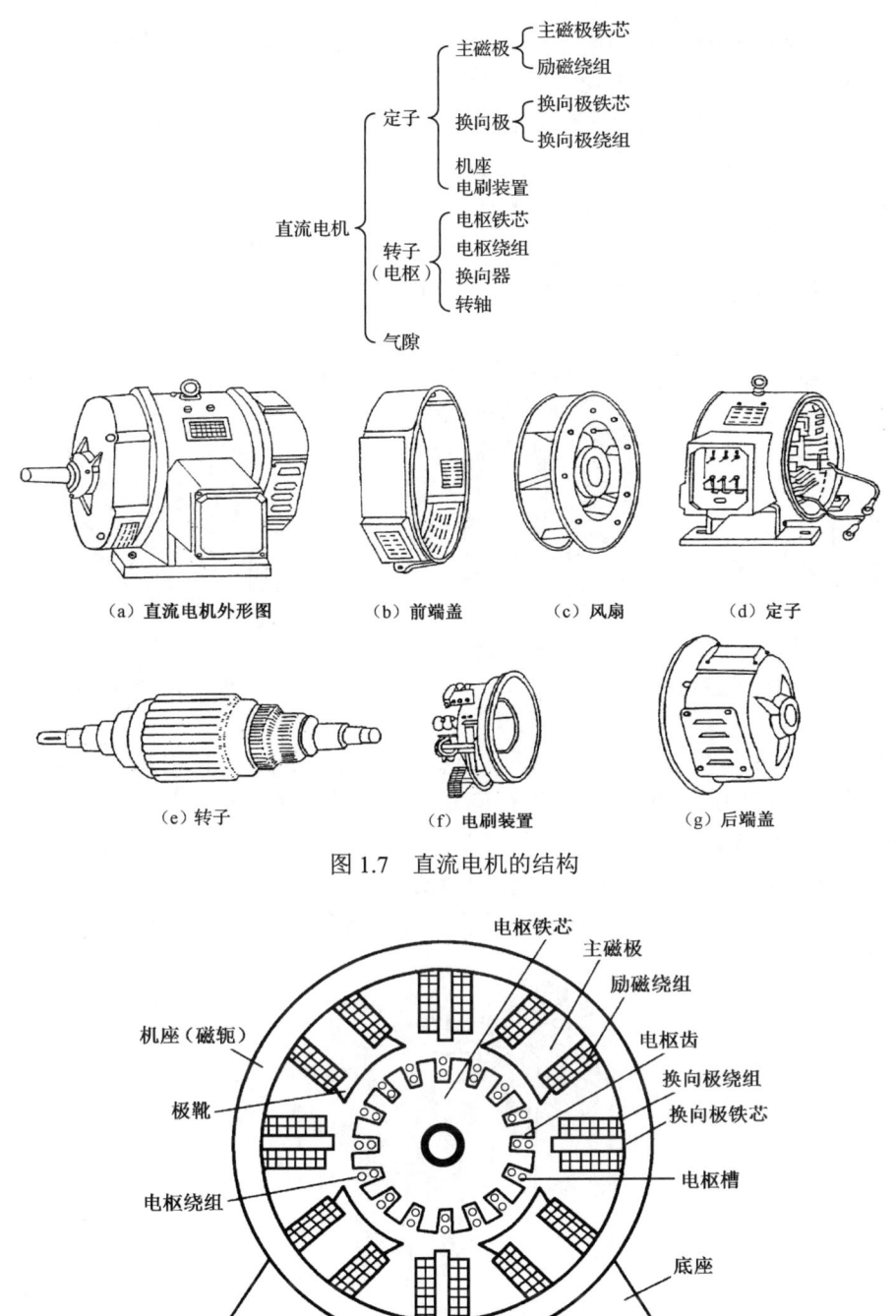

图1.7 直流电机的结构

图1.8 4极直流电机截面图

1．定子（静止部分）

定子的作用是产生磁场，同时作为电机的机械支撑。

（1）主磁极。直流电机的主磁极如图1.9所示，主磁极铁芯采用0.5～1.5mm厚的低碳钢板冲片叠压铆紧而成。靠近气隙的较宽部分称为极靴，既可以使气隙分布均匀，又便于固定励磁绕组;套励磁绕组的那部分铁芯称为极身。励磁绕组采用绝缘铜线绕制而成,经绝缘处理套装在主磁极铁芯的极身上,最后将整个主磁极用螺钉均匀地固定在机座的内圆上。所有主磁极上的励磁线圈串联起来称为励磁绕组,通过直流励磁电流 I_f,以保证主磁极 N、S 交替分布。主磁极的作用是产生磁通 Φ。

(2)换向极。直流电机的换向极如图 1.10 所示。换向极铁芯一般采用整块钢或厚钢板叠成;换向极绕组采用较粗绝缘铜线绕成,匝数较少,且与电枢绕组串联。换向极用螺钉固定于机座内圆两主磁极之间的中心线上,如图 1.8 所示,作用是改善换向。

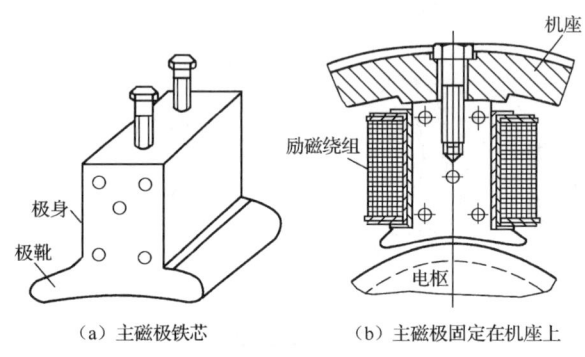
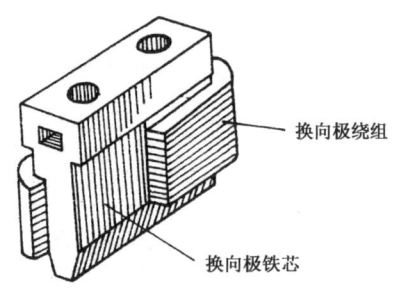

图 1.9　直流电机的主磁极　　　　　图 1.10　直流电机的换向极

(3)机座。机座又称电机外壳,既是电机磁路的一部分,又用来固定主磁极、换向极、端盖等零部件,因此,要求它应具有良好的导磁性能和机械强度,一般采用低碳钢水浇注或用钢板焊接而成。

(4)电刷装置。电刷装置的作用是使旋转的电枢绕组与固定不动的外电路相连接,将直流电流引入或引出。电刷装置由电刷、刷盒、压紧弹簧、铜丝辫组成,如图 1.11 所示。

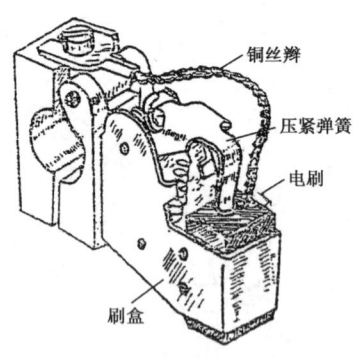

图 1.11　电刷装置

2. 转子或电枢(转动部分)

(1)电枢铁芯。电枢铁芯是磁路的一部分,用来嵌放电枢绕组。它常采用 0.35mm 或 0.5mm 厚的冲有齿、槽且两面涂有绝缘漆的硅钢片叠压而成。电枢铁芯上还有轴向通风孔,如图 1.12(a)所示。

(2)电枢绕组。电枢绕组的作用是产生感应电势 E_a 和电磁转矩 T,从而实现能量转换,是电机的重要部件。电枢绕组是由绝缘铜线绕制而成的许多个线圈,嵌放在电枢铁芯槽内,并按一定规律经换向片连接成整体，如图 1.12（b）所示。电枢绕组在槽内的部分称为有效边，用绝缘槽楔压紧；槽外部分称为端部，用无纬玻璃丝带绑扎。

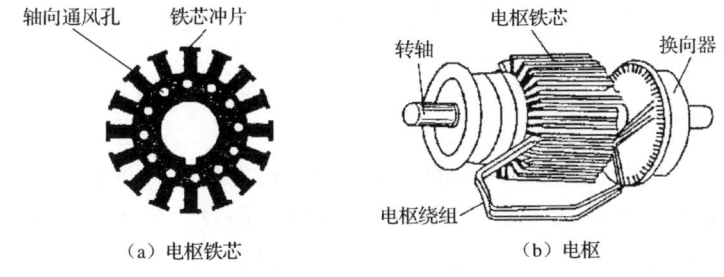

图 1.12　电枢铁芯及电枢

（3）换向器。换向器是直流电机的关键部件。它是由许多燕尾状的楔形铜片和片间间隔 0.4～1.0mm 厚的云母片绝缘组装而成的圆柱体。每片换向片的一端都有高出的部分，上面铣有线槽，供线圈引出端焊接用。所有换向片的下部燕尾形都装在与它配套的具有燕尾状槽的金属套筒内，然后用钢制的 V 形套筒和 V 形云母环固定，称为金属换向器，如图 1.13 所示。现代小型直流电机已广泛采用塑料热压成型固定的换向器，称为塑料换向器。

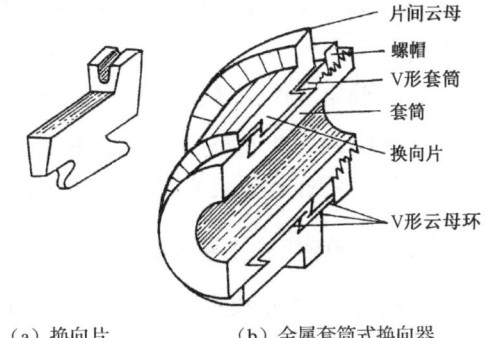

图 1.13　换向片及金属套筒式换向器

3．气隙

小容量直流电机的定子和转子之间的气隙 δ 为 0.5～5mm，大型电机为 5～10mm。气隙对电机运行性能的影响很大，组装时要特别注意。

1.2.2　直流电机的铭牌

每台电机机座上都有一块铭牌，上面标有型号和一些主要技术数据，是用户合理选择和正确使用电机的依据，如表 1.1 所示。

表 1.1　直流电机的铭牌

型　号	Z4-132-2	励磁方式	他励
额定功率	15kW	额定励磁电压	180V
额定电压	440V	额定励磁电流	4A
额定电流	39.3A	工作制	S1
额定转速	1510r/min	绝缘等级	F
外壳防护形式	IP23S	质量	142kg
标准编号	JB 6316—92	出厂日期	××××年×月
×××电机厂			

1．直流电机的型号

直流电机的型号是指电机所属的系列及主要特点，是由字母和阿拉伯数字组合而成的。

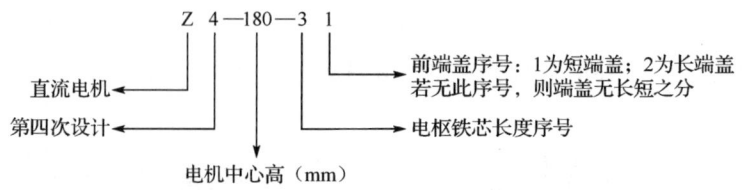

2．电机的额定值

根据国家标准要求设计和实验所得的一组反映电机性能的主要数据称为电机的额定值。

（1）额定功率 P_N。在额定状态下运行时，发电机向负载输出的电功率为 $P_N = U_N I_N$ 或电动机轴上输出的机械功率为 $P_N = U_N I_N \eta_N$，单位为 W 或 kW。

（2）额定电压 U_N 是指在额定状态下运行，发电机允许输出的最高电压或加在电动机电枢两端的电源电压，单位为 V。

（3）额定电流 I_N 是指电机按规定的方式运行时电枢绕组允许流过的最大安全电流，单位为 A。

（4）额定转速 n_N 是指电机在额定电压、额定电流和额定功率时的转速，单位为 r/min。

（5）励磁方式是指主磁极励磁绕组与电枢绕组的连接及供电方式。

另外，还标有额定励磁电压 U_{fN}、额定励磁电流 I_{fN}、额定温升 τ_N、额定效率 η_N 等。

3．直流电机的主要系列

为满足生产机械的要求，将电机制造成结构基本相同、用途相似、容量递增的一系列产品，我国目前生产的直流电机主要有以下系列。

（1）Z2 系列：一般用途的中小型直流电机，容量为 0.4～200kW，转速为 600～3000r/min。

注：Z4 系列直流电机是第四次统一设计的小型直流电机，其体积小、性能好、效率高，可与当今国际先进水平的电机较量，作为国家的标准产品正逐步取代 Z2、Z3 系列电机。

（2）ZZJ-800 系列：起重、冶金用直流电机系列，容量为 3.75～180kW，具有启动迅速和较大的过载能力。它调速性能优良，适用于晶闸管电源供电。

（3）ZJ 系列：精密机床用直流电动机。

（4）G 系列：单相串励电机，交直流两用，又称通用电动机，用于全自动洗衣机、吹风机、吸尘器、手电钻中等。

1.2.3 直流电机的电枢绕组

电枢绕组是由许多形状相同的线圈通过换向片按一定规律连接起来的，是实现机电能量转换的枢纽，故称电枢绕组。

1．电枢绕组的名词术语

（1）绕组元件。它是用绝缘铜导线绕成的一定形状的线圈（元件），一只元件有两个有效边，其中一个有效边嵌放在某个槽的上层（称为上层边），另一个有效边嵌放在另一个槽的下层（称为下层边），如图 1.14（a）、（b）所示，其绝缘布置如图 11.4（c）所示。

每只元件的首、末两端分别接于两换向片上。元件嵌在铁芯槽内的部分称为有效部分；槽外两端只起连接作用，称为端接部分。

（2）元件数 S、换向片数 K、虚槽数 Z_μ 三者之间的关系。每只元件均有首、末两端，而每块换向片总是焊接着一只元件的末端和另一只元件的首端，因此，元件数 S 与换向片数 K 相等，即

$$S = K \tag{1-3}$$

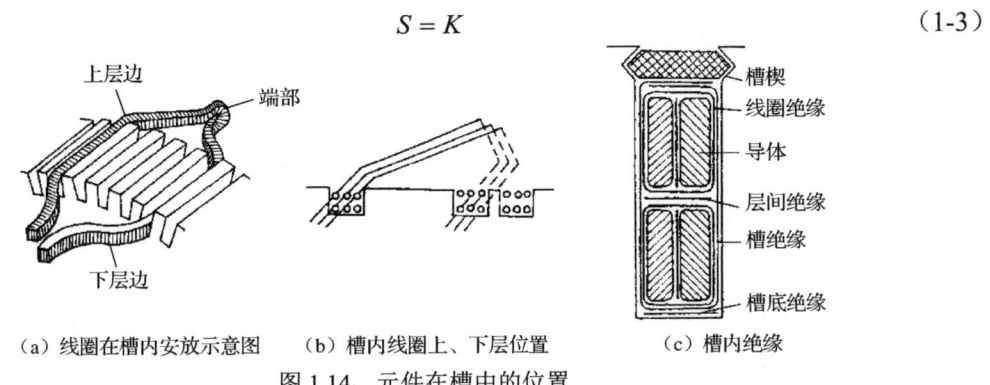

（a）线圈在槽内安放示意图　（b）槽内线圈上、下层位置　（c）槽内绝缘

图 1.14　元件在槽中的位置

电枢铁芯上的槽称为实槽，如果每个实槽内都嵌放了上、下两个有效边，则称之为一个单元槽或一个虚槽，即 $\mu=1$。但有些电机的一个实槽内的上、下层并列嵌放有多个元件边，如图 1.15 所示，这时电机总的虚槽数 Z_μ 为

$$Z_\mu = \mu Z \tag{1-4}$$

式中，Z——电枢铁芯总实槽数；
Z_μ——电枢铁芯总虚槽数；
μ——每个实槽内包含的虚槽数。

于是，S、K、Z_μ、Z 的关系为

$$S = Z_\mu = \mu Z = K \tag{1-5}$$

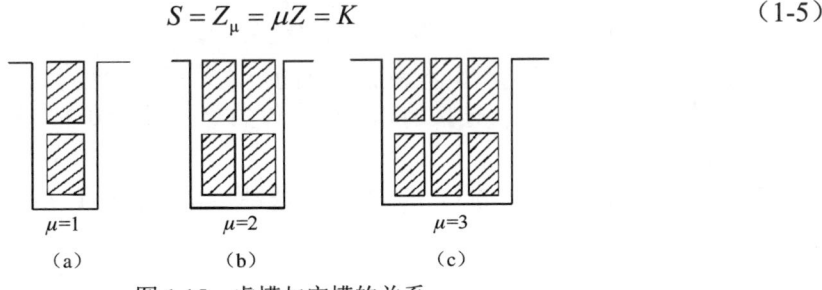

图 1.15　虚槽与实槽的关系

（3）极距 τ。τ 是指电枢圆周表面相邻两主磁极之间的距离，如图 1.16 所示，可以用长度或虚槽数表示，即

$$\tau = \pi D_a / 2P \tag{1-6}$$

或

$$\tau = Z_\mu / 2P \tag{1-7}$$

式中，P——电机磁极对数；
D_a——电枢外径。

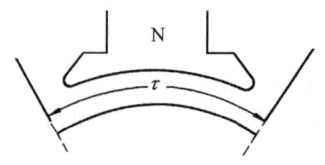

图 1.16 直流电机极距 τ

（4）电枢绕组的基本类型。电枢绕组最基本的类型有单叠绕组和单波绕组两大类，各种绕组在电枢和换向器上的连接规律由绕组节距决定，如图 1.17 所示。

① 第一节距 y_1。y_1 指同一元件两有效边在电枢表面跨过的距离，以虚槽数表示。线圈边嵌放在槽内，为使线圈产生最大的感应电势，两有效边的距离 y_1 要接近于一个极距 τ，即

$$y_1 = \frac{Z_\mu}{2P} \pm \varepsilon \qquad (1-8)$$

式中，ε——用来将 y_1 凑成整数的一个小数。当 $\varepsilon = 0$，即 $y_1 = \tau$ 时，称为整距绕组；当 ε 取"＋"，即 $y_1 > \tau$ 时，称为长距绕组；当 ε 取"－"，即 $y_1 < \tau$ 时，称为短距绕组。为节省铜线，一般不采用长距绕组。

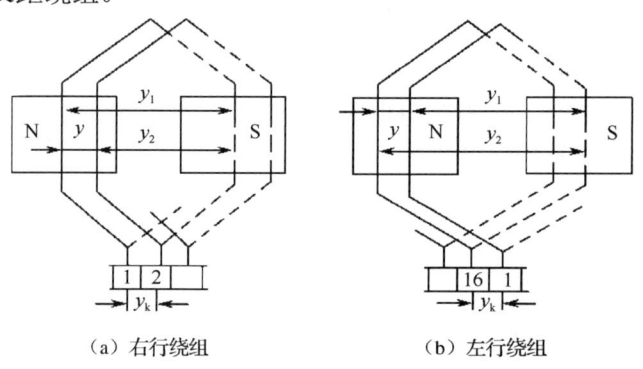

(a) 右行绕组　　　　　　(b) 左行绕组

图 1.17 单叠绕组元件

② 第二节距 y_2。y_2 指在相串联的两只元件中，第一只元件的下层有效边与它所连接的第二只元件的上层有效边在电枢表面所跨的距离，用虚槽数表示。

③ 合成节距 y。y 指相连接的相邻两元件的对应有效边在电枢表面所跨的距离，用虚槽数表示。

④ 换向节距 y_k。y_k 指同一元件首、末两端所接两换向片在换向器表面所跨的距离，以换向片数表示。

2. 单叠绕组

（1）单叠绕组的连接规律和特点：同一元件首、末两端接到相邻两换向片上；第一只元件的末端与第二只元件的首端接在同一换向片上；对于相串联的元件，总是后一只元件重叠在前一只元件上，故称单叠绕组。单叠绕组的特征方程为

$$y = y_k = \pm 1 \begin{cases} +1（右行绕组）\\ -1（左行绕组）\end{cases} \qquad (1-9)$$

为节省铜线，单叠绕组常采用右行绕组。为进一步说明单叠绕组的连接方法及特点，现举例如下。

例 1.1 已知某直流电机的 $Z_\mu = Z = K = S = 16$,$2P = 4$,要求绕制一右行单叠绕组。

解:

$$y = y_k = +1 \quad \text{(单叠右行绕组)}$$

$$y_1 = \frac{Z_\mu}{2P} \pm \varepsilon = \frac{16}{4} \pm 0 = 4 \quad \text{(整距)}$$

$$y_2 = y_1 - y = 4 - 1 = 3$$

(2) 单叠绕组展开图。绕组展开图是设想将电枢从某一齿槽沿轴向剖切开,将电枢表面展开成一平面,从电枢表面看进去的绕组连接视图。电枢绕组元件的上层边以实线表示,下层边以虚线表示。

① 画虚槽和换向片。画 16 对等长、等距、平行的实线和虚线,代表 16 个槽,均匀分布于电枢表面。同时画 16 个小方块,表示 16 块换向片,每块换向片的宽度与虚槽距离相对应,换向片的编号顺序应使元件对称,且槽的编号与换向片编号应一致。

② 绕组连接。1 号元件首端接到 1 号换向片上,上层边放在 1 号槽上层(实线),根据 $y_1 = 4$,可知下层边放在 $5(1 + y_1 = 1 + 4 = 5)$ 号槽下层(虚线),末端接到 2 号换向片上。紧接着将 2 号元件首端也接在 2 号换向片上,根据 $y_2 = 3$,可知 2 号元件上层边放在 2 $(5 - y_2 = 5 - 3 = 2)$ 号槽上层,下层边放在 $6(2 + y_1 = 2 + 4 = 6)$ 号槽下层,末端接到 3 号换向片上。依次类推,连接完 16 只元件,刚好绕电枢一周,最后回到 1 号元件的起始换向片的 1 号换向片上,整个电枢绕组构成一闭合回路,如图 1.18 和图 1.19 所示。

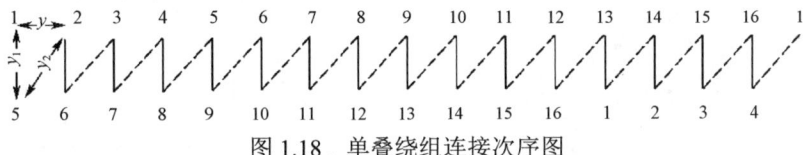

图 1.18 单叠绕组连接次序图

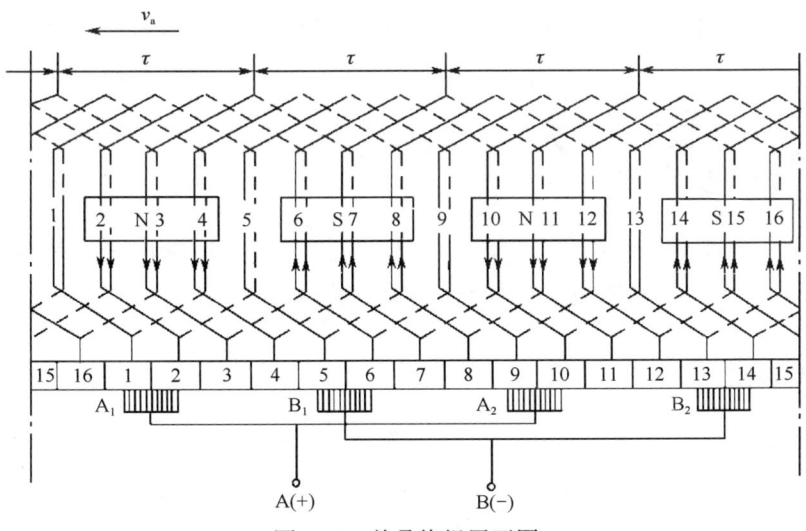

图 1.19 单叠绕组展开图

③ 主磁极的安放。主磁极 N、S 交替均匀分布于电枢表面,每个磁极宽度约为 0.7τ。在对称元件中,可以任意一元件轴线作为第一个磁极的轴线,然后均分。若 N 极磁力线穿入纸面,则 S 极磁力线从纸面穿出。箭头 v_a 表示绕组的旋转方向,根据右手定则,可判断电势的方向。从图 1.19 可见,位于几何中心线上的元件的电势为零。

④ 电刷的安放。电刷安放的原则是使正、负电刷间获得最大电势,即被电刷短路的元件的电势最小。在对称绕组中,电刷应放在主磁极轴线下的换向片上,且与几何中心线上的元件相连接,这样被电刷短路的元件 1、5、9、13 中的感应电势为零。电刷一般在展开图中画一个换向片宽。可见,在对称元件中,电刷的轴线、主磁极轴线、元件的轴线三者重合。

(3) 单叠绕组并联支路图。将图 1.19 中的绕组元件用 "⌒" 表示,并将图所示瞬时没有与电刷接触的换向片省去,可得图 1.20(a)。从图 1.20(a)可见,电枢绕组内部为一闭合绕组,而电刷将闭合绕组分割成 4 条并联支路。单叠绕组将同一个主磁极下的所有上层边串联起来构成一条支路,再将另一个主磁极下的所有上层边串联起来构成另一条支路,如图 1.20(b)所示。因此,单叠绕组的并联支路数等于电机的主磁极数,即

$$2a = 2P$$

或

$$a = P \tag{1-10}$$

式中,a——并联支路对数。

若每条支路的电流均为 i_a,则电枢总电流 I_a 为

$$I_a = 2ai_a \tag{1-11}$$

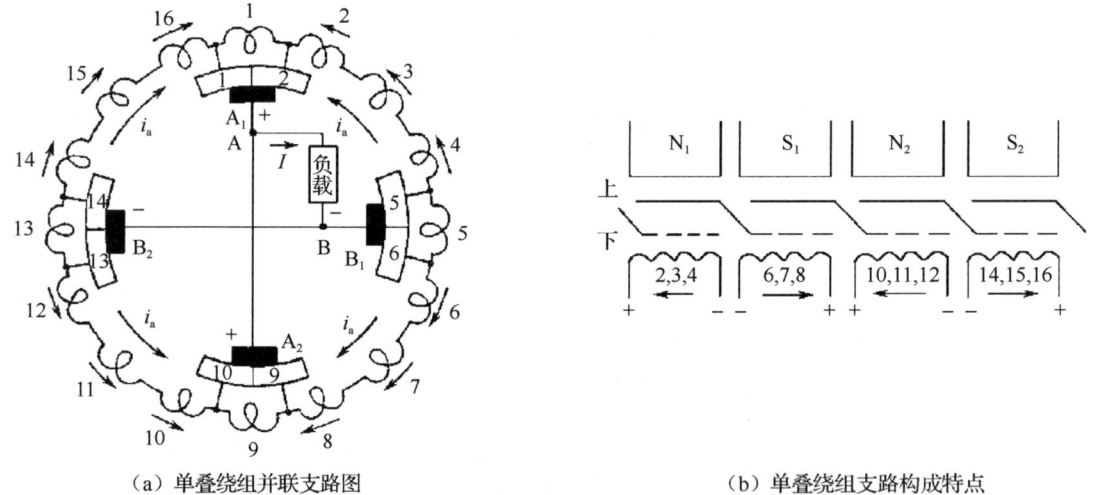

(a) 单叠绕组并联支路图　　　　　　　　(b) 单叠绕组支路构成特点

图 1.20　单叠绕组并联支路及其结构特点

3. 直流单波绕组

(1) 单波绕组的连接规律和特点:同一元件首、末两端接到相隔较远的换向片上,$y = y_k > y_1$,形如波浪,故称波绕组,如图 1.21 所示。y_1 与单叠绕组相同,只是互相串联的两只元件对应的有效边在电枢表面所跨的距离约为 2τ,即 $y = y_k \approx 2\tau$。这样,若为 P 对极的电机,则绕电枢一周,便串联了 P 只元件,为了继续连接下去,第 P 只元件的末端应接到起始换向片的相邻换向片上,因此要求 y_k 满足:

$$y_k = (K \pm 1)/P$$

或

$$Py_k = K \pm 1 \qquad (1\text{-}12)$$

式中，取"+"为右行绕组；取"–"为左行绕组，如图 1.21 所示。一般，单波绕组采用左行绕组。下面举例说明单波绕组的连接规律和特点。

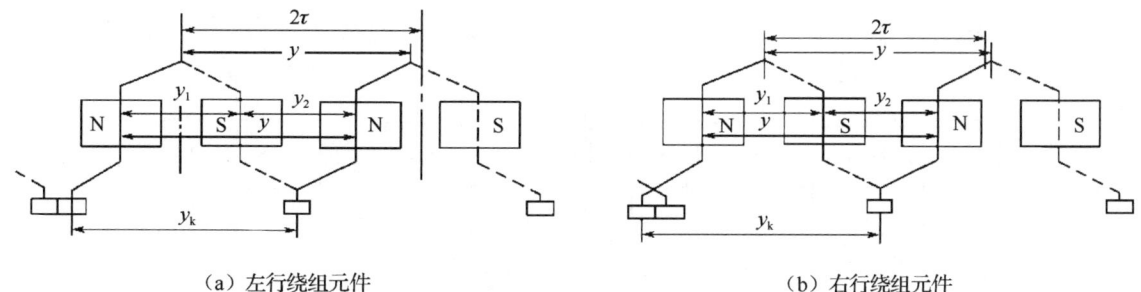

(a) 左行绕组元件　　　　　　　　(b) 右行绕组元件

图 1.21　单波绕组元件

例 1.2　已知一台直流电机的 $Z_\mu = Z = S = K = 15$，$2P = 4$，要求绕制一左行单波绕组。

解：
$$y_1 = \frac{Z_\mu}{2P} \pm \varepsilon = \frac{15}{4} - \frac{3}{4} = 3 \qquad \text{（短距绕组）}$$
$$y = y_k = (K \pm 1)/P = (15-1)/2 = 7 \qquad \text{（单波左行绕组）}$$
$$y_2 = y - y_1 = 7 - 3 = 4$$

（2）单波绕组展开图。

① 单波绕组的画法与单叠绕组的画法相同，其连接顺序如图 1.22 所示。如图 1.23 所示，将 1 号元件首端接到 1 号换向片上，元件上层边放在 1 号槽上层（实线），根据 $y_1 = 3$，可知下层边嵌放在 4（$1+y_1=1+3=4$）号槽下层（虚线），根据 $y_2 = 4$，可知末端接到 8（$4+y_2=4+4=8$）号换向片上；第二只元件首端也接到 8 号换向片上，上层边放在 8 号槽上层，下层边放在 11（$8+y_1=8+3=11$）号槽下层，末端回到 1 号换向片的左边 15（$11+y_2=11+4=15$）号换向片上。可见，串联 P（$P=2$）只元件后，电枢表面跨距接近 2τ，按此规律继续连下去，最后回到 1 号换向片上，从而串联成一闭合绕组。

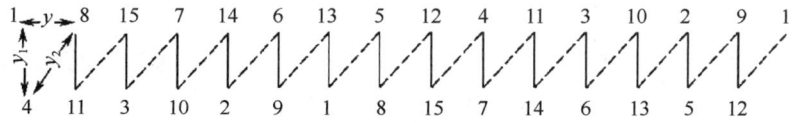

图 1.22　单波绕组的连接顺序

② 单波绕组的磁极及电刷的安放与单叠绕组相同。

（3）单波绕组的并联支路。根据图 1.22 所示各元件的连接顺序，将此刻未与电刷接触的换向片略去不画，可得单波绕组并联支路，如图 1.24（a）所示。可见，单波绕组将电枢绕组的所有 N 极性下的上层边串联起来构成一条支路；再将所有 S 极性下的上层边串联起来构成另一条支路，如图 1.24（b）所示。可见，不论主磁极数是多少，其支路只有两条，即

$$2a \equiv 2$$

或

$$a \equiv 1 \tag{1-13}$$

式中，a——电枢绕组并联支路对数。

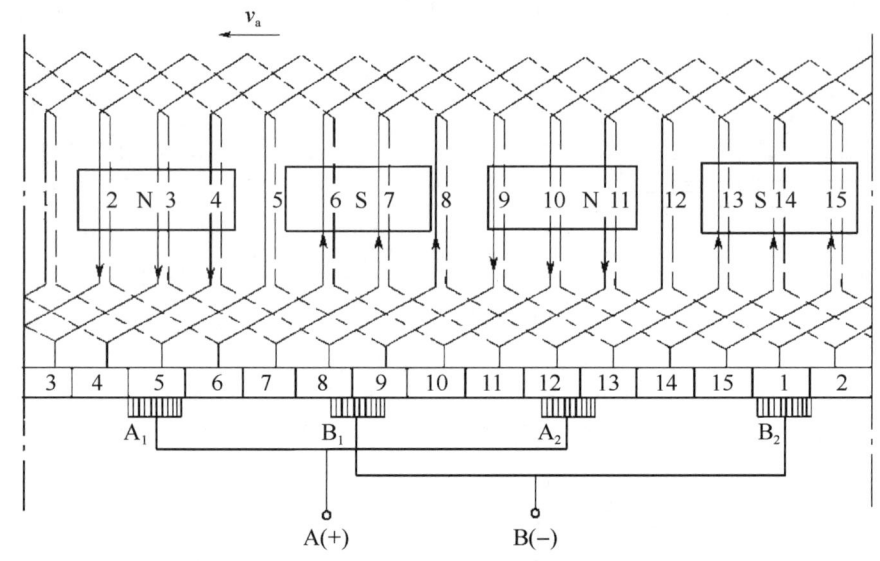

图 1.23 单波绕组展开图

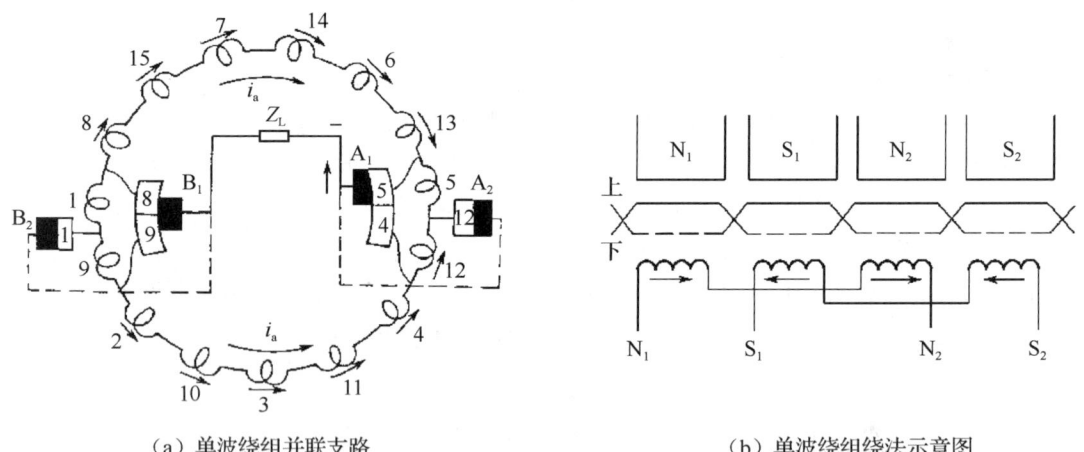

（a）单波绕组并联支路　　　　　　（b）单波绕组绕法示意图

图 1.24 单波绕组并联支路及绕法示意图

从图 1.24 可见，单波绕组只需安装正、负两组电刷即可，但为减小电刷的电流密度，实际中仍安放 $2P$ 组电刷，故电枢电流为

$$I_a = 2i_a \tag{1-14}$$

（4）单叠绕组和单波绕组的应用。单叠绕组与单波绕组的主要区别在于并联支路对数的多少。单叠绕组可以通过增加磁极对数来增加并联支路对数，适用于低电压、大电流的直流电机；而单波绕组的并联支路对数 $a \equiv 1$，但每条支路串联的元件数较多，适用于小电流、高电压的直流电机。

1.3 直流电机电枢绕组的感应电势、电磁转矩、磁场和换向

1.3.1 电枢绕组的感应电势 E_a 和电磁转矩 T

1. 每根导体的平均电势 e_{av} 和电枢绕组的感应电势 E_a

不论是发电机还是电动机，只要电枢绕组在磁场中旋转，必然切割磁场产生感应电势。电枢电势即正、负电刷间的电势，而该电势的大小是由任意一条支路各元件电势之和决定的。

(1) 每根导体的平均电势 e_{av}。如图 1.25 所示，在一个磁极下，各导体所处的位置不同，磁通密度也不同，因此，先取平均气隙磁通密度 B_{av}，从而得到每根导体的平均电势为

$$e_{av} = B_{av} L v_a \tag{1-15}$$

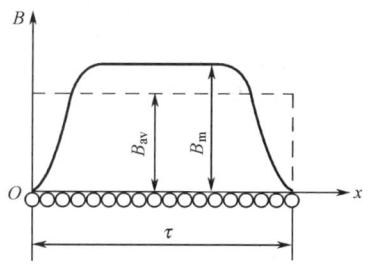

图 1.25 气隙磁通密度与电刷的导体分布

式中，L ——导体的有效边长度(m)；

B_{av} ——一个磁极下的平均气隙磁通密度(T)；

v_a ——电枢表面线速度(m/s)。

设电枢外径为 D_a，主磁极数为 $2P$，电枢周长为 $\pi D_a = 2P\tau$，电枢转速为 n（单位为 r/min），则电枢表面线速度为

$$v_a = 2P\tau n/60 \tag{1-16}$$

若每磁极磁通为

$$\Phi = B_{av} \tau L$$

则每磁极平均气隙磁通密度为

$$B_{av} = \Phi/\tau L \tag{1-17}$$

式中，τL ——每个磁极下的极弧面积（m^2）。

将式（1-16）、式（1-17）代入式（1-15）得

$$e_{av} = B_{av} L v_a = \frac{\Phi}{\tau \cdot L} \cdot L \cdot 2P\tau \cdot \frac{n}{60} = \frac{2P\Phi n}{60} \tag{1-18}$$

(2) 电枢绕组的感应电势 E_a。设电枢总导体数为 N，而每条支路的导体数为 $N/2a$，则电枢总电势（正、负电刷间的电势）为

$$E_a = e_{av} \frac{N}{2a} = \frac{2P\Phi n}{60} \cdot \frac{N}{2a} = \frac{PN}{60a} \cdot \Phi \cdot n = C_e \Phi n \tag{1-19}$$

式中，$C_e = PN/(60a)$ ——电势常数，仅与电机结构有关。

若每磁极磁通 Φ 的单位为 Wb，电机转速 n 的单位为 r/min，则电势 E_a 的单位为 V，故 $E_a \propto \Phi n$。可见，直流电机感应电势的高低与 Φ 和 n 成正比。

2. 电磁转矩 T

不论是发电机还是电动机，在负载运行时，电枢中都有电流流过，该电流在磁场中必然产生电磁力作用，对转轴便形成转矩，称为电磁转矩 T，如图 1.26 所示。由电枢绕组并联支路图可知，I_a 为电枢电流，而流过每只元件（导体）的电流为 i_a，即支路电流为 $i_a = I_a/2a$，则每根导体产生的平均电磁力 f_{av} 为

$$f_{av} = B_{av} L i_a \tag{1-20}$$

f_{av} 产生的电磁转矩为

$$T_{av} = f_{av} \frac{D_a}{2} = B_{av} \cdot L \cdot i_a \cdot \frac{D_a}{2} = \frac{\Phi}{L\tau} \cdot L \frac{I_a}{2a} \cdot \frac{2P\tau}{2\pi} = \Phi \frac{I_a}{2a} \cdot \frac{P}{\pi} \tag{1-21}$$

式中，D_a ——电枢外径（m）。

设电枢总导体数为 N，则电枢的电磁转矩为

$$T = T_{av} N = \Phi \cdot \frac{I_a}{2a} \cdot \frac{P}{\pi} \cdot N = \frac{PN}{2\pi a} \Phi I_a = C_T \Phi I_a \tag{1-22}$$

式中，$C_T = \frac{PN}{2\pi a}$ ——转矩常数，仅与电机结构有关。

当 Φ 的单位为 Wb、I_a 的单位为 A 时，T 的单位为 N·m。从式（1-22）可见，$T \propto \Phi I_a$，即电磁转矩的大小与 Φ 和 I_a 成正比

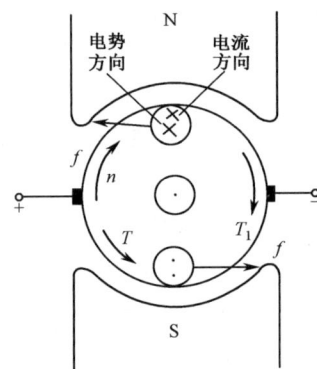

图 1.26 直流发电机的电磁转矩

3. 同一电机的 C_e 与 C_T 的关系

因为

$$C_e = PN/(60a) \rightarrow PN = 60aC_e$$
$$C_T = PN/(2\pi a) \rightarrow PN = 2\pi a C_T$$

所以

$$C_e = \frac{2\pi}{60} C_T \approx 0.105 C_T$$

或

$$C_T = \frac{60}{2\pi} C_e \approx 9.55 C_e \tag{1-23}$$

1.3.2 直流电机的磁场

直流电机的磁场是电机产生感应电势 $E_a = C_e \Phi n$ 和电磁转矩 $T = C_T \Phi I_a$ 必不可少的重要条件。电机的运行性能在很大程度上取决于电机的磁场特性。因此，下面首先分别讨论主磁极磁场和电枢磁场，然后讨论两磁场的叠加，即气隙合成磁场。

1. 直流电机的分类

直流电机的励磁电流 I_f 与电枢电流 I_a 均由外电源供给，根据励磁绕组 N_f（这里用表示绕组匝数的符号同时指代绕组本身，下同）与电枢绕组 N_a 的连接方式的不同，可将直流电机分为以下 4 类。

（1）直流他励电机：励磁绕组 N_f 与电枢绕组 N_a 都由各自的单独电源供电，如图 1.27（a）所示，其特点是电枢电流 I_a 等于负载电流 I，即

$$I = I_a \tag{1-24}$$

（2）直流并励电机：励磁绕组 N_f 与电枢绕组 N_a 并联，如图 1.27（b）所示，其特点是负载电流 I 等于电枢电流 I_a 与励磁电流 I_f 之和，即

$$I = I_a + I_f \tag{1-25}$$

（3）直流串励电机：励磁绕组 N_f 与电枢绕组 N_a 串联，如图 1.27（c）所示，其特点是负载电流 I、电枢电流 I_a、励磁电流 I_f 三者相等，即

$$I = I_a = I_f \tag{1-26}$$

由于直流串励电机的励磁电流等于电枢电流，所以励磁绕组导线粗而匝数少。

（4）直流复励电机：每个主磁极上所套励磁绕组分为两部分，大部分 N_f 与电枢绕组 N_a 并联，另一小部分 N_c 与电枢绕组 N_a 串联，当两部分励磁绕组产生的磁势方向相同而互相叠加时，称为积复励；若方向相反，则称为差复励，通常采用积复励，如图 1.27（d）所示。

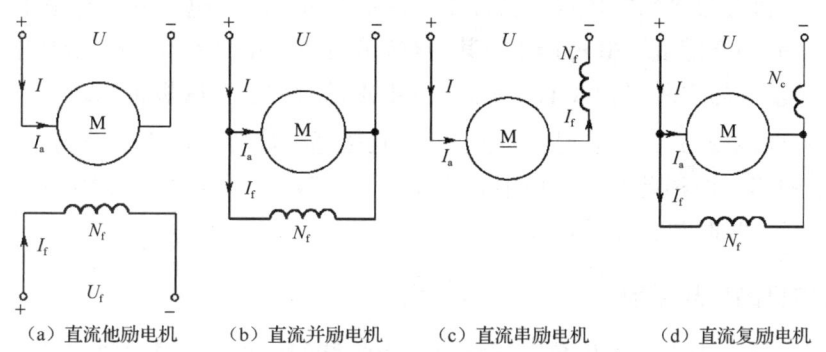

(a) 直流他励电机　　(b) 直流并励电机　　(c) 直流串励电机　　(d) 直流复励电机

图 1.27　直流电机不同励磁方式接线图

除直流串励电机外，其他 3 类电机的励磁电流 $I_f \approx (1\% \sim 3\%)I_N$，因此励磁绕组的导线细而匝数多。不同励磁方式的直流电机的机械特性有着较大的差别，以满足不同的生产机械的需求。

2. 直流电机的空载磁场（主磁极磁场）

当直流电机空载时，电枢绕组中的 $i_a \approx 0$，气隙磁场由励磁绕组 N_f 通以电流 i_f 而建立的磁势 $F_f = i_f N_f$ 所产生，故又称为主磁极磁场。

（1）磁路。主磁极的极性 N 和 S 总是交替出现的。如图 1.28 所示，这是一台 4 极电机的一部分，磁通 Φ 由 N 极出发，经气隙 δ 进入电枢齿和电枢铁芯轭到电枢的另一齿，再通过气隙 δ 进入两边的 S 极。凡是与主磁极和电枢绕组所交链的为电枢绕组所切割而产生感应电势 E_a 和电磁转矩 T 的磁通都称为主磁通，用 Φ 表示，约占总磁通的 85%；还有约

15%的磁通仅经过主磁极和气隙 δ 而闭合，并不切割电枢绕组，也不产生 E_a 和 T，这部分磁通称为漏磁通，用 Φ_s 表示。

（2）磁化曲线。磁化曲线是主磁通 Φ 与励磁磁势 F_f 之间的关系曲线，即 $\Phi = f(F_f)$，如图 1.29 所示。因为 $F_f = i_f N_f$，而在成品电机中，$N_f =$ 常数，所以 $F_f \propto i_f$，$\Phi = f(i_f)$。由于主磁通 Φ 通过的路径绝大部分是铁磁材料，铁磁材料具有饱和现象，磁导为一变化的数，所以磁导是非线性的。因此，$\Phi = f(i_f)$ 曲线与铁磁材料的磁化曲线 $B = f(H)$ 相似。

当磁路未饱和时，磁通与磁势成正比，即 $\Phi \propto F_f$（或 $\Phi \propto i_f$）；当磁路饱和时，磁阻很大，为增加少量磁通 Φ，必须增加较大的励磁电流。因此，为了经济合理地利用材料，电机工作点常选在磁化曲线弯曲部分（磁路接近饱和）。

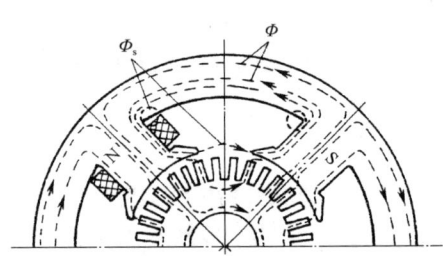
图 1.28 直流电机的磁路和磁通分布

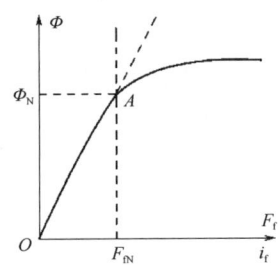
图 1.29 电机磁化曲线

（3）直流电机空载磁场的特点。当直流电机空载运行时，电枢电流 I_a 很小，即 $I_a \approx 0$，$F_a = I_a N_a \approx 0$，这时气隙磁场由 F_f 产生，其分布如图 1.30（a）所示，其特点如下：

① 主磁场轴线与主磁极轴线 yy' 重合，且主磁场对称于主磁极轴线。

② 物理中性线 mm（电枢圆周上通过圆心且磁通密度为零的点连成的直线，它随磁通密度为零值点的移动而移动）与几何中心线 bb（相邻两主磁极之间的中心线，是固定不动的）重合（只有空载时二者才重合）。

3．直流电机的负载磁场

（1）电枢磁场。当直流电机负载运行时，电枢绕组中便有一电流 I_a 流过，该电流产生的磁势 $F_a(F_a = I_a N_a)$ 称为电枢磁势，如图 1.30（b）所示。

无论是直流发电机还是直流电动机运行，电刷将电枢绕组都分成 $2a$ 条支路，尽管构成各条支路的元件在不断地轮流变动，但各支路元件数并不改变。因此，以电刷为界，沿电枢表面的电流分布是不变的，由这些电流产生的电枢磁势 F_a 在空间固定不动。若电刷在几何中心线上（实际电刷安放在主磁极轴线下的换向片上，且与几何中心线上的元件相连接），则电枢导体电流沿电刷两端对称而相反方向分布，即电枢上半个圆周导体电流如果流入纸面，则电枢下半个圆周导体电流必然流出纸面。根据右手螺旋定则，可判定电枢磁势建立的电枢磁场，如图 1.30（b）中的虚线所示。可见，左边是 N 极，右边是 S 极。该电枢磁场的特点如下。

① 电枢磁势 F_a 的轴线与几何中心线 bb 重合，且对称于几何中心线。

② 电枢磁势 F_a 的轴线与主磁极轴线 yy 垂直，称为交轴电枢磁势 $F_{aq}(F_{aq} = F_a)$。

③ 电枢磁势在空间固定不动。

（2）气隙合成磁场及电枢反应。根据图 1.30（c）所示的电流方向，用左手定则可判定该电机电磁转矩 T 和旋转方向 n 为逆时针。

直流电机在负载运行时，空载磁场和电枢磁场是同时存在的，这时，气隙磁场为二者的叠加，即合成磁场，如图 1.30（c）所示。气隙磁场在一个磁极下，电枢进入主磁极那一边的磁场被加强；退出主磁极那一边的磁场被削弱。

① 当磁路不饱和时，每个磁极的磁场一半被加强，另一半被削弱，总磁通量仍保持空载时的磁通量。

② 当磁路饱和时（电机正常工作时，磁路已接近饱和），在每个磁极下，电枢进入主磁极那一边的磁场不能成正比例加强，而退出主磁极那一边的磁场却成正比例削弱了，从而使增磁作用小于去磁作用，导致使每个磁极下的磁通量减小（称为电枢反应去磁）。

③ 气隙磁场发生了畸变（歪扭）。

④ 物理中性线 mm 逆着电动机旋转方向 n 偏移了几何中心线 bb 一个 α 角度，α 的大小由负载电流大小而定。

直流电机拖动的负载越大，电枢电流越大，畸变越剧烈，α 角度也越大，去磁作用也就越显著。这种由电枢电流产生的电枢磁势 F_a 对主磁场的影响称为电枢反应，当电刷在几何中心线上时，电枢磁势为交轴电枢磁势 F_{aq}，对主磁场的影响称为交轴电枢反应。交轴电枢反应使得被电刷短路的元件所在处的磁场不再为零，这些元件将产生一种电枢反应电势，从而引起附加电流，在电刷下将产生火花，使换向困难。

直流发电机的电枢反应与电动机的电枢反应类似，不同的是在带负载运行时，物理中性线应顺着电机旋转方向 n 偏移几何中心线一个 α 角度。

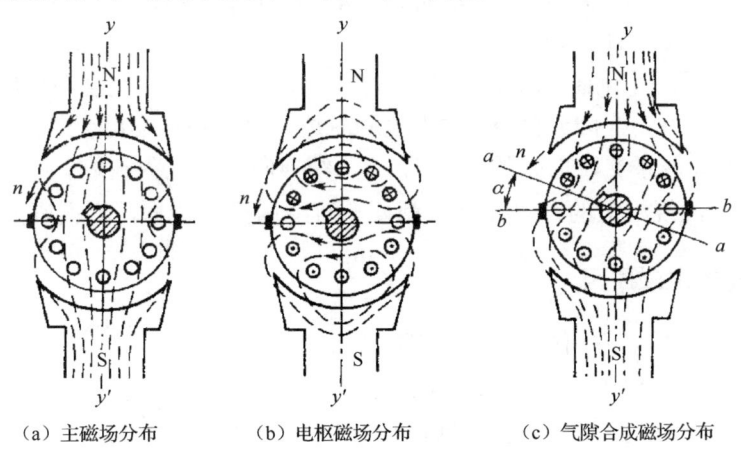

(a) 主磁场分布　　(b) 电枢磁场分布　　(c) 气隙合成磁场分布

图 1.30　直流电机的电枢反应

※ 1.3.3　直流电机的换向

换向是直流电机的关键问题，换向不良将在电刷与换向器之间产生有害性火花，从而烧伤电刷和换向器，导致电机不能正常运行，因此，讨论换向的目的是探寻火花产生的根源，从而采取不同的方法改善换向，以延长电机的使用寿命。

1．换向过程

电机在运行时，电刷固定不动，旋转的电枢绕组元件从一条支路经过电刷短路进入另一条支路，元件中的电流也随之改变方向，这一过程称为换向过程，简称换向。图 1.31 为电机某一元件 K 的换向过程，设 b_s 为电刷宽度，等于一个换向片的宽度 b_k，电枢以恒速 v_a 从左向右运动，T_k 为一换向周期，S_1、S_2 分别为电刷与换向片 1、2 的接触面积。

（1）换向开始瞬时［见图 1.31（a）］，$t=0$，电刷完全与换向片 2 接触，$S_1=0$，$S_2=$ 最大，元件 K 位于电刷左边，属于左侧支路元件之一，元件 K 中流过的电流 $i=+i_a$，由相邻两条支路而来的电流为 $2i_a$，经换向片 2 流入电刷。

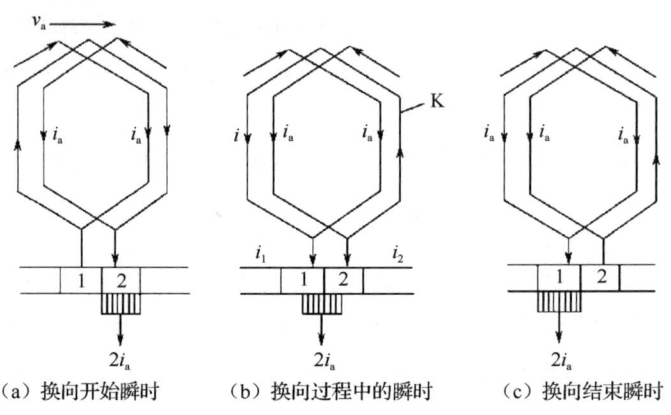

(a) 换向开始瞬时　　(b) 换向过程中的瞬时　　(c) 换向结束瞬时

图 1.31 换向元件的换向过程

（2）换向中的瞬时［见图 1.31（b）］，$t=T_k/2$，电枢转到电刷与换向片 1、2 各接触一半的位置，$S_1=S_2$，换向元件 K 被电刷短路，K 中的电流 $i=0$，由相邻两条支路而来的电流为 $2i_a$，经换向片 1、2 流入电刷。

（3）换向结束瞬时［见图 1.31（c）］，$t=T_k$，电枢转到电刷完全与换向片 1 接触的位置，$S_1=$ 最大，$S_2=0$，换向元件 K 位于电刷右边，属于右侧支路元件之一，K 中流过的电流 $i=-i_a$，由相邻两条支路而来的电流为 $2i_a$，经换向片 1 流入电刷。

只要电机运行，绕组上的每只元件就都要轮流经历换向过程，周而复始，连续进行。

2．产生火花的电磁原因

产生火花的原因是多方面的，有机械原因、化学原因等，但最主要的是电磁原因。机械原因可通过改善工艺加以解决，化学原因可通过改善环境加以解决。电磁原因主要是换向元件 K 中附加电流 i_k 的出现造成的，下面分析 i_k 产生的原因。

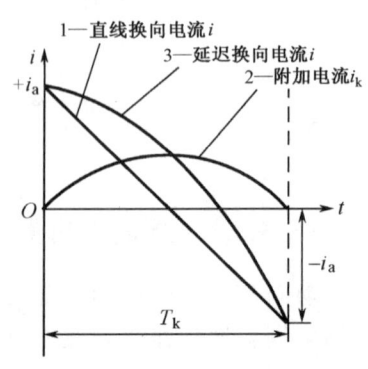

图 1.32 直线换向与延迟换向的电流变化规律

（1）理想换向（直线换向）。换向过程的时间（换向周期 T_k）极短，只有千分之几秒，如果在换向过程中，换向元件 K 中不产生任何电势，则换向元件 K 中的电流 i 均匀地从 $+i_a$ 变化到 $-i_a$（$+i_a \to 0 \to -i_a$），如图 1.32 中的曲线 1 所示，这种换向称为直线换向，又叫理想换向。

（2）延迟换向。

① 电抗电势 e_x。一个换向周期 T_k 只有千分之几秒，而换向元件 K 中的电流变化很快（变化了 $|2i_a|$），在换向元件 K 中必产生一自感电势 e_L。

同时，在实际电机中，一般电刷的宽度为 2~3 片换向片的宽度，因此，在换向过程中，将有 2~3 只元件同时换向，相邻换向元件的电流变化必将在各换向元件之间相互产生互感电势 e_m。

自感电势 e_L 与互感电势 e_m 之和称为电抗电势 e_x，即

$$e_x = e_L + e_m \tag{1-27}$$

根据电磁感应定律，电抗电势 e_x 总是阻碍换向元件 K 中电流 i 的变化，即 e_x 与换向前电流 $+i_a$ 方向相同。

② 电枢反应电势 e_v（又称旋转电势）。

a．当电机空载时，几何中心线处的磁场为零（$B_k = 0$），因此，在几何中心线上的换向元件 K 中不产生电势（$e_v = 0$）。

b．当电机负载运行时，电枢反应使气隙磁场发生歪扭，几何中心线处的磁场不再为零（$B_k \neq 0$），这时，处在几何中心线上的换向元件 K 将切割该磁场 B_k 而产生电势，称为电枢反应电势 e_v（又称旋转电势）。根据图 1.30（c），在电动机中，由物理中性线偏离几何中心线的方向，用右手定则可确定 e_v 的方向，如图1.33 中的 1 所示，e_v 与换向前电流

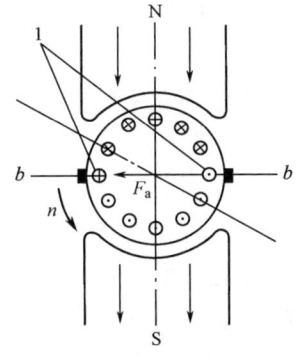

图 1.33 换向元件 K 中产生的电枢反应电势

$+i_a$ 方向相同，即 e_v 阻碍换向电流的变化。

③ 附加电流 i_k。在被电刷短路的换向元件 K 回路中，除了换向电流 i，还因电抗电势 e_x 和旋转电势 e_v 的存在而必然产生一附加电流 i_k，即

$$i_k = \frac{e_x + e_v}{R_1 + R_2} \tag{1-28}$$

式中，R_1 和 R_2 分别为电刷与换向片 1、2 的接触电阻。

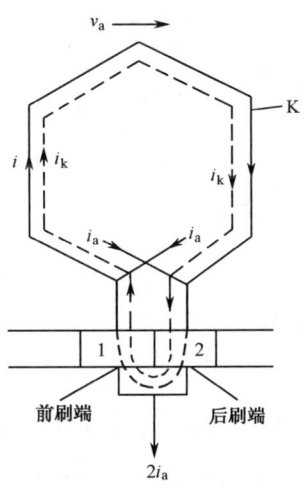

图 1.34 延迟换向时附加电流的影响

i_k 与 $e_x + e_v$ 方向一致，并且都阻碍换向电流的变化，即与换向前电流 $+i_a$ 方向相同。i_k 的变化规律如图1.32 中的曲线 2 所示。这时换向元件 K 中的电流是曲线 1 与曲线 2 的叠加，即曲线 3（见图1.32）。

从曲线 3 可见，附加电流 i_k 使得换向元件 K 中的电流从 $+i_a$ 变化到零所需的时间比直线换向的时间延迟了，故称延迟换向。

④ 附加电流 i_k 对换向的影响。i_k 的出现破坏了直线换向时电刷下电流密度的均匀性，从而使后刷端的电流密度增大，导致过热，而前刷端的电流密度减小，如图 1.34 所示。当换向结束时，即换向元件 K 的换向片脱离电刷瞬间，i_k 不为零，换向元件 K 中储存的一部分磁场能量 $L_k i_k^2 / 2$ 便以火花的形式在后刷端放出，这种火花

称为电磁性火花。

3. 改善换向的方法

产生火花的电磁原因是换向元件 K 中出现了附加电流 i_k，因此，要改善换向，就得从减小甚至消除附加电流 i_k 着手。

（1）选择合适的电刷。从 $i_k = (e_x + e_v)/(R_1 + R_2)$ 可见，当 $e_x + e_v$ 一定时，可以选择接触电阻（R_1、R_2）较大的电刷，从而减小附加电流 i_k 以改善换向。但此时又会引起损耗升高及电阻压降增大，发热加剧，电刷允许流过的电流密度减小，这就要求应同时增大电刷面积和换向器的尺寸，因此，选用电刷必须根据实际情况全面考虑。在维修或更换电刷时，要注意选用原牌号电刷。若无相同牌号的电刷，则应选择性能相近的电刷，并全部更换，否则将会产生火花。

（2）移动电刷位置。若将直流电机的电刷从几何中心线移动到超过物理中性线的适当位置，使换向元件位于与电枢磁场极性相反的主磁极磁场下，则换向元件中产生的旋转电势为一负值（$-e_v$），使 $-e_v + e_x \approx 0$，$i_k \approx 0$，电机便处于理想换向状态。因此，对于直流电机，应逆着旋转方向移动电刷，如图 1.35（a）所示。但是电机负载一旦发生变化，电枢反应强弱也就随之发生变化，物理中性线偏离几何中心线的角度也就随之发生变化，这就要求对电刷的位置进行相应的调整，这在实际中是很难做到的。这种方法只有在小容量电机中才采用。

（3）安装换向极。当直流电机容量在 1kW 以上时，一般均要安装换向极，这是改善换向最有效的方法。换向极安装在相邻两主磁极之间的几何中心线（bb）上，如图 1.35（b）所示。换向极的作用是在换向区域（几何中心线附近）建立一个与电枢磁势 F_a 相反的换向极磁势 F_k，它除了要抵消换向区域的电枢磁势 F_a（使 $e_v = 0$）外，还要建立一个换向极磁场 B_k'，使换向元件 K 切割 B_k' 产生一个与电抗电势 e_x 大小相等且方向相反的电势 e_v'，使得 $e_v' + e_x = 0$，$i_k = 0$，成为理想换向。

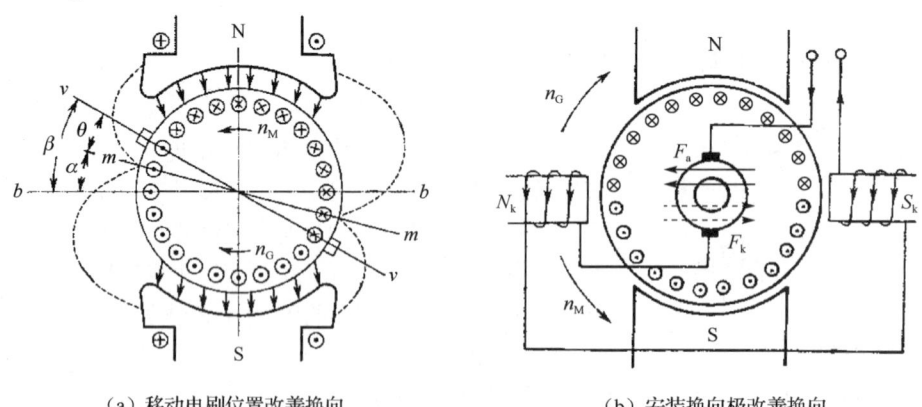

（a）移动电刷位置改善换向　　　　（b）安装换向极改善换向

图 1.35　改善换向的方法

为使换向极磁势 F_k 产生的电势随时抵消 e_x 和 e_v，换向极绕组 N_k 应与电枢绕组 N_a 串联，这时流过 N_k 上的电流 i_a 产生磁势 $F_k = i_a N_k$，且与 i_a 成正比，并且 F_k 与 F_a 方向相反，便可随时抵消。

对于换向极极性，应首先根据电枢电流方向，用右手螺旋定则确定电枢磁势 F_a 的轴线方向，然后应保证换向极产生的磁势 F_k 与 F_a 方向相反而互相抵消，即换向极极性应与顺着电枢旋转方向的下一个主磁极极性相反，如图 1.35（b）所示，图中 n_G 为发光机旋转方向，n_M 为电动机旋转方向。

本 章 小 结

1. 直流发电机是根据电磁感应原理工作的，电枢线圈内产生的电势是交变的，通过换向器和电刷的作用来及时地将其变换成电刷两端的直流电压。

2. 直流电动机是根据电磁力定律工作的。电刷两端外加一直流电源，通过换向器和电刷的作用将其变换成电枢元件中的交流电，从而产生单方向的电磁转矩而旋转。

3. 在直流发电机中，电流 i_a 与电势 E_a 方向相同；电磁转矩 T 与转速 n 方向相反，称为制动转矩。在直流电动机中，电流 i_a 与电势 E_a 方向相反，E_a 称为反电势；电磁转矩 T 与 n 方向相同，称为拖动转矩。

4. 直流电机由定子和转子（电枢）两部分构成，定子包括主磁极、换向极、机座和电刷装置，主磁极主要作用是产生主磁场；转子包括电枢铁芯、电枢绕组、换向器和转轴，主要作用是产生感应电势 E_a 和电磁转矩 T，是直流电机能量转换的核心，故又称电枢。

5. 直流电机的电枢绕组可分为单叠绕组和单波绕组两大类，单叠绕组是将同一个主磁极下所有上层边串联起来构成一条支路，因此，$a = P$，$I_a = 2ai_a$，适用于低电压、大电流电机；单波绕组是将电机同一极性下所有上层边串联起来构成一条支路，因此 $a \equiv 1$，支路数与磁极对数无关，$I_a = 2i_a$，适用于高电压、小电流电机。

6. 无论是发电机还是电动机，只要电枢绕组切割磁力线，都将产生感应电势 $E_a = C_e \Phi n$；只要电枢绕组中有电流流过且置于磁场中，都将产生电磁转矩 $T = C_T \Phi I_a$。

7. 直流电机根据励磁绕组 N_f 与电枢绕组 N_a 的连接方式的不同，可分为直流他励电机、直流并励电机、直流串励电机、直流复励电机 4 类。

8. 为充分利用材料，电机工作点常选在磁化曲线弯曲段（磁路接近饱和）。

9. 直流电机的磁场是产生 E_a 和 T 不可缺少的重要条件。

（1）当直流电机空载时，气隙磁场仅由主磁极磁势 F_f 单独建立，其特点如下。

① 对称于主磁极轴线。

② 物理中性线与几何中心线重合。

（2）当直流电动机负载运行时，气隙磁场是由主磁极磁势 F_f 和电枢磁势 F_a 共同建立的，F_a 对主磁场的影响称为电枢反应（当电刷位于几何中心线上时，仅有交轴电枢磁势 $F_{aq} = F_a$）。

① 当磁路不饱和时，总磁通量不变；当磁路饱和时，总磁通量减小。

② 气隙磁场发生畸变（歪扭）。

③ 物理中性线 mm 偏离几何中心线 bb 一个 α 角度。

10. 直流电机产生电磁性火花的原因是换向元件内产生电抗电势 e_x 和旋转电势 e_v，从而引起附加电流 i_k 造成的。改善换向就是削减 i_k，使 $i_k \approx 0$，从而得到改善换向的 3 种方法。

（1）选择合适的电刷。

（2）移动电刷位置。

（3）安装换向极，这是最普遍且最有效的改善换向的方法。

习 题 1

一、填空题

1.1 电机和变压器中的铁耗 P_{Fe} 由_____和_____两部分构成，前者与_____和_____成正比；后者与_____成正比，与_____成反比。

1.2 若绝缘材料等级为 B、F 级，则其极限温度分别为_____和_____。

1.3 直流电机由定子和转子（又称_____）两部分组成，其中定子由_____、_____、_____和_____组成，转子由_____、_____、_____和_____组成。

1.4 直流电机换向极的作用是_____，它安装在相邻两个_____的中心线上。主磁极的作用是_____，它主要由_____和_____组成。

1.5 电刷装置的作用是使_____的电枢绕组与_____的外电路相连接，将_____引入或引出。

1.6 直流电机的可逆原理是指直流电机既可作_____运行，又可作_____运行。

1.7 直流发电机是将_____转变成_____的电磁机械，而直流电动机是将_____转换成_____的电磁机械。

1.8 直流电机换向器的作用对发电机而言，是将电枢线圈内的_____转换成电刷间的_____；对电动机而言，是将电刷间的_____转换成电枢线圈内的_____。

1.9 直流发电机的额定功率 P_N = _____，指的是_____功率；而直流电动机的额定功率 P_N = _____，指的是_____功率。

1.10 直流单叠绕组的特点是：同一元件首、末两端接到_____换向片上，第一只元件的_____与第二只元件的_____接在_____换向片上。直流单波绕组的特点是：同一元件首、末两端接到_____的换向片上。

1.11 直流电机电枢旋转时，电枢线圈将切割_____产生感应电势；当电流流过电枢线圈且切割磁场时，便产生一_____。在直流发电机中，电枢电流 I_a 与感应电势 E_a 方向_____，电磁转矩 T 与转速 n 方向_____；在直流电动机中，电枢电流 I_a 与感应电势 E_a 方向_____，电磁转矩 T 与转速 n 方向_____。

1.12 直流电机的磁化曲线是指电机空载运行时，_____与_____之间的关系曲线。为了经济合理地利用材料，在电机额定运行时，电机的磁场应处于磁化曲线的_____。

1.13 直流电机的电枢反应是指_____的作用，使气隙磁场发生_____，使_____偏离_____一个 α 角度。气隙中的合成磁场是由_____和_____叠加而成的。

1.14 直流电机产生火花的电磁原因是换向元件 K 中产生的_____电势和_____电势引起的_____造成的。

1.15 直流电机改善换向的方法有_____、_____和_____3 种，其中最有效的方法是_____。

1.16 直流电动机按励磁方式可分为_____、_____、_____和_____4 类。

二、选择题

1.17 直流电机的励磁电压是加在励磁绕组两端的电压,对于（　　）电机,励磁电压等于电机的电枢电压。

  A. 他励   B. 并励   C. 串励   D. 复励

1.18 直流并（他）励电机的励磁电流 $I_f \approx$（　　）I_N。

  A. 1%～3%   B. 6%～10%   C. 11%～15%

1.19 对于直流电机的感应电势 $E_a = C_e \Phi n$,式中的 Φ 是指（　　）。

  A. 主磁通   B. 漏磁通   C. 气隙合成磁通

1.20 一般换向器的相邻两换向片间垫（　　）mm 厚的云母片绝缘。

  A. 0.4～10   B. 0.5～0.6   C. 0.6～1.0

1.21 直流电机的主磁极铁芯一般都是采用（　　）mm 厚的钢板冲片叠压铆紧而成的。

  A. 0.5～1.5   B. 1.0～1.5   C. 2.0～2.5

1.22 小容量直流电机的定子和转子之间的气隙 δ 为（　　）mm。

  A. 0.5～1.5   B. 0.5～5   C. 6～10

1.23 一台直流电机的 $2P = 6$,$Z_\mu = K = 24$,电枢绕组若采用单叠绕组,则绕组的并联支路数为（　　）。

  A. $2P$ B. P C. $P \equiv 1$

1.24 当直流电机的电刷位于几何中心线上且磁路饱和时,电枢反应的性质是（　　）。

  A. 不变   B. 增磁   C. 去磁

1.25 造成直流电机换向不良的电磁原因是（　　）。

  A. 电枢电流 I_a B. 附加电流 i_k C. 励磁电流 I_f

1.26 为了在直流电机正负电刷间获得最大感应电势,电刷应安放在（　　）。

  A. 几何中心线上   B. 物理中性线上   C. 任意位置上

1.27 对于未安装换向极的直流电机,可采用移动电刷位置改善换向。对于直流电动机,应将电刷（　　）移动一个 α 角度。

  A. 顺着电枢旋转方向   B. 逆着电枢旋转方向   C. 任意选定一个方向

1.28 直流电机电枢绕组中的单叠绕组或单波绕组是由（　　）决定的。

  A. 第一节距 y_1 B. 第二节距 y_2 C. 合成节距 y

1.29 直流电枢绕组第一节距 y_1 的计算公式为 $y_1 = (Z_\mu / 2P) \pm \varepsilon$,式中,$\varepsilon$ 是将 y_1 凑成整数的一个小数,若（　　）,则称为短距绕组。

  A. $\varepsilon = 0$ B. $\varepsilon < 0$ C. $\varepsilon > 0$

1.30 直流电枢绕组的换向节距 y_k 是指一个绕组元件两端所连接的换向片之间的换向片数,$y_k = $（　　）。

  A. y_1 B. y_2 C. y

1.31 根据直流电机可逆原理,直流电机既可作为发电机运行,又可作为电动机运行。若发电机额定电压为 230V,则同等级的电动机额定电压是（　　）。

  A. 220V   B. 230V   C. 0V

1.32 当换向片间的沟槽被电刷粉末、金属屑或其他导电物质填满时,会造成换向片间（　　）。

  A. 接地   B. 断路   C. 短路

三、判断题（正确的打√，错误的打×）

1.33 当直流电机稳定运行时，主磁通 Φ 在励磁绕组中也会产生感应电势。（   ）

1.34 在直流电机中，为了减小直流电势脉动幅值，可增加每磁极下的线圈边数。（   ）

1.35 直流电动机轴上的输出功率 P_2 就是电动机的额定功率 P_N。（   ）

1.36 直流电机单波绕组的并联支路数与电机磁极数无关。（   ）

1.37 直流电机换向极的作用是改善换向。（   ）

1.38 直流电机换向极绕组与电枢绕组应该并联。（   ）

1.39 试判断在下列情况下，电刷两端的电势是交流还是直流。

（1）磁极固定，电刷和电枢以相同速度同时旋转。（   ）

（2）电枢固定，电刷和磁极同时以相同速度同方向旋转。（   ）

（3）电刷固定，磁极和电枢同时以不同速度同方向旋转。（   ）

1.40 直流电机不论工作在什么状态，其感应电势 E_a 总是反电势。（   ）

1.41 直流电机电枢绕组电压为每条支路的电压。（   ）

1.42 直流电动机换向极极性沿电枢旋转方向看，应与下一个主磁极极性相同。（   ）

四、问答题

1.43 直流电机的电枢铁芯能否用铸钢制成？为什么？

1.44 对于一台直流电机，当负载增加时，输入电流是增大还是减小？

1.45 何为电枢反应？电枢反应对主磁场有哪些影响？

1.46 什么是换向过程？讨论换向有何实际意义？

1.47 电机产生火花的电磁原因是什么？

1.48 改善换向的方法有哪些？

1.49 换向极的作用是什么？它安装在什么位置？换向极绕组与电枢绕组如何连接？为什么？怎样确定换向极的极性？换向极极性弄反了会有什么结果？

1.50 换向概念与工作原理中的换向有什么不同？

1.51 一台 4 极单叠绕组的直流电机如果缺少一对正负电刷，那么对电机有何影响？若为单波绕组，那么又有什么影响呢？

1.52 直流发电机与直流电动机的输出功率有什么不同？

1.53 对于一台直流电机，已知 $Z_\mu = S = K = 22$，$2P = 4$，要求绘制右行单叠绕组展开图。

五、计算题

1.54 一台直流发电机的 $P_N = 6\text{kW}$，$U_N = 230\text{V}$，$n_N = 1450\text{r/min}$，试求额定电流 I_N。

1.55 一台直流电动机的 $P_N = 4\text{kW}$，$U_N = 220\text{V}$，$n_N = 3000\text{r/min}$，$\eta_N = 81\%$，试求额定电流 I_N。

1.56 一台 4 极直流电机的电枢为单叠绕组，电枢总导体数 $N = 152$ 根，每磁极磁通 $\Phi = 3.5 \times 10^{-2} \text{Wb}$。

（1）当 $n = 1200\text{r/min}$ 时，电枢感应电势 E_a 为多少？

（2）若保持每条支路电流 $i_a = 50\text{A}$，则单叠绕组和单波绕组时的电磁转矩 T 各为多少？

第 2 章　直流电动机

内容提要

- 直流并（他）励电动机能量转换过程中的三大平衡关系。
- 直流电动机的工作特性、机械特性及特点。
- 直流电动机实现正/反转的方法。
- 直流串励电动机的特点和机械特性，以及使用中的注意事项。

2.1　直流电动机的基本方程式

直流电动机的基本方程式是指直流电动机稳定运行时电路系统的电压平衡方程式、能量转换过程中的功率平衡方程式、机械系统的转矩平衡方程式。

图 2.1 为直流并励电动机示意图，当接通直流电源时，一方面，励磁电流 I_f 建立主磁极磁场；另一方面，电枢电流 I_a 又与磁场相互作用而产生电磁转矩 T，驱动电枢沿电磁转矩方向以转速 n 旋转。负载转矩 T_L 与 n 方向相反，当电枢旋转时，电枢绕组又切割磁场而产生电势 E_a，E_a 与 I_a 方向相反，E_a 称为反电势。

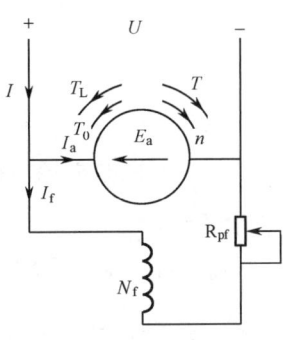

图 2.1　直流并励电动机示意图

2.1.1　电压平衡方程式

根据图 2.1，利用基尔霍夫电压定律，可得电压（U）平衡方程式：

$$U = E_a + I_a R_a \quad (2-1)$$

式中，R_a——电枢绕组直流电阻及电刷与换向器的接触电阻之和；
　　　U——外加电源电压。

由式（2-1）可见，直流电动机中的 $E_a < U$，这是判定直流电机运行于电动状态的依据（注意：若电机为发电机，则 $E_a > U$，$U = E_a - I_a R_a$）。

2.1.2　功率平衡方程式

1. 并励电动机能量流程图

当直流并励电动机稳定运行时，电动机从电网吸收的功率 $P_1 = UI$，不可能全部转换成电动机轴上的机械功率，在能量转换中总有一些损耗。因此，从 P_1 中首先应扣除小部分励磁回路的铜耗 $P_{Cuf}(P_{Cuf} = I_f^2 R_f)$ 和电枢回路铜耗 $P_{Cua}(P_{Cua} = I_a^2 R_a)$，便得电磁功率 $P_M(P_M = E_a I_a)$，电与磁相互作用全部转换成机械功率：

$$P_M = E_a I_a = \frac{PN}{60a}\Phi n I_a = \frac{PN}{2\pi a}\Phi I_a \frac{2\pi n}{60} = T\omega \qquad (2\text{-}2)$$

电动机在运行时，还应从 P_M 中扣除机械损耗 P_j 和铁耗 P_{Fe}，剩下的功率才是电动机轴上的输出功率 P_2，其能量流程图如图 2.2 所示。

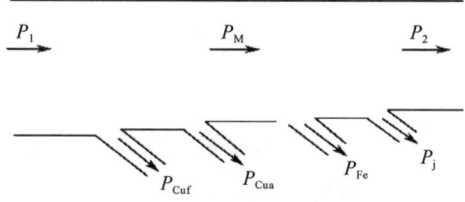

图 2.2　并励电动机能量流程图

2．并励电动机功率平衡方程式

并励电动机功率平衡方程式为

$$P_M = P_1 - (P_{Cua} + P_{Cuf}) = P_1 - P_{Cu}$$
$$P_2 = P_M - P_0 \qquad (2\text{-}3)$$

或

$$P_2 = P_1 - \Sigma P \qquad (2\text{-}4)$$

式中，$\Sigma P = P_{Cua} + P_{Cuf} + P_j + P_{Fe}$——并励电动机总损耗；

　　　P_j——机械损耗，指轴与轴承之间、电刷与换向器之间、旋转电枢与空气之间的阻力产生的损耗；

　　　$P_0 = P_j + P_{Fe}$——空载损耗。

2.1.3　转矩平衡方程式

从图 2.1 可见，当电动机稳定运行时，作用在电动机轴上有 3 个转矩。

（1）电枢电流与磁场相互作用产生的电磁转矩 T，T 与转速 n 方向相同，起拖动作用。

（2）电动机空载阻转矩 T_0，T_0 与转速 n 方向相反，起制动作用。

（3）电动机轴上的输出转矩 T_2，其值与电动机轴上拖动的生产机械负载转矩 T_L 相平衡，即 $T_2 = T_L$，T_L 与 n 方向相反，起制动作用。它们之间的关系为

$$T = T_2 + T_0 = T_L + T_0 \qquad (2\text{-}5)$$

由于 T_0 很小，一般 $T_0 \approx (2\% \sim 6\%)T_N \approx 0$，所以

$$T \approx T_2 = T_L \qquad (2\text{-}6)$$

式（2-6）说明，电动机在稳定运行时，电磁转矩 T 与负载转矩 T_L 大小近似相等，但方向相反。转矩平衡方程式也可通过将式（2-3）两边同时除以 ω 得到，即

$$\frac{P_M}{\omega} = \frac{P_2}{\omega} + \frac{P_0}{\omega}$$
$$T = T_2 + T_0$$

2.2 直流并（他）励电动机的工作特性

并励电动机的励磁绕组 N_f 与电枢绕组 N_a 并接于同一电源上，但由于电源电压 U 恒定不变，这与励磁绕组单独接在另一电源上的效果完全一样，因此，并励电动机的性能与他励电动机的性能完全一样。不同的是，他励电动机的输入电流 I 就是电枢电流 I_a，而并励电动机应从输入电流 I 中扣除励磁电流 I_f，剩下的才是电枢电流 I_a。

当直流并励电动机外加电压 $U = U_N$ = 常数、励磁电流 $I_f = I_{fN}$ = 常数且电枢回路不外串电阻时，转速 n、转矩 T、效率 η 与输出功率 P_2 之间的关系称为工作特性。

2.2.1 转速特性——$n=f(P_2)$

将 $E_a = C_e \Phi_N n$ 代入电压平衡方程式 $U_N = E_a + I_a R_a$ 中，便得转速特性公式：

$$n = \frac{U_N - I_a R_a}{C_e \Phi_N} = \frac{U_N}{C_e \Phi_N} - I_a \frac{R_a}{C_e \Phi_N} \tag{2-7}$$

在并励电动机中，当负载（T_L）增加时，$P_2 \uparrow \to P_1 \uparrow \to I_a \uparrow$，此时影响电动机转速的因素有：

（1）电枢绕组压降 $I_a R_a$ 随之增大，从式（2-7）中可见，n 趋于下降。

（2）与此同时，电枢反应的去磁作用（$\Phi \downarrow$）使 n 趋于上升。

一般第（1）种因素的影响大于第（2）种因素的影响，结果使并励电动机的转速特性为一条微微向下倾斜的曲线，如图 2.3 中的曲线 1 所示。

2.2.2 转矩特性——$T=f(P_2)$

根据转矩平衡方程式 $T = T_0 + T_2$，由于 T_0 一般为常数，因此

$$T_2 = \frac{P_2}{2\pi n/60} \approx 9.55 P_2/n \tag{2-8}$$

若 n 不变，那么 $T_2 \propto P_2$，即 $T_2 = f(P_2)$ 为过原点的一条直线。但在实际中，当负载增大时，P_2 增大，n 略微下降，故 $T_2 = f(P_2)$ 为一条略微上翘的曲线。在 T_2 曲线上加上 T_0，便得 $T = f(P_2)$ 曲线，如图 2.3 中的曲线 2 所示。

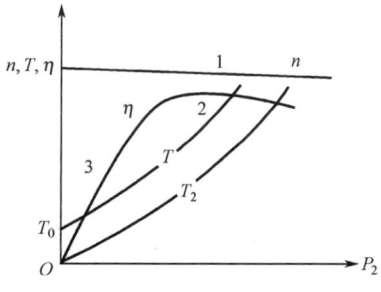

图 2.3 并励电动机的工作特性

2.2.3 效率特性——$\eta = f(P_2)$

根据图 2.2，可得出直流电动机的效率：

$$\eta = \frac{P_2}{P_1} \times 100\% = \left(1 - \frac{\Sigma P}{P_1}\right) \times 100\% = \left(1 - \frac{P_{Fe} + P_j + P_{Cua} + P_{Cuf}}{UI}\right) \times 100\% \tag{2-9}$$

式中，铁耗 P_{Fe} 和机械损耗 P_j 分别与电动机外加电压 U 和转速 n 有关，未带负载时就已经存在了，二者之和（$P_0 = P_{Fe} + P_j$）称为空载损耗 P_0，与电流无关，在电动机正常工作时，n

及 U 变化不大，因此，空载损耗又称不变损耗。

当每磁极磁通不变时，I_f 不变，励磁回路铜耗 P_{Cuf} 也不变；电枢回路铜耗 $P_{Cua} = I_a^2 R_a$，与电枢电流 I_a^2 成正比，故铜耗 P_{Cu} 又称可变损耗，其效率特性曲线如图 2.3 中的曲线 3 所示。

当 P_2 从零逐渐增大时，I_a 很小，电枢回路铜耗 $I_a^2 R_a$ 很小，可略去不计，电动机的损耗仅有不变损耗 P_0，且很小，因此效率上升较快。当负载增加（$P_2\uparrow$）到一定值时，电枢回路铜耗 P_{Cua} 按电流的平方增大（$P_{Cua} \propto I_a^2$），总损耗 ΣP 上升较快，效率不仅不上升反而下降，从图 2.3 中可见，曲线 3 中出现了一最高效率 η_m。

用数学的方法可以证明，出现最高效率的条件是可变损耗 P_{Cua} 等于不变损耗 P_0，即

$$P_{Cua} = P_0 \tag{2-10}$$

电动机的效率特性是衡量运行性能的主要指标之一，它指出了根据负载大小正确选择电动机容量的原则。当负载一定时，若电动机的容量选择过大，则电动机长期轻载运行，犹如大马拉小车，效率很低；若容量选择过小，则电动机长期过载运行，效率也低，且长期过载运行会使电动机寿命缩短，甚至使电动机绕组烧毁。

2.3 生产机械的负载转矩特性

生产机械的转速 n 与负载转矩 T_L 之间的关系，即 $n = f(T_L)$ 称为生产机械的负载转矩特性。根据生产机械负载转矩特性的不同，大致可将负载分为以下 3 类。

1. 恒转矩负载

负载转矩 T_L 的大小不随转速 n 而改变称为恒转矩负载，如图 2.4 中的曲线 1 所示。按负载转矩 T_L 与转速 n 方向之间的关系，恒转矩负载又可分为两类。

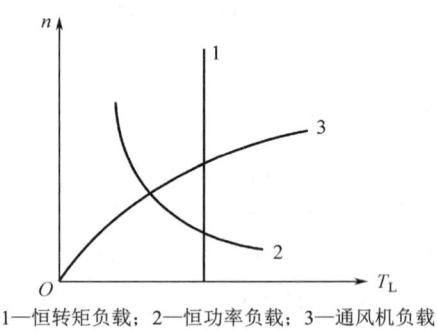

1—恒转矩负载；2—恒功率负载；3—通风机负载

图 2.4 生产机械负载转矩特性

（1）反抗性恒转矩负载：负载转矩 T_L 的大小不变，且其方向总是阻碍生产机械的运动，即 T_L 与 n 方向相反。例如，生产机械的摩擦转矩，当转动方向改变时，摩擦转矩也随之反向。T_L 永远起阻碍作用，其特性曲线应位于一、三象限，如图 2.5（a）所示。

（2）位能性恒转矩负载：无论生产机械运动的方向改变与否，其负载转矩 T_L 的大小和方向始终保持不变，例如，起重设备提升重物或下放重物，重物产生的转矩 T_L 的大小、方向均不改变。位能性恒转矩负载特性曲线位于一、四象限，如图 2.5（b）所示。

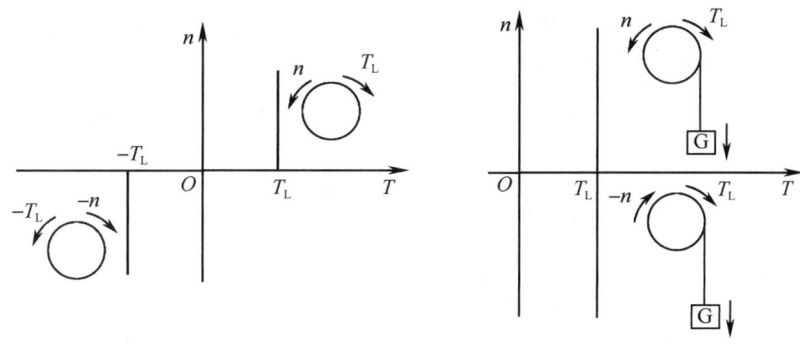

(a) 反抗性恒转矩负载特性　　　　(b) 位能性恒转矩负载特性

图 2.5　反抗性和位能性恒转矩负载特性

2. 恒功率负载

当负载所需的功率 P_L 为一恒定值时，负载转矩 T_L 与转速 n 成反比，称为恒功率负载，即

$$P_L = T_L \omega = T_L \frac{2\pi n}{60} \approx 0.105 T_L n \tag{2-11}$$

例如，车床切削工件，粗加工时切削量大，阻力大，转速低；精加工时，切削量小，转速高。负载功率 P_L 近似于一定值。恒功率负载转矩特性如图 2.4 中的曲线 2 所示。

3. 通风机负载

对于通风机负载，负载转矩 T_L 的大小与转速 n 的平方成正比（$T_L \propto n^2$），即 $T_L = Cn^2$（C 为常数），如鼓风机、水泵等的叶片受到的阻转矩，如图 2.4 中的曲线 3 所示。

以上是 3 种典型的负载转矩特性，而实际负载通常是这 3 种典型负载转矩特性的综合。

2.4　直流电动机的机械特性

当直流电动机稳定运行时，$T = T_2 + T_0$，由于电动机的输出转矩 T_2 与负载转矩 T_L 大小相等、方向相反，所以在忽略空载转矩 T_0 的情况下，电动机的电磁转矩 T 与负载转矩 T_L 平衡，即 $T \approx T_L$。当负载发生变化时，要求电磁转矩也随之改变，以达到新的平衡状态，电磁转矩的这一变化过程的实质就是电动机内部达到新的平衡关系的过程，称为过渡过程，它必将引起电动机转速的变化。

电动机的机械特性是指电动机在稳定运行时，电动机的转速与转矩的关系，即 $n = f(T)$，它是分析电动机的启动、制动、调速和运行的基础。

2.4.1　电动机的机械特性方程式

根据图 2.6，可得电压平衡方程式：

$$U = E_a + I_a R$$

式中，$R = R_a + R_{pa}$——电枢回路总电阻；

R_{pa}——电枢回路外串调节电阻；

R_{pf}——励磁回路外串调节电阻。

将 $E_a = C_e\Phi n$ 和 $T = C_T\Phi I_a$ 代入上式，可得

$$n = \frac{U}{C_e\Phi} - I_a\frac{R}{C_e\Phi} \quad (2\text{-}12)$$

或

$$n = \frac{U}{C_e\Phi} - T\frac{R}{C_eC_T\Phi^2} = n_0 - \beta T = n_0 - \Delta n \quad (2\text{-}13)$$

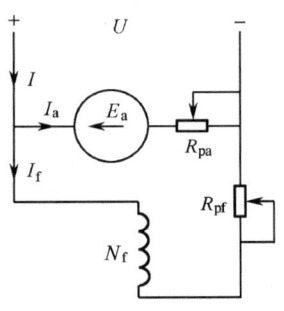

图 2.6 并励电动机电路图

式中，n_0——理想空载转速，即电动机没有任何制动转矩 $(T_L + T_0 = 0)$ 时电动机的转速，而在实际运行中，空载转矩 T_0 虽小但始终是存在的，因此，电动机本身的力量永远达不到 n_0，故称理想空载转速，实际空载转速略低于理想空载转速；

$\beta = R/C_eC_T\Phi^2$——直线方程的斜率；

$\Delta n = n_0 - n_N$——电动机带负载后的转速降。

一般 $\frac{\Delta n}{n_N} \times 100\% = \frac{n_0 - n_N}{n_N} \times 100\% \approx 3\% \sim 8\%$，从式（2-13）可见，$\beta$ 越大，机械特性越软。

2.4.2 固有机械特性

当并励电动机的 $U = U_N$、$\Phi = \Phi_N$，且电枢回路不外串电阻（$R_{pa} = 0$）时，即 $R = R_a$，其方程式为

$$n = \frac{U_N}{C_e\Phi_N} - T\frac{R_a}{C_eC_T\Phi_N^2} \quad (2\text{-}14)$$

式（2-14）称为固有机械特性方程式，由此绘出的特性曲线称为固有机械特性曲线，如图 2.7 所示，其特点如下：

（1）对于任何一台直流电动机，只有唯一的一条固有机械特性曲线。

（2）由于电枢回路无外串电阻，若 R_a 很小，则 β 很小，Δn 很小，所以它是一条微微下降的直线，因此，固有机械特性曲线属于硬特性。

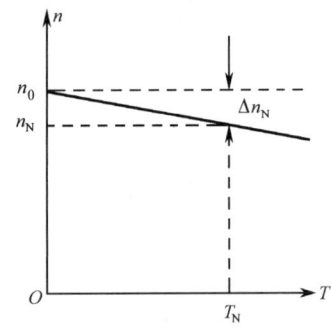

图 2.7 并励电动机的固有机械特性曲线

2.4.3 人为机械特性

对于式（2-13）中的 R、U、Φ 三个参数，保持两个参数不变，人为地改变其中一个参数而得到的机械特性称为人为机械特性。

1. 电枢回路外串电阻 R_{pa} 的人为机械特性

当 $U = U_N$、$\Phi = \Phi_N$ 时，电枢回路串入调节电阻 R_{pa} 的人为机械特性方程式为

$$n = \frac{U_N}{C_e\Phi_N} - T\frac{R_a + R_{pa}}{C_eC_T\Phi_N^2} \quad (2\text{-}15)$$

将式（2-15）中的 R_{pa} 值做多次改变，可得到一组不同斜率的人为机械特性曲线，如图 2.8 所示，其特点如下：

（1）串入电阻 R_{pa} 增大或减小（$R_{pa}\uparrow$ 或 $R_{pa}\downarrow$），理想空载转速 n_0 不变。

（2）串入电阻 R_{pa} 越大，β 越大，转速降 Δn 越大，机械特性越软，当负载发生变化时，稳定性越差。

（3）串入电阻 R_{pa} 越大，电枢电流 I_a 流过 R_{pa} 产生的损耗越高。

电枢回路外串电阻的人为机械特性曲线是直流电动机启动、调速、制动的基础。

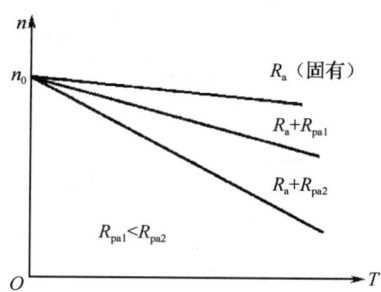

图 2.8 并励电动机串入不同 R_{pa} 的人为机械特性曲线

2．改变电源电压的人为机械特性

将图 2.6 中的 R_{pa} 调至零，并将并励改为他励，得图 2.9。由于电动机受绝缘强度的限制，电枢电压一般以额定电压 U_N 为上限，因此，只能从 U_N 往下进行降压（$U\downarrow$），当 $\Phi=\Phi_N$、$R=R_a$ 时，$U\downarrow$，其人为机械特性方程为

$$n=\frac{U}{C_e\Phi_N}-T\frac{R_a}{C_eC_T\Phi_N^2} \qquad (2\text{-}16)$$

当 U 多次改变时，可得一组与固有机械特性曲线平行的人为机械特性曲线，如图 2.10 所示，其特点如下。

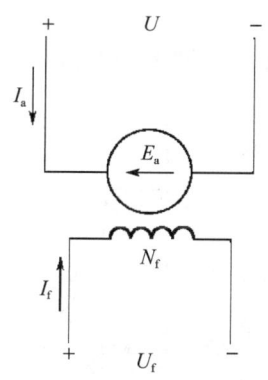

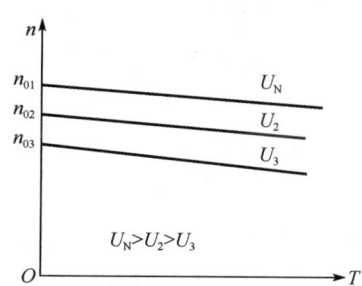

图 2.9 他励电动机接线图　　图 2.10 他励电动机不同电压的人为机械特性曲线

（1）理想空载转速 n_0 与电源电压成正比（$n_0\propto U$）。

（2）U 改变，β 和 Δn 不变，特性曲线互相平行。

（3）当 $T=C$ 时，降低电压 U，可使电动机转速 n 降低。

3．减小磁通 Φ 时的人为机械特性

如图 2.6 所示，当 $U=U_N$，且电枢回路不外串电阻（$R_{pa}=0$）时，$R=R_a$，改变磁通 Φ 的人为机械特性方程为

$$n=\frac{U_N}{C_e\Phi}-T\frac{R_a}{C_eC_T\Phi^2} \tag{2-17}$$

由于设计电动机磁路已接近饱和，因此，一般磁通从 Φ_N 开始减小。通过调节 $R_{pf}\uparrow \rightarrow I_f\downarrow \rightarrow \Phi\downarrow$ 来降低磁通。并励电动机不同磁通的人为机械特性曲线如图 2.11 所示。

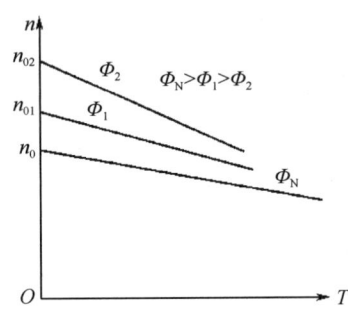

图 2.11 并励电动机不同磁通的人为机械特性曲线

并励电动机不同磁通的人为机械特性曲线的特点如下：
（1）理想空载转速 n_0 与磁通 Φ 成反比，即 $\Phi\downarrow \rightarrow n_0\uparrow$。
（2）磁通 $\Phi\downarrow \rightarrow \beta\uparrow$，且 β 与 Φ^2 成反比，人为机械特性变软。
（3）一般 $\Phi\downarrow \rightarrow n\uparrow$，受机械强度的限制，磁通 Φ 不能减小太多。

2.4.4 直流电动机的正/反转

许多生产机械常需要电动机能正/反转，如龙门刨床工作台的往复运动。我们知道，直流电动机的转向是由转矩 T 的方向决定的，而 $T=C_T\Phi_NI_a$，因此，改变转矩的方法有以下两种。

（1）保持电枢绕组两端电压 U 的极性（I_a 方向）不变，将励磁绕组 N_f 反接，即改变 I_f 的方向，以达到改变 Φ 方向的目的。

（2）保持励磁绕组两端电压极性不变，即 Φ 的方向不变，将电枢绕组 N_a 反接，即改变 I_a 方向，旋转方向改变。若既改变 Φ 的方向，又改变 I_a 方向，则电动机转向维持不变。

在并励电动机中，励磁绕组 N_f 匝数多、电感大，在励磁绕组反接瞬时，将产生较大的自感电势，极易将励磁绕组和电气设备绝缘击穿。同时，由于有剩磁，所以建立反向磁通较缓慢，拖延了反转时间，故方法（1）较少采用，而一般采用电枢反接来实现反转，如图 2.12 所示。正转时，KM_1 闭合、KM_2 断开；反转时，KM_2 闭合、KM_1 断开，励磁电流 I_f 方向始终不变。

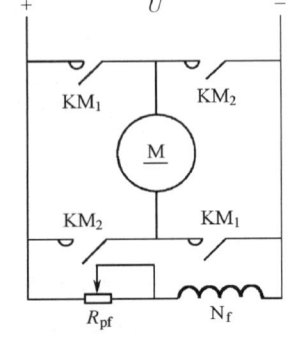

图 2.12 直流并励电动机正/反转电路图

2.5 直流串励电动机

2.5.1 串励电动机的接线与特点

1. 接线

串励电动机的励磁绕组 N_f 与电枢绕组 N_a 串联,如图 2.13 所示。

2. 特点

(1) $I = I_a = I_f$。由于励磁电流 I_f 就是电枢电流,所以串励电动机的励磁绕组导线粗、匝数少。

(2) 串励电动机的磁通 Φ 随电枢电流 I_a 的变化而变化,因此,Φ 与 I_a 的关系可用磁化曲线表示。

由于磁化曲线难以用准确的数学式表达,因此,可将它分为磁路不饱和区(曲线上 a 点以下)与磁路饱和区(曲线上 a 点以上)两段来加以讨论,如图 2.14 所示。

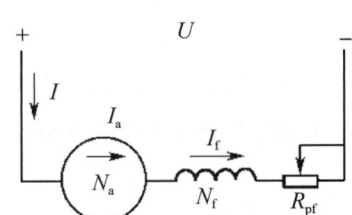
图 2.13 串励电动机接线图

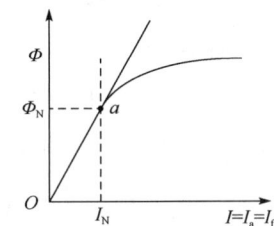
图 2.14 串励电动机磁化曲线

① 当磁路不饱和时,电压平衡方程式和转矩。

当磁路不饱和时,有

$$\Phi \propto I_a$$

即

$$\Phi = K_f I_a \tag{2-18}$$

式中,K_f 为常数。

电压平衡方程式为

$$U = E_a + I_a R \tag{2-19}$$

式中,$R = R_a + r_f + R_{pf}$。

电磁转矩为

$$T = C_T \Phi I_a = C_T K_f I_a^2 = C_T' I_a^2 \tag{2-20}$$

可见,当磁路不饱和时,$T \propto I_a^2$。串励电动机具有较大的启动转矩 T_s,过载能力强,可用于重载启动场合,特别适用于电力机车。

② 当磁路饱和时,Φ 变化很小($\Phi \approx$ 常数),有

$$T = C_T \Phi I_a$$

即

$$T \propto I_a \tag{2-21}$$

（3）若改变电枢电流 I_a 的方向，则 Φ 方向改变，T、n 方向不变，因此，串励电动机可交直流两用。

2.5.2 串励电动机的机械特性

当串励电动机磁路不饱和（轻载）时，因为有

$$\Phi = K_f I_a$$
$$T = C_T \Phi I_a = C_T K_f I_a^2 = C_T' I_a^2$$

所以

$$I_a = \sqrt{\frac{T}{C_T'}} \tag{2-22}$$

将式（2-18）、式（2-22）代入机械特性方程：

$$n = \frac{U}{C_e \Phi} - I_a \frac{R}{C_e \Phi} = \frac{U}{C_e K_f I_a} - I_a \frac{R}{C_e K_f I_a} = \frac{U}{C_e' I_a} - \frac{R}{C_e'} = \frac{U\sqrt{C_T'}}{C_e' \sqrt{T}} - B = \frac{A}{\sqrt{T}} - B \tag{2-23}$$

式中，$A = U\sqrt{C_T'}/C_e'$ ——常数；

$B = R/C_e'$ ——常数。

从式（2-23）可见，当串励电动机轻载时，即磁路不饱和，n 与 $\sqrt{T}$ 成反比，即 T 增大，n 迅速下降，机械特性为一双曲线，如图 2.15 中曲线 1 的 a 点以上部分所示。

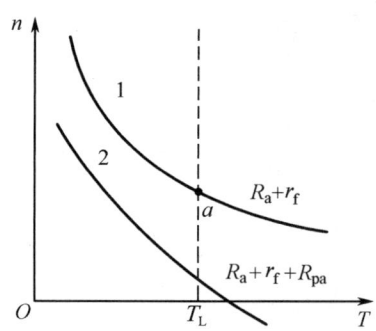

图 2.15　串励电动机机械特性

当串励电动机重载时，即磁路饱和，Φ 随 I_a 的增大而增大很少，如图 2.14 所示，Φ 可近似认为是常数，其机械特性为一向下倾斜的直线，与并励电动机特性相似，如图 2.15 中曲线 1 的 a 点以下部分所示。

综上所述，串励电动机的机械特性的特点如下：

（1）当负载增大时，I_a 增大，Φ 增大，T 增大，使转速 n 迅速降低，机械特性为一软特性。

（2）串励电动机电枢回路外串电阻 R_{pa} 越大，机械特性越软。

（3）当串励电动机理想空载时，$I_a = 0$，$\Phi = 0$，$T_L = 0$，此时 n_0 无穷大，但实际上，电动机总是存在很小的剩磁，空载转速 n_0 可达 $(5\sim6)n_N$，俗称"飞速"（飞车）现象，将造成电动机和传动机构损坏。

因此，串励电动机绝不允许空载启动和空载运行，通常要求所带负载转矩 T_L 不得小于额定转矩 T_N 的 1/4，且电动机与生产机械之间不得用皮带或链条连接，以免打滑或断裂，造成空载运行而发生事故。电动机与生产机械之间一般采用直轴或齿轮连接，这在生产中应特别注意。

本 章 小 结

1. 直流电机电动运行时，T 与 n 方向相同，T 起拖动作用；I_a 与 E_a 方向相反，$U > E_a$；平衡方程式为 $U = E_a + I_a R_a$，$T = T_2 + T_0$，$P_1 = P_2 + \Sigma P$，$P_2 = P_M - P_0$。

2. 并励电动机的工作特性是指当 $U = U_N$、$I_f = I_{fN}$、$R = R_a$ 时，$n = f(P_2)$、$T = f(P_2)$、$\eta = f(P_2)$ 的关系。

3. 直流电动机机械特性。当 U、R、Φ 均为常数时，转速 n 与转矩 T 的关系为 $n = f(T)$，机械特性方程式为

$$n = \frac{U}{C_e \Phi} - T \frac{R}{C_e C_T \Phi^2} \text{ 或 } n = \frac{U}{C_e \Phi} - I_a \frac{R}{C_e \Phi}$$

4. 固有机械特性是指当 $U = U_N$、$I_f = I_{fN}$、$R = R_a$ 时，$n = f(T)$ 的关系。人为机械特性是指 U、R、Φ 三个参数保持其中两个不变，当改变其中任意一参数时，$n = f(T)$ 的关系。因此，人为机械特性有 3 种。对于任何一台电动机而言，固有机械特性曲线只有唯一的一条，而人为机械特性曲线则有无限条。

5. 对于直流电动机，改变转矩，即实现反转有两种方法：一种是保持 I_a 方向不变，改变 Φ 的方向（将励磁绕组反接）；另一种是保持 Φ 方向不变，改变电枢电流 I_a 的方向（将电枢绕组反接），这种方法较常用。

6. 串励电动机的机械特性很软，它有较大的启动转矩和较强的过载能力，广泛用于电力机车中；但空载时将出现"飞车"现象，因此，轴上拖动的负载不得小于 $\frac{1}{4} T_N$。

习 题 2

一、填空题

2.1 直流电动机的基本方程式是指直流电动机稳定运行时电路系统的_____方程式、机械系统的_____方程式、能量转换过程中的_____方程式。

2.2 直流并励电动机的损耗有_____、_____、_____和_____4 种。直流电动机出现最高效率的条件是_____=_____。

2.3 根据生产机械负载转矩特性的不同，大致可将负载分为 3 类：_____负载、_____负载、_____负载。

2.4 直流电动机，当 $U = U_N$、$\Phi = \Phi_N$ 时，若电枢回路串入电阻 R_{pa} 越大，则_____不变，斜率 β _____，稳定性_____，损耗_____。

2.5 直流电动机，当 $\Phi = \Phi_N$、$R = R_a$ 时，若改变电源电压 U（U 越小），则 $n_0 \propto$ _____，β _____，Δn _____。

2.6 直流电动机，当 $U = U_N$、$R = R_a$ 时，若减小磁通 Φ，Φ 越小，则 n_0 _____，β 与 Φ^2 _____，n _____。

2.7 直流电动机实现反转有_____和_____两种方法,其中_____方法常被采用。

2.8 直流串励电动机的 I_____I_a_____I_f,当磁路不饱和时,T 与_____平方成正比;当磁路饱和时,T 与_____成正比。

2.9 直流串励电动机有较大的_____,常用于_____中;但不允许_____启动和_____运行,否则将造成_____。

2.10 当直流电机工作于电动状态时,有 3 个转矩作用在电机转轴上,分别是:_____,起_____作用;_____,起_____作用;_____,起_____作用。

二、选择题

2.11 直流电动机的转速特性是一条(　　)的曲线。
A. 微微上升　　　　B. 微微下降　　　　C. 与横轴平行

2.12 直流电动机的不变损耗是(　　)。
A. $P_2 + P_j$　　　　B. $P_{Fe} + P_j$　　　　C. $P_{Cu} + P_{Fe}$

2.13 当直流电机工作在电动状态时,其电压与电势的关系为(　　)。
A. $U = E_a$　　　　B. $U < E_a$　　　　C. $U > E_a$

2.14 直流电动机出现最高效率的条件是(　　)。
A. $P_{Cua} = P_0$　　　　B. $P_{Cua} < P_0$　　　　C. $P_{Cua} > P_0$

2.15 在直流电动机中,磁通 Φ 随电枢电流 I_a 的变化而变化的电动机是(　　)。
A. 直流并励电动机　　B. 直流他励电动机　　C. 直流串励电动机

2.16 直流电动机人为机械特性曲线与固有机械特性曲线平行,它是(　　)的人为机械特性。
A. 电枢回路外串电阻　B. 降低电源电压　　C. 减小磁通

2.17 直流串励电动机与生产机械可以采用(　　)连接。
A. 皮带　　　　　　B. 直轴　　　　　　C. 链条

2.18 直流电动机固有机械特性曲线有(　　)条。
A. 1　　　　　　　B. 2　　　　　　　C. 无限

2.19 直流并励电动机改变旋转方向常采用的方法是(　　)。
A. 励磁绕组反接　　B. 电枢反接　　　　C. 励磁绕组、电枢同时反接

三、判断题(正确的打√,错误的打×)

2.20 位能性负载 T_L 的方向始终随旋转方向变化。(　　)

2.21 反抗性负载 T_L 的方向始终随旋转方向变化。(　　)

2.22 对于直流并励电动机,当负载增大时,转速必将迅速下降。(　　)

2.23 若直流电机工作在电动状态,则电磁转矩 T 与转速 n 的方向始终相同。(　　)

2.24 直流并励电动机的实际空载转速等于理想空载转速。(　　)

2.25 对于一台接在直流电源上的并励电动机,把电源两个端头对调,电动机就会反转。(　　)

2.26 当直流串励电动机负载运行时,要求所带负载转矩不得小于 $(1/4)T_N$。(　　)

2.27 直流串励电动机转速不正常,经检查,发现电动机轻载运行,此时采用增大电枢回路外串电阻的方法,以达到增大负载电阻的目的。(　　)

2.28 一台直流并励电动机带额定负载运行,且在保持其他条件不变的情况下,若在励磁回路串入一定电阻,则电动机不会过载,其温升也不会超过额定值。(　　)

四、问答题

2.29 什么是直流电动机的工作特性？

2.30 什么是直流电动机的固有机械特性？人为机械特性有什么特点？

2.31 直流串励电动机有哪些特点？使用中应注意哪些问题？

2.32 直流电动机实现反转有哪些方法？画出直流并励电动机正、反转接线图。

2.33 常用生产机械的负载转矩特性有哪几种？

2.34 为什么串励电动机不能空载启动或空载运行？

五、计算题

2.35 一台并励直流电机并接于 220V 直流电网上运行，已知支路对数 $a=1$，磁极对数 $P=2$，电枢总导体数 $N=372$ 根，额定转速 $n_N=1500\text{r/min}$，每磁极磁通 $\Phi=1.1\times10^{-2}\text{Wb}$，电枢回路总电阻 $R_a=0.2\Omega$，励磁回路总电阻 $R_f=120\Omega$，铁耗 $P_{Fe}=362\text{W}$，机械损耗 $P_j=240\text{W}$，试求：

（1）此电机是发电机还是电动机运行状态？

（2）电机的电磁转矩 T。

（3）输入功率 P_1 和效率 η。

2.36 有一台并励电动机，$P_N=17\text{kW}$，$U_N=220\text{V}$，$n_N=3000\text{r/min}$，励磁回路电阻 $R_f=181.5\Omega$，电枢电阻 $R_a=0.144\Omega$，$I_N=88.9\text{A}$。试求：在额定负载下运行时，电枢回路串入电阻 $R_{pa}=0.15\Omega$ 时的转速 n。

2.37 一台并励电动机在 $U_N=220\text{V}$，$I_N=80\text{A}$ 的条件下运行，电枢回路电阻 $R_a=0.1\Omega$，励磁回路电阻 $R_f=90\Omega$，额定效率 $\eta_N=0.86$，试求：

（1）额定输入功率 P_1。

（2）额定输出功率 P_2。

（3）总损耗 ΣP。

（4）励磁回路铜耗 P_{Cuf}。

（5）电枢回路铜耗 P_{Cua}。

（6）机械损耗和铁耗之和 P_0。

2.38 一台并励直流电动机的额定功率 $P_N=15\text{kW}$，额定电压 $U_N=220\text{V}$，额定电流 $I_N=80\text{A}$，额定转速 $n_N=900\text{r/min}$，电枢电阻 $R_a=0.3\Omega$，励磁回路总电阻 $R_f=100\Omega$。试求：

（1）电动机刚接上电源瞬时的电枢电流 I_a。

（2）额定输入功率 P_{1N}。

（3）理想空载转速 n_0。

（4）额定效率 η_N。

（5）空载转矩 T_0。

（6）额定输出转矩 T_{2N}。

（7）额定电磁转矩 T_N。

第 3 章　直流电动机的启动、调速和制动

内容提要

- 直流电动机的启动性能、启动方法及特点。
- 直流电动机的不同调速方法及特点。
- 直流电机的电动状态与制动状态的本质区别，各种制动方法及特点。
- 直流电动机启动、调速、制动的不同方法在生产中的应用和注意事项。
- 直流电动机的故障判断及维修方法。

直流电动机的启动、调速和制动是在生产过程中完成一定的任务，以保证产品质量的重要途径。在电力拖动中，首先要让拖动生产机械的电动机转动起来；为满足不同产品的精度和生产工艺要求，有时需要人为地改变电动机的转速，有时又要求电动机迅速减速或及时准确停转，这就需要对电动机进行制动。因此，电动机的启动、调速、制动性能的好坏是衡量电力拖动运行性能的重要指标。本章主要介绍直流电动机的启动、调速、制动的原理、方法和特点。

3.1　直流电动机的启动

直流电动机从接入电网开始，转速 n 由静止升高到某一负载对应的稳定转速的过程称为启动过程，简称启动。

3.1.1　对直流电动机的启动性能的基本要求

启动瞬间，$n=0$，$E_a=0$，此时流过电动机的电流称为启动电流 I_s，对应的电磁转矩称为启动转矩 T_s。

为使电动机的启动性能达到最佳状态，要满足以下几点要求。
（1）必须产生足够大的启动转矩 T_s（$T_s>T_L$，电动机方能迅速启动）。
（2）启动电流 I_s 不能太大，以免烧毁电机绕组。
（3）启动时间 t_s 要短（实际启动时间只有几秒钟至几十秒钟）。
（4）启动设备要简单、可靠、便于操作。
其中，最主要的是启动电流 I_s 和启动转矩 T_s 的矛盾。

3.1.2　启动方法

直流电动机的启动方法有全压启动、降压启动、电枢回路串电阻启动 3 种。

1．全压启动（直接启动）

全压启动就是在直流电动机的电枢上加一额定电压（$U=U_N$）的启动方式。并励直流电动机的全压启动如图 3.1 所示。

为提高生产效率，应尽量缩短启动时间 t_s，要求电动机应有足够大的启动转矩 T_s，这就要求有足够大的磁通 Φ 和适当的启动电流 I_s。

因此，在启动瞬间，首先合上 QS_1，即励磁绕组 N_f 首先接通电源，并将励磁回路调节电阻 R_{pf} 调至零（$R_{pf}=0$），$I_f\uparrow$，使 Φ 升至最大值；然后将 QS_2 闭合，电枢绕组 N_a 加上电源，在此瞬间，由于机械惯性，电动机转速 $n=0$，所以 $E_a=0$，这时流过电枢的启动电流 I_s 即堵转电流 I_k：

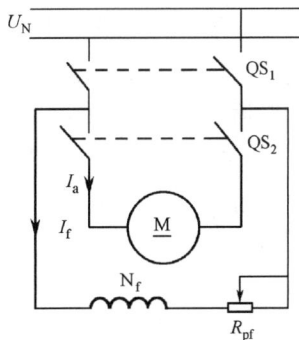

图 3.1 并励直流电动机的全压启动

$$I_s = \frac{U-E_a}{R_a} = \frac{U}{R_a} = I_k \tag{3-1}$$

由于电枢电阻 R_a 很小，所以 I_s 的数值可达 $(10\sim 50)I_N$。

例 3.1 一台 ZZJ－82 型电动机，$P_N=100\text{kW}$，$U_N=220\text{V}$，$n_N=1200\text{r/min}$，$I_N=500\text{A}$，$R_a=0.0123\Omega$，试求：启动电流 I_s 是额定电流 I_N 的多少倍？

解： $I_s = U_N/R_a = 220/0.0123 \approx 17886.18(\text{A})$

$I_s/I_N = 17886.18/500 \approx 36$

可见，启动电流约为额定电流的 36 倍。过大的启动电流将造成以下结果。

（1）电网电压波动过大，影响接在同一电网中的其他用电设备的正常工作。

（2）使电动机换向恶化，在换向器与电刷之间产生强烈火花或环火，同时造成电枢绕组被烧毁。

（3）启动转矩 T_s（$T_s = C_T\Phi I_s$）过大将使生产机械和传动机构受到强烈冲击而损坏。

因此，除极小容量直流电动机（如家用电器采用的某些直流电动机）外，一般不允许全压启动，并规定启动电流 $I_s \leqslant (1.5\sim 2.5)I_N$。

从 $I_s = U_N/R_a$ 可见，为了限制 I_s，可采用降压启动和电枢回路串电阻的方法启动直流电动机。

2．降压启动

在启动瞬时（$n=0$，$E_a=0$），将加于电动机电枢两端的电压 U 降低，以限制启动电流 $I_s = U\downarrow/R_a \leqslant (1.5\sim 2.5)I_N$，从而获得足够大的启动转矩（$T_s > T_L$）。

随着 n 的升高，电势 E_a 逐渐增大（$E_a\uparrow$）$\to I_s\downarrow \to T_s\downarrow$，为保证 T_s 足够大，在启动过程中，电压 U 必须逐渐升高，直到 $U\uparrow = U_N$，电动机进入稳定运行状态，启动结束。目前，多采用晶闸管整流装置来自动实现电压的控制。

3．电枢回路串电阻启动

（1）电枢回路串电阻 R_s 启动原理。当励磁电流 $I_f = I_{fN}$ ＝常数，且外加电压 $U = U_N$

（恒定）时，在电枢回路串入一适当电阻 R_s 以限制启动电流 $I_s \approx (1.5 \sim 2.5)I_N$，如图 3.2 所示。因为
$$I_s = U_N/(R_a + R_s)$$
所以，在启动过程中，由 I_s 产生的 T_s 大于 T_L，从而使 $n\uparrow \to E_a\uparrow \to I_s\downarrow \to T_s\downarrow$，电动机加速作用逐渐减弱，延长了启动时间。为使启动时保持匀加速状态，要求在启动过程中，启动电流 I_s 和启动转矩 T_s 保持不变，为此，随着 n 的升高，启动电阻 R_s 应均匀减小（切除）。但是，实际中是难以实现均匀切除 R_s 的，常将启动电阻 R_s 分成 2~4 段（m=2~4）来逐级切除。

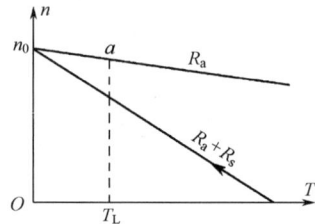

图 3.2 启动时机械特性

（2）分级启动过程。图 3.3 为电阻分 3 级（m=3）切除的启动接线图和机械特性曲线。其中，R_{s1}、R_{s2}、R_{s3} 为各级串入的启动电阻，KM、KM_1、KM_2、KM_3 为分级切除各段电阻接触器的常开触点，如图 3.3（a）所示，通过时间继电器来控制 KM_1、KM_2、KM_3 按要求依次闭合。

① 在电动机启动开始瞬间，接触器 KM 闭合，这时电枢绕组和励磁绕组两端加额定电压 $U = U_N = U_{fN} \to I_{fN} \to \Phi_N$（保证磁通 Φ 达到最大值）；KM_1、KM_2、KM_3 断开，此时电枢回路串入全部电阻，$R_3 = R_a + R_{s1} + R_{s2} + R_{s3}$，得对应的机械特性曲线 aA，如图 3.3（b）所示，最大启动电流 $I_{s1} = U_N/R_3 \approx (1.5 \sim 2.5)I_N$，由 I_{s1} 产生的启动转矩 T_{s1} 大于 T_L，电动机从 a 点开始启动并沿曲线 aA 逐渐加速。

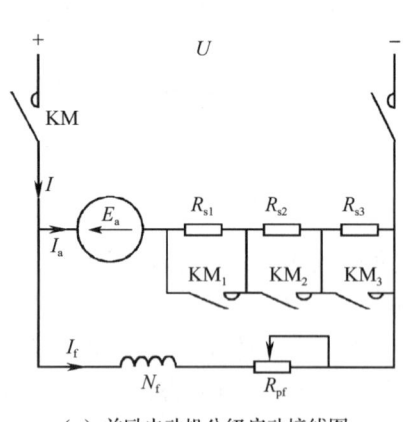

（a）并励电动机分级启动接线图

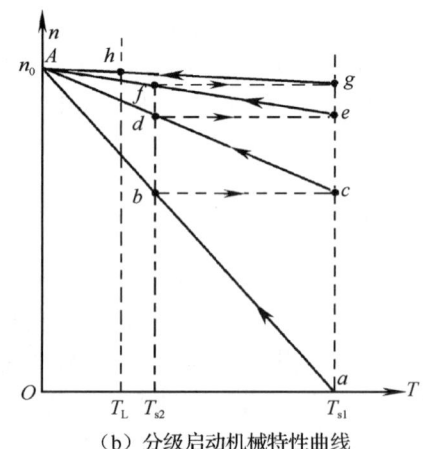

（b）分级启动机械特性曲线

图 3.3 启动接线图和机械特性曲线

② 当转速 n 沿曲线 aA 上升至 b 点时，E_a 升至 E_b，启动电流 I_s 逐渐减小，转矩 T_s 减小

至 T_{s2}，如图 3.3（b）中的 b 点所示。这时 KM_3 闭合，电阻 R_{s3} 被切除，电枢回路电阻为 $R_2 = R_a + R_{s1} + R_{s2}$，得相应机械特性曲线 cA。在电阻 R_{s3} 切除瞬间，由于机械惯性，n 保持不变（$n = n_b = n_c$），电势 $E_b = E_c$ 保持不变，因而电枢电流从 I_{s2} 突增至 I_{s1}，转矩 T_{s2} 成正比例突增至 T_{s1}（启动电阻需要选择适当），运行点由 b 点过渡到 c 点，c 点对应的转矩 $T_{s1} > T_L$，转速 n 便从 c 点沿特性曲线 cA 继续升至 d 点。

③ 当转速 n 升至 d 点时，启动电流又减小至 I_{s2}，当启动转矩减小至 T_{s2} 时，KM_2 闭合，电阻 R_{s2} 被切除，电动机运行点从 d 点过渡到特性曲线 eA 的 e 点，继续加速，依次类推。只要 I_{s1} 和 I_{s2} 选择适当，当切除最后一段电阻 R_{s1} 后，电动机转速应过渡到固有机械特性曲线 g 点，并加速至 h 点稳定运行，此时 $n = n_h$，$T = T_L$，启动过程结束。

从图 3.3（b）可见，转速 n 的变化过程为 $a \nearrow b \to c \nearrow d \to e \nearrow f \to g \nearrow h$，既保证了电动机有较大的启动转矩 T_s，又限制了启动电流 I_s，获得了较好的启动性能。

应该注意：在分级启动时，每级的 T_{s1}（或 I_{s1}）和 T_{s2}（或 I_{s2}）应分别相等，通常取 $T_{s1} \approx (1.5 \sim 2.5) T_N$，$T_{s2} \approx (1.1 \sim 1.2) T_N$，只有这样，才能使电动机有较均匀的加速度；各段电阻值的计算可参考其他相关资料。

3.2 直流电动机的调速

对于许多生产机械，为满足生产工艺要求，常需要改变工作速度，这就要求拖动生产机械的电动机的速度在一定范围内可调。电动机调速是指在负载转矩 T_L 不变的情况下，根据 $n = \dfrac{U}{C_e \Phi} - T \dfrac{R}{C_e C_T \Phi^2}$，人为地改变 R、U、Φ 中任意一参数值，从而改变电动机的转速。直流电动机调速的方法有电枢回路串电阻、降低电源电压、改变磁通 3 种。

1. 调速指标

常通过调速指标来衡量调速性能的优劣。

（1）调速范围 D。调速范围是指电动机拖动额定负载（$T_L = T_N$）时能达到的最高转速 $n_{\max}$ 与最低转速 $n_{\min}$ 之比，即

$$D = n_{\max} / n_{\min} \tag{3-2}$$

不同的生产机械对调速范围的要求不同，如车床 $D \approx 20 \sim 100$，龙门刨床 $D \approx 10 \sim 40$，轧钢机 $D \approx 3 \sim 10$，若要增大调速范围，则只能设法提高 $n_{\max}$ 或降低 $n_{\min}$。

（2）调速的相对稳定性（静差率 $\delta\%$）。调速的相对稳定性是指当负载（T_L）变化时，电动机转速 n 随之变化的程度。工程上常用静差率 $\delta\%$ 来衡量相对稳定性。静差率是指电动机在某一机械特性上运行时，从理想空载 $T_L = 0$ 增至额定负载 $T_L = T_N$ 所产生的转速降 Δn 与理想空载转速 n_0 之比，即

$$\delta\% = \dfrac{\Delta n_N}{n_0} \times 100\% = \dfrac{n_0 - n_N}{n_0} \times 100\% \tag{3-3}$$

可见，静差率与机械特性硬度有关，在相同 n_0 的情况下，机械特性越硬，静差率就越小，相对稳定性就越好。

（3）调速的平滑性（平滑系数 φ）。调速的平滑性用两个相邻调速（如 i 级与 $i-1$ 级）的转速之比来衡量，以平滑系数 φ 表示，即

$$\varphi = n_i / n_{i-1} \tag{3-4}$$

在调速范围内，调速的级数越多，级差就越小，φ 就越接近于1，平滑性就越好，称为无级调速；若调速级数少，则 φ 值较大，转速只能跳跃式变化，称为有级调速。

（4）调速的经济性。调速的经济性是指调速设备的投资、电路损耗费和维护费等经济效果的综合评价。

2．并（他）励直流电动机电枢回路串电阻调速

直流电动机电枢回路串电阻调速接线图如图 3.4（a）所示。

（1）调速前，$U = U_N$，$\varPhi = \varPhi_N$，电枢回路电阻 $R = R_a$，这时 $T = T_L$，转速 $n = n_a$，电动机稳定运行于固有机械特性曲线 1 与负载转矩 T_L 特性曲线相交的 a 点，如图 3.4（b）所示。

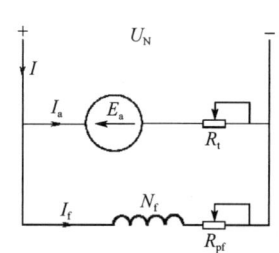
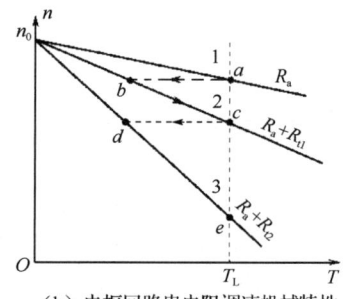

（a）直流电动机电枢回路串电阻调速接线图　　（b）电枢回路串电阻调速机械特性

图 3.4　电枢回路串电阻调速

（2）当保持 $U = U_N$，$\varPhi = \varPhi_N$ 不变时，在电枢回路中串入电阻 R_t，得人为机械特性曲线 2，由于机械惯性，转速来不及变化，但工作点从 a 点沿箭头方向过渡到人为特性曲线 2 的 b 点，$n = n_a = n_b$，此时 b 点对应的电流 I_b 和转矩 T_b 减小了，$T = T_b < T_L$，使电动机沿人为机械特性曲线2箭头方向减速。随着 n 的下降，E_a 下降，I_a 和 T 又不断增大，直至 $T = T_L$，电动机稳定运行于人为机械特性曲线 2 与负载转矩 T_L 特性曲线相交的 c 点，$n = n_c < n_a$。可见，当负载（T_L）不变时，调速前后（稳定时）电动机的电磁转矩 T 不变，电枢电流 $I_a = T/C_T \varPhi_N$ 也保持不变。

（3）电枢回路串电阻调速，转速只能从额定转速往下调，因此 $n < n_N = n_{max}$，其调速范围为 $D = n_N / n_{min}$，一般 $D < 2$。

（4）电枢回路串电阻调速的特点如下：

① 设备简单，操作方便。

② 串入电阻 R_t 越大，机械特性越软，低速运行时稳定性越差。

③ 当电机空载或轻载时，几乎没有调速作用。

④ 串入电阻 R_t 越大，转速越低，损耗越高，不经济。

⑤ 串入电阻 R_t 越大，调速的平滑性越差。

⑥ 外串电阻 R_t 只能分段调节，不能实现无级调速。

电枢回路串电阻调速只适用于对调速性能要求不高的中小功率电机中，而大功率电机不宜采用。

注意：调速电阻 R_t 是按长期工作设计的，而启动电阻 R_s 是按短期工作设计的，因此，启动电阻 R_s 不能作为调速电阻 R_t 使用。

3．降低电源电压调速

降低电源电压调速适用于他励电动机。当保持 $\Phi = \Phi_N$，$R = R_a$（$R_t = 0$ 不变）时，降低电源电压 U，可以调节电动机转速。

（1）如图 3.5 所示，调速前，$\Phi = \Phi_N$，$R = R_a$，$U = U_N$，电动机工作于固有机械特性曲线1与负载转矩 T_L 特性曲线相交的 a 点，$T = T_L$，转速 $n = n_a$，稳定运行。

（2）当保持 $\Phi = \Phi_N$，$R = R_a$ 不变时将电源电压从 U_N 突然降至 U_2 时，机械特性曲线平行下移，由于机械惯性，n 瞬时保持不变，E_a 不变，但工作点从 a 点沿箭头方向过渡到人为机械特性曲线 2 的 b 点，此时 $I_a = \dfrac{U\downarrow - E_a}{R_a} \downarrow \to T \downarrow$

（$T = C_T\Phi_N I_a$）$= T_b < T_L$，电动机转速 $n \downarrow$。

（3）随着 $n \downarrow \to E_a \downarrow \to I_a \uparrow \to T \uparrow$，直至 $T = T_c = T_L$，电动机以较低转速 $n = n_c$ 稳定运行于人为机械特性曲线 2 与负载转矩 T_L 特性曲线相交的 c 点（$n = n_c < n_a$）。

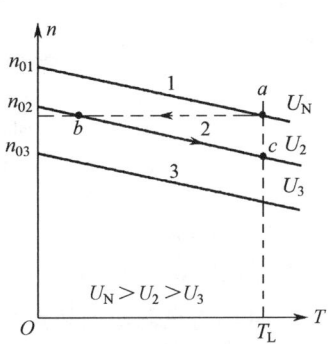

图 3.5　他励电动机降低电源电压调速机械特性

若升高电压，则固有机械特性曲线平行上移，转速从额定转速向上调，但受到电动机绝缘的限制，调压只宜从额定电压向下调，即 $n < n_N = n_{max}$。

（4）降低电源电压调速的特点如下：

① 平滑性好，可实现无级调速。
② 转速降 Δn 不变，n_0 变小，机械特性硬度不变，稳定性好。
③ 属于恒转矩调速。
④ 损耗小，经济性好。
⑤ 需要专用的可变电源，价格较贵，目前多采用输出电压连续可调的晶闸管整流电路。

降低电源电压调速广泛应用于调速性能要求较高的电力拖动系统中。

4．改变磁通 Φ 调速（改变励磁电流 I_f 调速）

当保持 $U = U_N$，$R = R_a$，$R_t = 0$ 不变时，可以通过增大励磁回路电阻 R_{pf}，减小励磁电流 I_f 来减弱磁通 Φ，从而调节电动机的转速，称弱磁调速。由于在额定状态（$\Phi = \Phi_N$）下，电动机磁路已经饱和，所以若再想增强磁通 Φ，则 I_f 会增大很多，而 Φ 则变化很小，效果不明显。因此，一般都从 Φ_N 往下调。图 3.6 表示的是直流并励电动机通过改变磁通来调速。其中，弱磁调速电路图如图 3.6（a）所示。

（1）调速前，$U = U_N$，$R = R_a$，$\Phi = \Phi_N$，$T = T_L$，$n = n_a$，电动机工作于固有机械特性曲线1与负载转矩 T_L 特性曲线相交的 a 点，如图 3.6（b）所示。

（2）当保持 $U=U_N$，$R=R_a$ 不变时，突然将磁通从 Φ_N 调至 Φ_1（$\Phi_N>\Phi_1$），机械特性曲线如图 3.6（b）所示。由于惯性，转速 n 来不及变化，运行点由曲线 1 的 a 点过渡到人为机械特性曲线 2 的 b 点，$T>T_L$（$\Phi\downarrow\to E_a\downarrow\to I_a\uparrow=\dfrac{U_N-E_a\downarrow}{R_a}\to T\uparrow$），电动机便沿曲线 2 加速。

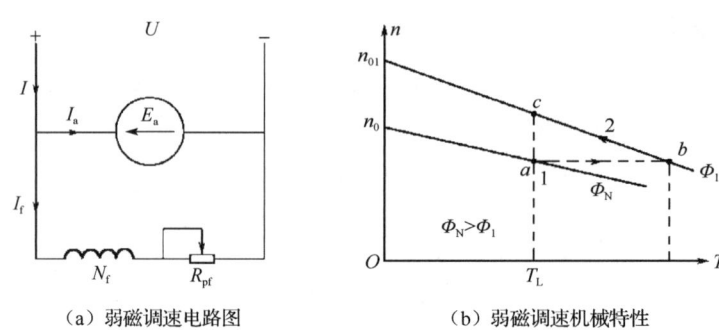

(a) 弱磁调速电路图　　　　　　(b) 弱磁调速机械特性

图 3.6　直流并励电动机通过改变磁通来调速

（3）随着 $n\uparrow\to E_a\uparrow\to I_a\downarrow\to T\downarrow$，直至 $T=T_c=T_L$，电动机以较高转速稳定运行于新的稳定点 c（$n=n_c>n_a$）。

（4）弱磁调速的特点如下：

① 调速平滑，可无级调速。

② 弱磁调速在励磁回路中进行调节，功率损耗低，控制方便。

③ 一般从额定转速往上调速，即 $n>n_N=n_{\min}$，而上限又受机械强度的限制，因而调速范围不大，一般 $D\approx1\sim2$。

例 3.2　一台他励直流电动机的 $P_N=55\text{kW}$，$U_N=220\text{V}$，$I_N=280\text{A}$，$n=635\text{r/min}$，$R_a=0.044\Omega$，带额定负载（$T_L=T_N$）运行，试求：

（1）若要使电动机转速 $n=400\text{r/min}$，则电枢回路应串入多大电阻 R_t？

（2）采用降低电源电压调速，若使电动机转速降为 $n=400\text{r/min}$，则电压 U 应降至多少？

（3）将磁通调为 $\Phi=0.8\Phi_N$，电动机转速 n 将升至多高？能否长期运行？

解：$C_e\Phi_N=\dfrac{U_N-I_NR_a}{n_N}=\dfrac{220-280\times0.044}{635}\approx0.327$

（1）因为

$$C_e\Phi_N n_N=U_N-I_N(R_a+R_t)$$

所以

$$R_t=\dfrac{U_N-C_e\Phi_N n_N}{I_N}-R_a=\dfrac{220-0.327\times400}{280}-0.044\approx0.275\ (\Omega)$$

（2）采用降低电源电压调速，调速前后负载不变，磁通不变，即 $\Phi=\Phi_N$，电枢电流不变，即 $I_a=I=I_N$，根据电压平衡方程式 $U=E_a+I_NR_a$，可得

$$U=C_e\Phi_N n+I_NR_a=0.327\times400+280\times0.044=143.120\ (\text{V})$$

（3）当 $\Phi=0.8\Phi_N$ 时，若负载不变，调速前后转矩不变，即 $C_T\Phi_N I_N=0.8C_T\Phi_N I_a'$，则有

① 调速后电枢电流为

$$I'_a = \frac{C_T \Phi_N}{0.8 C_T \Phi_N} I_N = \frac{1}{0.8} \times 280 = 350 \text{ (A)}$$

由于 $I'_a > I_N$，所以不能长期运行。

② 调速后电动机转速为

$$n = \frac{U_N}{0.8 C_e \Phi_N} - I'_a \frac{R_a}{0.8 C_e \Phi_N} = \frac{220}{0.8 \times 0.327} - 350 \times \frac{0.044}{0.8 \times 0.327} \approx 782 \text{ (r/min)}$$

3.3 直流并（他）励电动机的制动

3.3.1 制动与电动的区别

直流电机大多数情况下工作于电动状态，将电能转换成机械能，电磁转矩 T 与转速 n 方向相同，T 起拖动作用，机械特性位于一、三象限。但在许多生产机械中，为提高生产率和产品质量、保证设备和人身安全，常需要电动机迅速准确地停转（或迅速反转），或者从高速迅速降为低速。若断开电枢电源，则电动机转速会降下来，最后停车，但拖延了停车时间，如电车的迅速刹车、起重机起吊重物的平稳下放，这就要求电动机产生一个与旋转方向相反的电磁转矩 T，起制动作用，电动机工作在制动状态，机械特性位于二、四象限。

常用的电气制动方法有 3 种：能耗制动、反接制动、回馈制动。下面分别加以介绍。

3.3.2 能耗制动

1. 实现能耗制动的方法

一台正在运行的电动机，保持励磁电流 I_f 不变，突然将电枢绕组从电源断开，$U=0$，并迅速将一制动电阻 R_z 与电枢绕组连接成一闭合回路，电机便进入能耗制动状态，其接线图如图 3.7（a）所示。

（1）将图 3.7（a）中的 QS 合于 1，电机处于电动状态，T 与 n 的方向相同，电势 E_a、电流 I_a、转矩 T、转速 n 的方向如图 3.7（a）中的实线箭头所示，电动机工作于固有机械特性曲线与负载转矩 T_L 特性曲线相交的 a 点，$n=n_a$，稳定运行，如图 3.7（b）所示。

（2）制动时，保持励磁电流 I_f 大小、方向均不变，即 $\Phi = \Phi_N$，其大小、方向均不变，将 QS 从 1 断开，迅速合于 2，电枢与制动电阻 R_z 形成闭合回路。由于机械惯性的作用，在此瞬时，转速 n 的大小、方向不变，所以电势 $E_a = C_e \Phi_N n$ 的大小、方向与电动状态时的相同。这时 $U=0$，电枢电流为

$$I_a = \frac{U - E_a}{R_a + R_z} = \frac{-E_a}{R_a + R_z} \tag{3-5}$$

可见，电枢电流 I_a 为负值，与电动状态时相反，由此产生的转矩 T 也随之反向，即 T 为负值，如图 3-7（a）中的虚线箭头所示，T 与 n 的方向相反而起制动作用，将拖动系统

中储存的动能转换成电能,消耗在电枢回路的电阻(R_a+R_z)上,直到停转,故称为能耗制动。

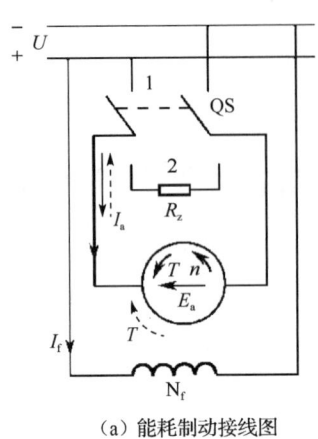
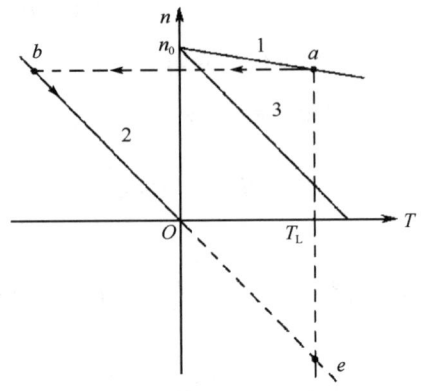

(a) 能耗制动接线图　　　　　　　　　(b) 能耗制动机械特性

图 3.7　能耗制动接线图及机械特性

2. 能耗制动的机械特性

将 $U=0$,$R=R_a+R_z$ 代入式 $n=\dfrac{U}{C_e\Phi_N}-T\dfrac{R}{C_eC_T\Phi_N^2}$,得能耗制动机械特性方程式:

$$n=\dfrac{0}{C_e\Phi_N}-T\dfrac{R_a+R_z}{C_eC_T\Phi_N^2}=0-T\dfrac{R_a+R_z}{C_eC_T\Phi_N^2} \tag{3-6}$$

由于 T 为负值,所以 n 为正,故能耗制动机械特性曲线是通过原点且位于第二象限的一条直线,如图 3.7(b)中的曲线 2 所示,其实质就是当 $U=0$ 时电枢回路串电阻的人为机械特性曲线。

制动前,电动机工作于固有机械特性曲线 1 的 a 点,$n=n_a$,制动开始瞬间,n 不能突变,转速便从 a 点过渡到能耗制动特性曲线 2 的 b 点,在 T 与 T_L 的共同作用下,迫使电动机转速沿 bO 曲线减速。当 $n\downarrow$、$E_a\downarrow$、$I_a\downarrow$、$T\downarrow$ 直至 O 点时,$n=0$、$E_a=0$、$I_a=0$、$T=0$,电动机停转,制动结束。

若拖动的是位能性负载,则在 O 点,虽 $T=0$,但在负载转矩 T_L 的作用下,倒拉着电动机开始反转,从 O 点沿机械特性虚线 Oe 加速至 e 点而进入稳定能耗制动状态。由于 n 反向,所以 E_a、I_a、T 也随之反向。

由于 $I_a=I_z=\dfrac{E_a}{R_a+R_z}$,为避免过大的制动电流 I_z 和制动转矩 T 对电动机及拖动系统造成损伤,常要求制动电流不得超过 $(2\sim 2.5)I_N$,故制动电阻应为

$$R_z\geqslant \dfrac{E_a}{I_z}-R_a \tag{3-7}$$

式中,R_z——制动电阻(Ω);

I_z——制动电流(A)。

3.3.3 反接制动

直流电动机反接制动分为电枢电源反接制动和倒拉反接制动两种。

1. 电枢电源反接制动

（1）电枢电源反接制动实现的条件。电枢电源反接制动实现的条件是保持Φ_N的大小、方向不变，将电源电压U反极性接到电枢两端，同时电枢应串接一制动电阻R_z，如图 3.8（a）所示。

（2）电枢电源反接制动过程。

① 如图 3.8（a）所示，当 KM、KM_1闭合，KM_2断开时，电机处于电动状态，这时转速n、电势E_a的方向如图中实线箭头所示，电流I_a、电磁转矩T的方向如图中实线箭头所示，电机工作于固有机械特性曲线与负载转矩T_L特性曲线相交的a点稳定运行，如图 3.8（b）所示。

② 当保持Φ_N的大小、方向不变时，将 KM、KM_1断开，KM_2闭合。这时，n、E_a的方向不变，而由于U_N反向，所以$I_a\left(I_a=\dfrac{-U_N-E_a}{R_a}\right)$与电动状态时相反而变为负值，由此产生的电磁转矩（$T=C_T\Phi_N I_a$）的方向改变，为一负值，如图 3.8（a）中的虚线箭头所示，T与n方向相反而起制动作用。

（3）反接制动电阻R_z。反接制动时，U_N为负值，即U_N与E_a方向相同，电枢绕组承受的电压为$U_N+E_a\approx 2U_N$，制动电流I_z很大，导致电动机绕组烧毁。因此，在反接制动时，KM 应同时断开，即电枢回路串入R_z，以限制电枢电流$I_z=I_a\leqslant(2\sim2.5)I_N$。制动电阻为

$$R_z\geqslant\frac{U_N}{I_z}-R_a \tag{3-8}$$

（4）反接制动时的机械特性。反接制动时，由于n的方向不变，T为一负值，故反接制动机械特性曲线位于第二象限，如图 3.8（b）所示。

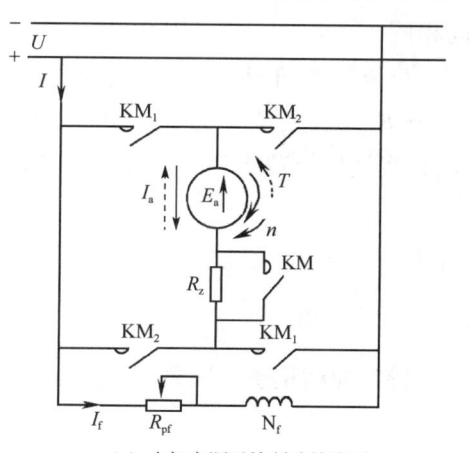

(a) 电枢电源反接制动接线图　　　　(b) 电枢电源反接制动机械特性曲线

图 3.8　电枢电源反接制动

在电动状态下，电机工作于固有机械特性曲线 1 的 a 点；反接制动时，由于惯性，n 不能突变，工作点便从 a 点过渡到反接制动特性曲线 2 的 b 点，b 点对应的电磁转矩 T 为负值，且与 n 方向相反而起制动作用，转速沿曲线 2 的箭头方向减速，直至 $n=0$，制动结束，此时应立即切断电源，否则电机将反向启动。

2．倒拉反接制动

（1）倒拉反接制动实现的条件。倒拉反接制动时，电机拖动的必须是位能性负载 T_L，其接线与电动状态下的接线相同，只是在电枢回路中串入一足够大的电阻 R_z，从而使电机进入倒拉反接制动状态。

（2）倒拉反接制动过程。

① 如图 3.9 所示，KM 闭合，电机处于电动状态，工作于固有机械特性曲线 1 与负载转矩 T_L 特性曲线相交的 a 点，如图 3.8（b）中的曲线 1 所示，a 点对应的 $T=T_L$，$n=n_a<n_0$，重物向上提升。

② 保持电机接线方式不变，若 KM 突然断开，则电枢回路便串入足够大的电阻 R_z。由于惯性，瞬间转速来不及改

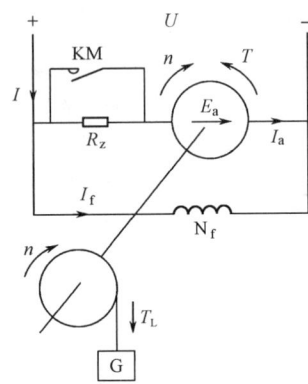

图 3.9 倒拉反接制动接线图

变，工作点便从曲线 1 的 a 点过渡到人为机械特性曲线 3 的 d 点，如图 3.8（b）中的曲线 3 所示，d 点对应的转矩 $T_d<T_L$，转速 n 便沿人为机械特性曲线 3 下降，这属于电机减速状态。

③ 当 n 下降至 $n=0$ 时，$T=T_f$（制动时转轴的摩擦转矩）$<T_L$，电机便在位能性负载转矩 T_L 的作用下，倒拉着电枢沿相反方向旋转，电机由原来提升重物变为下放重物。由于转速方向为负值（$-n$），所以 E_a 为负值，而电源电压 U 的方向不变，因此，电枢电流为

$$I_z = I_a = \frac{U_N - (-E_a)}{R_a + R_z} = \frac{U_N + E_a}{R_a + R_z} > 0 \qquad (3-9)$$

式中，I_z——制动时的电枢电流（A）；

E_a——制动时的电势，与电源电压 U 方向相同。

由于电流 I_z 为正值，所以转矩 T 为正值，T 与（$-n$）方向相反而起制动作用。

④ 随着电机在重物作用下反向加速，即 $n\uparrow \to E_a\uparrow \to I_z\uparrow \to T\uparrow$，当转速反向加速至 e 点时，$n=n_e$，$T=T_e=T_L$，电机便以 $n=n_e$ 的稳定速度下放重物。f 点以后处于第四象限，属于电机制动状态。

（3）倒拉反接制动的机械特性。倒拉反接制动机械特性方程式为：

$$n = \frac{U_N}{C_e \Phi_N} - T\frac{R_a + R_z}{C_e C_T \Phi_N^2} = n_0 - \Delta n \qquad （3-10）$$

由于 R_z 足够大，导致 $\Delta n > n_0$，所以 n 为负值，特性曲线位于第四象限。R_z 越大，制动时稳定转速就越高。

倒拉反接制动时，电机一方面从电网吸收电功率，另一方面又同时吸收拖动系统的位能并将其转换成电能，全部消耗在电枢回路电阻（R_a+R_z）上，因此这种方法最不经济。

3.3.4 回馈制动（再生发电制动）

1. 回馈制动实现的条件

保持电机电动状态接线不变，由于外界的原因，如电车下坡或起重机下放重物，使电机的转速 n 高于理想空载转速 n_0，电机处于回馈制动状态。

2. 回馈制动的过程

（1）当电机拖着电车在平路上行驶时，如图 3.10（a）所示，电机必须克服摩擦转矩 T_f，即 $T=T_f$，电机稳定运行于固有机械特性曲线 1 与负载转矩 T_L 特性曲线相交的 a 点，如图 3.10（b）所示，此时 $U>E_a$，$n_0>n$，电机运行于电动状态。

（2）当电车下坡时，T_f 仍然存在，但车重成为位能性负载，产生一负载分转矩 $-T_{L1}$，与 n 方向相同，变为拖动转矩，且 $|-T_{L1}|>T_f$，这时合成转矩 $T_L=T_{L1}+T_f<T_{L1}$，T_L 为负值，参与拖动，此时 $T+T_L>T_f$，于是电机加速。

（3）当 $n\uparrow \rightarrow E_a\uparrow$ 时，则 $I_a\downarrow \rightarrow T\downarrow$。当 $n\uparrow=n_0$ 时，$E_a\uparrow=U_N$，$I_a\downarrow=0$（$I_a=\dfrac{U_N-E_a}{R_a}$），$T=0$，属于电机加速运动。尽管 $T=0$，但 T_L 仍然存在，且 $T_L>T_f$，在 T_L 的作用下，电机将继续加速。

（4）当 $n\uparrow>n_0$ 时，$E_a\uparrow>U_N$，I_a 变为负值，T 变为负值，即改变了方向。这时，T 与 n 方向相反而抑制转速继续上升，当 $T=T_L$ 时，电机便稳定运行于 b 点，如图 3.10（b）所示，机械特性位于第二象限，电机处于制动状态。

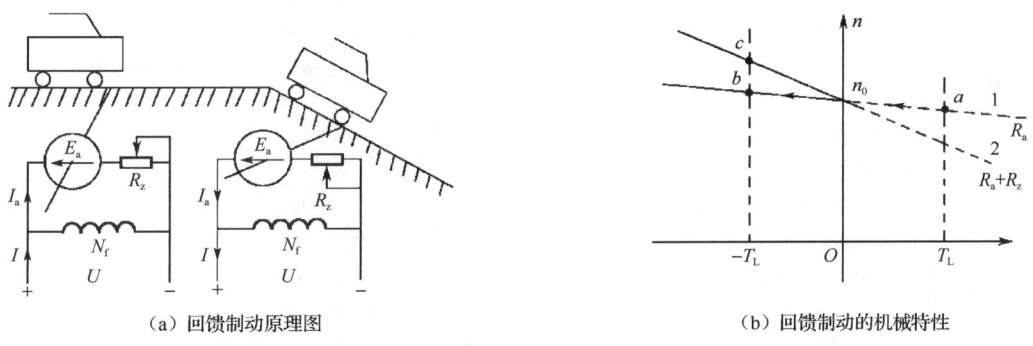

（a）回馈制动原理图　　　　（b）回馈制动的机械特性

图 3.10　回馈制动原理图和机械特性

回馈制动利用位能通过电动机转换成电能，一部分电能消耗在电枢回路电阻（R_a+R_z）上，另一部分电能反馈给电网，故称回馈制动，因为实际电机工作在发电状态，所以又称再生发电制动。它是最经济的一种制动方法。

3.4 直流电动机的故障判断及维修方法

直流电动机在拖动生产机械的过程中，不可避免地会发生各种各样的故障，而发生故障的原因较为复杂，并且互相影响。当直流电动机发生故障时，首先要对电动机的电源、线路、辅助设备和电动机所带负载进行仔细的检查，观察它们是否正常；然后从电动机机械方面加以检查，如检查电刷架是否松动、电刷接触是否良好、轴承转动是否灵活等。就直流电动机的内部故障来讲，大多数故障是从换向火花增大和运行性能异常反映出来的，因此，要分析故障产生的原因，就必须仔细观察换向火花的显现情况和运行时出现的其他异常情况，通过认真分析，根据直流电动机内部的基本规律和积累的经验做出判断，查找原因。表3.1列出了直流电动机的常见故障、故障原因及维修方法，以供读者参考。

表3.1 直流电动机的常见故障、故障原因及维修方法

故障现象	故障原因	维修方法
电刷火花过大	(1) 电刷与换向器接触不良 (2) 各排电刷位置不在相对一条直线上 (3) 电刷位置不在几何中心线上 (4) 刷握松动或装置不正 (5) 电刷与刷握配合太紧 (6) 电刷压力大小不当或不匀 (7) 电刷磨损过度 (8) 所用电刷牌号和尺寸不符合原电动机的要求 (9) 电刷分布不均匀 (10) 电刷之间的电流分布不均匀 (11) 刷杆或刷杆座接地 (12) 换向器表面有油污或灰尘 (13) 换向片间的云母凸出 (14) 换向器不圆或个别换向片凸出 (15) 换向片间有短路 (16) 电动机过载 (17) 电动机运行不平稳，发生振动 (18) 换向极绕组短路 (19) 换向极绕组接反 (20) 电枢线圈接线错误	(1) 重新研磨电刷，清扫接触面 (2) 调整电刷 (3) 调整刷杆座或刷杆 (4) 紧固或纠正刷握装置 (5) 按技术要求研磨电刷 (6) 调整刷握弹簧压力或更换刷握 (7) 更换同牌号新电刷 (8) 按要求更换新电刷 (9) 校正电刷，使其等分 (10) 查找原因，给予调整 (11) 查出接地点，做绝缘处理 (12) 清扫或研磨换向器表面 (13) 将换向器刻槽、倒角再研磨 (14) 重新车光、车圆换向器表面 (15) 查出短路点并修理 (16) 减轻负载 (17) 校正电枢平衡，紧固地脚螺栓 (18) 检查换向极，对短路处的绝缘进行处理 (19) 纠正接线 (20) 改正接线
电动机不能启动	(1) 熔断器熔体熔断 (2) 电源线断线或接触不良 (3) 负载过重 (4) 启动电流太小 (5) 电刷接触不良 (6) 电枢开路或短路 (7) 励磁回路断路	(1) 更换熔体 (2) 找出并修复故障点 (3) 减轻负载 (4) 检查所用启动器是否合适 (5) 调整弹簧压力，改善接触面 (6) 找出故障点给予修复 (7) 找出断路点给予修复，或者更换励磁绕组
电动机转速不正常	(1) 串接磁场绕组接反 (2) 电枢或磁场绕组短路 (3) 磁场线圈断路或接线接触不良 (4) 励磁回路电阻过大 (5) 启动器接线接触不良或接线错误 (6) 串接电动机轻载或空载运行 (7) 电刷不在正常位置 (8) 励磁绕组电阻太小	(1) 纠正接线 (2) 找出并修复故障点 (3) 找出并修复故障点 (4) 调换合适的电阻 (5) 及时检修或更正 (6) 加重其负载 (7) 调整刷杆座的位置 (8) 调换其中电阻特别小的线圈

续表

故障现象	故障原因	维修方法
电枢冒烟	(1) 电动机长期过载 (2) 电枢线路短路 (3) 定子和转子铁芯相擦 (4) 电动机端电压过低 (5) 电动机全压启动或正反转转换过于频繁 (6) 电动机线路及负载有短路的地方 (7) 换向片间云母击穿或有金属屑落入其中	(1) 立即恢复正常负载 (2) 找出并修复短路故障点 (3) 检查电动机气隙是否均匀,轴承是否磨损 (4) 恢复电压到正常值 (5) 选用适当的启动器,避免频繁进行正反转转换 (6) 检修并排除故障点 (7) 清扫及检修
磁场线圈过热	(1) 电动机长期过载,串联绕组的电流过大 (2) 电动机端电压长期超过额定值 (3) 并联的励磁绕组电阻过小,电流过大或有部分短路	(1) 减轻负载 (2) 恢复额定电压值 (3) 更换其中电阻特别小的线圈
电动机振动	(1) 电枢不平衡 (2) 电动机的固定不牢固 (3) 轴头弯曲 (4) 机组与电动机轴线不重合	(1) 校正以使电枢平衡 (2) 加强电动机基础的坚固性 (3) 校直转轴 (4) 调整好机组轴线

本 章 小 结

1. 启动、制动和调速是直流电动机拖动的重要内容,主要分析各种状态的原理及实现的方法。

2. 直流电动机启动的主要矛盾是启动电流 I_s 和启动转矩 T_s 的矛盾。从生产机械方面讲,需要产生足够大的启动转矩;从电网容量和电动机方面来讲,过大的启动电流将造成三大危害。因此,在保证一定启动转矩的情况下,还必须限制启动电流 $I_s \leqslant (1.5 \sim 2.5)I_N$,常用的方法有降压启动和电枢回路串电阻启动,全压启动只有在小容量直流电动机(家用电器)的特殊场合下才使用。

3. 调速是指当 $T_L = C$(C 为常数)时,人为地改变电动机参数,使转速发生改变,这与负载变化引起转速变化有着本质的区别。调速的方法有电枢回路串电阻调速、降低电源电压调速、弱磁调速 3 种。前两种调速方法的最高转速是以额定转速为上限($n_N = n_{max}$)往下调速的,$n < n_N$,属于恒转矩调速;最后一种是从额定转速($n_N = n_{min}$)往上调速的,$n > n_N$,属于恒功率调速。

4. 制动与电动的本质区别是:当 T 与 n 方向相同时,为电动状态,机械特性位于一、三象限;当 T 与 n 方向相反时,为制动状态,机械特性位于二、四象限,如图 3.11 所示。

5. 制动有 3 种方法:能耗制动、反接制动和回馈制动。各种制动性能的比较如表 3.2 所示。

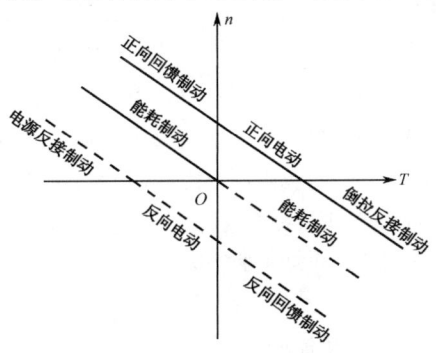

图 3.11 各种运行状态

表 3.2　各种制动性能的比较

制动形式	优　点	缺　点	适用场合
能耗制动	（1）制动减速平稳、可靠 （2）控制线路较简单 （3）当转速降到零时，制动转矩也减小到零，便于实现准确停车	制动转矩随转速成比例减小	适应用于不反向、制动减速要求较平稳的情况
回馈制动	（1）不需要改接线路，即可从电动状态自行转化到制动状态 （2）电能可反馈到电网中，使电能获得利用	当 $E_a<U$（$n<n_0$）时，制动不可能实现	适用于位能负载的稳速下降。当降低电源电压或增磁调速时，均可自行转入这种制动状态运转
反接制动	（1）在制动过程中，制动转矩随转速降低的变化较小，即制动转矩较恒定，制动较强烈 （2）在电机静止不动时，也存在转矩	（1）需要从电网中吸取大量电能 （2）当制动到转速等于零时，若不及时切断电源，电机将自行反向启动	适用于位能负载低速稳定下降及要求迅速反转制动较强的场合

习　题　3

一、填空题

3.1　直流电动机的启动方法有_____、_____和_____3 种，其中常用的方法是_____。

3.2　直流电动机全压启动，启动电流 I_s_____，为了_____启动电流，采用变阻器启动方法，待转速_____后，将_____切除。

3.3　直流电动机启动的主要矛盾是_____与_____的矛盾。

3.4　直流电动机的调速范围 D 是_____与_____之比，为了增大调速范围，可提高_____或降低_____。

3.5　直流电动机的静差率 $\delta\%$ 与_____有关，在 n_0 相同的情况下，机械特性越硬，静差率 $\delta\%$_____，相对稳定性_____。

3.6　直流电动机的调速方法有_____、_____和_____3 种。一般要求从额定转速 n_N 向下调速可以采用_____和_____方法；从额定转速 n_N 向上调速可以采用_____方法。

3.7　直流电动机电气制动共有_____、_____和_____3 种方法；其中_____制动最经济，_____制动最不经济，_____制动电枢绕组承受的电压最高。

3.8　直流电机工作在正转电动状态时，其机械特性位于_____象限，能耗制动时机械特性位于_____象限，反接制动时机械特性位于_____象限，回馈制动时机械特性位于_____象限；在反转电动状态时，机械特性位于_____象限，能耗制动时机械特性位于_____象限，反接制动时机械特性位于_____象限，回馈制动时机械特性位于_____象限。

3.9　直流电动机轴上所接负载越大，电动机的转速_____。

二、选择题

3.10　直流电动机全压启动时，启动电流 I_s（　　）。

　　A．很大　　　　　　　　B．很小　　　　　　　　C．为额定电流

3.11 直流电动机全压启动一般适用于（　　）电动机。
　　　A．大容量　　　　　　　B．很小容量　　　　　　C．大、小容量
3.12 在做直流电动机启动实验时，应在电动机未启动前将励磁回路的调节电阻 R_{pf} 调至（　　）。
　　　A．最大值　　　　　　　B．最小值　　　　　　　C．中间值
3.13 一台正在运行的直流并励电动机，其转速为1470r/min，现仅将电枢两端电压反接（励磁绕组两端电压极性不变）。在刚刚接入反向电压瞬时，其转速 n 为（　　）r/min。
　　　A．1470　　　　　　　　B．>1470　　　　　　　C．<1470
3.14 直流电动机稳定运行时，其电枢电流大小主要由（　　）决定。
　　　A．转速的大小　　　　　B．电枢电阻的大小　　　C．负载的大小
3.15 直流电机工作在电动状态并稳定运行时，电磁转矩 T 的大小由（　　）决定。
　　　A．电压的大小　　　　　B．电阻的大小　　　　　C．T_0+T_L
3.16 若要使直流电动机的调速稳定性好，调速时人为机械特性曲线与固有机械特性曲线平行，则应采用（　　）。
　　　A．改变电枢回路电阻　　B．降低电枢电压　　　　C．减弱磁通
3.17 一台直流他励电动机在拖动恒转矩负载运行过程中，若其他条件不变，只降低电枢电压，则在重新稳定运行后，其电枢电流将（　　）。
　　　A．不变　　　　　　　　B．下降　　　　　　　　C．上升
3.18 一台直流并励电动机在拖动电力机车下坡时，若不采取措施，则在重力作用下，电力机车的速度将越来越快，当转速超过理想空载转速时，电机进入发电状态，电枢电流将反向，电枢电势将（　　）。
　　　A．低于外加电压　　　　B．高于外加电压　　　　C．等于外加电压
3.19 对于运行中的直流他励电动机，若电枢回路电阻和负载转矩都保持不变，主磁通也维持不变，则当电枢电压降低后，电机转速将会（　　）。
　　　A．不变　　　　　　　　B．下降　　　　　　　　C．上升
3.20 直流并励电动机在所带负载不变的情况下稳定运行，若此时增大电枢回路电阻，则待重新稳定运行后，电枢电流和电磁转矩（　　）。
　　　A．不变　　　　　　　　B．减小　　　　　　　　C．增大
3.21 当直流并励电动机所带负载不变时，若在电枢回路串入一适当电阻，则其转速将（　　）。
　　　A．不变　　　　　　　　B．下降　　　　　　　　C．上升

三、判断题（正确的打√，错误的打×）

3.22 对于一台正在运行的直流并励电动机，可将励磁绕组断开，电动机仍能正常运行。（　　）
3.23 直流并励电动机的实际空载转速等于理想空载转速。（　　）
3.24 直流并励电动机的电磁转矩在电动状态下起拖动作用，若增大负载转矩，则电动机转速将上升。（　　）
3.25 一台接在直流电源上的直流并励电动机，把电源两个端头对调，电动机就会反转。（　　）
3.36 直流电动机启动时的主要矛盾是启动电流 I_s 和启动转矩 T_s 的矛盾。（　　）
3.27 直流电动机启动电阻 R_s 可以作为调速电阻 R_t 使用。（　　）
3.28 直流电动机能耗制动时，外加电压 $U=0$。（　　）
3.29 直流电动机反接制动时，电枢绕组两端承受的电压 $U\approx 2U_N$。（　　）
3.30 直流电动机回馈制动时，电机转速 n 高于空载转速 n_0。（　　）

3.31 直流电动机倒拉反接制动时，电枢回路串入的电阻越大，制动转速越低。（　　）

四、问答题

3.32 一台并励直流电动机，当电源电压 U、励磁电流 I_f 和负载转矩 T_L 均不变时，若在电枢回路中串入适当电阻 R_t 且电动机稳定运行后，电枢电流 I_a 是否改变？为什么？

3.33 直流他励电动机启动时，为什么一定要先加励磁电压并将励磁回路电阻 R_{pf} 切除？如果未加励磁电压，而先将电枢接通电源，则会出现什么后果？

3.34 直流电动机能否全压启动？为什么？

3.35 直流电动机有哪几种调速方法？有哪几种制动方法？它们各自的特点是什么？

3.36 直流电机电动状态与制动状态有何本质区别？

3.37 启动电阻 R_s 是否可作为调速电阻 R_t 使用？为什么？

3.38 并励直流电动机降压启动和降压调速时，直接改变电动机两端的电压是否可以？为什么？

五、计算题

3.39 一台直流他励电动机的 $P_N = 30\text{kW}$，$U_N = 220\text{V}$，$I_N = 110\text{A}$，$n_N = 1200\text{r/min}$，$R_a = 0.083\Omega$。试求：

（1）若采用全压启动，则启动电流 I_s 是额定电流 I_N 的多少倍？

（2）若启动电流限制在 $2I_N$ 以内，则电枢回路应串多大电阻 R_z？

3.40 一台直流他励电动机的 $P_N = 30\text{kW}$，$U_N = 220\text{V}$，$I_N = 158\text{A}$，$n_N = 1000\text{r/min}$，$R_a = 0.1\Omega$。试求额定负载时的以下各项。

（1）当在电枢回路中串入 $R_{pa} = 0.2\Omega$ 电阻时，电动机的稳定转速 n。

（2）当将电源电压调至 $U = 185\text{V}$ 时，电动机的稳定转速 n。

（3）当将磁通调至 $\Phi = 0.8\Phi_N$ 时，电动机的稳定转速 n 并分析此时电动机能否长期运行。

3.41 一台并励直流电动机的 $P_N = 17\text{kW}$，$U_N = 110\text{V}$，$I_N = 187\text{A}$，$n_N = 1000\text{r/min}$，$R_a = 0.036\Omega$，$R_f = 55\Omega$，电动机的制动电流限制在 $1.8I_N$ 以内，拖动额定负载进行制动。试求：

（1）若采用能耗制动停车，则在电枢回路中应串入多大电阻 R_z？

（2）若采用电源反接制动停车，则在电枢回路中应串入多大电阻 R_z？

第2篇 变 压 器

现代化建设的基础是能源,能源的先导是电力,而变压器是电力系统中不可缺少的重要电气设备。本篇主要介绍双绕组变压器的结构和原理,着重讨论单相变压器的电磁关系及运行特性;对于三相变压器,仅讨论其特点和并联运行的条件;简要介绍常用的自耦变压器、仪用互感器和电焊变压器的基本工作原理、结构与特点。

第4章 单相变压器

内容提要

- 变压器的应用和结构。
- 变压器的运行原理。
- 分析变压器运行的3种方法——电磁平衡关系、等值电路和相量图。
- 变压器参数的测定。
- 衡量变压器运行性能的重要标志是外特性和效率特性。掌握这些知识,可以为选择、使用、维护变压器奠定基础。

4.1 变压器的工作原理、应用、结构、铭牌和额定值

4.1.1 变压器的工作原理

电力变压器主要由一闭合铁芯作为主磁路和两个匝数不同而又相互绝缘的线圈(绕组)作为电路组合而成,如图 4.1 所示。其中一个绕组接到交流电源上,称为原绕组,用"N_1"表示;另一个绕组与负载 Z_L 相接,称为副绕组,用"N_2"表示(Z_L 为负载阻抗)。当原绕组 N_1 外加交流电压 $\dot{U}_1$ 时,便有一电流 $\dot{I}_1$ 流过原绕组,并在铁芯中产生与外加电压频率相同的交变磁通 $\dot{\Phi}$。该磁通 $\dot{\Phi}$ 同时交链原绕组与副绕组而产生感应电势 $\dot{E}_1$ 和 $\dot{E}_2$,当副绕组接上负载后,在副绕组电势 $\dot{E}_2$ 的作用下,向负载 Z_L 供电,从而实现电能的传递。

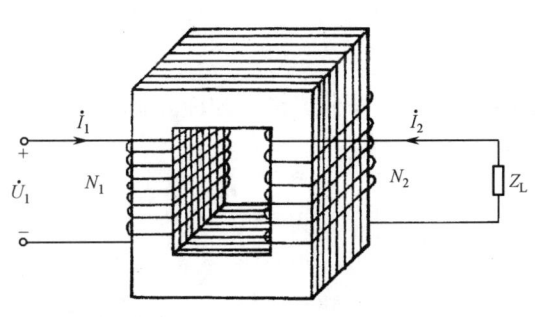

图 4.1 双绕组变压器示意图

可见,变压器是根据电磁感应原理制成

的，它是将一种等级的交流电压和电流变换成频率相同的另一种或几种等级的电压和电流的静止电气设备。

4.1.2 变压器的应用

变压器是电能的传输、分配和使用的重要电气设备。目前，由于受绝缘材料和工艺技术的限制，发电机能产生的输出电压不可能很高，通常为 6.3kV、10.5kV、13.8kV、15.75kV、18kV，而发电厂又多建在动力资源较丰富的地方，若要将一定功率（$P=UI\cos\varphi$）的电能输送到较远的用电区，则电压越低，电流越大，线路上的损耗（I^2R_L）越高，甚至送不到用电区，因此，必须采用升压变压器，将电压升高，再输送到高压线上（我国目前高压输电线路电压等级有 6.3kV、10kV、35kV、66kV、110kV、220kV、330kV、500kV、1000kV）。这样，电压越高，电流越小，线路损耗（I^2R_L）越小，同时可减小导线截面积，节省有色金属，降低投资费用。当电能送到用电区后，考虑到用电设备的绝缘等级和人身安全，又通过降压变压器将高压降至所需低电压（大型动力设备为 6kV 或 3kV；小型动力和照明用电设备为 380/220V），其中需要进行多级变压，所需变压器总容量为发电机容量的 5~8 倍，如图 4.2 所示。

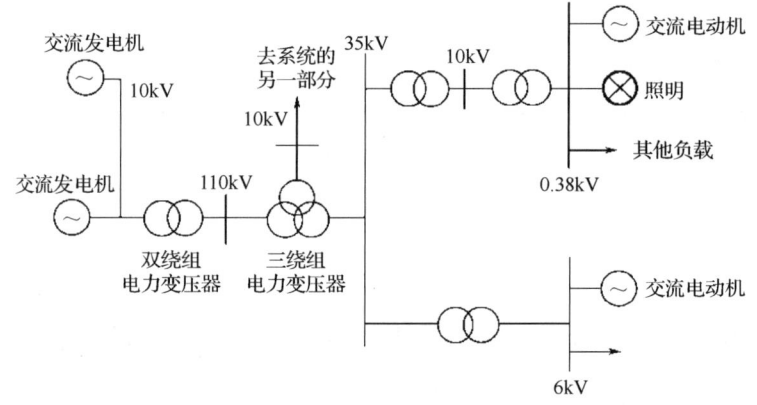

图 4.2 电力系统示意图

由于变压器具有变换电压、电流和阻抗的功能，所以在电力系统和电子线路中得到了极为广泛的应用。

4.1.3 变压器的结构

对于变压器运行维护人员，首先应了解变压器的结构，只有这样，才能正确使用它，包括监视、检测、维护和修理，从而提高变压器运行的可靠性。

变压器由以下几部分组成。

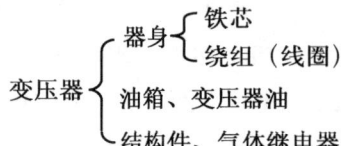

其中,铁芯和绕组称为变压器器身,是变压器最主要的组成部分。

三相电力变压器外形如图4.3所示。

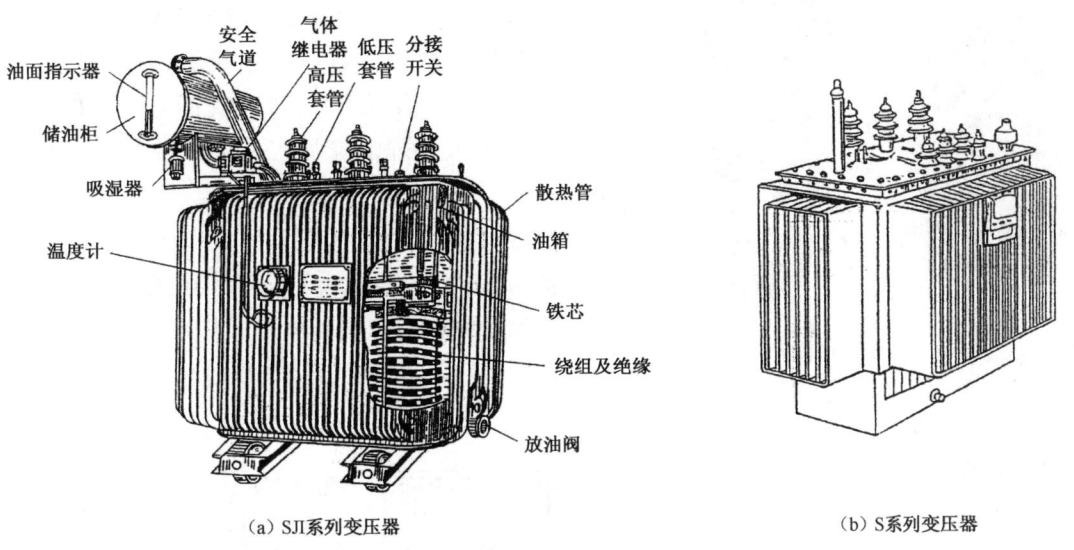

图4.3 三相电力变压器外形

1. 铁芯

(1)铁芯的作用和材料。铁芯既是变压器的主磁路,又是变压器的机械骨架。为降低变压器的铁耗,铁芯一般采用高磁导的0.35mm或0.5mm厚两面涂有绝缘漆的硅钢片叠成。目前,低损耗节能变压器采用优质晶粒取向冷轧硅钢片,硅钢片表面不必涂绝缘漆,而是利用氧化膜绝缘。铁芯由铁芯柱和铁轭两部分组成,如图4.4（a）所示,铁芯柱上套有绕组,称为变压器器身,如图4.4（b）所示;铁轭仅起连接铁芯柱而使磁路形成闭合回路的作用。

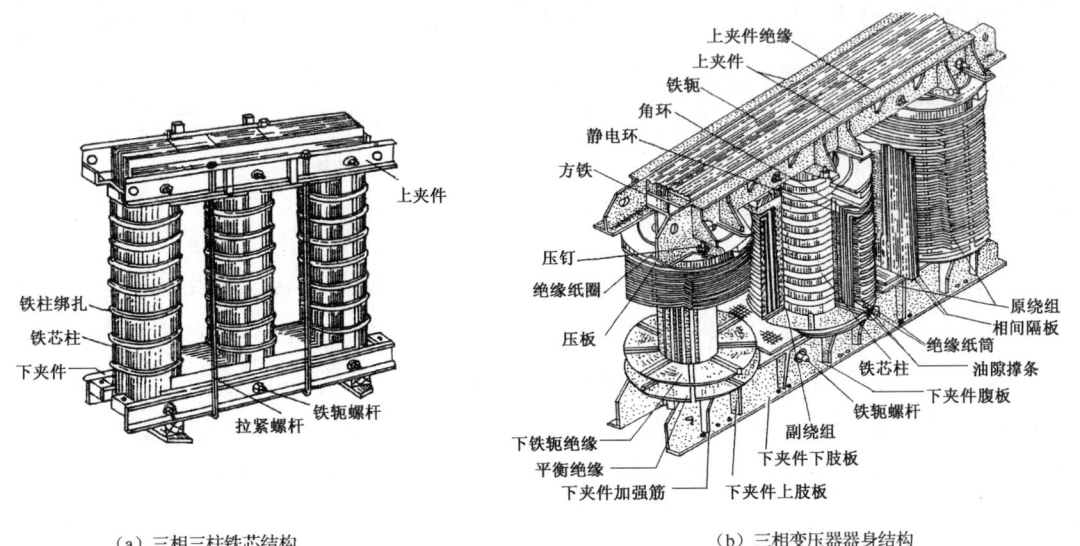

图4.4 铁芯和器身结构

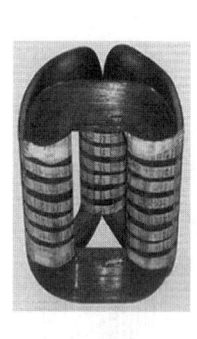 

现在使用的 S11-M.RL 型变压器和推广使用的 S13-M.RL 型变压器都采用立体三角卷铁芯，如图 4.5 所示，每个柱体都由优质冷轧硅钢薄带连续卷制，带宽经数控开料机做直线或曲线剪切；带料在铁芯卷绕机上卷绕，组成近似圆形或折边圆弧框片，经真空充氮退火处理消除加工应力，晶格重新取向，提高磁导，改善电磁性能。

根据结构形式的不同，传统的平面叠片式铁芯变压器可分为心式和壳式两类。心式变压器的特点是绕组包围铁芯，如图 4.6 所示，它结构简单、绕组套装和绝缘较易处理，在电力变压器中广泛采用。

图 4.5 立体三角卷铁芯

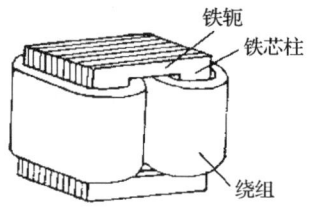 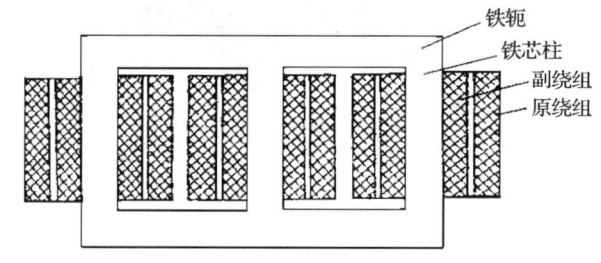

（a）单相心式变压器的结构　　　　（b）三相心式变压器原、副绕组在铁芯上的位置

图 4.6 心式变压器

壳式变压器的特点是铁芯包围绕组，如图 4.7 所示，它机械强度好、铁芯易散热，一般用于电子线路中。

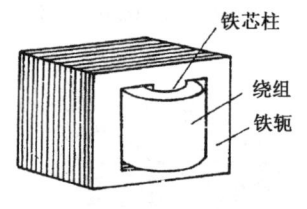 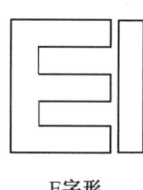 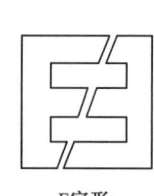 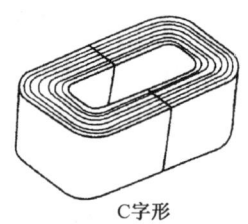

（a）壳式变压器外形　　　E字形　　　F字形　　　C字形
　　　　　　　　　　　　（b）壳式变压器铁芯

图 4.7 壳式变压器

（2）铁芯叠装方法。为减小接缝间隙，从而减小激磁电流，铁芯常采用交错式叠装，使相邻层叠缝错开。硅钢片的叠法如图 4.8 所示，现多采用图 4.8（b）所示的斜接缝叠片，多用于大、中型变压器铁芯。小型变压器铁芯形式如图 4.7（b）所示。

小型变压器铁芯柱截面一般为矩形，如图 4.9（a）所示；大型变压器绕组一般为圆筒形，为充分利用内圆空间，以增大磁路截面，铁芯柱一般为阶梯形，如图 4.9（b）所示。

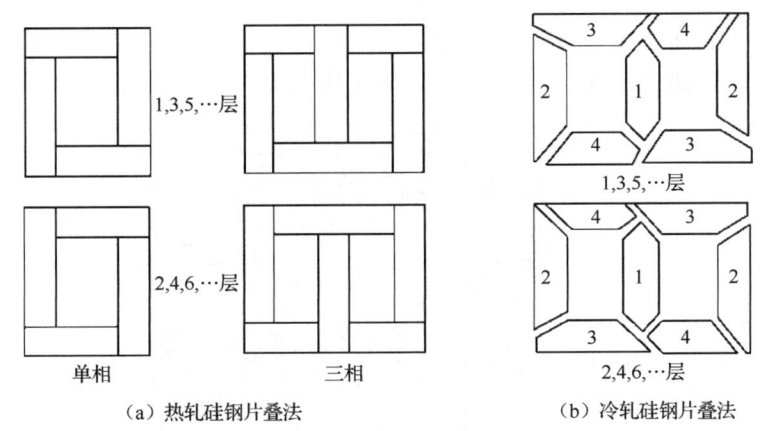

(a) 热轧硅钢片叠法　　　　　　　(b) 冷轧硅钢片叠法

图 4.8　硅钢片的叠法

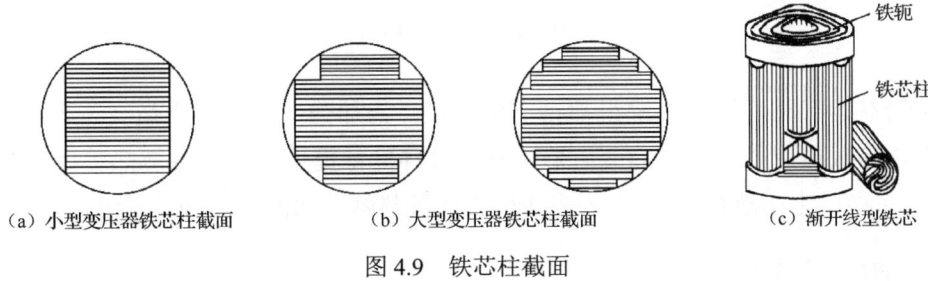

(a) 小型变压器铁芯柱截面　　(b) 大型变压器铁芯柱截面　　(c) 渐开线型铁芯

图 4.9　铁芯柱截面

2．绕组（又称线圈）

绕组是变压器的电路部分，由铜线或铝线绕制而成。按原、副绕组在铁芯柱上的排列方式，可分为同心式绕组和交叠式绕组两类。

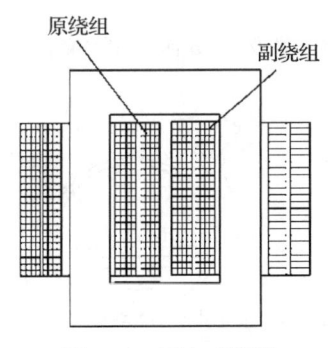

图 4.10　同心式绕组

（1）同心式绕组。同心式绕组的原、副绕组同心地套在同一铁芯柱上，如图 4.10 所示。为便于绝缘，副绕组靠近铁芯柱，原绕组套在副绕组外面。原、副绕组间有空隙，可作为油浸式变压器的油道，既可散热，又有利于绝缘。同心式绕组结构简单，电力变压器多采用这种形式。

同心式绕组按绕制的方法不同，又可分为圆筒式、螺旋式、连续式、纠结式等多种类型。

（2）交叠式绕组。交叠式绕组又称饼式绕组。它将原、副绕组分成若干个线饼，沿铁芯柱交替排列，为更好地绝缘，最上层和最下层为副绕组，如图 4.11 所示。交叠式绕组机械强度好、引线方便、易构成多条并联支路，主要用于低电压大电流的变压器，如电炉变压器、电焊变压器。

3．油箱和变压器油

油箱用钢板冲压焊接成矩形或椭圆形，变压器器身放置在盛满变压器油的油箱里。变压器油是从石油中提炼出来的矿物油，起冷却、绝缘作用，要求应不含有酸、碱、硫、灰尘、杂质及水分，若油内含 0.004%的水分，则绝缘效果将降低 50%。

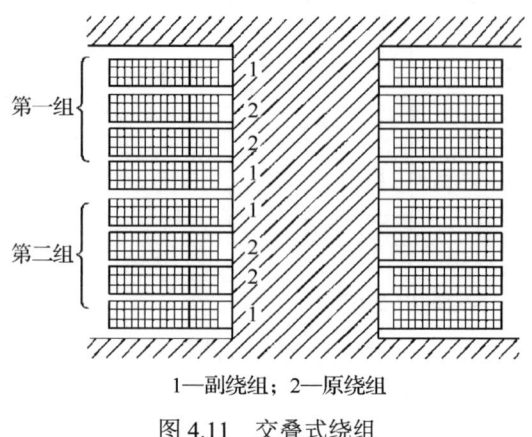

1—副绕组；2—原绕组

图 4.11 交叠式绕组

变压器在运行时，铁芯和绕组都将产生热量，为加强散热，中小型变压器在油箱的箱壁上焊有许多散热空心钢管，为变压器油自身循环冷却提供通道，称散热管如图 4.3（a）所示。（现多做成空心散热片），大型变压器做成散热器，如图 4.3（b）所示。

4．储油柜（又称油枕）

在变压器油箱上装有一储油柜，通过一空心钢管与油箱接通，储油柜内油面高度随油箱内变压器油的热胀冷缩而变化，以保证箱内的油始终是满的。除此之外，储油柜上还装有油面指示器、吸湿器等。

5．气体继电器和安全气道

气体继电器装在储油柜与油箱之间的连通管内，是变压器内部发生故障时的保护装置，如图 4.12 所示。

较大的变压器在油箱上还装有一根钢制圆空心管，顶端装有一特制薄玻璃片，下端与油箱连通，当油箱内变压器发生故障而使内压增高并超过一定限度时，油和气体便将玻璃片冲破而排出，故称安全气道，又称防爆管。

6．绝缘导管和调压装置

绝缘导管将变压器绕组引出线从油箱内部引到箱外，由瓷质的绝缘导筒和导电杆构成。导管外形做成多级伞形，级数越多，耐压越高，如图 4.13 所示。

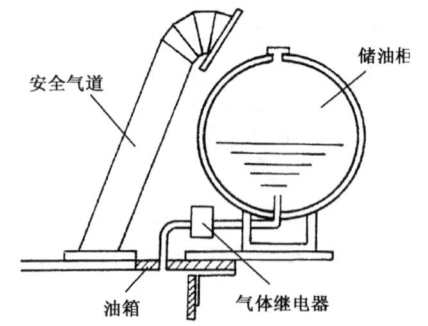

图 4.12 气体继电器和安全气道

油箱上还装有分接开关（见图 4.14），可调节原绕组的匝数，用以调节副绕组输出电压的高低。输出电压的调节范围是额定电压的±5%或±2×2.5%。

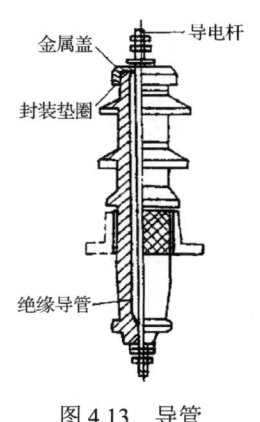

图 4.13 导管

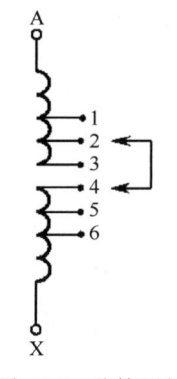

图 4.14 分接开关

4.1.4 变压器的铭牌和额定值

每一台变压器在出厂时，油箱上都钉有一块铭牌，标明其型号和主要参数，是供用户安全、经济、合理选择和使用变压器的依据。三相干式变压器铭牌如表 4.1 所示。

表 4.1 三相干式变压器铭牌

三相干式变压器							
产品型号 SCB11-800/10		额定电压（V）	高压	10000	额定电流（A）	高压	46.2
产品代号 IED.710			低压	400		低压	1154.7
标准代号 GB1094-11—2007 GD/T 10228—2008		高压分接连接	1-2	2-3	3-4	4-5	5-6
额定容量 800kVA		高压分接电压（V）	10500	10250	10000	9750	9500
额定频率 50Hz		线圈允许温升	高压	100K			
相数 3 相			低压	100K			
冷却方式 ANAF		绝缘水平	LI 75			AC 35	
使用条件 户内式							
联结组别 D,yn11			出厂编号 110800345 中华人民共和国××电力设备有限公司 2012 年 6 月制造				
绝缘耐热等级	高压	F 级					
	低压	F 级					
阻抗电压	120℃	5.50%					

注：LI 75——该变压器原绕组雷电冲击耐受电压为 75kV；AC 35——工频耐受电压为 35kV。

ANAF——空气自然冷却（AN）和配置强制风冷系统（AF）。

100K——变压器绕组或上层油温与变压器周围环境的温度差，称为绕组或上层油面的温升。干式变压器绕组温升限值为 100K。K 是热力学温度的单位，0K=-273.15℃。

1. 变压器的型号含义

变压器的型号含义如下。

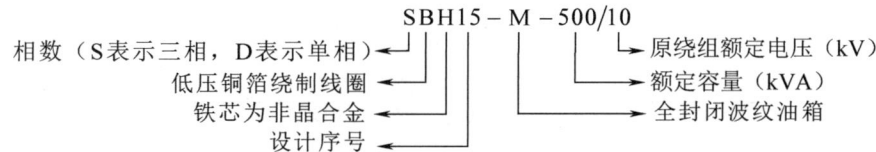

目前，我国正在使用的 S11、S13 变压器将逐步被更加节能的 S15 变压器在电网建设与改造中代替。

2．额定容量 S_N（kVA）

额定容量是指额定运行时变压器输出能力（视在功率）的保证值。对于三相变压器来说，是指三相容量之和。由于变压器效率很高，所以原、副绕组容量可以认为是相等的。

单相变压器容量：$S_N = U_{1N}I_{1N} = U_{2N}I_{2N}$。

三相变压器容量：$S_N = \sqrt{3}U_{1N}I_{1N} = \sqrt{3}U_{2N}I_{2N}$。

3．额定电压 U_{1N}、U_{2N}（kV）

U_{1N} 是指变压器额定运行时，根据绝缘强度和散热条件，规定加于原绕组的端电压；U_{2N} 是指原绕组加额定频率（$f = f_N$）的额定电压 U_{1N} 时副绕组的空载电压 U_{20}，即 $U_{20} = U_{2N}$。对于三相变压器来说，额定电压是指额定线电压。

4．额定电流 I_{1N}、I_{2N}（A）

额定电流是根据绝缘和发热要求，变压器原、副绕组长期允许通过的安全电流，对于三相变压器来说，额定电流是指额定线电流。

4.2 单相变压器的空载运行

4.2.1 空载运行时的物理状况

变压器空载运行是指变压器原绕组 N_1 接在额定电压的交流电源上，副绕组 N_2 开路时的工作状态，如图 4.15 所示。此时，原绕组 N_1 中便有一交流电流流过，称为空载电流，用 $\dot{I}_0$ 表示，$\dot{I}_0$ 产生一交变磁势 $\dot{I}_0 N_1 = \dot{F}_0$，并建立交变磁通 $\dot{\Phi}_z$（总磁通），因变压器铁芯采用高导磁硅钢片叠成，磁阻很小，所以总磁通 $\dot{\Phi}_z$ 的 99% 以上通过铁芯而闭合，同时交链了原、副绕组，能量传递主要依靠这部分磁通，故称为主磁通，用 $\dot{\Phi}$ 表示。按理想要求，$\dot{F}_0$ 产生的总磁通 $\dot{\Phi}_z$ 最好都经过铁芯而闭合成为主磁通，但实际上总有一小部分磁通经过空气隙或变压器油就闭合了，仅交链了原绕组 N_1，在变压器中并不传递能量，这部分磁通称为原绕组漏磁通，用 $\dot{\Phi}_{1s}$ 表示，由于这条磁路的磁阻很大，故 $\dot{\Phi}_{1s}$ 小于总磁通 $\dot{\Phi}_z$ 的 1%。

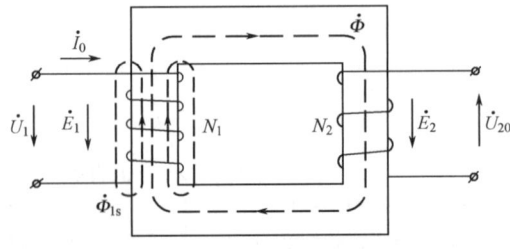

图 4.15 变压器空载运行原理图

变压器空载运行时的电磁关系如下：

$$\dot{U}_1 \longrightarrow \dot{I}_0 \longrightarrow \dot{I}_0 N_1 = \dot{F}_0 \begin{cases} \dot{\Phi}_{1s} < 1\% \dot{\Phi}_z \\ \dot{\Phi} > 99\% \dot{\Phi}_z \end{cases}$$

$\dot{\Phi}$ 与 $\dot{\Phi}_{1s}$ 的性质不同，从图 4.15 可见，$\dot{\Phi}$ 是经过铁芯闭合的，而铁磁材料存在饱和现象，磁阻为一变数，因此，$\dot{\Phi}$ 与 $\dot{I}_0$ 呈非线性关系；$\dot{\Phi}_{1s}$ 是经过非导磁材料（变压器油或空气隙）闭合的，磁阻为常数，故 $\dot{\Phi}_{1s}$ 与 $\dot{I}_0$ 呈线性关系。

4.2.2 变压器的感应电势和变比

1. 变压器各电磁量正方向的规定

变压器中的电压、电流、磁通和感应电势的大小及方向都随时间而变化，为了正确地反映它们之间的相位关系，必须先规定它们的正方向，通常按电工习惯方式规定正方向，因此应遵循以下原则。

（1）同一支路中的电压 $\dot{U}$ 与 $\dot{I}$ 的正方向一致。

（2）磁通 $\dot{\Phi}$ 的正方向与产生它的电流 $\dot{I}$ 的正方向符合右手螺旋定则。

（3）感应电势 $\dot{E}$ 的正方向与产生它的磁通 $\dot{\Phi}$ 的正方向符合右手螺旋定则。

根据以上规定，可得出变压器各物理量的正方向，如图 4.15 所示。当 $\dot{U}_1$ 与 $\dot{I}_0$ 同时为正或同时为负时，功率都为正，表示原绕组总是从电网吸收功率，即将原绕组看作电网的负载，遵循电动机惯例。副绕组中的 $\dot{U}_2$ 和 $\dot{I}_2$ 的正方向由 $\dot{E}_2$ 决定，即 $\dot{U}_2$、$\dot{I}_2$、$\dot{E}_2$ 同方向，即将副绕组看作电源，遵循发电机惯例。

2. 感应电势

由于外加电压 $\dot{U}_1$ 为正弦波，所以设 $\dot{\Phi}$、$\dot{\Phi}_{1s}$ 均按正弦规律变化，其关系如下：

$$\left. \begin{array}{l} \Phi = \Phi_m \sin \omega t \\ \Phi_{1s} = \Phi_{1sm} \sin \omega t \end{array} \right\} \tag{4-1}$$

则 $\dot{\Phi}$ 分别在原、副绕组中产生感应电势。

（1）感应电势的瞬时值：

$$\left. \begin{array}{l} e_1 = -N_1 \dfrac{d\Phi}{dt} = -N_1 \dfrac{d(\Phi_m \sin \omega t)}{dt} = -N_1 \omega \Phi_m \cos \omega t = N_1 \omega \Phi_m \sin(\omega t - \pi/2) \\ \quad = E_{1m} \sin(\omega t - \pi/2) \\ e_2 = -N_2 \dfrac{d\Phi}{dt} = E_{2m} \sin(\omega t - \pi/2) \end{array} \right\} \tag{4-2}$$

$\dot{\Phi}_{1s}$ 在原绕组产生的感应电势的瞬时值为

$$e_{1s} = -N_1 \dfrac{d\Phi_{1s}}{dt} = -N_1 \dfrac{d(\Phi_{1sm} \sin \omega t)}{dt} = -N_1 \omega \Phi_{1sm} \cos \omega t = E_{1sm} \sin(\omega t - \pi/2) \tag{4-3}$$

可见，当 $\dot{\Phi}$、$\dot{\Phi}_{1s}$ 按正弦规律变化时，由它们产生的感应电势 e_1、e_2、e_{1s} 也按正弦规律变化，但在时间上滞后 $\dot{\Phi}$、$\dot{\Phi}_{1s}$ $\pi/2$ 电角度。

（2）感应电势的有效值：

$$\left.\begin{array}{l}E_1 = \dfrac{E_{1m}}{\sqrt{2}} = \dfrac{N_1 \omega \Phi_m}{\sqrt{2}} = 4.44 f N_1 \Phi_m \\ E_2 = \dfrac{E_{2m}}{\sqrt{2}} = \dfrac{N_2 \omega \Phi_m}{\sqrt{2}} = 4.44 f N_2 \Phi_m \\ E_{1s} = \dfrac{E_{1sm}}{\sqrt{2}} = \dfrac{N_1 \omega \Phi_{1sm}}{\sqrt{2}} = 4.44 f N_1 \Phi_{1sm}\end{array}\right\} \quad (4\text{-}4)$$

式中，Φ_m——主磁通最大值（Wb）；

Φ_{1sm}——原绕组漏磁通最大值（Wb）；

$\omega = 2\pi f$——感应电势的角频率（rad/s）；

N_1、N_2——原、副绕组的匝数；

E_1、E_2——原、副绕组感应电势的有效值（V）；

E_{1s}——原绕组漏感电势的有效值（V）。

（3）感应电势的相量式：

$$\left.\begin{array}{l}\dot{E}_1 = -\mathrm{j}4.44 f N_1 \dot{\Phi}_m \\ \dot{E}_2 = -\mathrm{j}4.44 f N_2 \dot{\Phi}_m\end{array}\right\} \quad (4\text{-}5)$$

$\dot{\Phi}_{1sm}$ 与 $\dot{I}_0$ 的关系可用反映漏磁通的电感 L_{1s} 来表示，即

$$L_{1s} = \dfrac{N_1 \Phi_{1sm}}{\sqrt{2} I_0} \quad (4\text{-}6)$$

于是得原绕组的漏感电势矢量式：

$$\dot{E}_{1s} = -\mathrm{j}\dfrac{\omega N_1}{\sqrt{2}}\Phi_{1sm} = -\mathrm{j}\dot{I}_0 \omega L_{1s} = -\mathrm{j}\dot{I}_0 X_1 \quad (4\text{-}7)$$

$$X_1 = 2\pi \cdot f N_1^2 \lambda_{1s} \quad (4\text{-}8)$$

在式（4-8）中，X_1 是对应于 $\dot{\Phi}_{1s}$ 的原绕组漏抗，单位为"Ω"，而 $\dot{\Phi}_{1s}$ 经过的磁路是线性磁路，用 X_1 来反映 $\dot{\Phi}_{1s}$ 的作用，便可把原绕组漏感电势 $\dot{E}_{1s}$ 用电抗压降（$-\mathrm{j}\dot{I}_0 X_1$）的形式反映出来。对于 $\dot{\Phi}_{1s}$ 主要通过变压器油或空气隙闭合，磁阻为常数，因此，磁导 λ_{1s} 为常数，X_1 为常数。

根据以上分析，可得变压器空载时的电磁关系为

$$\dot{U}_1 \rightarrow \dot{I}_1 = \dot{I}_0 \begin{array}{c}\rightarrow \dot{I}_0 r_1 \\ \rightarrow \dot{I}_0 N_1 = \dot{F}_0 \rightarrow \dot{\Phi} \begin{array}{c}\rightarrow \dot{\Phi}_{1s} \rightarrow \dot{E}_{1s} = -\mathrm{j}\dot{I}_0 X_1 \\ \rightarrow \dot{E}_1 \\ \rightarrow \dot{E}_2 = \dot{U}_{20}\end{array}\end{array}$$

3. 电压平衡方程式

电压平衡方程式为

$$\dot{U}_1 = -\dot{E}_1 - \dot{E}_{1s} + \dot{I}_0 r_1 = -\dot{E}_1 + \mathrm{j}\dot{I}_0 X_1 + \dot{I}_0 r_1 = -\dot{E}_1 + \dot{I}_0(r_1 + \mathrm{j}X_1) = -\dot{E}_1 + \dot{I}_0 Z_1 \quad (4\text{-}9)$$

式中，$Z_1 = r_1 + \mathrm{j}X_1$——原绕组漏阻抗（Ω）；

r_1——原绕组电阻（Ω）。

当电力变压器空载时，$I_2 = 0$，$I_1 = I_0 \approx (2\% \sim 8\%) I_{1N}$，故 $I_0 Z_1 < 0.2\% U_{1N}$，可忽略不

计，则：
$$\dot{U}_1 \approx -\dot{E}_1 \quad (4\text{-}10)$$

式（4-10）表明，U_1 与 E_1 在数值上相等、在方向上相反、在波形上相同。Φ 的大小取决于 U_1、N_1、f 的大小；当 U_1、N_1、f 不变时，Φ 基本不变，磁路饱和程度也就基本不变。

由于副绕组空载，$I_2=0$，所以副绕组内无压降产生，副绕组空载电压 $\dot{U}_{20}$ 等于副绕组电势 $\dot{E}_2$，即
$$\dot{U}_{20} = \dot{E}_2 \quad (4\text{-}11)$$

式（4-11）说明，$\dot{U}_{20}$ 与 $\dot{E}_2$ 既同大小，又同方向。

4. 变压器的变比 K

变压器的变比 K 是指原、副绕组电势之比：
$$K = E_1/E_2 = N_1/N_2 \approx U_1/U_{20} \quad (4\text{-}12)$$

可见，电压大小与绕组匝数成正比，故改变原、副绕组匝数，便可达到改变电压的目的。变比 K 是变压器的一个重要参数，但需要注意以下两点：

（1）K 一般取高压绕组与低压绕组电势或电压之比。

（2）对于三相变压器，变比是指高压、低压绕组相电势（相电压）之比。

4.2.3 变压器的空载电流 $\dot{I}_0$

严格地讲，变压器的空载电流 $\dot{I}_0$ 可以分为两个分量，一个分量是建立磁通 $\dot{\Phi}$ 所需的磁化电流 $\dot{I}_{0Q}$，它不消耗有功功率，故称为无功的交流激磁电流，$\dot{I}_{0Q}$ 与 $\dot{\Phi}$ 相位相同；另一个分量是主要用来供给铁耗的有功电流 $\dot{I}_{0p}$，称为铁耗电流，$\dot{I}_{0p}$ 超前于主磁通 $\dot{\Phi}$ 90°，即 $\dot{I}_{0p}$ 超前 $\dot{I}_{0Q}$ 90°，三者的关系为
$$\dot{I}_0 = \dot{I}_{0p} + \dot{I}_{0Q}$$
或
$$I_0 = \sqrt{I_{0p}^2 + I_{0Q}^2} \quad (4\text{-}13)$$

通常 $I_{0p} < 10\% I_0$，故将 $\dot{I}_0$ 视为无功的交流激磁电流是许可的，即 $\dot{I}_{0Q} = \dot{I}_0$。

4.2.4 变压器空载运行时的等值电路和相量图

1. 变压器空载运行时的等值电路

变压器运行时既有电路问题，又有电和磁的相互联系，若能用纯电路的形式"等效"地表示出来，就可使变压器分析大为简化。前面对 $\dot{\Phi}_{1s}$ 产生的电势 $\dot{E}_{1s}$ 用电抗 X_1 上流过的电流 $\dot{I}_0$ 引起的压降来反映（$\dot{\Phi}_{1s} \rightarrow \dot{E}_{1s} = -\mathrm{j}\dot{I}_0 X_1$）。同理，对于主磁通 $\dot{\Phi}_{\mathrm{m}}$ 产生的 $\dot{E}_1$，也可类似地引用一个参数来处理，但不同的是，$\dot{\Phi}_{\mathrm{m}}$ 是经铁芯而闭合的，参数中除了电抗，还应考虑铁耗，故应引入一个激磁阻抗 $Z_{\mathrm{m}} = r_{\mathrm{m}} + \mathrm{j}X_{\mathrm{m}}$，由空载电流 $\dot{I}_0$ 流经 Z_{m} 产生的压降来反映 $\dot{E}_1$，即：

$$-\dot{E}_1 = \dot{I}_0 Z_m = \dot{I}_0 (r_m + jX_m) \tag{4-14}$$

式中，$Z_m = r_m + jX_m$——激磁阻抗（Ω）；

$X_m = 2\pi f N_1^2 \lambda_m$——激磁电抗（Ω），反映主磁通 $\dot{\Phi}_m$ 的作用，是一变量。

λ_m——主磁路的磁导，随磁路饱和程度的增加而减小；

$r_m = P_{Fe}/I_0^2$——激磁电阻（Ω），反映铁耗的等效电阻。

于是可得变压器空载运行时的等值电路，如图 4.16 所示，它相当于两个阻抗值不等的线圈串联而成，一个是空心线圈，阻抗为 $Z_1 = r_1 + jX_1$；另一个是铁芯线圈，阻抗为 $Z_m = r_m + jX_m$。r_m、X_m 均随电压和铁芯饱和程度的变化而变化，但实际变压器在运行时，U_1、f 基本不变，因此 r_m、X_m 可认为是一常数。

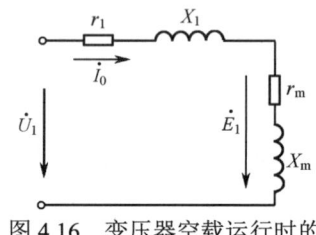

图 4.16 变压器空载运行时的等值电路

2．变压器空载运行时的相量图

为了直观地反映变压器各物理量的大小和相位关系，可用相量图来表示空载运行时的情况，具体画法如下：

（1）将 $\dot{\Phi}_m$ 画在水平线上，且以 $\dot{\Phi}_m$ 作为参考量。

（2）$\dot{E}_1$、$\dot{E}_2$ 均滞后 $\dot{\Phi}_m$ 90°，当空载运行时，$\dot{U}_{20} = \dot{E}_2$。

（3）$\dot{I}_{0Q}$ 与 $\dot{\Phi}_m$ 同相位，$\dot{I}_{0p}$ 超前于 $\dot{I}_{0Q}$ 90°，根据 $\dot{I}_{0p} + \dot{I}_{0Q} = \dot{I}_0$，得 $\dot{I}_0$ 超前于 $\dot{\Phi}_m$ 一个铁耗角 α_{Fe}。

（4）根据 $\dot{U}_1 = -\dot{E}_1 + \dot{I}_0(r_1 + jX_1)$，在 $-\dot{E}_1$ 末端画上 $\dot{I}_0 r_1$，且与 $\dot{I}_0$ 同相位；在 $\dot{I}_0 r_1$ 末端画 $j\dot{I}_0 X_1$，且超前于 $\dot{I}_0$ 90°，其末端与原点 O 的连线便为 $\dot{U}_1$。

由于 $\dot{I}_1 Z_1$ 很小，所以为了看得清楚，将 $\dot{I}_0 r_0$ 和 $j\dot{I}_0 X_1$ 放大了许多倍。

从图 4.17 可见，$\dot{I}_0$ 滞后于 $\dot{U}_1$ 一个相位角 φ_0，φ_0 接近于 90°。因此，变压器空载运行时的功率因数很低，一般 $\cos \varphi_0 \approx 0.1 \sim 0.2$，故应尽量避免变压器空载运行。

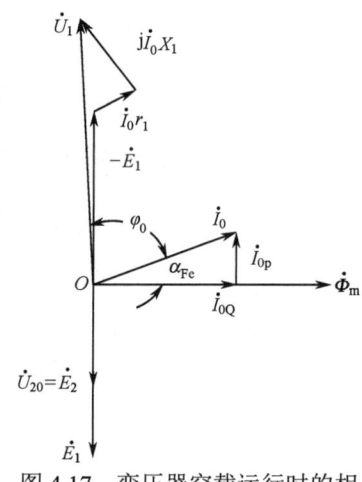

图 4.17 变压器空载运行时的相量图

例 4.1 有一台三相变压器，$S_N = 750\text{kVA}$，$U_{1N}/U_{2N} = 10000\text{V}/400\text{V}$，$f_N = 50\text{Hz}$，Y,d 接法，原绕组每相电阻 $r_1 = 0.85\Omega$，$X_1 = 3.55\Omega$，激磁阻抗 $r_m + jX_m = 201.98 + j2211.34(\Omega)$，试求：

（1）原、副绕组的额定电流 I_{1N}、I_{2N}。

（2）变压器的变比 K。

（3）空载电流 I_0 占原绕组额定电流 I_{1N} 的百分比。

（4）原绕组相电压、相电势及空载运行时的漏阻抗压降，并比较三者的大小。

解：（1）原、副绕组的额定电流 I_{1N}、I_{2N} 分别为

$$I_{1N} = \frac{S_N}{\sqrt{3}U_{1N}} = \frac{750 \times 10^3}{\sqrt{3} \times 10000} \approx 43.301 \text{ (A)}$$

$$I_{2N} = \frac{S_N}{\sqrt{3}U_{2N}} = \frac{750 \times 10^3}{\sqrt{3} \times 400} \approx 1082.523 \text{ (A)}$$

(2) $K = \dfrac{U_{1N}/\sqrt{3}}{U_{2N}} = \dfrac{10000/\sqrt{3}}{400} \approx 14.434$。

(3) 由于

$$I_0 = \frac{U_{1N}/\sqrt{3}}{\sqrt{(r_1+r_m)^2 + (X_1+X_m)^2}} = \frac{10000/\sqrt{3}}{\sqrt{(0.85+201.98)^2 + (3.55+2211.34)^2}} \approx 2.596 \text{ (A)}$$

所以

$$\frac{I_0}{I_{1N}} \times 100\% = (2.596/43.301) \times 100\% = 5.99\%$$

(4) 原绕组相电压：$U_1 = U_{1N}/\sqrt{3} = 10000/\sqrt{3} \approx 5773.503 \text{ (V)}$。

原绕组相电势：$E_1 = I_0 Z_m = 2.596 \times \sqrt{201.98^2 + 2211.34^2} \approx 5764.535 \text{ (V)}$。

原绕组每相漏阻抗压降：$I_0 Z_1 = 2.596 \times \sqrt{0.85^2 + 3.35^2} \approx 9.476 \text{ (V)}$。

三者大小比较：$I_0 Z_1 \ll E_1 \approx U_1$。

4.3 变压器的负载运行

变压器的负载运行是指原绕组 N_1 接至额定电压 U_{1N} 的交流电源上，副绕组 N_2 接负载（Z_L）时的工作状态，如图 4.18 所示。

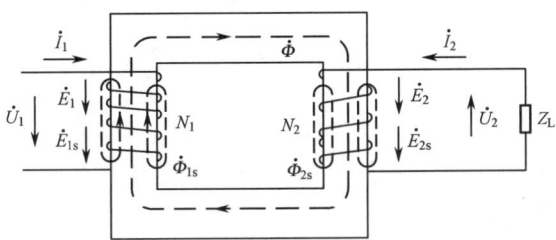

图 4.18 变压器负载运行原理图

4.3.1 变压器负载运行时的物理状况

由 4.2 节的分析可知，当变压器空载运行时，原绕组外加电压为 $\dot{U}_1$，由 $\dot{I}_0$ 单独建立磁势 $\dot{F}_0$，该磁势 $\dot{F}_0$ 又分别在原、副绕组中产生 $\dot{E}_1$、$\dot{E}_2$、$\dot{E}_{1s}$，便得 $\dot{U}_1 = -\dot{E}_1 + \dot{I}_0 Z_1$，从而维持一个确定的 $\dot{I}_0$ 在原绕组中流过。这时，电磁关系处于平衡状态。

当变压器负载运行时，在 $\dot{E}_2$ 的作用下，副绕组中便有 $\dot{I}_2$ 流过，$\dot{I}_2$ 将产生一副绕组磁势 $\dot{F}_2 = \dot{I}_2 N_2$，与原绕组磁势共同作用于同一磁路。这时 $\dot{F}_2$ 的出现使 $\dot{\Phi}$ 趋于改变，$\dot{E}_1$、$\dot{E}_2$ 也将趋于改变，从而将打破空载运行时的平衡状态。但是，由于电源电压 $\dot{U}_1$ 为常值，所以相应的 $\dot{\Phi}$ 也应保持不变，为维持 $\dot{\Phi}$ 基本不变，只能将原绕组电流从 $\dot{I}_0$ 增大到 $\dot{I}_1 = \dot{I}_0 + \dot{I}_{1L}$，除继续保持 $\dot{I}_0$ 原有值不变外，还在原绕组中增加了一个负载分量 $\dot{I}_{1L}$，$\dot{I}_{1L}$ 产生一负载磁势 $\dot{F}_{1L} = \dot{I}_{1L} N_1$，恰好与 $\dot{F}_2$ 大小相等、方向相反，从而互相抵消，即

$$\dot{F}_{1L} = \dot{I}_{1L} N_1 = -\dot{F}_2 = -\dot{I}_2 N_2$$

$$\dot{I}_{1L} = -\frac{N_2}{N_1}\dot{I}_2 = -\frac{\dot{I}_2}{K} \tag{4-15}$$

式（4-15）说明，当变压器负载变化（$\dot{I}_2$变化）时，必将引起原绕组电流$\dot{I}_1$和功率随之变化。

4.3.2 变压器负载运行时的磁势平衡方程式

变压器带负载后，原绕组磁势$\dot{F}_1 = \dot{I}_1 N_1$和副绕组磁势$\dot{F}_2 = \dot{I}_2 N_2$都同时作用于主磁路上，共同产生主磁通$\dot{\Phi}$，故磁势平衡方程式为

$$\dot{I}_1 N_1 + \dot{I}_2 N_2 = \dot{I}_0 N_1 \tag{4-16}$$

或

$$\dot{F}_1 + \dot{F}_2 = \dot{F}_0$$

式中，$\dot{F}_1$——原绕组磁势（安匝）；

$\dot{F}_2$——副绕组磁势（安匝）；

$\dot{F}_0$——原、副绕组合成磁势（安匝）。

当变压器正常工作时，主磁通$\dot{\Phi}$主要由电源电压$\dot{U}_1$决定，只要$\dot{U}_1$不变，$\dot{\Phi}$基本不变，产生$\dot{\Phi}$的$\dot{F}_0$也基本不变，故负载运行与空载运行时的磁势$\dot{F}_0$基本相等。

将式（4-16）两边同时除以N_1，可得

$$\dot{I}_1 + \dot{I}_2 \frac{N_2}{N_1} = \dot{I}_0$$

$$\dot{I}_1 = \dot{I}_0 - \dot{I}_2 \frac{N_2}{N_1} = \dot{I}_0 - \frac{\dot{I}_2}{K} = \dot{I}_0 + \dot{I}_{1L} \tag{4-17}$$

从式（4-17）可见，当变压器负载运行时，原绕组电流$\dot{I}_1$由两个分量组成，一个分量是激磁分量$\dot{I}_0$，用于产生$\dot{\Phi}$，基本不变；另一个分量是负载分量$\dot{I}_{1L} = -\dot{I}_2/K$，用以抵消$\dot{I}_2$的作用，并随$\dot{I}_2$的变化而变化。

由于变压器的$\dot{I}_0$很小，所以在分析变压器负载运行时，$\dot{I}_0$可忽略不计，此时式（4-16）可改写为

$$\dot{I}_1 N_1 \approx -\dot{I}_2 N_2$$

$$\dot{I}_1 \approx \frac{-\dot{I}_2}{K} \tag{4-18}$$

$$\frac{I_2}{I_1} \approx \frac{N_1}{N_2} = K$$

式（4-18）说明，变压器中的匝数与电流成反比。

4.3.3 变压器负载运行时的电压平衡方程式

根据前面的分析，副绕组流过$\dot{I}_2$，同样产生漏磁通$\dot{\Phi}_{2s}$，相应地产生漏感电势$\dot{E}_{2s}$，同样可用电抗压降的形式来表示：

$$\dot{E}_{2s} = -j\dot{I}_2 X_2 \tag{4-19}$$

式中，$X_2 = 2\pi f N_2^2 \lambda_{2s}$——副绕组漏抗（Ω），是一常数；

λ_{2s}——副绕组漏磁通 $\dot{\Phi}_{2s}$ 对应的磁导，是一常数。

变压器负载运行时各物理量的电磁关系为：

$$\begin{array}{c}
\phantom{\dot{U}_1 \to \dot{I}_1 \to} \rightarrow \dot{I}_0 r_1 \rightarrow \dot{\Phi}_{1s} \to \dot{E}_{1s} = -\mathrm{j}\dot{I}_1 X_1 \\
\dot{U}_1 \to \dot{I}_1 \to \dot{I}_1 N_1 = \dot{F}_1 \to \dot{F}_0 \to \dot{\Phi} \to \dot{E}_1 \\
\phantom{\dot{U}_1 \to \dot{I}_1 \to} \rightarrow \dot{I}_2 r_2 \to \dot{E}_2 \\
\dot{I}_2 \to \dot{I}_2 N_2 = \dot{F}_2 \to \dot{\Phi}_{2s} \to \dot{E}_{2s} = -\mathrm{j}\dot{I}_2 X_2
\end{array}$$

根据图 4.18，可列出电压平衡方程式：

$$\dot{U}_1 = -\dot{E}_1 - \dot{E}_{1s} + \dot{I}_1 r_1 = -\dot{E}_1 + \mathrm{j}\dot{I}_1 X_1 + \dot{I}_1 r_1 = -\dot{E}_1 + \dot{I}_1(r_1 + \mathrm{j}X_1) = -\dot{E}_1 + \dot{I}_1 Z_1 \quad (4\text{-}20)$$

同理，可得

$$\dot{U}_2 = \dot{E}_2 + \dot{E}_{2s} - \dot{I}_2 r_2 = \dot{E}_2 - \mathrm{j}\dot{I}_2 X_2 - \dot{I}_2 r_2 = \dot{E}_2 - \dot{I}_2(r_2 + \mathrm{j}X_2) = \dot{E}_2 - \dot{I}_2 Z_2 = \dot{I}_2 Z_L \quad (4\text{-}21)$$

式中，$Z_2 = r_2 + \mathrm{j}X_2$——副绕组阻抗（Ω）；

r_2——副绕组电阻（Ω）；

$Z_L = R_L + \mathrm{j}X_L$——负载阻抗（Ω）。

综上所述，可得变压器基本方程式为

$$\left.\begin{array}{ll} \dot{U}_1 = -\dot{E}_1 + \dot{I}_1 Z_1 & \text{①} \\ \dot{U}_2 = \dot{E}_2 - \dot{I}_2 Z_2 = \dot{I}_2 Z_L & \text{②} \\ \dot{E}_1 = -\dot{I}_0 Z_m & \text{③} \\ \dot{I}_1 N_1 + \dot{I}_2 N_2 = \dot{I}_0 N_1 & \text{④} \end{array}\right\} \quad (4\text{-}22)$$

根据式（4-22）中的①、②、③，可得相应的电路图 4.19。

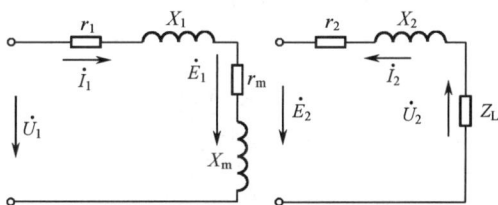

图 4.19 变压器负载运行时原、副绕组的电路图

变压器原、副绕组之间仅有磁的耦合，并无电的直接联系，基本方程式虽然客观地反映了这种电磁关系，但计算十分烦琐，并且变压器原、副绕组匝数又不相等，导致原、副绕组的电势、电流、阻抗不相等。要是能将两个电路和一个磁路等效为单一电路的话，将使计算大为简化。

4.3.4 变压器绕组的折算

1. 变压器折算的原则

副绕组对原绕组的影响是通过磁势 $\dot{F}_2$ 实现的，只要保持 $\dot{F}_2$ 不变，原绕组各物理量就不会改变，至于副绕组匝数是多少，电流是多少并不要紧。因此，折算的原则是：折算前后的磁势、功率、损耗均保持不变。设想用一个新的副绕组 $N_2' = N_1$ 去代替实际的副绕组,这时 $K=1$,新副绕组上流过的电流 $\dot{I}_2'$ 产生磁势 $\dot{F}_2' = \dot{I}_2' N_2'$,与实际副绕组磁势 $\dot{F}_2 = \dot{I}_2 N_2$ 大小相等,则 $\dot{E}_2' = \dot{E}_1$。显然,这仅是人为地分析变压器的一种方法,而不会改变变压器负载运行时的电磁关系。

由于折算前后副绕组各物理量虽然相位不变,但数值不同,所以为了区别,对于折算后的值,常在原符号右上角加"′"。

2. 折算的方法

(1) 副绕组电流 I_2 的折算。折算前后副绕组磁势不变:

$$I_2' N_2' = I_2 N_2$$

$$I_2' = \frac{N_2}{N_2'} I_2 = \frac{N_2}{N_1} I_2 = \frac{I_2}{K} \tag{4-23}$$

(2) 副绕组电势 E_2、电压 U_2 的折算。折算前后磁通不变,而电势又与匝数成正比,即

$$\frac{E_2'}{E_2} = \frac{N_2'}{N_2} = \frac{N_1}{N_2} = K$$

故

$$E_2' = KE_2 \tag{4-24}$$

同理,可得

$$U_2' = KU_2$$

(3) 副绕组阻抗的折算。根据折算前后功率、损耗保持不变的原则,可得

$$I_2'^2 r_2' = I_2^2 r_2$$

$$r_2' = \frac{I_2^2}{I_2'^2} r_2 = \left(\frac{I_2}{I_1}\right)^2 r_2 = K^2 r_2 \tag{4-25}$$

同理,可得

$$\left.\begin{array}{l} X_2' = K^2 X_2 \\ Z_2' = K^2 Z_2 \\ Z_L' = K^2 Z_L \end{array}\right\} \tag{4-26}$$

根据以上折算可知,K 是折算过程的桥梁,若将副绕组各物理量折算到原绕组时,凡是单位为 A 的量除以 K,单位为 V 的量乘以 K,单位为Ω的量乘以 K^2。

4.3.5 变压器负载运行时的等值电路

副绕组经折算后的基本方程式如下:

$$\left.\begin{array}{ll} \dot{U}_1 = -\dot{E}_1 + \dot{I}_1(r_1 + jX_1) = -\dot{E}_1 + \dot{I}_1 Z_1 & \text{①} \\ -\dot{E}_1 = \dot{I}_0(r_m + jX_m) = \dot{I}_0 Z_m & \text{②} \\ \dot{U}_2' = \dot{E}_2' - \dot{I}_2'(r_2' + jX_2') = \dot{E}_2' - \dot{I}_2' Z_2' & \text{③} \\ \dot{U}_2' = \dot{I}_2' Z_L' & \text{④} \\ \dot{E}_2' = \dot{E}_1 & \text{⑤} \\ \dot{I}_1 = \dot{I}_0 + \dot{I}_{1L} = \dot{I}_0 + (-\dot{I}_2') & \text{⑥} \end{array}\right\} \tag{4-27}$$

1. T形等值电路

根据式（4-27）中的①、②、③，可分别画出相对应的等值电路，如图 4.20 所示。变压器原、副绕组磁的耦合作用以主磁通产生的感应电势 $\dot{E}_1$、$\dot{E}_2$ 的形式反映出来。由于 $\dot{E}_1 = \dot{E}'_2 = -\dot{I}_0 Z_m$，$\dot{I}_1 + \dot{I}'_2 = \dot{I}_0$ 的关系，所以可将图 4.20 中的 3 部分电路联系在一起，便得"T"形等值电路，如图 4.21 所示。

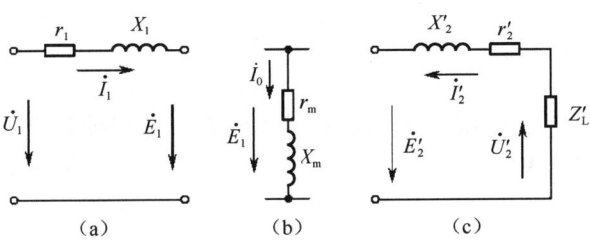

图 4.20 变压器各部分等值电路

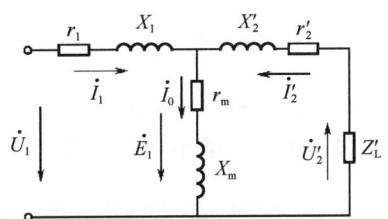

图 4.21 变压器 T 形等值电路

2. 简化等值电路

T 形等值电路虽然客观地反映了变压器内部的电磁关系，但它是一串并联混合电路，进行复数运算较麻烦。在实际电力变压器中，$I_0 \approx (2\% \sim 8\%) I_{1N}$，$I_0$ 可忽略不计，即将激磁支路去掉，从而得到一个简化的串联电路，称为简化等值电路，如图 4.22 所示，这时变压器相当于一个短路阻抗 Z_k，串接于电网与负载之间：

$$Z_k = Z_1 + Z'_2 = r_k + jX_k \tag{4-28}$$

式中，$r_k = r_1 + r'_2$——短路电阻（Ω）。

$X_k = X_1 + X'_2$——短路电抗（Ω）。

简化等值电路对应的电压平衡方程式为

$$\dot{U}_1 = \dot{I}_1 (r_k + jX_k) - \dot{U}'_2 = \dot{I}_1 Z_k - \dot{U}'_2 \tag{4-29}$$

变压器负载运行时，T 形等值电路对应相量图的画法与空载时的画法相同，如图 4.23 所示。

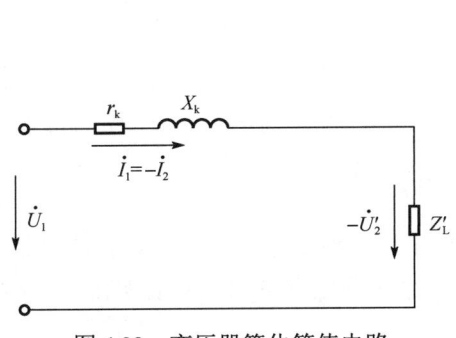

图 4.22 变压器简化等值电路

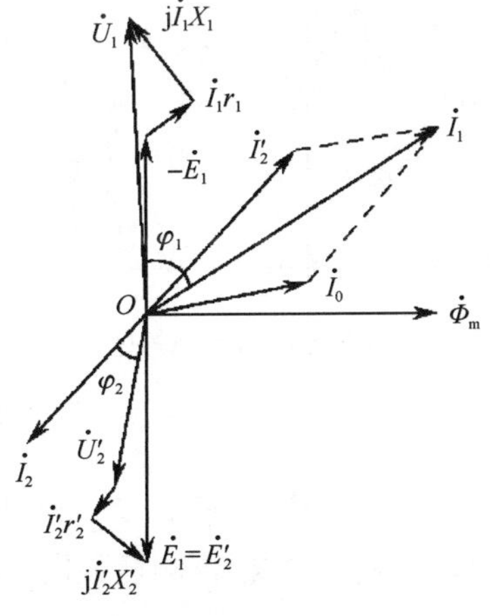

图 4.23 变压器负载运行时的相量图

4.4 变压器参数的测定

变压器的参数是指等值电路中的 $Z_m = r_m + jX_m$ 和 $Z_k = r_k + jX_k$，这些参数将直接影响变压器的运行性能。对于成品变压器，这些参数一般是通过空载和短路试验求得的。

4.4.1 变压器空载试验

1．变压器空载试验的目的

变压器空载试验是指在外加空载电压 U_0 的情况下，测取空载电流 I_0 和空载损耗 P_0，最终目的是求出激磁参数 Z_m、r_m、X_m 和变比 K。

2．变压器空载试验接线图

变压器空载试验可在原、副绕组任何一边加电压进行，但为了测量仪表和人身安全，常在副绕组边施加电压，原绕组开路。由于 I_0 很小，所以为减小其误差，常将电压表接在功率表和电流表前面，如图 4.24（a）所示。

3．变压器空载试验方法

用调压器 TC 调节外加电压 U_2，使副绕组空载电压 U_{20} 从零逐渐升高到副绕组额定电压 U_{2N}（$U_{20} = U_{2N}$）为止，然后读取对应的 I_{20}、P_0 和原绕组的开路电压 U_1。

4．变压器激磁参数的计算

由于外加电压 $U_{20} = U_{2N}$，则磁通 $\Phi = \Phi_N$ 达正常工作值，铁耗 P_{Fe} 也为正常工作值，变压器空载电流 I_{20} 很小，副绕组铜耗 $P_{Cu20} = I_{20}^2 r_2 \ll P_{Fe}$，从而 P_{Cu20} 可忽略不计（$P_{Cu20} \approx 0$）。因此，副绕组从电网吸收的功率为

$$P_0 = P_{Fe} + P_{Cu20} \approx P_{Fe} = I_{20}^2 r_m'' \tag{4-30}$$

变压器空载试验等值电路如图 4.24（b）中实线所示。

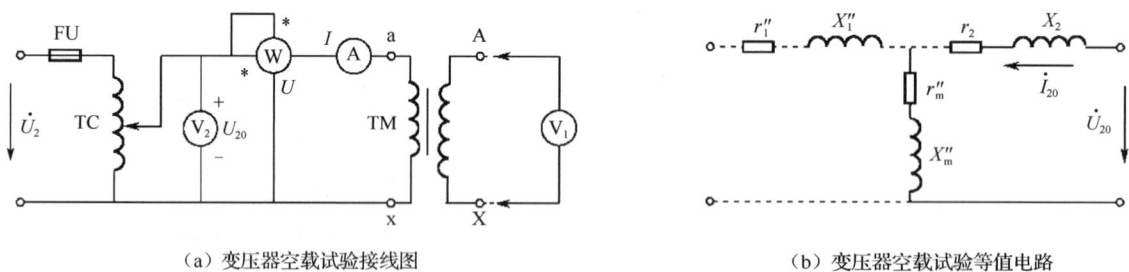

（a）变压器空载试验接线图　　　　　　　　　（b）变压器空载试验等值电路

图 4.24　变压器空载试验接线图和等值电路

在图 4.24（b）中，r_m''、X_m'' 分别表示折算到副绕组的激磁电阻和激磁电抗，且 $r_2 \ll r_m''$，$X_2 \ll X_m''$，故根据测量数据，取 $U_{20} = U_{2N}$ 对应的 I_{20} 和 P_0 值，可计算出下列参数：

$$\left.\begin{array}{l}Z_0 = Z_2 + Z_m'' \approx Z_m'' = U_{20}/I_{20} = U_{2N}/I_{20}\\ r_0 = r_2 + r_m'' \approx r_m'' = P_0/I_{20}^2\\ X_0 = X_2 + X_m'' \approx X_m'' = \sqrt{Z_m''^2 - r_m''^2}\\ K = U_1/U_{2N}\end{array}\right\} \quad (4\text{-}31)$$

5．变压器空载试验注意事项

（1）变压器空载试验是在副绕组上加压进行的，求出的激磁参数值还应该乘以 K^2，以折算到原绕组，即

$$\left.\begin{array}{l}Z_m = K^2 Z_m''\\ r_m = K^2 r_m''\\ X_m = K^2 X_m''\end{array}\right\} \quad (4\text{-}32)$$

（2）空载时，$\cos\varphi_{20} \approx 0.1 \sim 0.2$，为减小测量误差，应选用低功率因数瓦特表。

（3）对于三相变压器，常根据绕组接法（Y 或 D），将线电压、线电流、三相功率换算成相电压、相电流和单相功率。

4.4.2 变压器短路试验

1．变压器短路试验的目的

变压器短路试验是指变压器在外加的短路电压 U_k 的情况下，测取短路电流 I_k 和短路损耗 P_k，最终目的是求出短路参数 Z_k、r_k、X_k。

2．变压器短路试验接线图

变压器短路试验接线如图 4.25（a）所示。短路试验可在原、副绕组任意一端加压进行，但因短路电流较大，所以加压很低，一般 $U_k \approx (5\% \sim 10\%)U_{1N}$，因此，常在原绕组上加压，副绕组用导线短接。同时，因试验电压很低，所以为减小误差，将电压表和功率表的电压线圈接在原绕组出线端。

3．变压器短路试验方法

调节调压器 TC，使 U_k 从零开始上升，同时密切注视电流表的读数，直至 I_k 增至 $I_k = I_{1N}$ 为止，读取 U_k、I_k、P_k 的值。

4．变压器短路参数的计算

在进行变压器短路试验时，因为 U_k 很低，所以 $\varPhi$ 很小，因而激磁电流 I_0 和铁耗 P_{Fe} 均很小，可忽略不计，即 $P_{Fe} \approx 0$，便得变压器短路试验等值电路，如图 4.25（b）实线所示。这时，变压器从电网吸收来的功率为

$$P_k = P_{Cu} + P_{Fe} \approx P_{Cu} = P_{Cu1} + P_{Cu2} = I_k^2 r_1 + I_k^2 r_2' = I_k^2 r_k = I_{1N}^2 r_k \quad (4\text{-}33)$$

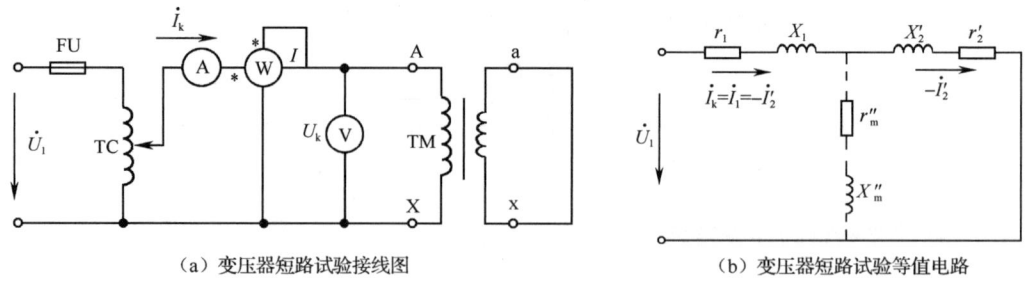

(a) 变压器短路试验接线图 (b) 变压器短路试验等值电路

图 4.25 变压器短路试验接线图和等值电路

根据测量数据，取 $I_k = I_{1N}$ 时对应的 U_k、P_k 值，可计算试验时环境温度（θ）下的短路参数：

$$\left. \begin{aligned} Z_{k\theta} &= \frac{U_k}{I_k} = \frac{U_k}{I_{1N}} \\ r_{k\theta} &= \frac{P_k}{I_k^2} = \frac{P_k}{I_{1N}^2} \\ X_k &= \sqrt{Z_{k\theta}^2 - r_{k\theta}^2} \end{aligned} \right\} \quad (4\text{-}34)$$

若要将原、副绕组短路参数分开，则可用以下公式计算：

$$\left. \begin{aligned} r_1 &\approx r_2' = r_k/2 \\ X_1 &\approx X_2' = X_k/2 \end{aligned} \right\} \quad (4\text{-}35)$$

由于绕组电阻随温度的变化而变化，测试时，绕组尚未来得及达到正常运行稳定温升，故电阻应折算到国家规定温度时的数值（当电机为 A、E、B 级绝缘时，应换算到 75℃；当电机为 F、H 级绝缘时，应换算到 115℃），铜线变压器的折算公式为

$$\left. \begin{aligned} r_{k75℃} &= \frac{235 + 75}{235 + \theta} r_{k\theta} \\ Z_{k75℃} &= \sqrt{r_{k75℃}^2 + X_k^2} \end{aligned} \right\} \quad (4\text{-}36)$$

式中，θ——试验时的环境温度（℃）。

若为铝线变压器，则将式（4-36）中的 235 改为 228 即可。235、228 分别为铜线和铝线的温度系数。

为了便于比较不同变压器的短路电压，常用其相对值的百分数表示：

$$U_k\% = \frac{U_k}{U_{1N}} \times 100\% = \frac{I_{1N} Z_{k75℃}}{U_{1N}} \times 100\% \quad (4\text{-}37)$$

一般中小型变压器的 $U_k\% \approx (4\% \sim 10.5\%)U_{1N}$，大型变压器的 $U_k\% \approx (12.5\% \sim 17.5\%)U_{1N}$。短路阻抗电压 $U_k\%$ 是变压器一个十分重要的参数，常标在变压器铭牌上。

4.5 变压器的运行特性

对于用户来讲，变压器相当于一个电源，而对电源有两点要求：一是电源电压应稳定，二是变压器能量传递中的损耗要小。因此，衡量变压器运行性能的重要标志是外特性

和效率特性。

4.5.1 变压器的外特性和电压变化率

1. 变压器的外特性

当变压器原绕组电压 U_1 和负载功率因数 $\cos\varphi_2$ 一定时,副绕组输出电压 U_2 随负载电流 I_2 的变化而变化的规律,即 $U_2 = f(I_2)$ 称为变压器的外特性。

2. 变压器的电压变化率(电压调整率)

对于变压器空载运行,当 $U_1 = U_{1N}$ 时,$I_2 = 0$,$U_2 = U_{20} = U_{2N}$。而当变压器负载运行时,由于变压器内阻抗 Z_k 的存在,所以当负载电流 I_2 流过时,必然产生内阻抗压降(I_1Z_k),引起 U_2 变化,这种变化程度可用电压变化率来表示。也就是说,当变压器从空载运行到额定负载运行时,副绕组输出电压的变化量 ΔU 与副绕组额定电压 U_{2N} 的百分比(用 $\Delta U\%$ 表示)称为电压变化率。

$$\Delta U\% = \frac{\Delta U}{U_{2N}} \times 100\% = \frac{U_{20}-U_2}{U_{2N}} \times 100\% = \frac{U_{2N}-U_2}{U_{2N}} \times 100\% \tag{4-38}$$

在实际中,U_2 与 U_{20} 相差很小,所以测量误差将影响 $\Delta U\%$ 的精确度,因此,可用下式进行计算:

$$\Delta U\% = \beta \left(\frac{I_{1N\varphi} r_{k75℃} \cos\varphi_2 + I_{1N\varphi} X_k \sin\varphi_2}{U_{1N\varphi}} \right) \times 100\% \tag{4-39}$$

$$\beta = \frac{I_{2\varphi}}{I_{2N\varphi}} \approx \frac{I_{1\varphi}}{I_{1N\varphi}}$$

式中,$I_{1N\varphi}$、$I_{2N\varphi}$——三相变压器原、副绕组额定相电流(A);
$U_{1N\varphi}$、$U_{2N\varphi}$——三相变压器原、副绕组额定相电压(V);
β——变压器的负载系数。

3. 变压器的外特性曲线

从式(4-39)可见,电压变化率的大小与下列 3 个因素有关。
(1) $\Delta U\%$ 与变压器内阻抗 r_k、X_k 的大小有关。
(2) $\Delta U\%$ 与负载电流 I_2 的大小有关,即 $\Delta U\% \propto \beta$。
(3) $\Delta U\%$ 与负载的性质有关,即与负载的功率因数 $\cos\varphi_2$ 有关。

上述因素(1)是 U_2 变化的内因,因素(2)、(3)是 U_2 变化的外因。变压器电压变化率 $\Delta U\%$ 随负载性质($\cos\varphi_2$)的变化而变化的规律如下。

① 当负载为纯电阻负载时,$\varphi_2 = 0$,$\cos\varphi_2 = 1.0$,$\sin\varphi_2 = 0$,$\Delta U\%$ 为正值,且 r_k 很小,从而 $\Delta U\%$ 也很小,故 U_2 随 I_2 的增大而下降很少,如图 4.26 中的曲线 1 所示。

② 当负载为感性负载时,$\varphi_2 > 0$,$\cos\varphi_2$ 和 $\sin\varphi_2$ 均为正值,从而 $\Delta U\%$ 较大,故 U_2 随 I_2 的增大而下降较多,如图 4.26 中的曲线 2 所示。

③ 当负载为容性负载时,$\varphi_2 < 0$,$I_{1N}r_{k75℃}\cos\varphi_2 > 0$,$I_{1N}X_k\sin\varphi_2 < 0$,且 $r_{k75℃} \ll$

X_k，从而 $\Delta U\%$ 为负值，故 U_2 随 I_2 的增大而升高，如图 4.26 中的曲线 3 所示。

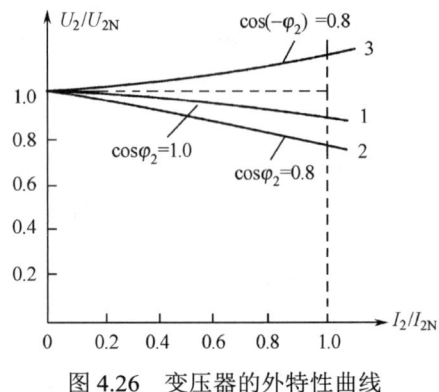

图 4.26 变压器的外特性曲线

一般变压器负载是感性负载，当 $\cos\varphi_2 = 0.8$（感性）时，额定负载电压变化率 $\Delta U\% \approx 4\% \sim 6\%$，故电力变压器利用分接开关可在额定电压 ±5% 的范围内调节。

4.5.2 变压器的效率特性

变压器在能量传递过程中不可避免地要产生各种损耗，使得输出功率 P_2 小于输入功率 P_1，如图 4.27 所示。

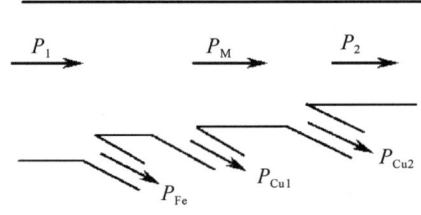

图 4.27 变压器能流图

1. 变压器的损耗

从图 4.27 可见，变压器的总损耗 $\sum P$ 包含铁耗 P_{Fe} 和铜耗 P_{Cu} 两大类。

（1）铁耗 P_{Fe}。铁耗 P_{Fe} 是变压器铁芯中产生的磁滞损耗（$P_h \propto fB_m^2$）和涡流损耗（$P_w \propto f^2 B_m^2 d^2 / r_w$）之和，当频率 f、硅钢片厚度 d 和材料不变（$r_w = C$）时，$P_{Fe} \propto B_m^2$ 或 $P_{Fe} \propto U_1^2$，当电源电压 U_1 一定时，铁耗基本上为一恒定值，故又称为不变损耗，与负载电流的大小无关。额定电压下测得的空载损耗 P_0 近似等于铁耗 P_{Fe}，即

$$P_0 \approx P_{Fe} \tag{4-40}$$

（2）铜耗 P_{Cu}。铜耗 P_{Cu} 是变压器电流 I_1、I_2 分别流过原、副绕组电阻 r_1、r_2 产生的损耗 P_{Cu1}、P_{Cu2} 之和，即

$$P_{Cu} = P_{Cu1} + P_{Cu2} = I_1^2 r_1 + I_2^2 r_2 = I_1^2 r_1 + I_2'^2 r_2' \approx I_1^2 r_k \tag{4-41}$$

可见，铜耗与原、副绕组电流的平方成正比，即随负载的变化而变化，故 P_{Cu} 又称为可变损耗。当 I_0 忽略不计（$I_0 \approx 0$）时，$I_2' = I_1$，可得任一负载时的铜耗为：

$$P_{Cu} = I_1^2 r_1 + I_2'^2 r_2' = I_1^2 r_k = (I_1 / I_{1N})^2 I_{1N}^2 r_k = \beta^2 P_k \tag{4-42}$$

通过短路试验可求得额定电流下的铜耗 $P_{CuN} = P_k$，而不同负载时的铜耗 $P_{Cu} \propto \beta^2$。

2. 变压器的效率 η

变压器的输出功率 P_2 与输入功率 P_1 之比称为变压器的效率，用 η 表示，即

$$\eta = \frac{P_2}{P_1} \times 100\% = \frac{P_1 - \sum P}{P_1} \times 100\%$$
$$= \left(1 - \frac{P_{Fe} + P_{Cu}}{P_2 + P_{Fe} + P_{Cu}}\right) \times 100\% = \left(1 - \frac{P_{Fe} + \beta^2 P_k}{P_2 + P_{Fe} + \beta^2 P_k}\right) \times 100\% \quad (4\text{-}43)$$

由于变压器的电压变化率很小（$\Delta U\% = 4\% \sim 6\%$），因此
$$U_2 \approx U_{2N}, \quad I_2 = \beta I_{2N}$$

则

$$P_2 = U_2 I_2 \cos\varphi_2 = U_2 \beta I_{2N} \cos\varphi_2 = \beta S_N \cos\varphi_2 \quad (4\text{-}44)$$

将式（4-44）代入式（4-43），得

$$\eta = \left(1 - \frac{P_{Fe} + \beta^2 P_k}{\beta S_N \cos\varphi_2 + P_{Fe} + \beta^2 P_k}\right) \times 100\% \quad (4\text{-}45)$$

通常，中小型变压器的效率在95%以上，大型变压器的效率在99%以上。

3. 效率特性

当变压器的电源电压和功率因数一定时，效率 η 随负载电流 I_2（负载系数 β）的变化关系 $\eta = f(\beta)$ 称为变压器的效率特性，如图 4.28 所示。从图 4.28 可见，当负载较小时，效率 η 随负载的增大而迅速升高；负载超过一定值后，当负载继续增大时，效率不但不升高，反而降低，中间出现了一个最高效率 η_m，通过数学分析，可求得出现最高效率的条件是：可变损耗 P_{Cu} 等于不变损耗 P_0，即

$$P_{Cu} = \beta_m^2 P_k = P_0$$

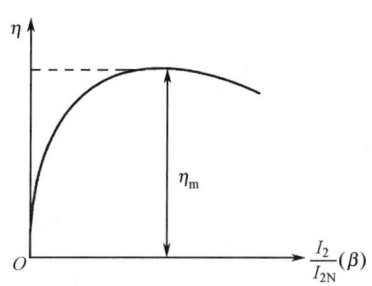

图 4.28 变压器的效率特性

则

$$\beta_m = \sqrt{\frac{P_0}{P_k}} \quad (4\text{-}46)$$

将式（4-46）代入式（4-45），可得最高效率为：

$$\eta_m = \left(1 - \frac{2P_0}{\beta_m S_N \cos\varphi_2 + 2P_0}\right) \times 100\% \quad (4\text{-}47)$$

由于变压器长期接在电网上，铁耗总是存在的，而且是不变的，而铜耗则是随负载变化的，不可能每时每刻都满载运行，因此，设计时铁耗应相对小一些，一般 $\beta = \sqrt{P_0/P_k} \approx 0.5 \sim 0.6$。

例 4.2 有一台三相变压器，$S_N = 100\text{kVA}$，$U_{1N}/U_{2N} \approx 6000\text{V}/400\text{V}$，$I_{1N}/I_{2N} = 9.36\text{A}/144\text{A}$，采用"Y, yn0"接法，在环境温度 $\theta = 20\text{℃}$ 时进行空载和短路试验，测得数据如表 4.2 所示。试求：

(1) 变比 K 和激磁参数 Z_m、r_m、X_m。

(2) 短路参数 $Z_{k75℃}$、$r_{k75℃}$、X_k。

(3) 变压器在额定负载下运行且 $\cos\varphi_2 = 0.8$（感性）时的电压变化率 $\Delta U\%$、效率 η、最高效率 η_m。

表 4.2 空载和短路试验数据

空载试验（副绕组加电压）			短路试验（原绕组加电压）		
U_{20} / V	I_{20} / A	P_0 / W	U_k / V	I_k / A	P_k / W
400	9.37	600	317	9.4	1920

解：（1）各参数如下：

$$K = \frac{U_{1N}/\sqrt{3}}{U_{2N}/\sqrt{3}} = \frac{6000}{400} = 15$$

$$Z_m = K^2 \frac{U_{20}/\sqrt{3}}{I_{20}} = 15^2 \times \frac{400/\sqrt{3}}{9.37} \approx 5545.520\ (\Omega)$$

$$r_m = K^2 \frac{P_0/3}{I_{20}^2} = 15^2 \times \frac{600/3}{9.37^2} \approx 512.547\ (\Omega)$$

$$X_m = \sqrt{Z_m^2 - r_m^2} = \sqrt{30490087.65} \approx 5521.783\ (\Omega)$$

（2）环境温度 θ 下的各短路试验参数为

$$r_{k\theta} = \frac{P_k/3}{I_k^2} = \frac{1920/3}{9.4^2} \approx 7.243\ (\Omega)$$

$$Z_{k\theta} = \frac{U_k/\sqrt{3}}{I_k} = \frac{317/\sqrt{3}}{9.4} \approx 19.470\ (\Omega)$$

$$X_k = \sqrt{Z_{k\theta}^2 - r_{k\theta}^2} = \sqrt{19.470^2 - 7.243^2} \approx 18.073\ (\Omega)$$

折算到 75℃时的短路参数值为

$$r_{k75℃} = \frac{235+75}{235+\theta} r_{k\theta} = \frac{235+75}{235+20} \times 7.243 \approx 8.805\ (\Omega)$$

$$Z_{k75℃} = \sqrt{r_{k75℃}^2 + X_k^2} = \sqrt{8.808^2 + 18.073^2} \approx 20.105\ (\Omega)$$

（3）当满载且 $\cos\varphi_2 = 0.8$ 时，$\beta = 1.0$，$\sin\varphi_2 = 0.6$。由于原绕组采用 Y 接法，所以 $I_{1N} = I_{1N\varphi}$，因此有：

$$I_{1N} = \frac{S_N}{\sqrt{3}U_{1N}} = \frac{100 \times 10^3}{\sqrt{3} \times 6000} \approx 9.623\ (A)$$

$$\Delta U\% = \beta \times \left(\frac{I_{1N} r_{k75℃} \cos\varphi_2 + I_{1N} X_k \sin\varphi_2}{U_{1N}/\sqrt{3}}\right) \times 100\%$$

$$= 1 \times \left(\frac{9.623 \times 8.808 \times 0.8 + 9.623 \times 18.073 \times 0.6}{6000/\sqrt{3}}\right) \times 100\% \approx 4.97\%$$

$$\eta = \left(1 - \frac{P_0 + \beta^2 P_k}{\beta S_N \cos\varphi_2 + P_0 + \beta^2 P_k}\right) \times 100\% = \left(1 - \frac{600 + 1920}{100 \times 10^3 \times 0.8 + 600 + 1920}\right) \times 100\% \approx 96.946\%$$

$$\beta_{\mathrm{m}} = \sqrt{\frac{P_0}{P_{\mathrm{k}}}} = \sqrt{\frac{600}{1920}} \approx 0.559$$

$$\eta_{\mathrm{m}} = \left(1 - \frac{2P_0}{\beta_{\mathrm{m}} S_{\mathrm{N}} \cos\varphi_2 + 2P_0}\right) \times 100\% = \left(1 - \frac{2 \times 600}{0.559 \times 100 \times 10^3 \times 0.8 + 2 \times 600}\right) \times 100\% \approx 97.387\%$$

本 章 小 结

1. 变压器具有变换电压、电流、阻抗的作用。

2. 变压器运行时既有电路问题，又有电和磁的相互联系。根据磁通经过的路径和所起的作用不同，分为主磁通 $\dot{\Phi}$ 和漏磁通 $\dot{\Phi}_s$，主磁通 $\dot{\Phi}$ 起能量传递作用，漏磁通 $\dot{\Phi}_s$ 只起电抗压降作用。对主磁通 $\dot{\Phi}$ 和漏磁通 $\dot{\Phi}_{1s}$、$\dot{\Phi}_{2s}$ 分别用激磁阻抗 $Z_{\mathrm{m}} = r_{\mathrm{m}} + jX_{\mathrm{m}}$ 和漏抗 X_1、X_2 来表征，从而将变压器的两个电路和一个磁路等效成单一的电路，使计算大为简化。

3．变压器的工作原理是建立在电势和磁势两个平衡关系基础之上的，即 $\dot{U}_1 = -\dot{E}_1 + \dot{I}_1 Z_1$，$\dot{U}_2 = \dot{E}_2 - \dot{I}_2 Z_2$，$\dot{I}_1 N_1 + \dot{I}_2 N_2 = \dot{I}_0 N_1$。

4. 变压器绕组折算的原则是：折算前后的磁势、功率、损耗均不变。折算的方法：常将副绕组各物理量折算到原绕组，凡是单位为 A 的物理量均除以变比 K，单位为 V 的物理量均乘以变比 K，单位为 Ω 的物理量均乘以 K^2。

5. 空载试验的目的是测定激磁参数 r_{m}、X_{m}、Z_{m} 和变比 K，并且 $P_0 \approx P_{\mathrm{Fe}}$。短路试验的目的是测定短路参数 r_{k}、X_{k}、Z_{k}，并且 $P_{\mathrm{k}} \approx P_{\mathrm{Cu}}$。

6. 变压器的基本方程式、等值电路和相量图是描述变压器内部电磁关系的 3 种方法。其中，基本方程式概括了电势和磁势两个基本关系，副绕组所接负载的变化对原绕组的影响是通过 $\dot{F}_2$ 来实现的，物理概念十分清楚，常用它做定性分析；等值电路是基本方程式的模拟电路，工程上常用它做定量计算；相量图是基本方程式的图形表现形式，比较直观、逼真、客观地反映了各物理量的大小及相位关系。虽然 3 种方法形式不同，但本质上是一致的。但需要注意的是，对于三相变压器，基本方程式、等值电路、相量图的参数均指一相之值。

7. 变压器的外特性和效率特性是衡量变压器运行性能的重要标志。电压变化率反映了输出电压随负载的变化而变化的程度，即电压的稳定性。效率反映了变压器运行的经济性。

8. 变压器出现最高效率 η_{m} 的条件是可变损耗 P_{Cu} 等于不变损耗 P_0。但由于变压器长期接在电网上，铁耗总是存在，而且是不变的，而铜耗却是随负载变化的，不可能每时每刻都满载运行，因此，铁耗应相对设计得小一些。

习 题 4

一、填空题

4.1 变压器是根据_____原理制成的，它是将一种_____变换成_____相同的另一种或几种_____的静止_____。

4.2 变压器具有_____、_____、_____的作用。

4.3 变压器的器身是变压器的_____组成部分，主要由_____和_____构成，前者既是变压器的_____，又是变压器的_____；后者是变压器的_____。

4.4 由于变压器运行时存在铁耗，因此空载电流 $\dot{I}_0$ 严格地讲可分为_____电流和_____电流，但绝大部分是_____电流。

4.5 变压器的主磁通 $\dot{\Phi}$ 的大小取决于_____、_____和_____3 种因素。

4.6 变压器绕组折算的原则是折算前后的_____、_____、_____均不变。

4.7 变压器空载试验的目的是求_____、_____、_____和_____。变压器短路试验的目的是求_____、_____、_____。

4.8 变压器的损耗有_____和_____两类，前者又称为_____损耗，后者又称为_____损耗。变压器的效率是_____与_____之比；出现最高效率的条件是_____=_____。

4.9 引起变压器副绕组电压 U_2 变化的内因是_____，外因是_____和_____。

4.10 变压器外特性的变化趋势是由_____决定的。当负载为感性负载时，随着负载的增大，外特性曲线是_____；当负载为容性负载时，随着负载的增大，外特性曲线是_____。一般情况下，变压器负载多为_____负载。

二、选择题

4.11 单相变压器的原绕组电压 $U_1 \approx E_1 = 4.44 f N_1 \Phi_m$，这里的 Φ_m 是指（　　）。
　　A．主磁通　　　　　　B．漏磁通　　　　　　C．主磁通与漏磁通的合成

4.12 三相变压器的额定容量 S_N =（　　）。
　　A．$3U_{1N}I_{1N} = 3U_{2N}I_{2N}$　　B．$\sqrt{3}U_{1N}I_{1N} = \sqrt{3}U_{2N}I_{2N}$　　C．$\sqrt{3}U_{1N}I_{1N}\cos\varphi_{1N}$

4.13 当一台单相变压器的副绕组外接一电容性负载时，其输出端电压 U_2（　　）。
　　A．比空载电压 U_{20} 低　　B．比空载电压 U_{20} 高　　C．与空载电压 U_{20} 相等

4.14 变压器的效率取决于（　　）的大小。
　　A．铁耗和铜耗　　　　B．负载　　　　　　　C．铁耗、铜耗和负载

4.15 在单相变压器的原绕组上加一恒定电压 U_1 时，其激磁电流 I_0 随着负载的增大而（　　）。
　　A．基本不变　　　　　B．增大　　　　　　　C．减小

4.16 变压器铁芯采用两面绝缘的薄硅钢片叠成，主要目的是降低（　　）。
　　A．铜耗　　　　　　　B．涡流损耗　　　　　C．磁滞损耗

4.17 将电力变压器的器身浸入盛满变压器油的油箱中，这样做的主要目的是（　　）。
　　A．改善散热条件　　　B．提高绝缘性能　　　C．增大变压器容量

4.18 影响变压器外特性的主要因素是（　　）。
　　A．负载的功率因数　　B．负载电流　　　　　C．变压器原绕组的输入电压

4.19 变压器的负载系数是指（　　）。
　　A．I_2/I_{2N}　　　　　　B．I_1/I_{2N}　　　　　　C．I_2/I_1

4.20 对变压器做短路试验，当 $I_k = I_{1N}$ 时，所加短路电压很低，一般 $U_k \approx$（　　）U_{1N}。
　　A．20%～50%　　　　B．50%～100%　　　　C．5%～10%

4.21 当变压器空载运行时，功率因数 $\cos\varphi_2$ 一般为（　　）。
　　A．0.8～1.0　　　　　B．0.1～0.2　　　　　C．0.3～0.6

4.22 当变压器外加电压和频率一定时，铁芯叠片间气隙 δ 越大，激磁电抗 X_m（　　）。
　　A．越大　　　　　　　B．越小　　　　　　　C．不变

4.23 变压器空载运行时的空载电流 $\dot{I}_0$ 指的是（　　）。

A．直流电流　　　　　　B．交流有功电流　　　　　C．交流无功电流

三、判断题（正确的打√，错误的打×）

4.24　变压器，顾名思义，当额定容量不变时，改变副绕组匝数只能改变副绕组电压。（　　）

4.25　当变压器原绕组加额定电压 U_{1N}，而副绕组功率因数 $\cos\varphi_2$ 不变时，$U_2 = f(I_2)$ 称为变压器的外特性。（　　）

4.26　三相变压器铭牌上标注的 S_N 是指额定电流下的输出有功功率。（　　）

4.27　为使变压器达到最高效率，当电力变压器长期运行时，在设计时要尽量降低铜耗。（　　）

4.28　变压器空载电流 I_0 纯粹是为了建立主磁通 Φ，称为激磁电流。（　　）

4.29　变压器最高效率出现在额定工作情况下。（　　）

4.30　单相变压器从空载运行到额定负载运行，变压器原绕组电流 $\dot{I}_1$ 从 $\dot{I}_0$ 增大到 $\dot{I}_{1N}$，因此，副绕组电流 $\dot{I}_2$ 也从 $\dot{I}_{20}$ 增大到 $\dot{I}_{2N}$。（　　）

4.31　变压器原绕组电压不变，当副绕组电流增大时，铁芯中的主磁通 Φ_m 也随之增大。（　　）

4.32　变压器额定电压为 $U_{1N}/U_{2N} = 440\text{V}/220\text{V}$，若作为升压变压器使用，则可在副绕组上接440V电压，原绕组电压达880V。（　　）

4.33　一台进口变压器的原绕组额定电压为240V，额定频率为60Hz，现将这台变压器接在我国工业频率为50Hz/240V的交流电网上运行，这时变压器磁路中的磁通将比原设计大。（　　）

四、问答题

4.34　电力系统中为什么常采用高压输电？

4.35　变压器的器身由哪些部件构成？各有什么作用？变压器的铁芯为什么常采用硅钢片叠成而不用整块钢制成？

4.36　变压器中主磁通 Φ 与漏磁通 Φ_{1s} 的性质和作用有何不同？在分析变压器时，是如何反映它们各自作用的？

4.37　有一台单相变压器，额定电压 $U_{1N}/U_{2N} = 220/110\text{V}$，如果不慎将副绕组误接到220V的电源上，那么变压器会有什么后果？为什么？

4.38　将一台频率为50Hz的单相变压器原绕组误接在相同额定电压的直流电源上会出现什么后果？为什么？

4.39　变压器的其他条件不变，如果仅将原、副绕组匝数增加10%，那么 X_1、X_2 和 X_m 将怎样变化？如果将硅钢片接缝间隙增大，那么 X_m 和 I_0 将如何变化？

4.40　变压器绕组折算的原则是什么？若将副绕组各物理量折算到原绕组，那么哪些量不变？哪些量改变？如何改变？当将原绕组各物理量折算到副绕组时，又将怎样变化？

4.41　为什么变压器空载损耗可以近似看作铁耗？与额定负载时的实际铁耗有无差别？为什么短路损耗可以近似看作铜耗？与额定负载时的实际铜耗有无差别？

4.42　为什么变压器额定容量常标注视在功率，而不标注有功功率？

4.43　什么是变压器的电压变化率？变压器负载运行时引起副绕组输出电压变化的原因是什么？

4.44　一台50Hz的单相变压器，若接在60Hz的电网上运行，当原绕组额定电压不变时，空载电流 I_0、电抗 X_1、X_2，激磁阻抗 r_m、X_m 及电压变化率 $\Delta U\%$ 有何变化？

五、计算题

4.45　一台 D-50/10 型变压器，$U_{2N} = 400\text{V}$，求原、副绕组的额定电流 I_{1N}、I_{2N}。

4.46　一台 S10-5000/10 型变压器，$U_{1N}/U_{2N} = 10.5\text{kV}/6.3\text{kV}$，连接组标号为 Y,d11，求原、副绕组

的额定电流 I_{1N}、I_{2N}。

4.47 一台单相变压器的 $S_N = 10500\text{kVA}$，$U_{1N}/U_{2N} = 35\text{kV}/6.6\text{kV}$，铁芯截面积 $A_{Fe} = 1580\text{cm}^2$，铁芯中最大磁通密度 $B_m = 1.415\text{T}$。试求：

（1）原、副绕组的匝数 N_1、N_2。

（2）变压器的变比 K。

4.48 一台单相变压器的 $U_{1N}/U_{2N} = 220\text{V}/110\text{V}$，但不知其线圈匝数。此时，可在铁芯上临时绕 $N = 100$ 匝的测量线圈，如图 4.29 所示，当在原绕组上加 50Hz 的额定电压 U_{1N} 时，测得测量线圈电压为 $U=11\text{V}$，试求：

（1）原、副绕组的线圈匝数 N_1、N_2。

（2）铁芯中的磁通 Φ_m。

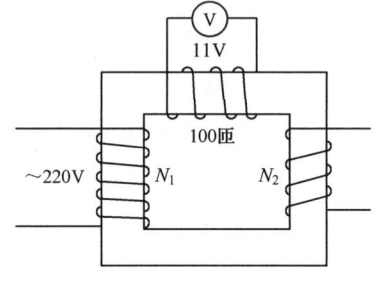

图 4.29 习题 4.48 的图

4.49 有一台型号为 S9-630/10、接法为 Y,yn0 的变压器，额定电压 $U_{1N}/U_{2N} = 10\text{kV}/0.4\text{kV}$，供照明用电。若接入白炽灯为负载（每盏 100W，220V），那么三相总共可以接多少盏白炽灯而变压器不过载？

4.50 一台 $S_N = 5600\text{kVA}$，$U_{1N}/U_{2N} = 10\text{kV}/6.3\text{kV}$，Y,d11 连接组的三相铜线变压器，在环境温度 $\theta = 20℃$ 时做空载试验和短路试验，测得的数据如表 4.3 所示，试求：

（1）折算到原绕组的激磁参数 r_m、X_m、Z_m。

（2）短路参数 $Z_{k75℃}$、$r_{k75℃}$、X_k。

（3）变压器在额定负载下运行且 $\cos\varphi_2 = 0.8$（感性）时的 $\Delta U\%$、U_2 及 η。

（4）变压器的最高效率 η_m。

表 4.3 空载、短路试验数据

空载试验（副绕组加电压）			短路试验（原绕组加电压）		
U_{20}/V	I_{20}/A	P_0/W	U_k/V	I_k/A	P_k/W
6300	7.4	6800	550	324	18000

第 5 章　三相变压器

内容提要

- 三相变压器的磁路结构及特点。
- 三相变压器的电路系统。
- 判断绕组极性的方法。
- 电力系统中常采用多台变压器并联运行的意义，以及变压器并联运行的条件。

5.1　三相变压器的磁路系统

三相变压器根据磁路特点的不同，可分为三相组式变压器和三相心式变压器两大类。

1．三相组式变压器（又称三相变压器组）的磁路系统

将 3 台完全相同的单相变压器的绕组按一定方式接成三相，称为三相组式变压器或三相变压器组，如图 5.1 所示。由于三相磁路完全相同，每相磁通 $\dot{\Phi}$ 沿自己的磁路闭合，因此，它的磁路特点：是三相磁路彼此独立，互不相关，仅三相电路互相联系。若给原绕组加三相对称电压 $\dot{U}_1$，则三相空载电流 $\dot{I}_0$ 和磁通 $\dot{\Phi}$ 也分别对称。三相组式变压器仅用于特大容量及超高压变压器中。

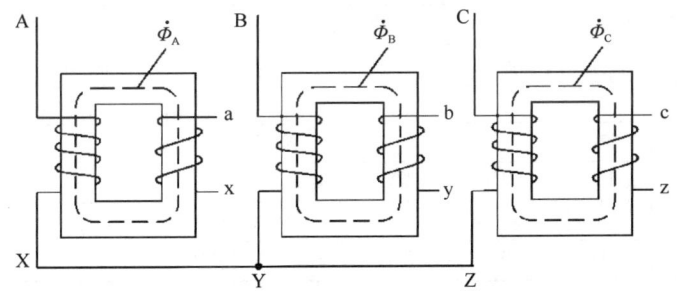

图5.1　三相组式变压器的磁路系统

2．三相心式变压器的磁路

三相心式变压器是从三相组式变压器演变而来的，将三台完全相同的单相变压器的三个铁芯柱合并在一起，如图 5.2（a）所示。当原绕组外加三相对称电压 $\dot{U}_1$ 时，三相磁通 $\dot{\Phi}$ 也是对称的。通过公共铁芯柱的磁通量之和始终为 $\sum\dot{\Phi} = \dot{\Phi}_A + \dot{\Phi}_B + \dot{\Phi}_C = 0$，故可将中心铁芯柱省去，如图 5.2（b）所示。为制造方便，将三个铁芯柱布置在同一平面上，便得三相三铁芯柱变压器铁芯，如图 5.2（c）所示。

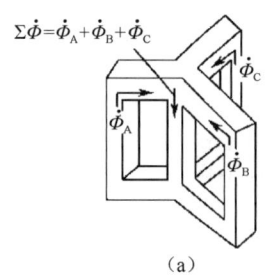 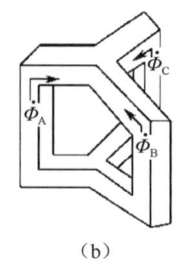 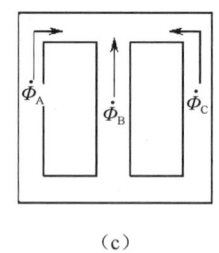

图 5.2 三相心式变压器的磁路系统

三相心式变压器的磁路特点:各相磁路彼此关联,任何一相磁通都以其他两相磁路作为闭合回路。当外加三相对称电压 $\dot{U}_1$ 时,由于 B 相磁路比 A、C 两相磁路短,故三相空载电流不相等,即 $I_{0A}=I_{0C}>I_{0B}$。但变压器空载电流很小 $[I_0\approx(2\%\sim8\%)I_{1N}]$,因此这种不对称对变压器运行的影响很小,可以忽略不计。

三相心式变压器所用材料少、效率高、占地面积小,因而被广泛采用。

5.2 三相变压器的电路系统——连接组

三相变压器原、副绕组不同的连接组别导致了原、副绕组相应的线电势(线电压)相位差的不同,它是三相变压器并联运行必不可少的条件之一。而单相变压器的连接组别又是三相变压器连接组别的基础。

5.2.1 变压器原、副绕组首末端标记

为正确连接及使用变压器,其原、副绕组出线端标记如表 5.1 所示。

表 5.1 原、副绕组出线端标记

绕组名称		单相变压器		三相变压器						连接方式				中性点	
		首端	末端	首端			末端			星形连接		三角形连接		新	旧
										新	旧	新	旧		
原绕组	方法1	A	X	A	B	C	X	Y	Z	Y	Y	D	△	N	O
	方法2	1U₁	1U₂	1U₁	1V₁	1W₁	1U₂	1V₂	1W₂						
副绕组	方法1	a	x	a	b	c	x	y	z	y	y	d	△	n	o
	方法2	2U₁	2U₂	2U₁	2V₁	2W₁	2U₂	2V₂	2W₂						

5.2.2 单相变压器的连接

1. 单相变压器绕组的极性

变压器的原、副绕组套在同一铁芯柱上,且被同一磁通 $\dot{\Phi}$ 交链。因此,任一瞬时,当磁通 $\dot{\Phi}$ 交变时,原绕组产生的电势在某一端点为正电位,副绕组产生的电势也必有一端点为正电位,这两个对应的同极性端点称为同名端(同极性端),用"·"表示,如图 5.3 所示。可见,变压器原、副绕组的极性与绕组的绕向有关,若两绕组绕向不同,则同极性端也不同。

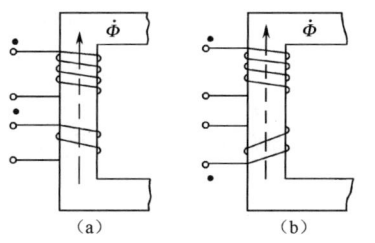

图 5.3 变压器原、副绕组不同绕向时的同极性端

2．判断同极性端的方法

对于成品变压器，若既无同名端标记，又从外部看不到绕组的绕向时，则可用下列方法判断同极性端。

（1）电压表法。按图 5.4（a）接线，在原绕组上加交流电压 U_1，副绕组开路，测 U_2、U_3。若 $U_3 \approx U_1 + U_2$，则 A 与 x（X 与 a）为同极性端（或称同名端）；若 $U_3 \approx U_1 - U_2$，则 A 与 a（X 与 x）为同极性端，而 A 与 x 就是异极性端（或称异名端）。

（2）灵敏电流计法。原绕组经开关 QS 接 1.5～3V 直流电源，副绕组接一灵敏电流计，灵敏电流计正接线柱（+）接 a，负接线柱（-）接 x，如图 5.4（b）所示。在 QS 闭合瞬时，注意观察灵敏电流计的指针偏转方向。若指针正向偏转，则 A 与 a（X 与 x）为同极性端；若指针反向偏转，则 A 与 x（X 与 a）为同极性端。

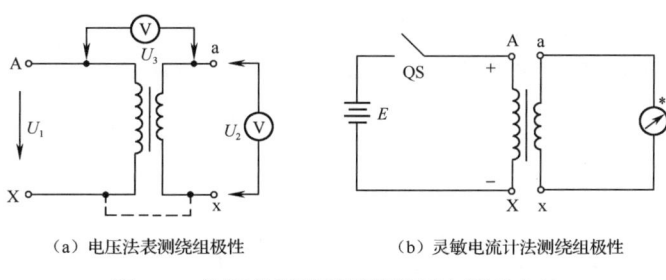

（a）电压法表测绕组极性　　　　　（b）灵敏电流计法测绕组极性

图 5.4　单相变压器判断绕组同名端的方法

3．单相变压器的连接组别

首先，规定原、副绕组相电势的正方向都是从首端指向末端，即 $\dot{E}_{AX}$、$\dot{E}_{ax}$。原、副绕组电势的相位关系（相位差）常用时钟法来表示。

（1）当原、副绕组的同极性端同时标为首端时，如图 5.5（a）所示，原、副绕组相电势 $\dot{E}_{AX}$ 与 $\dot{E}_{ax}$ 同相位，此时，将原绕组的相电势 $\dot{E}_{AX}$ 看作时钟的分针，指到钟面上的"12"，将副绕组的相电势 $\dot{E}_{ax}$ 看作时钟的时针，正好指到钟面上的"0"（"12"），时针所指的点数便是连接组的标号，故连接组别为 I,I0，表示 $\dot{E}_{ax}$ 与 $\dot{E}_{AX}$ 相位差为 $30° \times 0 = 0°$。其中，I,I 分别表示原、副绕组均为单相，0 表示连接组的标号为 0。

（2）当原、副绕组的异极性端标为首端时，如图 5.5（b）所示，原、副绕组相电势 $\dot{E}_{AX}$ 与 $\dot{E}_{ax}$ 相位相反，即连接组别为 I,I6。但国家标准规定单相变压器只采用一个标准组别 I,I0。

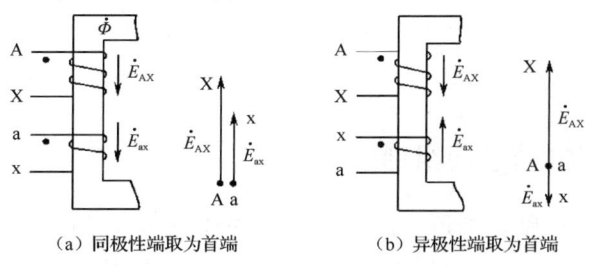

（a）同极性端取为首端　　　　（b）异极性端取为首端

图 5.5　单相变压器的连接组别

5.2.3 三相变压器绕组的接法

三相变压器原、副绕组各有 3 个绕组，不论是原绕组还是副绕组，最常用的接线方式有两种：一种是星形 Y（y）接法；另一种是三角形 D（d）接法。

1. 星形（Y）接法

星形接法是将三相绕组的末端 X、Y、Z（或 x、y、z）连接在一起作为中点，原绕组用"N"（副绕组用"n"）表示，当有中点引出线时，用"YN"（或"yn"）表示，若无中线引出，则只把 3 个首端 A、B、C（或 a、b、c）引出，如图 5.6（a）所示。

三相相电势互差 120°电角度，排列顺序为从左至右，原绕组为 A、B、C（副绕组为 a、b、c），对应的相电势和线电势相量图如图 5.6（b）所示。

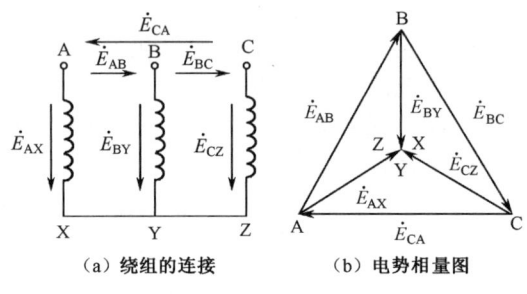

图 5.6 星形（Y）接法

2. 三角形（D）接法

三角形接法是将一相绕组的末端与另一相绕组的首端顺次连接在一起，形成一闭合回路，可分为以下两种接法。

（1）顺序三角形接法。如图 5.7（a）所示，接线顺序为 X→BY→CZ→A，对应的相电势与线电势相量图如图 5.7（b）所示。

（2）逆序三角形接法。如图 5.8（a）所示，接线顺序为 Z→BY→AX→C，对应的相电势和线电势相量图如图 5.8（b）所示。

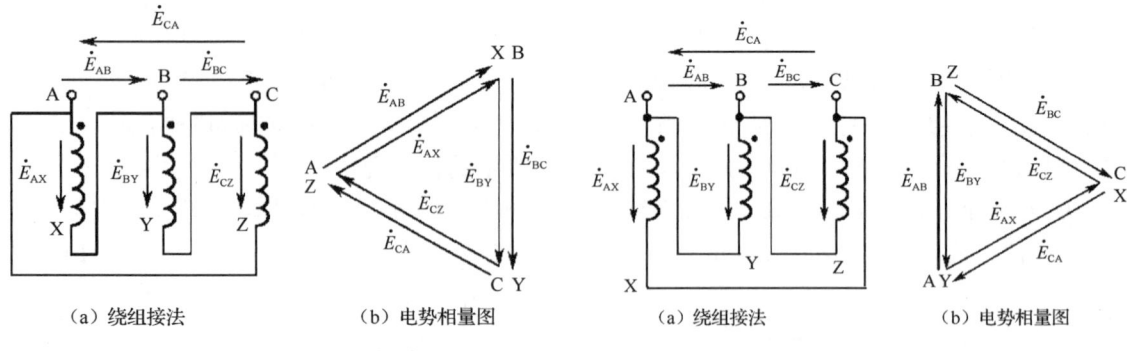

图 5.7 顺序三角形（D）接法　　　　图 5.8 逆序三角形（D）接法

5.2.4 三相变压器的连接组别

三相变压器的连接组别是指原、副绕组对应的线电势（线电压）之间的相位差。由于原、副绕组的接线方法（Y 或 D）不同，所以线电势的相位差也不同，但总是 30°的倍数。因此，国际上规定，三相变压器原、副绕组对应线电势的相位关系仍用时钟法表示，即 $\dot{E}_{AB}$、$\dot{E}_{ab}$ 分别用时钟的分针和时针表示，时针所指数字即连接组的标号。新旧电力变压器绕组连接组标号的区别如表 5.2 所示。

表 5.2　新旧电力变压器绕组连接组标号的区别

名　称	新标号表示方法	旧标号表示方法
连接组标号	0～11	1～12
连接符号间	,	/
举例	Y,y0	Y/y-12
	Y,d11	Y/△-11

1. 判断三相变压器连接组别的步骤

（1）在连接图中标出原、副绕组各相相电势和线电势的正方向。

（2）画出原绕组三相相电势和线电势的相量图，将线电势 $\dot{E}_{AB}$ 看作时钟的分针，指到"12"。

（3）将副绕组的相电势 $\dot{E}_{ax}$ 的首端 a 与原绕组的相电势 $\dot{E}_{AX}$ 的首端 A 重合，根据互差 120° 画出副绕组 a、b、c 相电势的相量图。

（4）将对应副绕组的线电势 $\dot{E}_{ab}$ 作为时钟的时针，它在钟面上的读数便是连接组的标号。

2. Y,y 连接组

（1）将同名端取为首端。Y,y0 连接组接线图如图 5.9（a）所示，将同名端取为首端。首先标出原、副绕组各相相电势 $\dot{E}_{AX}$（$\dot{E}_{BY}$、$\dot{E}_{CZ}$）、$\dot{E}_{ax}$（$\dot{E}_{by}$、$\dot{E}_{cz}$）和线电势 $\dot{E}_{AB}$（$\dot{E}_{BC}$、$\dot{E}_{CA}$）、$\dot{E}_{ab}$（$\dot{E}_{bc}$、$\dot{E}_{ca}$）的正方向。

然后画出原绕组三相相电势 $\dot{E}_{AX}$、$\dot{E}_{BY}$、$\dot{E}_{CZ}$ 互差 120° 的相量图。将线电势 $\dot{E}_{AB}$ 看作时钟的分针并指到"12"，根据 $\dot{E}_{ax}$ 与 $\dot{E}_{AX}$，$\dot{E}_{by}$ 与 $\dot{E}_{BY}$，$\dot{E}_{cz}$ 与 $\dot{E}_{CZ}$ 相位相同，将 a 与 A 重合，画出副绕组三相相电势和对应线电势的相量图，这时将原绕组线电势 $\dot{E}_{AB}$ 相对应的副绕组线电势 $\dot{E}_{ab}$ 看作时钟的时针，正好指到"12"（"0"）。因此，连接组标号为 0，即 Y,y0 连接组，如图 5.9（b）所示。

若保持图 5.9（a）中原绕组出线端标记不变，仅将副绕组出线端标记从左至右每移动一次，$\dot{E}_{ab}$ 便顺时针转过 120°，连接组标号为 120°/30°=4，则分别可得 Y,y4 和 Y,y8 两个偶数连接组别。

（2）将异名端取为首端。Y,y6 连接组接线图如图 5.10（a）所示，将原、副绕组首端取为异名端时，因此，原、副绕组相对应的相电势相量方向均相反，如图 5.10（b）所示。将原绕组线电势 $\dot{E}_{AB}$ 看作时钟的分针并指到"12"；将副绕组相应的线电势 $\dot{E}_{ab}$ 看作时钟的时针，正好指到钟面上的"6"，故连接组别为 Y,y6。

若保持图 5.10（a）中原绕组出线端标记不变，将副绕组出线端标记依次从左至右每移动一次，则可分别得到 Y,y10 和 Y,y2 两个偶数连接组别。

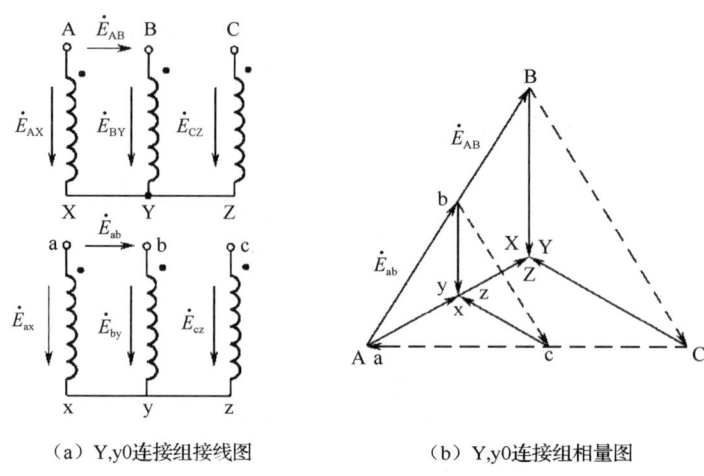

(a) Y,y0连接组接线图　　　　(b) Y,y0连接组相量图

图 5.9　Y,y0 连接组

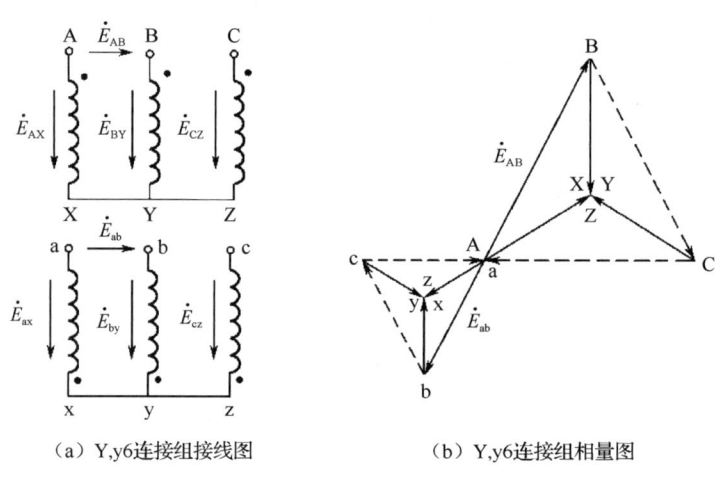

(a) Y,y6连接组接线图　　　　(b) Y,y6连接组相量图

图 5.10　Y,y6 连接组

3．Y,d 连接组

（1）将同名端取为首端，副绕组为逆序三角形接法。Y,d11 连接组接线图如图 5.11（a）所示。将原、副绕组同名端取为首端，原绕组为星形接法，副绕组为逆序三角形接法。原绕组相电势 $\dot{E}_{AX}$、$\dot{E}_{BY}$、$\dot{E}_{CZ}$ 分别与副绕组相电势 $\dot{E}_{ax}$、$\dot{E}_{by}$、$\dot{E}_{cz}$ 同相位，仍将 $\dot{E}_{ax}$ 的 a 与 $\dot{E}_{AX}$ 的 A 重合，画出相量图，如图 5.11（b）所示。可见，将原绕组线电势 $\dot{E}_{AB}$ 看作时钟的分针并指到"12"，相应副绕组线电势 $\dot{E}_{ab}$ 滞后于 $\dot{E}_{AB}$ 330°，故将 $\dot{E}_{ab}$ 指到"11"（330°/30°=11），即连接组别为 Y,d11。

若保持图 5.11（a）中原绕组出线端标记不变，将副绕组出线端标记从左至右每移动一次，则分别得到 Y,d3 和 Y,d7 两个奇数连接组别。

（2）将同名端取为首端，副绕组为顺序三角形接法。Y,d1 连接组接线图如图 5.12（a）所示，将原、副绕组同名端取为首端，原绕组为星形接法，副绕组为顺序三角形连接，根据以上类似方法画出相量图，如图 5.12（b）所示。可见，将原绕组线电势 $\dot{E}_{AB}$ 看作时钟的分针指到"12"，相应副绕组线电势 $\dot{E}_{ab}$ 滞后于 $\dot{E}_{AB}$ 30°，故时针指到"1"，即连接组别为 Y,d1。

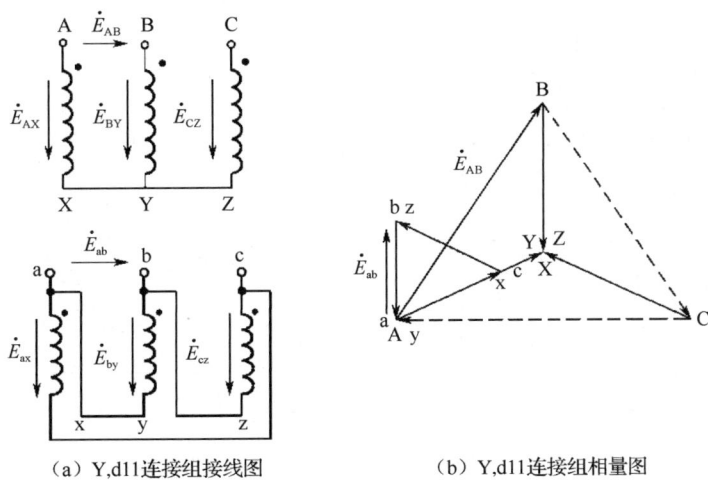

（a）Y,d11连接组接线图　　　　（b）Y,d11连接组相量图

图 5.11　Y,d11 连接组

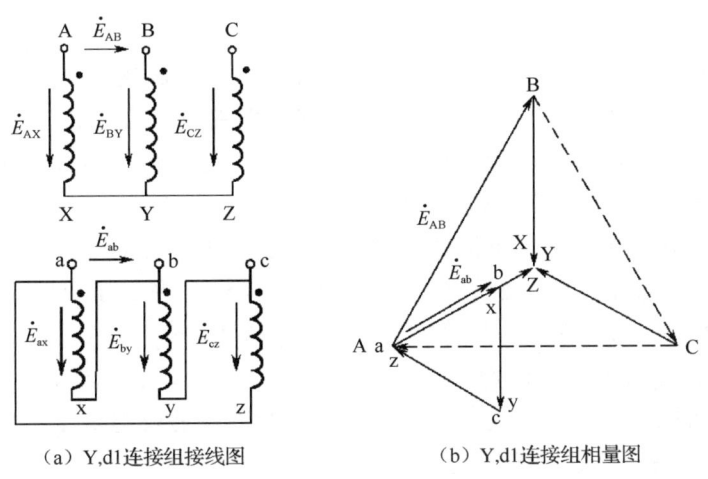

（a）Y,d1连接组接线图　　　　（b）Y,d1连接组相量图

图 5.12　Y,d1 连接组

若保持图 5.12（a）中原绕组出线端标记不变，将副绕组出线端标记从左至右每移动一次，则分别得到 Y,d5 和 Y,d9 两个奇数连接组别。

可见，Y,y 连接只能接成 6 个偶数连接组别，Y,d 连接只能接成 6 个奇数连接组别。

我国规定，同一铁芯柱上的原、副绕组为同一相绕组，并采用相同的字母符号做出线端标记。因此，三相双绕组电力变压器规定了 5 种连接组别：Y,yn0、YN,y0、Y,y0、Y,d11、YN,d11。

5.3　变压器的并联运行

变压器并联运行是指两台或两台以上的变压器的原、副绕组分别并联到公共母线上向负载供电的方式，如图 5.13（a）所示。由于三相对称，所以分析时仅画出一相即可，如图 5.13（b）所示。

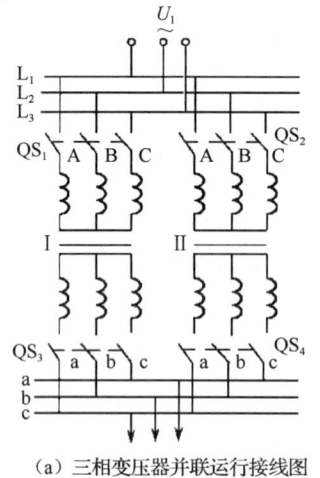
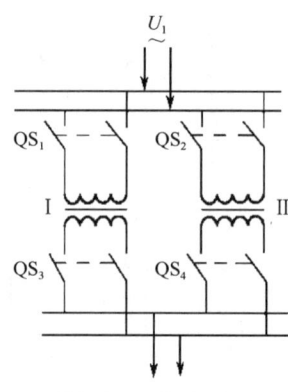

(a) 三相变压器并联运行接线图　　　(b) 单相变压器并联运行接线图

图 5.13　变压器并联运行接线图

1) 变压器并联运行的意义

(1) 提高供电的可靠性。多台变压器并联运行，当某台变压器发生故障或需要检修时，可将该变压器从电网断开，其余变压器仍可保证重要用户的供电。

(2) 提高供电效率。当负载随昼夜、季节变化时，随时可调整并联变压器的台数，以降低空载损耗，提高效率和功率因数。

(3) 减少变压器初次投资。根据社会经济的发展，用电量的增加，可以分批增加变压器台数，以减少初次投资。但并联台数也不宜过多，由于单台容量太小，所以并联组总损耗升高，且安装费用增多，同时占地面积大，提高了变电所的造价。

2) 变压器并联运行的理想状态

(1) 当各并联变压器空载运行时，只存在原绕组空载电流 I_0，副绕组电流为零 ($I_2 = 0$)，即各并联变压器之间无环流。

(2) 当各并联变压器负载运行时，各自分担的负载电流应与各自的容量成正比。

3) 变压器并联运行的条件

为了达到变压器并联运行的理想状态，需要满足以下 4 个条件。

(1) 各并联变压器原、副绕组额定电压应分别相等，即变比应相等。

(2) 各并联变压器的连接组别必须相同。

(3) 各并联变压器的短路阻抗相对值（或短路阻抗压降）应相等。

(4) 容量比不得超过 3∶1。

上述任一条件不满足，都将对变压器造成不良影响。

5.3.1　变比不等时的变压器并联运行

以两台变压器并联运行为例进行分析。

(1) 设两台变压器的连接组别相同，短路阻抗相对值相等（$I_I Z_{kI} = I_I Z_{kII}$），但变比不等，若 $K_I < K_{II}$，则此时的并联运行接线图如图 5.14 所示（由于三相对称，所以图中仅画出其中一相）。

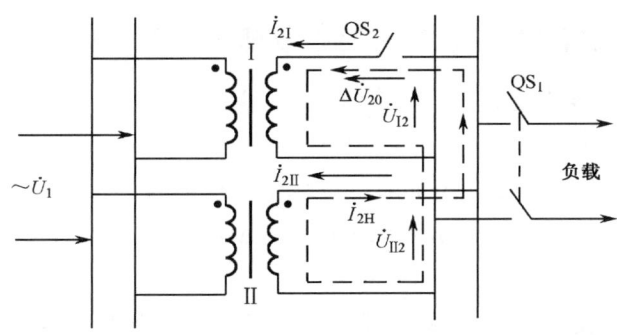

图 5.14 变比不等时的并联运行接线图

（2）由于两台变压器的原绕组均并联接于同一电源母线上，所以 $\dot{U}_{1\text{I}} = \dot{U}_{1\text{II}} = \dot{U}_{1\text{N}}$，因为变比不等，所以两台变压器副绕组空载电压不等，$U_{\text{I}20} = U_{1\text{I}}/K_{\text{I}} = U_{1\text{N}}/K_{\text{I}} > U_{\text{II}20} = U_{1\text{II}}/K_{\text{II}} = U_{1\text{N}}/K_{\text{II}}$（图 5.14 中的 QS_1、QS_2 均断开），即两台变压器副绕组之间存在电压差 $\Delta \dot{U}_{20} = \dot{U}_{\text{I}20} - \dot{U}_{\text{II}20}$。

（3）当副绕组并联于公共母线上（QS_2 闭合）时，两台变压器副绕组之间就会产生一空载环流 $\dot{I}_{2\text{H}}$：

$$\dot{I}_{2\text{H}} = \Delta \dot{U}_{20}/(Z''_{k\text{I}} + Z''_{k\text{II}}) \tag{5-1}$$

式中，$Z''_{k\text{I}}$、$Z''_{k\text{II}}$——变压器Ⅰ和变压器Ⅱ折算到各自副绕组的阻抗值。

（4）环流造成的影响。环流 $\dot{I}_{2\text{H}}$ 只在两变压器副绕组中流通，而不流向负载，但它占用了变压器容量，使变压器承担负载的能力下降，并且增加了变压器的损耗。

为使变压器容量得到充分利用，常规定 $\dot{I}_{2\text{H}} < 10\% \dot{I}_{2\text{N}}$，为此，变压器变比误差 ΔK 不得超过±0.5%，即

$$\Delta K = \left[(K_{\text{II}} - K_{\text{I}})/\sqrt{K_{\text{I}} K_{\text{II}}} \right] \times 100\% \leqslant \pm 0.5\% \tag{5-2}$$

5.3.2 连接组别不同时的并联运行

若两台变压器的连接组别不同，则并联运行将造成严重的不良后果，原因如下：

（1）设两台变压器的变比相等（$K_{\text{I}} = K_{\text{II}}$），短路阻抗压降也相等（$I_{k\text{I}} Z_{k\text{I}} = I_{k\text{II}} Z_{k\text{II}}$），但连接组别不同，至少相差一个组别号，即两台变压器副绕组线电压相位差至少为30°。

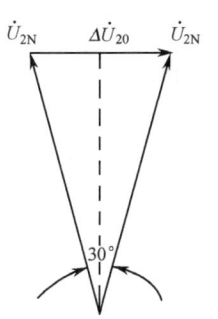

图 5.15 Y,d11 与 Y,y0 并联时的电压相位差

（2）现假设以 Y,d11 与 Y,y0 两台变压器并联为例。两台变压器原绕组接在同一母线上，$\dot{U}_{1\text{I}} = \dot{U}_{1\text{II}} = \dot{U}_{1\text{N}}$，副绕组额定电压 $\dot{U}_{\text{I}2\text{N}} = \dot{U}_{\text{II}2\text{N}} = \dot{U}_{2\text{N}}$，副绕组线电压相位差为30°，如图5.15所示，造成的副绕组电压差为

$$\Delta U_{20} = 2 U_{2\text{N}} \sin(30°/2) \approx 0.518 U_{2\text{N}} \tag{5-3}$$

可见，ΔU_{20} 达到副绕组额定电压的 51.8%，而变压器内阻抗却很小，在两台变压器副绕组上引起的环流达数倍的额定电流，可将变压器烧毁，因此，连接组别不同的变压器绝对不允许并联运行。

5.3.3 短路阻抗相对值（或短路阻抗压降）不等时的并联运行

（1）设两台变压器的变比相等（$K_I = K_{II}$），连接组别相同，但短路阻抗压降不等（$U_{kI} = I_{kI}Z_{kI} < U_{kII} = I_{kII}Z_{kII}$）。

（2）由于两台变压器原绕组接于同一母线上，所以 $\dot{U}_{1I} = \dot{U}_{1II} = \dot{U}_{1N}$，副绕组空载电压 $\dot{U}_{2NI} = \dot{U}_{2NII} = \dot{U}_{2N}$，因此，空载时的副绕组电压差 $\Delta U_2 = 0$，两台变压器副绕组之间无环流产生。

（3）当变压器负载运行时，变压器 II 的内阻抗压降大于变压器 I 的内阻抗压降（$U_{I2} = U_{2N} - I_{kI}Z_{kI} > U_{II2} = U_{2N} - I_{kII}Z_{kII}$），造成输出电压 $U_{I2} > U_{II2}$，它们的外特性如图 5.16（a）所示。

两台变压器副绕组输出电压同样存在电压差 $\Delta U_2 = U_{I2} - U_{II2}$，从而在两副绕组之间形成环流 I_{2H}。

实际上，当两台变压器并联后，它们具有相同的输出电压 U_2 和相同的阻抗压降，其简化等值电路如图 5.16（b）所示。它们应满足以下关系：

$$I_I Z_{kI} = I_{II} Z_{kII} \quad 或 \quad U_{kI} = U_{kII}$$

$$\frac{I_I}{I_{II}} = \frac{Z_{kII}}{Z_{kI}} \tag{5-4}$$

式（5-4）表明，当变压器并联运行时，每台变压器分担的负载电流与自身短路阻抗成反比。为合理分配负载（容量大，输出电流大），要求各并联变压器短路阻抗压降 U_k 应相等。否则，U_k 小的变压器电流大，首先满载，而 U_k 大的那一台变压器则处于轻载运行状态，整个并联变压器系统容量没有得到充分利用，因此，各并联变压器短路阻抗压降之差不应超过平均值的 10%。一般来说，容量大的变压器的 U_k 也大，因此，并联变压器容量比不要超过 3∶1，以使两台并联变压器的 U_k 尽量接近。

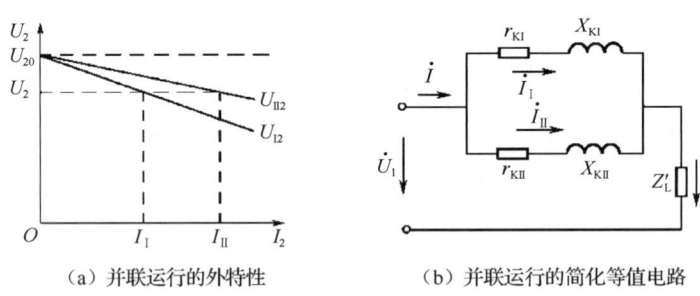

(a) 并联运行的外特性　　(b) 并联运行的简化等值电路

图 5.16　两台变压器并联运行的外特性和简化等值电路

5.4　电力变压器的维护

5.4.1　电力变压器的巡视

1. 电力变压器的巡视周期

变压器运行应按照变压器的额定技术数据和《电力变压器运行规程》的规定执行。变压器的巡视周期每天应不少于 3 次。当有大风、大雾、大雪、雷雨等恶劣天气或异常负荷时，巡视次数应适当增加。对于新投运或大修后投运的变压器，开始 24 小时运行期间，应每 2 小时巡视一次；在投运后的一周内，巡视次数应适当增加。

对无人值班的变、配电所的自然循环冷却变压器，应每周巡视 1 次，每次合闸前与合闸后应巡视 1 次；对强迫循环冷却或风冷变压器，应每天或每班巡视 1 次。

2．电力变压器的巡视检查内容

在电力变压器的日常巡视检查过程中，主要检查以下内容。

（1）检查原、副绕组绝缘套管是否清洁，有无明显污垢，有无破损裂纹及放电烧伤现象；有无放电声，绝缘套管末端屏蔽接地是否良好。

（2）检查变压器有无渗油、漏油现象，油面指示器的指示是否正常，并保持在正常油位线范围内，油色是否正常，呈现透明的微黄色。渗、漏油的主要检查部位为油箱箱壳与箱盖密封处、绝缘套管引线处、气体继电器及连接管道处、冷却器散热管及连接处、净油器管道连接处、焊缝焊接不良处、安全放气塞处等。

（3）检查声音是否均匀，有无杂音，有无内部放电声。大型电力变压器正常运行时应发出均匀的"嗡嗡"声。

（4）检查原、副绕组引出线与母线连接是否牢固，有无松动，有无接触不良或过热、变色现象，母线上的示温片颜色是否正常。

（5）检查各温度指示装置指示的温度是否在规定允许的范围之内；检查环境温度、油温及绕组温度是否正常，是否一致，有无指示错误现象；检查变压器的温升是否在规定允许的范围之内。

（6）检查呼吸器，呼吸应通畅，呼吸器硅胶颜色变化不得超过2/3，否则应更换硅胶。

（7）检查安全气道玻璃是否完好，有无破裂，压力释放阀密封是否良好，信号装置、导线是否完好。

（8）检查气体继电器工作是否正常，气体继电器内是否充满变压器油，有无冒气泡现象。

（9）检查变压器外壳接地是否良好，接地线有无锈蚀、松动现象。

（10）检查变压器循环冷却系统工作是否正常；检查油温、压力、水温是否符合规定，有无渗/漏油（水）现象，密封是否良好，油泵运行是否良好。

（11）对于室外安装运行的变压器，在大雾、大风、雷电等异常天气时，应特别检查是否有大风吹起的杂物搭落在变压器上，注意引线的摆动情况是否引起引线处接触松动。检查是否由于空气潮湿导致绝缘套管等处有电晕和放电、闪络现象，接头处有无因过热而冒热气现象。

3．电力变压器负荷情况检查

（1）对于室外安装的变压器，如果没有固定电流表，则应测量最大负荷及代表性负荷。变压器的负荷应根据其容量合理分配，输出电流过大将导致发热严重，容易使绝缘性能降低而缩短使用寿命，甚至造成事故；长期欠载将使功率因数变低，设备得不到充分利用，效率低。

（2）若三相为不平衡负荷，则应监视最大相电流，测量三相电流的平衡情况，对 Y,yn0

连接的变压器，其物理中性线上的电流不应超过副绕组额定电流的 25%。

（3）室内安装的变压器有电流表、电压表，应记录每小时的负荷，并应画出日负荷曲线。

（4）在变压器运行过程中，电压不应超过额定电压的±5%，如超过允许范围，则应调整变压器分接开关的位置，使副绕组电压保持正常。特殊情况下允许在 10%的额定电压下运行。

（5）变压器的上层油温一般不应超过 85℃，最高不应超过 95℃。

4. 电力变压器的停电清扫

变压器的巡视检查还应包括有计划地定期对变压器进行停电清扫，同时进行检查。清扫及检查的内容如下。

（1）清扫原、副绕组的绝缘套管、变压器外壳及附属设备。

（2）检查母线及接线端子等连接处的接触情况，并检查气体继电器的控制导线绝缘性能及连接情况。

（3）检查变压器外壳及中性点的接地情况。

（4）测量变压器的绝缘电阻及接地电阻是否合格。

5.4.2 变压器的异常运行及维修

（1）值班人员在变压器运行中发现异常现象（如漏油、油位过高或过低、温度过高、异常声响、冷却系统异常等）时应尽快排除，并报告上级领导，还要将情况记入运行记录和缺陷记录中。

（2）当变压器有下列情况之一时，应立即退出运行并检查修理。

① 内部响声过大，有爆裂声。

② 在正常负荷和冷却条件下，变压器温度不正常，并不断上升。

③ 储油柜或安全气道喷油。

④ 严重漏油使油位下降，并低于油面指示器的指示限度。

⑤ 油色变化过甚，油内出现炭质。

⑥ 瓷套管有严重的破损和放电现象。

（3）当变压器的油温超过许可限度时，应检查变压器的负荷和冷却介质的温度，并与在同一负荷和冷却介质温度下的油面进行核对。另外，还要核对温度表，并检查变压器室内的风扇运行状况或变压器室内的通风情况。

（4）当变压器的气体继电器动作后，应按以下要求进行维修：

① 检查变压器安全气道有无喷油现象，油位是否降低，油色有无变化，外壳有无大量漏油现象。

② 使用专用工具提取瓦斯继电器内的气体进行试验，气体继电器内的气体若无色无臭、不可燃，则变压器可以继续运行，但应监视动作间隔时间。

③ 气体继电器内的气体若有色、可燃，则应立即进行气体色谱分析；气体继电器内若无气体，则应检查二次回路和接线柱及引线绝缘是否良好。

④ 因油位下降而引起气体继电器保护信号与跳闸同时动作，应及时采取补救措施，未经检查和试验合格不得再投入运行。

（5）变压器自动跳闸或原绕组熔丝熔断，需要进行检查试验，查明跳闸原因，或者进行必要的内部检查。

（6）变压器着火时首先应断开电源，然后迅速用灭火装置灭火。

5.4.3　电力变压器的容量选择

电力变压器的容量选择非常重要，如果容量过小，则会造成过载，烧坏变压器；如果容量过大，则变压器得不到充分利用，不但增加了设备投资，而且会使功率因数降低，同时变压器本身的损耗会升高，效率降低。一般电力变压器的容量可按下式进行选择：

$$S = \frac{PK_1}{\eta \cos \varphi} \tag{5-5}$$

式中，S——变压器容量（VA）；

P——用电设备的总容量（W）；

K_1——同一时间投入运行的设备实际容量与设备总容量的比值，一般 $K_1 \approx 0.7$；

η——用电设备的效率，一般 $\eta \approx 0.85 \sim 0.9$；

$\cos \varphi$——设备的功率因数，一般 $\cos \varphi \approx 0.8 \sim 0.9$。

在选择变压器容量时，还应考虑电动机全压启动电流是额定电流的 4～7 倍这一因素，通常，在全压启动的电动机中，最大一台电动机的容量不宜超过变压器容量的 30%。

本 章 小 结

1. 三相变压器根据磁路特点的不同，可分为三相组式变压器和三相心式变压器两大类，前者三相磁路彼此独立，互不相关；后者三相磁路彼此关联。

2. 变压器的极性主要取决于磁通方向和绕组的绕向，在不知道绕向和看不到极性标记时，可采用电压表法和灵敏电流计法判断。

3. 变压器的连接组别是指原、副绕组电势（三相变压器指原、副绕组相应线电势）之间的相位关系，常用时钟法表示。单相变压器有 I,I0 和 I,I6 两种连接组别，常用 I,I0 标准组别；三相变压器的 Y,y 连接有 6 种偶数连接组别，Y,d 连接有 6 种奇数连接组别，常用的 5 种连接组别为 Y,yn0、YN,y0、Y,y0、Y,d11、YN,d11。

4. 为提高供电的可靠性和供电效率，减少初次投资，现今电力系统常采用多台变压器并联运行，理想并联运行需要满足以下 4 个条件。

（1）变比应相等。

（2）连接组别必须相同。

（3）变压器短路阻抗相对值（或短路阻抗压降）应相等。

（4）容量比不得超过 3:1。

其中，（1）、（2）两条件是变压器能否并联运行的前提，也是并联变压器之间避免产生环流的保障；（3）、（4）两条件反映变压器负载分担的合理性，是并联变压器系统容量是否得到充分利用的保证。

习 题 5

一、填空题

5.1 三相变压器根据磁路特点的不同,可分为_____和_____两大类,前者三相磁路_____,后者三相磁路_____。

5.2 根据变压器原、副绕组_____的相位关系,将变压器绕组的接法分成不同的组合,称为绕组的_____。

5.3 若一台变压器的连接组的标号为 Y,d5,则原、副绕组的_____电势的相位差_____。

5.4 三相变压器额定容量是指原绕组加额定电压,温升不超过允许值时的_____功率,等于副组_____和_____乘积的_____倍。

5.5 同一瞬间,在变压器原、副绕组中,同时具有相同电势方向的两个出线端称为_____或_____。

5.6 三相变压器的连接组标号有_____种,其中我国规定的标准连接组是_____、_____、_____、_____、_____。

5.7 变压器制成后,原、副绕组的同名端是_____的,而连接组别则是_____的。

二、选择题

5.8 变压器并联运行时的变比误差不允许超过(　　)。
  A. ±3%　　　　B. ±5%　　　　C. ±0.5%

5.9 三相变压器的原、副绕组线电势的相位关系决定于(　　)。
  A. 绕组的绕向
  B. 绕组始/末端的标定
  C. 绕组的绕向、首、末端的标定和绕组的连接组

5.10 三相变压器的铁芯若采用整块钢制成,则它比采用硅钢片制成的变压器的(　　)。
  A. 输出电压高　　B. 输出电压低　　C. 空载电流大

5.11 三相变压器在工作时,主磁通 Φ_m 由(　　)决定。
  A. 原绕组电压大小　　B. 负载大小　　C. 副绕组总电阻

5.12 三相心式变压器的三相磁路之间是(　　)的。
  A. 彼此独立　　B. 彼此相关　　C. 既独立又相关

5.13 当三相变压器采用 Y,d 连接时,则连接组的标号一定是(　　)
  A. 奇、偶数　　B. 偶数　　C. 奇数

5.14 当三相变压器并联运行时,各并联变压器(　　)的条件必须严格遵守。
  A. 变比相等　　B. 连接组别相同　　C. 短路阻抗压降相等

5.15 当三相变压器并联运行时,各并联变压器的容量比不得超过(　　)。
  A. 2:1　　　　B. 3:1　　　　C. 4:1

5.16 若两台三相变压器的连接组别不同,则它们的副绕组线电势的相位至少相差(　　)
  A. 30°　　　　B. 40°　　　　C. 60°

三、判断题(正确的打√,错误的打×)

5.17 可以利用相量图来判断三相变压器的连接组的标号。(　　)

5.18 一般只要有两台或两台以上的变压器就可以实现并联运行。(　　)

5.19 并联运行的变压器的负载电流的大小与短路阻抗成正比。（　）

5.20 三相变压器原、副绕组的额定电压分别指允许输入和输出的最大相电压的有效值。（　）

5.21 三相变压器的变比等于原、副绕组每相额定相电压之比。（　）

5.22 当连接组别不同的变压器并联运行时，电路中会出现涡流。（　）

四、问答题

5.23 三相组式变压器和三相心式变压器的磁路各有什么特点？

5.24 一台变压器的额定电压为 $U_{1N}/U_{2N}=220/110\text{V}$，做极性试验，示意图如图 5.17 所示，将 X 与 x 连接在一起，在 A、X 端加 220V 电压，用电压表测 A、a 端之间的电压，如果 A、a 为同名端，则电压表读数为多少？若为异名端，则电压表读数又是多少？

5.25 在电力系统中，为什么常采用多台变压器并联运行？变压器并联运行应具备哪些条件？什么条件必须严格遵守？

5.26 三相变压器原、副绕组按图 5.18 连接，试用相量图判断连接组别。

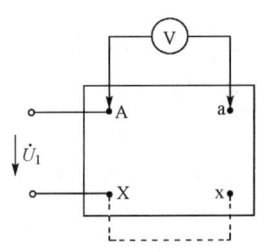

图 5.17　变压器极性试验示意图

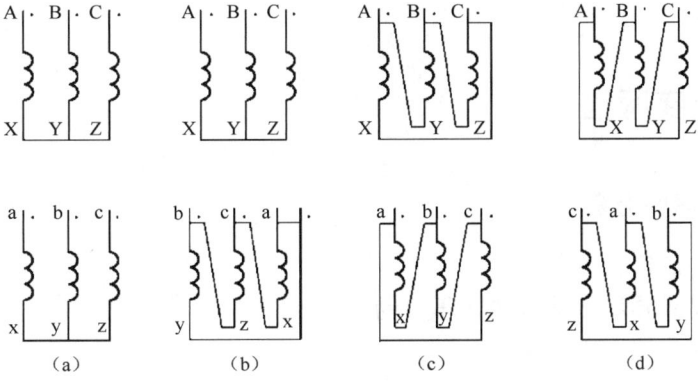

图 5.18　绕组连接图

第6章　其他用途的变压器

内容提要

- 自耦变压器的特点、电磁关系、容量及使用时的注意事项。
- 仪用互感器的结构特点、工作原理，以及它与被测线路的连接方法、使用中的注意事项。
- 电弧焊工艺对电焊变压器的要求；电焊变压器应具有急剧下降的外特性，其输出电流 I_2 在一定范围内应具有可调性；为实现 I_2 可调所采用的方法不同，便有不同的电焊变压器。这些电焊变压器有着不同的结构特点。

除前面所学的一般用途的普通双绕组变压器外，还有许多特殊用途的变压器，这里介绍常用的自耦变压器、仪用互感器和电焊变压器。

6.1　自耦变压器

1. 自耦变压器的用途

自耦变压器的用途如下。
（1）用于鼠笼式异步电动机的降压启动。
（2）试验中作为调压器使用。

2. 自耦变压器的特点

普通双绕组变压器原、副绕组之间只有磁的耦合，并无电的直接联系。而自耦变压器就是将普通双绕组变压器的原、副绕组串联作为自耦变压器的原绕组 N_1，将原绕组的一部分作为副绕组 N_2，故 N_2 又称公共绕组，如图 6.1 所示。可见，自耦变压器的特点是原、副绕组之间既有磁的耦合，又有电的直接联系。

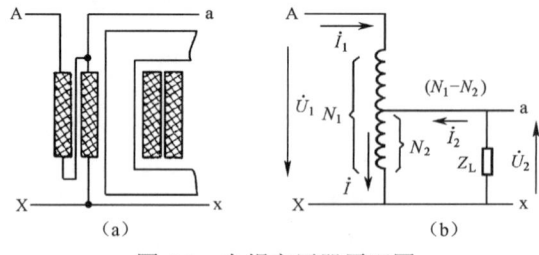

图 6.1　自耦变压器原理图

3. 自耦变压器的电磁关系

（1）自耦变压器的变比 K。当自耦变压器原绕组加正弦交流电压 $\dot{U}_1$ 时，铁芯中将产生

一交变磁通 Φ，分别在原、副绕组中产生感应电势 E_1、E_2，故自耦变压器的变比为

$$K = \frac{E_1}{E_2} = \frac{N_1}{N_2} = \frac{U_1}{U_2} \tag{6-1}$$

（2）自耦变压器的电流关系。根据图 6.1（b），可得公共绕组部分的电流为

$$\dot{I} = \dot{I}_1 + \dot{I}_2$$

（3）自耦变压器的磁势平衡关系。由于普通变压器改接成自耦变压器后，磁路并未改变，故其磁势平衡关系仍与普通双绕组变压器的磁势平衡关系相同，即

$$\dot{I}_1(N_1 - N_2) + \dot{I}N_2 = \dot{I}_1(N_1 - N_2) + (\dot{I}_1 + \dot{I}_2)N_2 = \dot{I}_0 N_1$$
$$\dot{I}_1 N_1 + \dot{I}_2 N_2 = \dot{I}_0 N_1 \tag{6-2}$$

由于 I_0 很小，可忽略不计，故 $\dot{I}_0 N_1 \approx 0$，则

$$\dot{I}_1 N_1 \approx -\dot{I}_2 N_2$$
$$\dot{I}_1 \approx -\dot{I}_2 \frac{N_2}{N_1} = -\frac{\dot{I}_2}{K} \tag{6-3}$$

由式（6-3）可知，$\dot{I}_1$ 与 $\dot{I}_2/K$ 大小近似相等，相位上互差180°，因此，流经公共绕组 N_2 中的实际电流应为

$$I = I_2 - I_1 \tag{6-4}$$

式（6-4）说明，流经公共绕组 N_2 中的电流 I 总是小于输出电流 I_2，K 越接近于 1，I_2/K 与 I_1 就越接近，I 就越小，故副绕组导线线径可选小一些，以节省材料，降低成本，其优点也就越突出。因此，自耦变压器一般取 $K \approx 1.2 \sim 2.0$。

4．自耦变压器的容量

自耦变压器的输出容量为

$$S_2 = U_2 I_2$$

将式（6-4）代入上式，可得

$$S_2 = U_2(I + I_1) = U_2 I + U_2 I_1 = S + S' \tag{6-5}$$

从式（6-5）可知，自耦变压器的输出容量由两部分组成：一部分容量 S 通过电磁感应从原绕组传递给负载，称为电磁容量或绕组容量，决定着变压器的尺寸和所消耗材料的多少；另一部分容量 S' 通过电路的联系，从原绕组直接传递给负载，称为传导容量，这是自耦变压器特有的。

由于自耦变压器原、副绕组之间有电的直接联系，所以当原绕组发生电气故障时，将直接波及副绕组。因此，应采用保护装置，而且自耦变压器不能作为安全照明变压器使用。

6.2 仪用互感器

电力系统中的高电压、大电流不能直接用仪表测量，而常采用特制的小型变压器先将高电压降为低电压，将大电流变为小电流，再进行测量。这种专门供测量用的变压器称为仪用互感器，用于测量电压的仪用互感器称为电压互感器，用于测量电流的仪用互感器称为电流互感器。

使用仪用互感器的目的如下：
（1）使测量回路与高压隔离，确保测量操作人员和仪表的安全。
（2）可扩大测量仪表（电压表、电流表）的测量范围，便于仪表标准化。
（3）还可用于各种继电保护装置的测量系统。
仪用互感器的应用很广，下面分别进行介绍。

6.2.1 电压互感器

1．电压互感器的结构特点

电压互感器的外形结构如图 6.2 所示，其工作原理与一台小型双绕组降压变压器的工作原理相似，如图 6.3 所示。

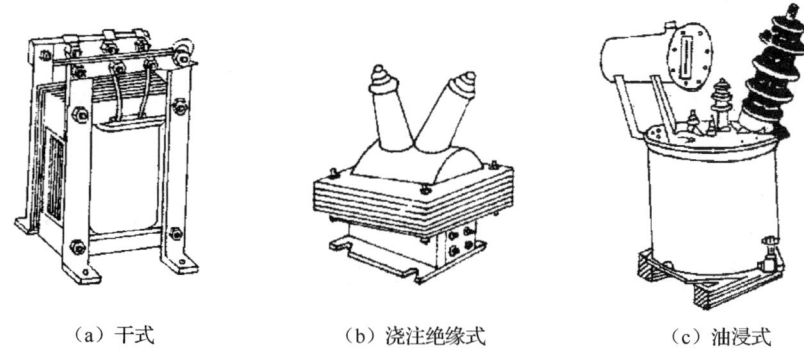

（a）干式　　　　　（b）浇注绝缘式　　　　　（c）油浸式

图 6.2　电压互感器的外形结构

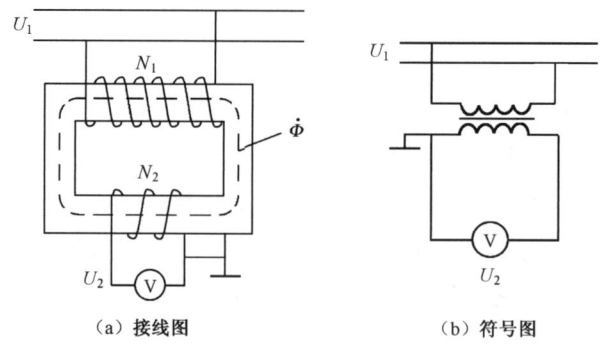

（a）接线图　　　　　（b）符号图

图 6.3　电压互感器原理图

电压互感器的主要特点是：原绕组匝数多（导线细），并联于被测线路中；副绕组匝数少（导线粗），首、末两端接电压表。

2．电压互感器的工作原理

电压互感器副绕组的首、末两端所接测量仪表的电压线圈内阻抗很大，因此，它相当于一台空载（开路）运行的降压变压器，其变比为：

$$K_u = E_1/E_2 = N_1/N_2 \approx U_1/U_2$$

即

$$U_1 \approx K_u U_2 \tag{6-6}$$

从式（6-6）可见，只要从电压互感器副绕组所接电压表中读取数据 U_2，再乘以 K_u，就是被测量电压 U_1。在实际应用中，副绕组最大电压及电压表满量程均为100V，而电压表表面刻度却按原绕组额定电压来刻度，故可直接读出 U_1。有的电压互感器的原绕组还设有多个抽头，可根据被测电压的高低选择电压互感器的变比 K_u。

3．测量误差产生的原因及减小误差的方法

由于电压互感器内阻抗的存在，导致两种误差，一是变比误差，即 $-U_2'$ 与 U_1 的算术差；二是相角误差，即 $-\dot{U}_2'$ 与 $\dot{U}_1$ 之间的相位差（见图4.23）。

减小误差的方法：（1）电压互感器的铁芯采用优质硅钢片叠成；（2）将磁路设计得尽量不饱和，一般取 $B_m \approx (0.6\sim0.8)T$。

尽管如此，误差总是存在的，按误差大小，可将电压互感器分为 0.2、0.5、1.0 和 3.0 四级，数值代表电压误差的百分数。

4．使用电压互感器的注意事项

（1）在使用电压互感器时，副绕组绝对不允许短路，否则短路电流很大，足以烧毁绕组。
（2）电压互感器的副绕组连同铁芯必须可靠接地，以保证测量人员和设备的安全。
（3）在使用电压互感器时，副绕组所接仪表的阻抗不能小于规定值，以免影响测量精度。

6.2.2 电流互感器

1．电流互感器的结构特点

电流互感器的外形结构如图6.4所示。它的主要特点是：原绕组匝数很少（一般只有1至几匝，导线粗），串联于被测线路中；副绕组匝数很多（导线细），与交流电流表（或电度表、功率表）相连接，形成闭合回路，如图6.5所示。

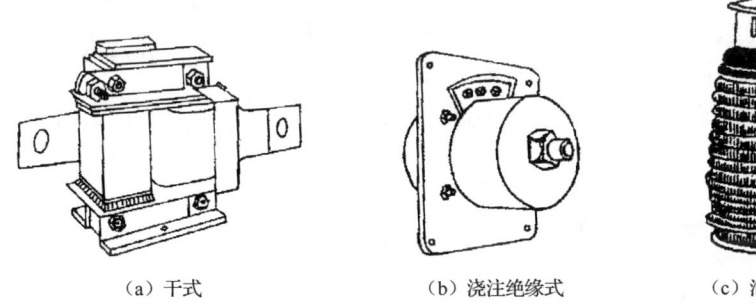

（a）干式　　　　　（b）浇注绝缘式　　　　　（c）油浸式

图6.4　电流互感器的外形结构

2．电流互感器的工作原理

由于电流互感器副绕组所接仪表的电流线圈内阻抗极小，因此，它相当于一台短路运行的升压变压器，如图6.5所示。

（a）接线图　　　　　　（b）符号图

图 6.5　电流互感器原理图

为减小测量误差，电流互感器的铁芯磁通密度设计得很低，一般取 $B_m \approx (0.08 \sim 0.1)T$，故激磁电流 I_0 极小，可忽略不计，即 $I_0 \approx 0$，便得磁势平衡关系：

$$\dot{I}_1 N_1 + \dot{I}_2 N_2 = 0$$

$$I_1 = \frac{N_2}{N_1} I_2 = K_i I_2 \tag{6-7}$$

式中，$K_i = I_1/I_2 = N_2/N_1$——电流互感器的电流变比。

可见，电流表的读数 I_2 乘以 K_i 便是被测电流 I_1，常将电流表刻度按 K_i 倍放大，便可直接读出被测电流 I_1，不必再换算。一般，电流互感器副绕组电流表量程为 5A，可根据被测电流的大小选择具有不同电流变比 K_i 的电流互感器进行测量。

电流互感器同样存在变比误差和相位误差，按误差大小，可将电流互感器分为 0.2、0.5、1.0、3.0 和 10.0 共 5 级。其中，数值代表电流误差的百分数，级数数值越大，误差也就越大。

3．钳形电流表

为了携带方便，并且在测量时不切断电源，常将电流互感器做成像一把钳子一样，可以张合，铁芯上只有连接电流表的副绕组 N_2，被测电流导线可以钳入铁芯窗口内而成为原绕组（N_1=1 匝），从副绕组两端所连接的电流表中便可直接读出被测电流 I_1。钳形电流表如图 6.6 所示，它有好几个量程（不同电流变比 K_i）可供选择。

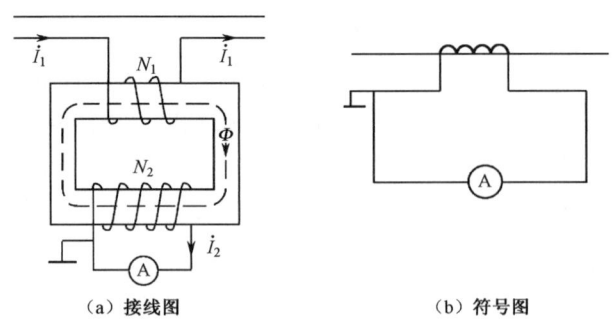

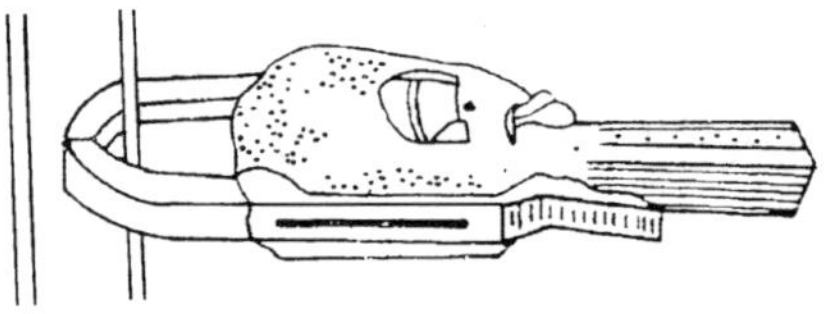

（a）钳形电流表外形图

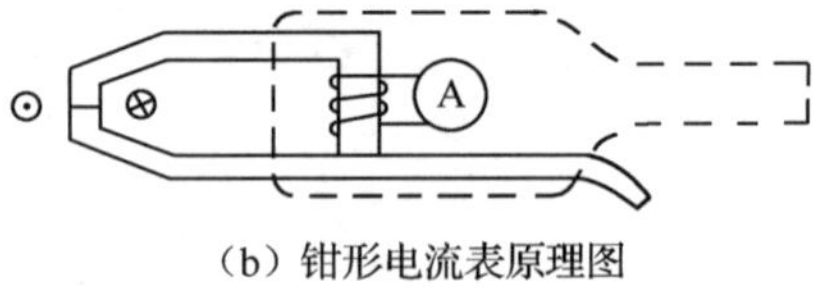

（b）钳形电流表原理图

图 6.6　钳形电流表

4．使用电流互感器的注意事项

（1）电流互感器使用中，副绕组绝对不允许开路。
若副绕组开路，则电流互感器处于空载运行状态，$Z_L \to \infty$，$I_2 = 0$，此时，原绕组被测电流 I_1（I_1 由线路负载大小决定）全部成为激磁电流，即 $\dot{I}_1 = \dot{I}_0$，使铁芯中的磁通 Φ_m 急剧升高，一方面使铁耗 P_{Fe} 急剧升高，发热加剧，加速绝缘老化；另一方面将在副绕组中产生很高的电势 E_2，不仅使绝缘被击穿，还会危及测量人员和仪表的安全。因此，在使用或拆装电流互感器时，应先将副绕组短路。

（2）电流互感器铁芯和副绕组的一端必须同时可靠接地，以保证测量人员和设备的安全。

（3）电流表的内阻抗必须很小，否则会影响测量精度。

6.3 电焊变压器（交流弧焊机）

交流弧焊机在生产中应用十分广泛，它实质上就是一台具有特殊外特性的降压变压器，故又称为电焊变压器。

1．电弧焊工艺对电焊变压器的要求

为保证电弧焊的质量和电弧燃烧的稳定性，对电焊变压器有以下几点要求：

（1）空载运行时，空载电压 $U_{20} \approx 60 \sim 75V$，以保证起弧容易。但为了操作者的安全，$U_{20}$ 最高不超过 85V。

（2）带负载（焊接）时，电焊变压器应具有急剧下降的外特性，如图 6.7 所示，额定负载时的输出电压（焊钳与工件之间的电压）$U_2 \approx 30V$。

（3）短路时，短路电流 I_{2k} 不应过大，一般 $I_{2k} \leqslant 2I_{2N}$。

（4）为了适应不同焊接件和不同规格的焊条，要求焊接电流 I_2 在一定范围内要均匀可调。

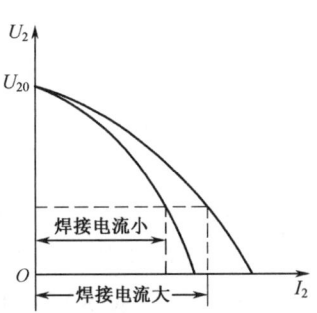

图 6.7 电焊变压器的外特性

为满足上述要求，从普通变压器原理可知，引起变压器副绕组电压 U_2 下降的内因是内阻抗 Z_2 的存在（$\dot{U}_2 = \dot{E}_2 - \dot{I}_2 Z_2$）。而普通变压器的 Z_2 很小，因此 $I_2 Z_2$ 很小，从空载到额定负载，U_2 变化不大，不能满足电焊工艺要求。因此，电焊变压器应具备较大的电抗，只有这样，才能使 U_2 迅速下降，并且电抗要可调。改变电抗值的方法不同，可得到不同的电焊变压器。

2．磁分路（动铁芯）电焊变压器

（1）磁分路电焊变压器的结构。如图 6.8 所示，原、副绕组分装于两铁芯柱上，在两铁芯柱之间有一磁分路，即动铁芯，动铁芯可以通过一螺杆移动调节，以改变漏磁通的大小，从而改变电抗的大小。

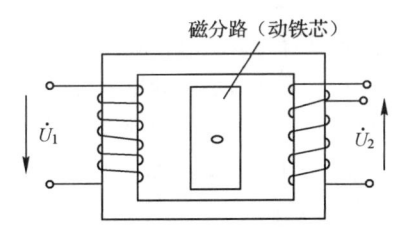

图 6.8 磁分路电焊变压器

（2）工作原理。

① 当动铁芯移出时，原、副绕组漏磁通减小，磁阻增大，磁导 λ_{2s} 减小，漏抗 X_2 减小（$X_2 = 2\pi f N_2^2 \lambda_{2s}$），阻抗压降减小，$U_2$ 较高（$\dot{U}_2 = \dot{E}_2 - \dot{I}_2 Z_2$），焊接电流 I_2 较大。

② 当动铁芯移入时，原、副绕组漏磁通 Φ_{1s}、Φ_{2s} 经过动铁芯形成闭合回路而增大，磁阻减小，磁导 λ_{2s} 增大，漏抗 X_2 增大，阻抗压降 $I_2 Z_2$ 增大，U_2 降低，焊接电流 I_2 减小。

③ 根据不同的焊件和焊条情况，灵活地调节动铁芯的位置以改变电抗 X_2 的大小，从而达到输出电流 I_2 可调的目的。

3．串联可变电抗器的电焊变压器

（1）结构。如图 6.9 所示，串联可变电抗器的电焊变压器是在普通双绕组变压器的副绕组中串入一只可变电抗器制成的。可变电抗器的气隙 δ 可通过一螺杆调节其大小。

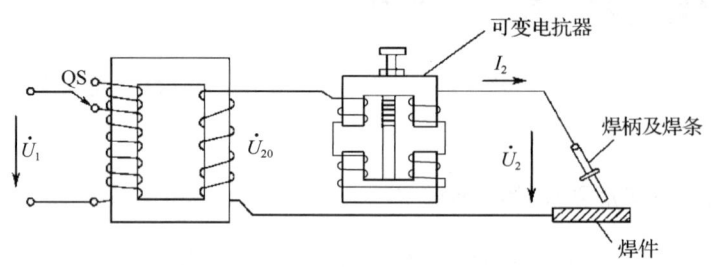

图 6.9　串联可变电抗器的电焊变压器

（2）工作原理。在焊接工件时，焊钳与焊件之间的电压为

$$\dot{U}_2 = \dot{E}_2 - \dot{I}_2 Z_2 - j\dot{I}_2 X \tag{6-8}$$

式中，X——可变电抗器的电抗（Ω）。

① 当可变电抗器的气隙 δ 调小时，磁阻减小，磁导 λ_s 增大，可变电抗 X 增大（$X = 2\pi f N^2 \lambda_s$，N 为可变电抗器的匝数），U_2 减小，I_2 减小。

② 当可变电抗器的气隙 δ 调大时，磁阻增大，磁导 λ_s 减小，可变电抗 X 减小，U_2 增大，I_2 增大。

③ 根据焊条和焊件的不同，可灵活调节气隙 δ 的大小，以达到焊接电流 I_2 可调的目的。

这种变压器的原绕组还备有抽头，用以调节起弧电压的大小。

本 章 小 结

1．自耦变压器的特点：没有独立的副绕组，副绕组仅是原绕组的一部分；原、副绕组之间不仅有磁的耦合，还有电的直接联系。

2．自耦变压器的输出容量包含了两部分：一部分是通过电磁感应从原绕组传递给负载的容量，称为绕组容量，决定着变压器所用材料的多少和尺寸的大小；另一部分是通过电路直接从原绕组传递给负载的容量，称为传导容量，不消耗变压器材料。若将一台普通变压器改接成自耦变压器，则其输出容量比原来增大了。

3．仪用互感器是电压互感器和电流互感器的总称。电压互感器原绕组匝数多，并联于被测线路中，副绕组匝数少，且与电压表相连接；电压表内阻抗很大，相当于一台开路运行的降压变压器；使用时绝不允许副绕组短路。电流互感器原绕组匝数少，串联于被测线路中，副绕组匝数多，与电流表相连接；电流表内阻抗特别小，相当于一台短路运行的升压变压器；使用时副绕组绝对不允许开路。

4．电焊变压器应具有急剧下降的外特性，且电焊电流 I_2 在一定范围内要均匀可调。常用的有磁分路电焊变压器和串联可变电抗器的电焊变压器。

习 题 6

一、填空题

6.1 自耦变压器的输出容量是由_____和_____两部分组成；其输出容量是绕组容量的_____倍。

6.2 将一台普通双绕组变压器改接成自耦变压器后，_____保持不变；其变比 K_____，优点越明显，这主要是因为_____。

6.3 自耦变压器的特点是原、副绕组不仅_____，还_____。对于自耦变压器，若原绕组发生电气故障，则会直接波及_____，因此，应采用_____，且不能作为_____使用。

6.4 仪用互感器是电力系统中_____设备，也是根据_____原理而工作的，主要可分为_____互感器和_____互感器两类。

6.5 电流互感器的原绕组匝数_____，与被测线路_____；副绕组匝数_____，与_____。它的实际工作情况相当于_____运行的_____变压器。

6.6 电压互感器的原绕组匝数_____，与被测线路_____；副绕组匝数_____，与_____。它的实际工作情况相当于_____运行的_____变压器。

6.7 电流互感器在使用中，副绕组不得_____，否则_____将全部作为激磁电流，使_____升高，_____加剧，在副绕组中产生很高的_____，使绕组绝缘_____。

6.8 电焊变压器为保证起弧容易，一般空载电压 $U_{20} \approx$ _____，最高不超过_____V；焊接时的额定电压 U_2 约为_____V；一般短路电流 I_{2k} _____。

6.9 电焊变压器应具有_____的外特性，为实现这一外特性，常采用增加变压器本身的_____和串联_____等方法。

二、选择题

6.10 将一台普通双绕组变压器改接成自耦变压器后，其输出容量比原来的容量（　　）。
   A．增大　　　　　　　　B．减小　　　　　　　　C．基本不变

6.11 电压互感器在使用中，不允许（　　）。
   A．原绕组开路　　　　　B．副绕组开路　　　　　C．副绕组短路

6.12 电流互感器在使用中，不允许（　　）。
   A．原绕组开路　　　　　B．副绕组开路　　　　　C．副绕组短路

6.13 在设计电焊变压器时，应使其具有（　　）的外特性。
   A．基本不变　　　　　　B．急剧上升　　　　　　C．急剧下降

6.14 电焊变压器根据焊件和焊条要求，焊接电流要求（　　）。
   A．可调　　　　　　　　B．不可调　　　　　　　C．最大电流

6.15 电焊变压器的短路阻抗（　　）。
   A．很小　　　　　　　　B．不变　　　　　　　　C．很大

三、判断题（正确的打√，错误的打×）

6.16 电流互感器在运行中，若需要换接电流表，则应首先将电流表接线断开，然后接上新表。（　　）

6.17 自耦变压器可以作为安全变压器使用。（ ）

6.18 电流互感器相当于一台短路运行的升压变压器。（ ）

6.19 将一台普通双绕组变压器改接成自耦变压器，其输出容量将增加到 $(1+1/K)S_N$。（ ）

6.20 电流互感器的磁路一般设计得很饱和。（ ）

6.21 电焊变压器的电压变化率比普通变压器的电压变化率大很多。（ ）

四、问答题

6.22 自耦变压器有哪些特点？将一台普通变压器改接成自耦变压器后，其输出容量是否变化？为什么？

6.23 电压互感器和电流互感器的工作原理有什么不同？接线又有何区别？有什么主要特点？使用时各应注意些什么？

6.24 电弧焊工艺对电焊变压器有哪些要求？用哪些方法可以实现这些要求？

五、计算题

6.25 一台自耦变压器的 $U_1=220V$，$U_2=180V$，$\cos\varphi_2=1.0$，$I_2=400A$，试求：

（1）自耦变压器原、副绕组的电流 I_1、I。

（2）通过电磁感应从原绕组传递给负载的容量。

6.26 用电压互感器（变比为6000/100）和电流互感器（变比为100/5）扩大量程，其电压表的读数为90V，电流表的读数为4A，试求：

（1）被测线路上的电压 U_1。

（2）被测线路上的电流 I_1。

第3篇　三相异步电动机及拖动

三相异步电动机是交流电动机之一，它与直流电动机一样，是将电能转换成机械能的电磁机械，由于其自身的独特优点而广泛应用于电力拖动中。本篇将分析三相异步电动机的基本工作原理及拖动。

第7章　三相异步电动机

内容提要

- 三相异步电动机的基本工作原理和结构。
- 交流绕组的不同形式的连接规律和特点。
- 交流感应电势的产生。
- 三相异步电动机的运行分析。
- 三相异步电动机参数的测定。
- 三相异步电动机的功率和转矩平衡方程式。
- 三相异步电动机的工作特性；机械特性的特点及变化规律。

通过以上内容的学习，为异步电动机的拖动，以及故障分析、修理奠定基础。

三相异步电动机又称为三相感应电动机，具有结构简单、造价低廉、坚固耐用、便于维护的优点，因而被广泛采用。据有关部门统计，90%左右的生产机械是由三相异步电动机拖动的，其用电量占电网总容量的 60%以上。但三相异步电动机需要从电网吸收一滞后无功电流 I_0 来激磁，因而使电网功率因数降低，其启动、调速性能比直流电动机差，但随着功率因数的自动补偿和变频技术的发展，三相异步电动机有取代直流电动机的趋势。

本章主要讨论三相异步电动机的结构、工作原理、运行特性等内容。

7.1　三相异步电动机的基本工作原理和结构

7.1.1　三相异步电动机的基本工作原理

三相异步电动机与直流电动机一样，也是根据磁场和载流导体相互作用而产生电磁力的原理制成的。不同的是，直流电动机为一静止磁场，而三相异步电动机却是一旋转磁场。那么，旋转磁场是怎样产生的呢？

1. 旋转磁场的产生

（1）旋转磁场产生的条件。旋转磁场产生的条件是：三相对称绕组通以三相对称电流。

① 三相异步电动机的结构特点。

a. 三相绕组相同（线圈数、匝数、线径分别相同）。

b. 三相绕组在空间按互差120°电角度排列。

c. 三相绕组可以接成星形（Y）或三角形（D）。

满足上述条件的三相绕组称为三相对称绕组。

为分析方便，以两极电动机为例，用轴线互差120°电角度的 3 个线圈代表三相绕组，三相首端分别用 U_1、V_1、W_1 表示，末端（尾端）分别用 U_2、V_2、W_2 表示，如图7.1所示。

② 三相对称电流为

$$\left.\begin{array}{l} i_U = I_m \sin\omega t \\ i_V = I_m \sin(\omega t - 120°) \\ i_W = I_m \sin(\omega t - 240°) \end{array}\right\}$$

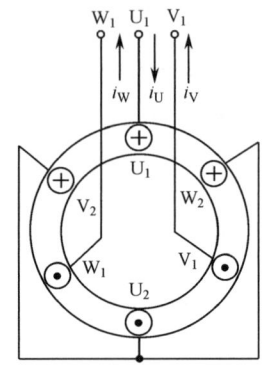

图 7.1 简单三相定子绕组

其电流波形如图 7.2（a）所示，可见，三相电流在时间上互差120°电角度。

（2）旋转磁场的产生过程。现将三相对称电流通入三相对称绕组中，为简化分析，下面取电流通入定子绕组的几个不同瞬时，并规定当各相电流为正时，是首端流入"⊗"，尾端流出"⊙"；反之则为尾端流入，首端流出。

① $\omega t = 90°$ 瞬时：

$$\left.\begin{array}{l} i_U = I_m \\ i_V = i_W = -I_m/2 \end{array}\right\}$$

可见，U 相电流为正值，应从首端 U_1 流入"⊗"，从尾端 U_2 流出"⊙"；而 V 相和 W 相电流均为负值，分别从尾端 V_2、W_2 流入"⊗"，从首端 V_1、W_1 流出"⊙"，如图 7.2（b）中的（1）所示。可见，1/2 圆周内导体电流流入，余下1/2 圆周内导体电流流出。根据右手螺旋定则，可判断三相电流在定子绕组中产生合成磁力线的方向，如图 7.2（b）中的（1）所示，定子右边为 N 极，左边为 S 极，即两极磁场，三相合成磁力线（磁场）的轴线 F 与 U 相线圈轴线的中心线重合。

② $\omega t = 210°$（电流随时间变化了120°电角度）瞬时：

$$\left.\begin{array}{l} i_V = I_m \\ i_U = i_W = -I_m/2 \end{array}\right\}$$

可见，V 相为正值，电流从首端 V_1 流入，从尾端 V_2 流出；U 相和 W 相均为负值，电流分别从尾端 U_2、W_2 流入，从首端 U_1、W_1 流出。三相电流在定子绕组中产生合成磁力线的方向如图 7.2（b）中的（2）所示，仍为两极磁场。三相合成磁力线（磁场）的轴线 F 与 V 相线圈轴线重合。可见，三相合成磁力线的轴线相比于$\omega t = 90°$，顺时针在空间上转过了120°。

③ 对于 $\omega t = 330°$、450°瞬时，三相电流在定子绕组中产生的合成磁力线方向如图 7.2（b）中的（3）、（4）所示。可见，当电流在时间上变化一个周期，即360°电角度时，

合成磁场便在空间刚好转过一周，且任何时刻合成磁场的大小相等，故又称圆形旋转磁场。

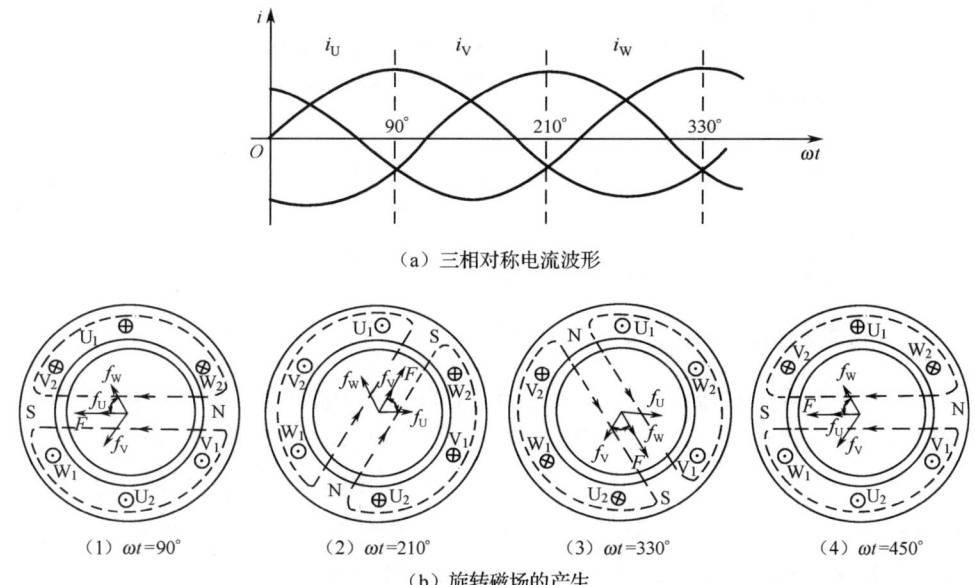

图 7.2 三相两极旋转磁场示意图

（3）旋转磁场的转向。从图 7.2 可看出，三相合成磁场的轴线总是与电流达到最大值的那一相绕组的轴线重合。因此，旋转磁场的转向取决于三相电源通入定子绕组电流的相序，而三相交流电达到最大值的变化次序（相序）为 U→V→W。若将 U 相交流电接 U 相绕组，将 V 相交流电接 V 相绕组，将 W 相交流电接 W 相绕组，则旋转磁场的转向为 U→V→W，即顺时针方向。若将三相电源线任意两相调接于定子绕组中，则旋转磁场即刻反转（沿逆时针方向旋转）。

（4）旋转磁场的转速 n_0（又称同步转速）。

① 如图 7.2 所示，当 $2P=2$ 极时，若三相交流电变化一个周期，即 $\omega t=360°$ 电角度，则旋转磁场在空间也转过了 $360°$ 电度角（两极电动机的机械角度也是 $360°$），即在空间正好转过一周，故转速为

$$n_0 = 60f_1 = 60 \times 50 = 3000 \text{ (r/min)}$$

② 如图 7.3 所示，当 $2P=4$ 极时，将三相定子绕组的每个线圈按 1/4 圆周排列，通以三相对称电流，便产生 4 极磁场。

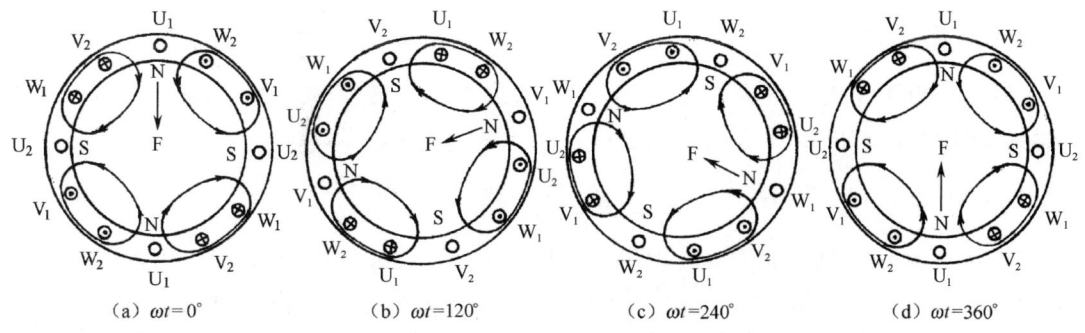

图 7.3 三相 4 极旋转磁场示意图

当电流变化一个周期时，即 360° 电度角，旋转磁场在空间刚好转过半圈（机械角度为 180°），即旋转磁场的转速为：

$$n_0 = 60f_1/P = 60 \times 50/2 = 1500 \text{ (r/min)}$$

同理，若电动机为 P 对磁极，则当电流变化一个周期时，旋转磁场在空间只转 $1/P$ 周，于是可得旋转磁场转速的表达式为：

$$n_0 = 60f_1/P \text{ (r/min)} \tag{7-1}$$

式中，f_1——电源频率（Hz）；

P——电动机磁极对数，取决于定子绕组的分布。

2. 三相异步电动机工作过程简述

图 7.4 为一台两极三相鼠笼式异步电动机的剖面。其中，转子外圆上的 6 个小圆圈表示转子导体截面，定子内圆上分布着三相对称绕组 U_1-U_2，V_1-V_2，W_1-W_2。若通以三相对称电流，则会产生一旋转磁场 N、S，设该磁场以同步转速 n_0 沿顺时针方向旋转而切割不动的转子（导体），根据相对运动原理（将磁场看成是不动的，相当于转子逆时针方向切割磁场），用右手定则可判断转子产生的电势 E_2 的方向，如图 7.4 所示。又因转子两端被端环短接，自行形成闭合回路，所以在感应电势 E_2 的作用下，转子内便有一感应电流 I_2 流过。若只考虑电流的

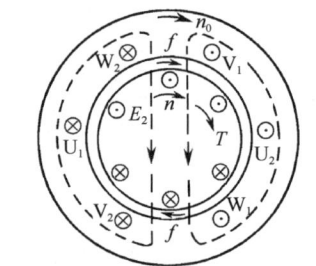

图 7.4 两极三相鼠笼式异步电动机工作的剖面

有功分量，则电流 $\dot{I}_2$ 与电势 $\dot{E}_2$ 相位相同，I_2 在磁场中必产生一电磁力 f，其方向可由左手定则确定，f 对转轴便形成一转矩 T，于是转子便沿顺时针方向转动起来，这时，若转子与生产机械相连接，则转子的电磁转矩 T 便不断克服负载转矩 T_L 而做功，从而实现将电能转换成机械能。

从以上分析可知，转子的转向与旋转磁场的转向、电磁转矩的方向相同，在没有其他外力作用下，转子的速度 n 永远略小于同步转速 n_0，但 n 又接近于 n_0。若转子转速达到同步转速（$n=n_0$），则转子与旋转磁场之间没有相对运动，转子就不会产生感应电势和电流，电磁转矩便消失，从而致使转子自动慢下来。因此，异步电动机转子转速 n 与同步转速 n_0 总存在差异，故称异步电动机。同时，它又是基于电磁感应原理而工作的，因此又称感应电动机。

3. 转差率 S

异步电动机工作的必要条件是 $n < n_0$，二者之差称为转差（n_2），即 $n_2 = n_0 - n$。将异步电动机的转差 n_2 与同步转速 n_0 的比值称为转差率，用 S 表示，即

$$S = \frac{n_2}{n_0} = \frac{n_0 - n}{n_0} \tag{7-2}$$

转差率 S 是异步电机的重要物理量，根据 S 的大小，可判断电机工作状态（$0 < S < 1$ 为电动状态，$S < 0$ 为发电状态，$S > 1$ 为制动状态）。当异步电机工作在电动状态时，S 的微小变化也会引起转速的较大变化，即 $n = (1 - S)n_0$。

（1）异步电动机的定子刚接上电源的瞬时，转子尚未转动，$n=0$，因此转差率 $S=1$。

（2）当异步电动机的转速 $n=n_0$ 时，转差率 $S=0$。

（3）当异步电动机的转速为 $0<n<n_0$ 时，转差率在 $0\sim 1$ 内变化，即 $0<S<1$。

（4）当异步电动机额定运行时，$n=n_N$，$S=S_N\approx 0.02\sim 0.06$。

（5）空载时，n 接近于 n_0，$S\approx 0.0005\sim 0.005$。

例 7.1 有一台 Y2-160M-4 型三相异步电动机，额定转速 $n_N=1460\,\text{r/min}$，求该电动机的额定转差率 S_N。

解：

$$n_0 = 60f_1/P = 60\times 50/2 = 1500\ (\text{r/min})$$

$$S_N = (n_0-n)/n_0 = (1500-1460)/1500 \approx 0.0267$$

7.1.2 三相异步电动机的结构

三相异步电动机种类繁多，若按转子结构分类，可分为鼠笼式异步电动机和绕线式异步电动机两大类；若按机壳的防护形式分类，可分为防护式、封闭式、开启式，如图 7.5（a）所示。异步电动机的分类方法虽不同，但各类三相异步电动机的基本结构是相同的。

三相鼠笼式异步电动机的结构如图 7.5（b）所示。

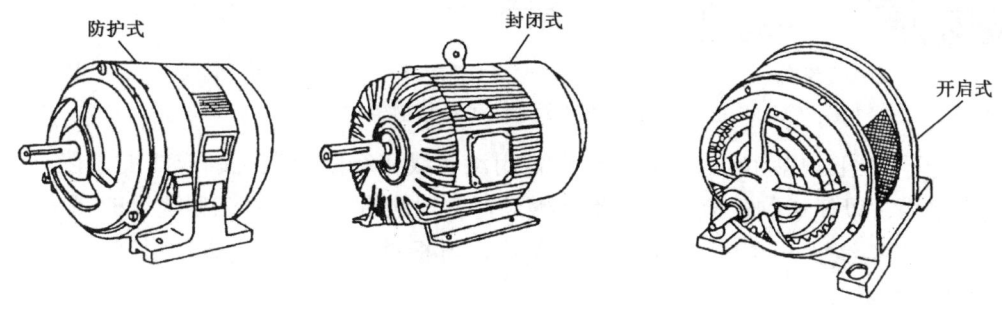

（a）三相鼠笼式异步电动机的外形

（b）三相鼠笼式异步电动机的结构

图 7.5 三相鼠笼式异步电动机的外形与结构

异步电动机主要由以下几部分组成。

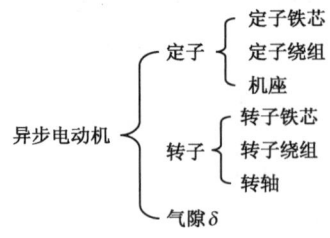

1. 定子

定子是异步电动机静止不动的部分，主要包括定子铁芯、定子绕组和机座。

（1）定子铁芯是电动机主磁路的一部分，为降低铁耗，常采用厚度为 0.5mm 且两面涂有绝缘漆的硅钢冲片叠压而成。铁芯内圆上有均匀分布的槽，用以嵌放三相定子绕组。槽的形状有开口槽、半开口槽和半闭口槽等，如图 7.6 所示，供大、中、小型电动机选用。

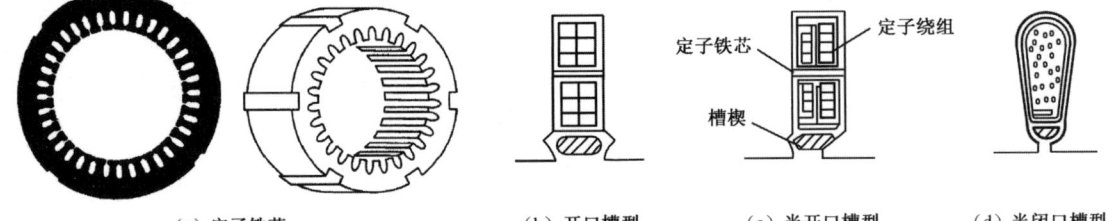

（a）定子铁芯　　　　（b）开口槽型　　　　（c）半开口槽型　　　　（d）半闭口槽型

图 7.6　定子铁芯及其槽型

（2）定子绕组是电动机的电路部分，常用漆包线在绕线模上绕制成线圈，按一定规律嵌入定子槽内，以便通以电流而建立旋转磁场，实现能量转换。将三相绕组的 6 个出线端引至机座上的接线盒内并与 6 个接线柱相连，再根据设计要求接成星形（Y）或三角形（D），如图 7.7 所示。

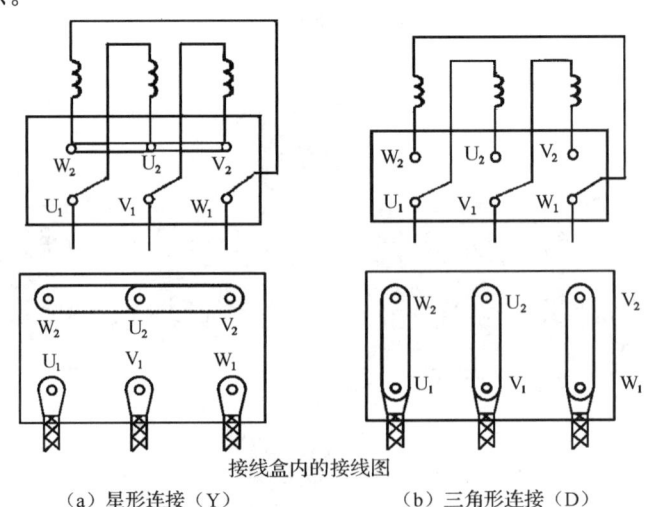

接线盒内的接线图
（a）星形连接（Y）　　　　（b）三角形连接（D）

图 7.7　定子绕组的连接

（3）机座主要用于固定和支撑定子铁芯和端盖，常用铸铁或铸钢制成，大型电动机常用钢板焊接而成。小型封闭式异步电动机表面有散热筋片,以增加散热面积。

2. 转子

转子是电动机的旋转部分,主要由转子铁芯、转子绕组、转轴组成。

(1)转子铁芯是电动机主磁路的另一部分,同样采用 0.5mm 厚的硅钢冲片叠压而成,外圆上有均匀分布的槽,用以嵌放转子绕组,如图 7.8(a)所示。一般小型异步电动机的转子铁芯直接压装在转轴上。在实际中,鼠笼式转子槽总是沿轴向扭斜一个角度,目的是削减定、转子齿槽引起的齿谐波,以改善启动性能,减小电磁噪声。

(2)转子绕组是转子的电路部分,用以产生转子电势和转矩,转子绕组有鼠笼式和绕线式两种。

① 鼠笼式转子绕组。在转子铁芯的每个槽内插入等长的裸铜导条,两端用铜端环焊接,形成一闭合回路。若去掉铁芯,则很像一个装老鼠的笼子,故称鼠笼式转子绕组,如图 7.8(b)所示。中小型异步电动机鼠笼式转子槽内常采用铝浇铸,将导条、端环和风扇叶片同时一次性浇铸成型,如图 7.8(c)所示。

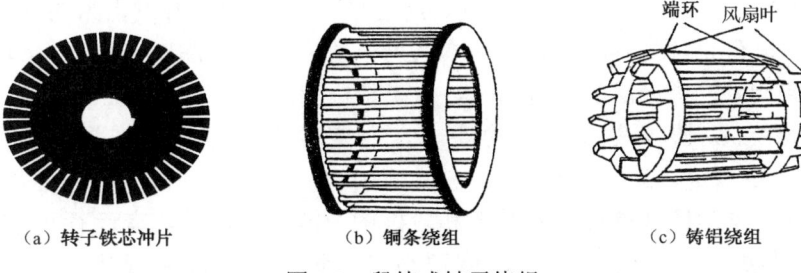

(a)转子铁芯冲片　　　(b)铜条绕组　　　(c)铸铝绕组

图 7.8　鼠笼式转子绕组

② 绕线式转子绕组。绕线式异步电动机的定子绕组与鼠笼式异步电动机的定子绕组相同,而转子绕组采用绝缘漆包铜线绕制成三相绕组并嵌入转子铁芯槽内,将它接成星形,其三相首端分别与固定在转轴上的 3 个相互绝缘的滑环(称为集电环)相连,再经压在滑环上的 3 组电刷与外电路的电阻相连,3 组电阻的另一端也接成星形,如图 7.9 所示,以改善电动机的启动和调速性能。

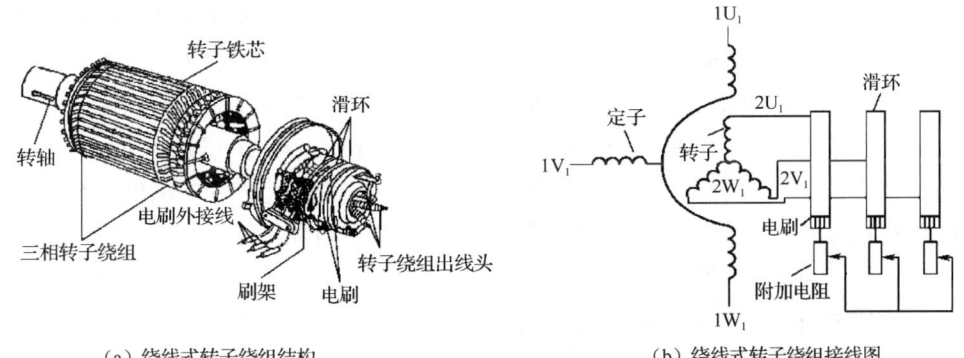

(a)绕线式转子绕组结构　　　(b)绕线式转子绕组接线图

图 7.9　绕线式转子绕组

(3)转轴采用优质钢材制成,作用是支撑转子铁芯和转子绕组,带动生产机械运转。

3. 气隙δ

三相异步电动机的定子和转子之间的气隙很小，中小型异步电动机一般为 0.2～1.5mm。气隙δ的大小对电动机性能的影响很大，若气隙δ越大，磁阻也越大，则产生同样大的磁通Φ所需的激磁电流I_0也越大，电动机的功率因数$\cos\varphi$就越低。但气隙过小将给装配造成困难，运行时定子、转子发生摩擦，使电动机运行不可靠。

7.1.3 三相异步电动机的主要指标

1. 三相异步电动机的型号

三相异步电动机型号中的字母和数字的含义如下。

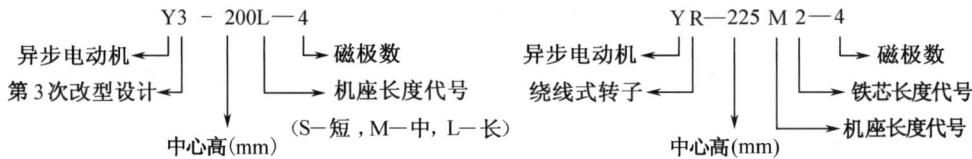

Y3 系列异步电动机是为贯彻国家"以冷代热"产业政策而开发出来的国内第一种完整的全系列采用冷轧硅钢片为导磁材料的基本系列电动机，填补了国内在这一领域的空白。它的主要性能达到国际同类产品的先进水平，效率指标满足相关国家标准的能效限定值，也能达到欧洲 CEMP-EU 协议中 EFF2 的要求，确定效率的电阻基准温度为 95℃，符合 IEC 60034-2 标准的规定，有利于出口。

Y3 系列异步电动机具有较高的效率和较好的节能效果，并具有运行可靠、寿命长、噪声小、使用维护方便、性能优良、体积小、质量轻、转动惯量小、用料省等优点。Y、Y2、Y3 系电动机 3kW 及以下为 Y 连接，4kW 及以上为 D 连接。

2. 三相异步电动机的额定值

（1）额定功率P_N（单位为 kW）。P_N指电动机处于额定工作状态时电动机轴上输出的机械功率：

$$P_N = \sqrt{3}U_N I_N \eta_N \cos\varphi_N \tag{7-3}$$

通常电动机所带负载使输出功率为$(75\%\sim100\%)P_N$，电动机的η和$\cos\varphi$较高。对于 380V 的低压电动机，$\eta_N \cos\varphi_N \approx 0.8$，故可近似估算出定子额定电流$I_N \approx 2P_N$。

（2）额定电压U_N（单位为 V）。U_N指电动机处于额定工作状态时电源加于定子绕组上的线电压。中、小型异步电动机要求电源电压波动不可超出额定电压的±5%。

（3）额定电流I_N（单位为 A）。I_N指电动机处于额定工作状态时电源供给定子绕组的线电流。电动机在工作时，定子绕组的线电流不得超过额定电流，否则电动机将过载。

（4）额定转速n_N（单位为 r/min）。n_N指电动机处于额定工作状态时转轴上的转速。

（5）额定频率f_N（单位为 Hz）。f_N指电动机所接交流电源的频率。

（6）额定工作制。额定工作制指电动机在额定状态下工作时可以持续运转的时间和顺序，可分为额定连续定额 S1、短时定额 S2、断续定额 S3 共 3 种。

7.2 三相交流绕组

三相交流电动机分为三相异步电动机与三相同步电动机,它们的定子绕组基本相同。定子绕组是交流电动机结构的核心,是建立旋转磁场进而产生感应电势 E 和电磁转矩 T 进行能量转换的关键部件,其选型是否合理,嵌线、接线是否正确将直接影响电动机的启动和运行性能。本节主要讨论电动机绕组的不同形式及连接规律。

7.2.1 三相交流绕组的基本术语

1. 线圈(绕组元件)

线圈由绝缘铜导线按一定形状、尺寸在绕线模上绕制而成,可由一匝或多匝组成,如图 7.10 所示。将线圈嵌入定子铁芯槽内,按一定规律连接成绕组,因此,线圈是交流绕组的基本单元,又称绕组元件。线圈放在定子铁芯槽内的直线部分称为有效边,槽外部分为端接部分(端部),为节省材料,在嵌线工艺允许的情况下,端部应尽可能短。

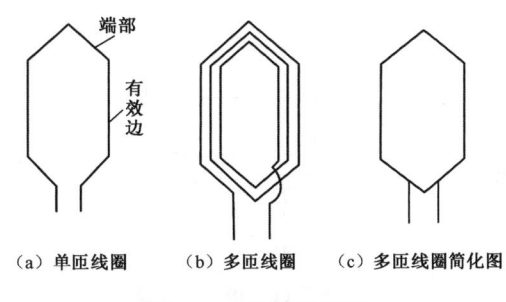

图 7.10 线圈示意图

2. 极距 τ

每个磁极在定子铁芯的圆周中所占的距离 τ 称为极距,如图 7-11 所示。τ 可用长度 D_1 或槽数 Z_1 表示:

$$\tau = \pi D_1 / 2P \,(\text{mm}) \tag{7-4}$$

或

$$\tau = Z_1 / 2P \,(\text{槽}) \tag{7-5}$$

式中,D_1——定子铁芯内径(mm);

Z_1——定子铁芯槽数;

P——磁极对数。

3. 节距 y_1

一个线圈的两有效边所跨定子铁芯内圆周上的距离称为节距,用 y_1 表示,如图 7.11 所示。当 $y_1 = \tau$ 时,称为整距绕组;当 $y_1 < \tau$ 时,称为短距绕组;当 $y_1 > \tau$ 时,称为长距绕组。为节省铜线,一般采用短距绕组或整距绕组。

4. 机械角度与电角度

一个圆周对应的几何角度为 $360°$,该几何角度称为机械角度。而从电磁观点来看,导体每经过一对磁极 N、S,所产生的感应电势也变化一个周期,即 $360°$ 电角度。故一对磁极便为 $360°$ 电角度。若一台电动机有 P 对磁极,则电角度为:

$$\text{电角度} = \text{机械角度} \times P = 360° \cdot P$$

5. 槽距角 α_1

相邻两槽间对应的圆心电角度称为槽距角，用"α_1"表示，如图 7.12 所示。由于定子铁芯槽在定子铁芯圆周内的分布是均匀的，所以有

$$\alpha_1 = 360°P/Z_1 \tag{7-6}$$

式中，Z_1——定子铁芯槽数。

α_1——槽距角，其大小也反映了相邻两槽导体电势在时间上的相位差。

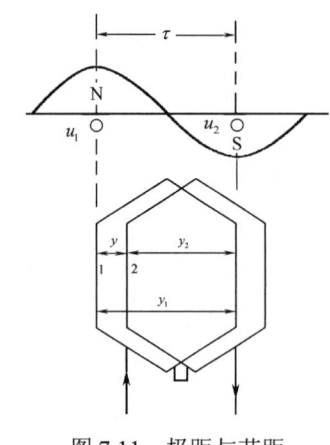
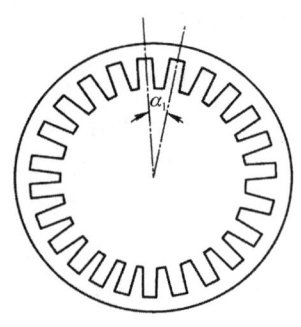

图 7.11　极距与节距　　　　　图 7.12　槽距角 α_1

6. 每磁极每相槽数 q

在每个磁极下，每相绕组所占槽数为：

$$q = Z_1/2Pm_1 \tag{7-7}$$

式中，m_1——定子绕组相数，对于三相电动机，$m_1=3$。

7. 相带

在每个磁极下，每相绕组所占的区域称为一个相带。而一个极距占180°电角度，由于三相绕组要均分，所以一个相带为 $180°/m_1 = 180°/3 = 60°$ 电角度，故称为 60°相带绕组，如图 7.13 所示。

8. 极相组（线圈组）

将一个相带内的 q 个线圈串联起来便构成一个极相组，又称为线圈组。

7.2.2　三相绕组的构成原则

三相旋转磁场产生的条件是三相电动机三相绕组应对称，且在空间上应互差120°电角度。图 7.2 为两极电动机，只有 6 个槽，3 个线圈，每相为一个线圈，其排列顺序为 U_1、W_2、V_1、U_2、W_1、V_2，每相在每个磁极下只占有一个槽，但实际电动机的槽数较多，其排列应遵守以下规则：

（1）每相绕组所占槽数要相等，且均匀分布。把定子铁芯槽数 Z_1 分为 $2P$ 等份，每等份表示一个极距 $Z_1/2P$；再将每个极距内的槽数分成 m_1 组（3组），每组所占槽数即每磁极

每相槽数 q。

（2）每相绕组在每对磁极下的相带排列顺序为 U_1、W_2、V_1、U_2、W_1、V_2，这样，各相绕组的线圈所在相带 U_1、V_1、W_1（或 U_2、V_2、W_2）的中心线恰好为120°电角度。

（3）从图7.2（b）中的（1）可见，除电流为零值外的任何瞬时，都是一相为正，两相为负；或者两相为正，一相为负。

按照以上规则分别画出 2 极 24 槽，4 极 24 槽与 4 极 36 槽绕组分布状况，且标明当 i_U 为正，i_V、i_W 为负时的电流方向，如图7.13所示。

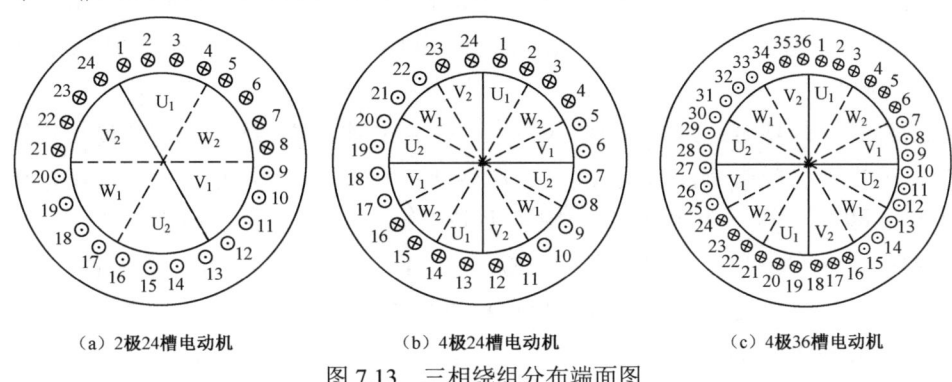

（a）2极24槽电动机　　　（b）4极24槽电动机　　　（c）4极36槽电动机

图 7.13　三相绕组分布端面图

（4）只要保持定子铁芯槽内的电流分布情况不变，产生的磁场也就不会改变，因此，分别把属于各相的导体顺着电流方向连接起来，便得到三相对称绕组。

7.2.3　三相单层绕组

下面以一实例来说明三相单层绕组的不同绕组形式的连接方法和规律。

例 7.2　一台 Y2-90L-4 型三相异步电动机，定子铁芯槽数 $Z_1=24$，$2P=4$，支路数 $a=1$，分析不同绕组形式的连接方法和规律。

解：（1）计算绕组数据。

① 极距：$\tau = Z_1/(2P) = 24/4 = 6$（槽）。

② 每磁极每相槽数：$q = Z_1/(2Pm_1) = 24/(4\times 3) = 2$（槽）。

③ 槽距角：$\alpha_1 = 360°\cdot P/Z_1 = 360°\times 2/24 = 30°$。

（2）各相所占槽号的划分如下。

U 相：1、2；7、8；13、14；19、20 槽。

V 相：5、6；11、12；17、18；23、24 槽。

W 相：9、10；15、16；21、22；3、4 槽。

该电动机为 4 极电动机，每磁极下分为 3 个相带，共 $3\times4=12$ 个相带，每个相带内有 2 个槽。相带排列顺序为 U_1、W_2、V_1、U_2、W_1、V_2、U_1、W_2……。各相带内的电流方向（$\omega T=90°$ 时）均以 U 相为正，V、W 相为负标出，如图7.13（b）所示。

在保持各相电流流向不变的情况下，可以任意连接，其端部连接不同，便构成不同形式的单层绕组。

1. 等元件整距绕组

（1）等元件整距 U 相绕组的连接规律。各相绕组仍保持图 7.13（b）中的槽号及各相带电流方向不变，重新画出，如图 7.14（a）所示。从图 7.14（a）可见，U_1 相带与 U_2 相带的电流方向相反，故 U_1 相带内任何一个槽内线圈边与 U_2 相带内任何一个槽内线圈边都可组成一个线圈。但由于整距 $y=\tau=6$，故 1 号与 7 号槽内线圈边组成一个线圈，2 号与 8 号槽内线圈边组成一个线圈。同理，13 号与 19 号、14 号与 20 号分别组成另外两个线圈。再将同一磁极下相邻的（$q=2$）两个线圈顺着电流方向串联起来构成一个线圈组（极相组）。可见，U 相绕组的线圈组数等于磁极对数，即 $P=2$（2 个线圈组）。这 P 个线圈组可以串联，也可以并联。根据例 7.2，已知 $a=1$，可将 P 个线圈组沿电流方向串联起来，便得 U 相等元件整距绕组展开图，如图 7.14（b）所示。从图 7.12（b）中可见，线圈组之间是头尾相连的，称为顺串法。

（2）三相等元件整距绕组展开图。V 相、W 相的连接规律与 U 相的连接规律完全相同。不过，三相绕组首端 U_1、V_1、W_1（或尾端 U_2、V_2、W_2）应依次间隔120°电角度，根据槽距角 $\alpha_1=30°$，可知三相首端依次间隔 $4(120°/30°=4)$ 个槽。从图 7.14（b）可见，U 相的首端 U_1 从 1 号槽引出，V 相首端 V_1 应从 5（1+4=5）号槽引出，W 相首端 W_1 应从 9（5+4=9）号槽引出。尾端 U_2、V_2、W_2 分别从 20、24、4 号槽引出，便得三相等元件整距绕组展开图，如图 7.14（c）所示。

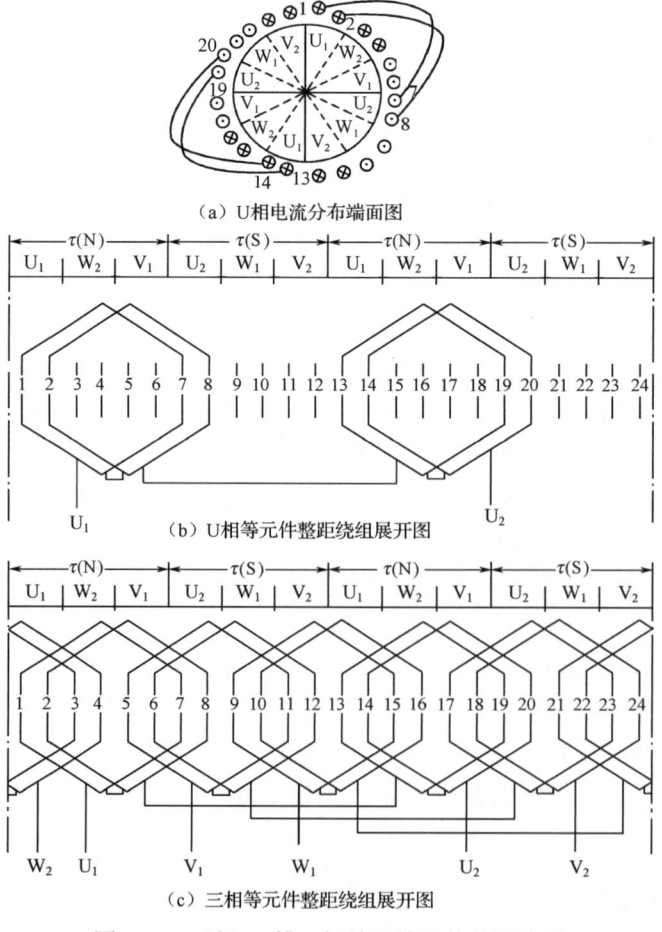

(a) U相电流分布端面图

(b) U相等元件整距绕组展开图

(c) 三相等元件整距绕组展开图

图 7.14 三相24槽4极单层等元件整距绕组

2. 链式绕组

为缩短端部连线，节省用铜量，对于 $q=2$ 的电机，常采用链式绕组。

（1）链式 U 相绕组的连接规律。各相绕组仍保持图 7.14（a）中的槽号及各相带电流方向不变，重新画出，如图 7.15（a）所示。以 U 相为例，同理，U_1 相带任何一槽的线圈边与 U_2 相带任何一槽的线圈边都可以组成一个线圈。但是，链式绕组节距应尽可能最短，故 $y=\tau-1=5<\tau$，将 2-7、8-13、14-19、20-1，分别组成 4 个线圈。根据已知条件 $a=1$，可沿着电流方向将 4 个线圈串联起来，便得 U 相链式绕组展开图，如图 7.15（b）所示。从图 7.15（b）中可见，U 相绕组的 4 个线圈是按尾尾相连、头头相接的规律串联而成的，称为反串法。由于线圈连接起来形如长链，故称为链式绕组。

（2）三相链式绕组展开图。V 相、W 相的连接规律与 U 相的连接规律相同，其三相绕组首端 U_1、V_1、W_1（或尾端 U_2、V_2、W_2）引出线仍按相互间隔 120° 电角度排列，根据槽距角 $\alpha_1=30°$，可知三相首端引出线应相互间隔 $4(120°/30°=4)$ 个槽，即 U 相首端 U_1 从 2 号槽引出，V 相、W 相的首端 V_1、W_1 分别从 6、10 号槽引出，如图 7.15（c）所示。

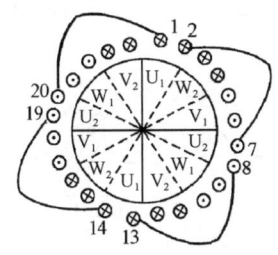

（a）U 相电流分布端面图

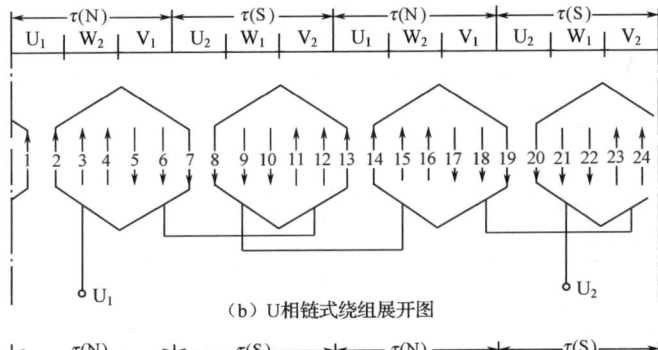

（b）U 相链式绕组展开图

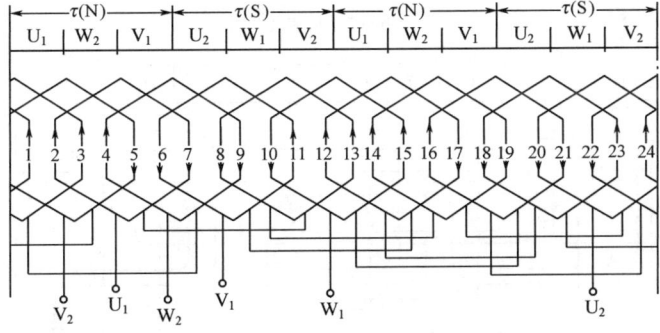

（c）三相链式绕组展开图

图 7.15 三相 24 槽 4 极单层链式绕组

3. 同心式绕组

同心式绕组的特点是：在 q 个线圈中，线圈节距不等，有大小线圈之分，大线圈总是套在小线圈外面，线圈轴线重合，故称为同心式绕组。

（1）同心式 U 相绕组的连接规律。各相绕组仍保持图 7.14（a）中各相槽号及各相带电流不变，重新画出图 7.16（a），以 U 相为例，将线圈边 1-8 组成一个大线圈，节距为 $y_1=7$；将线圈边 2-7 组成一个小线圈，节距为 $y_2=5$；大小线圈套在一起，顺着电流的方向串联起来便构成一个线圈组。同理，线圈边 13-20 组成大线圈，14-19 组成小线圈，两个线圈沿电流方向串联起来便构成另一线圈组。可见，每相仍有 P 个线圈组，P 个线圈组可以串联，也可以并联，但根据已知条件 $a=1$，将 P 个线圈组顺着电流方向串联起来，便得 U 相同心式绕组展开图，如图 7.16（b）所示。

（2）三相同心式绕组展开图。V 相、W 相的连接规律与 U 相的连接规律相同，其三相绕组首端 U_1、V_1、W_1（或尾端 U_2、V_2、W_2）引出线仍按相互间隔 $120°$ 电角度排列，根据槽距角 $\alpha_1=30°$，便得 U、V、W 相的首端 U_1、V_1、W_1 引出线分别从 1、5、9 号槽引出，尾端 U_2、V_2、W_2 引出线分别从 19、23、3 号槽引出，便得三相同心式绕组展开图，如图 7.16（c）所示。

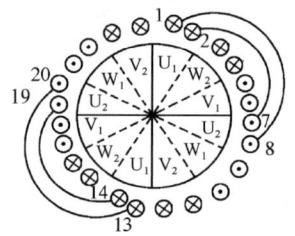

（a）U 相电流分布端面图

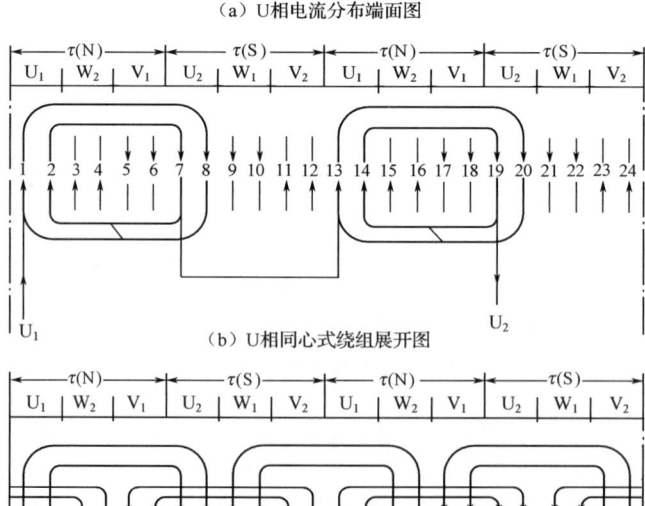

（b）U 相同心式绕组展开图

（c）三相同心式绕组展开图

图 7.16 三相 24 槽 4 极单层同心式绕组

4．交叉链式绕组

交叉链式绕组主要用于 q=奇数（如 q=3）的 4 极或 2 极三相异步电动机定子绕组中。下面以一实例说明其连接规律。

例 7.3 一台 Y2-132S-4 型三相异步电动机，$Z_1=36$ 槽、$2P=4$ 极、$a=1$，定子采用单层交叉链式绕组。

解：（1）计算绕组数据。

① 极距：$\tau = Z_1/(2P) = 36/4 = 9$（槽）。

② 每磁极每相槽数：$q = Z_1/(2Pm_1) = 36/(4\times 3) = 3$（槽）。

③ 槽距角：$\alpha_1 = 360°\cdot P/Z_1 = 360°\times 2/36 = 20°$。

（2）磁极和相带的划分。将 36 槽分为 4 极，每磁极下有 9 个槽，每磁极每相占 3 个槽，共 $4\times 3=12$ 个相带，每磁极下按 U_1、W_2、V_1、U_2、W_1、V_2，U_1、W_2……排列标注。

（3）各相所占槽号的划分如下。

U 相：1、2、3；10、11、12；19、20、21；28、29、30 槽。

V 相：7、8、9；16、17、18；25、26、27；34、35、36 槽。

W 相：13、14、15；22、23、24；31、32、33；4、5、6 槽。

各相电流标注正方向如图 7.13（c）所示。

（4）U 相交叉链式绕组连接规律。根据 U 相的各相带电流方向[见图 7.17（a）]连接 U 相绕组，U_1 相带内任何一槽的线圈边与 U_2 相带内任何一槽的线圈边都可组成一个线圈，但考虑到节距应尽可能短，故可将线圈边 2-10 和 3-11 组成两个连接在一起的大线圈，节距 $y_1=8$；将线圈边 12-19 组成一个小线圈，节距 $y_2=7$；将这 3（$\tau=3$）个线圈沿电流方向串联起来构成一个线圈组，再将线圈边 20-28 和 21-29 组成两个连接在一起的大线圈；将 30-1 组成另一小线圈。这 3 个线圈沿电流方向串联起来构成另一个线圈组根据已知条件，即每相支路数 $a=1$，将 U 相的两个线圈组沿电流方向串联起来，便得 U 相交叉链式绕组展开图，如图 7.17（b）所示。从图 7.15（b）中可见，线圈间遵循的是尾尾相连、头头相接的连接规律，称为反串法。但它又是大、小线圈交叉连接的，故称为交叉链式绕组。

（5）三相交叉链式绕组展开图。V 相、W 相绕组的连接规律与 U 相的连接规律相同，不过，三相绕组首端 U_1、V_1、W_1（或尾端 U_2、V_2、W_2）引出线应依次间隔120°电角度，根据槽距角 $\alpha_1=20°$，可知三相首端依次间隔 6 槽（$120°/20°=6$ 槽）。从图 7.17（b）可见，U 相首端 U_1 从 2 号槽引出，V 相首端 V_1 应从 8(2+6=8) 号槽引出，W 相首端 W_1 应从 14(8+6=14) 号槽引出，尾端照此类推，便得三相交叉链式绕组展开图，如图 7.17（c）所示。

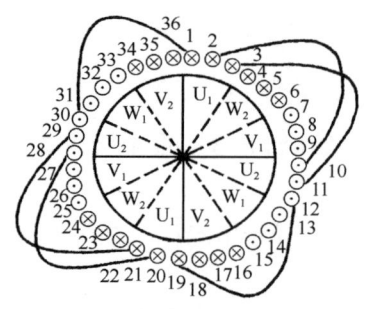

(a) U相电流分布端面图

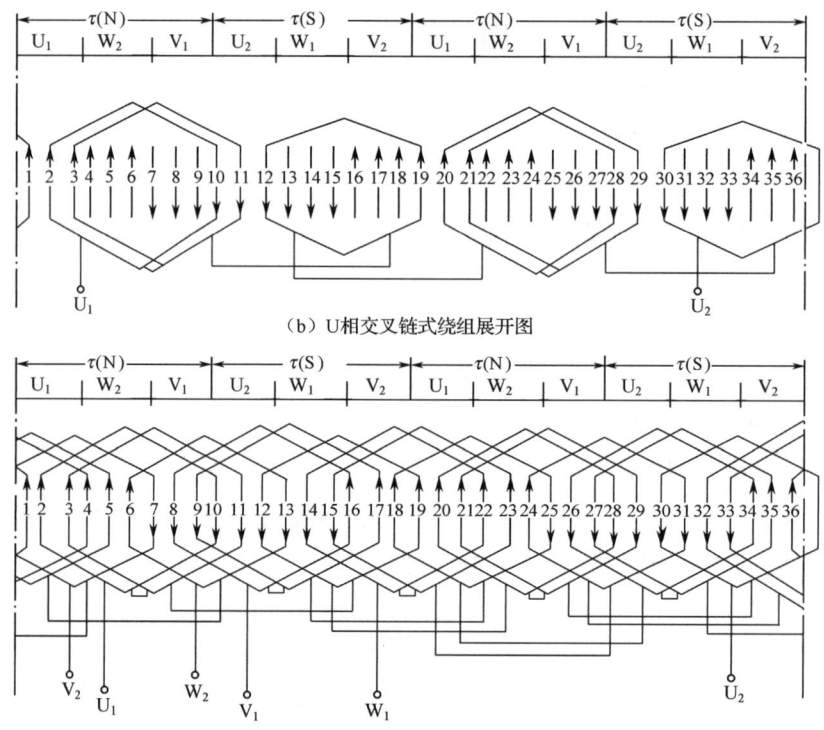

(b) U相交叉链式绕组展开图

(c) 三相交叉链式绕组展开图

图 7.17 三相 36 槽 4 极单层交叉链式绕组

5. 三相单层绕组的特点

从以上分析可知，单层绕组每槽内只有一个线圈边，嵌线方便，槽利用率高，不论节距如何变化，从整个磁场角度来看，仍然属于整距绕组。节距的改变只是为了缩短端部接线。磁场分布仍不变，单层绕组一般多用于 10kW 以下的电动机中。三相单层绕组的特点如下：

(1) 线圈数 S 等于总槽数 Z_1 的 1/2。

(2) 每相最大并联支路数 a_{max} 等于磁极对数 P，即 $a_m = P$。

(3) 每相线圈组数（极相组数）a_{max} 等于磁极对数 P。

7.2.4 三相双层绕组

双层绕组是在每个槽内嵌放两个不同线圈的两个有效边，即某一线圈的一个有效边嵌放在这个槽的上层，另一个有效边嵌放在相距 $y \approx \tau$ 的另一个槽的下层。三相绕组的总线圈数 S 正好与总槽数 Z_1 相等（即 $S = Z_1$）。双层绕组可分为双层叠绕组和双层波绕组两种形式，大多采用双层叠绕组。双层叠绕组又有整距和短距之分，为改善旋转磁场和电势波形，常取短距，$y = 5\tau/6$，使磁场和电势接近正弦波，以消除高次谐波，提高启动性能，减小电磁噪声。下面以一实例来分析常用的三相双层短距叠绕组的连接规律。

例 7.4 已知一台三相交流电动机的定子绕组数据如下：$Z_1 = 36$ 槽，$2P = 4$ 极，支路数 $a = 1$，线圈节距 $y = 7\tau/9$。试分析三相双层短距叠绕组的连接规律，并画出三相绕组展开图。

解：（1）计算绕组数据。

① 极距：$\tau = Z_1/(2P) = 36/4 = 9$（槽）。

② 每磁极每相槽数：$q = Z_1/(2Pm_1) = 36/(4 \times 3) = 3$（槽）。

③ 槽距角：$\alpha_1 = 360° \cdot P/Z_1 = 360° \times 2/36 = 20°$。

④ 节距：$y = 7\tau/9 = 7 \times 9/9 = 7$（槽）。

（2）相带和各相槽号的划分。相带和各相槽号的划分与 36 槽 4 极交叉链式绕组的相带和各相槽号的划分相同。不过单层绕组 U_1 相带内的线圈边只能与 U_2 相带内的线圈边组成一个线圈，而双层绕组却不受此限制，而是同一线圈上层边在 U_1 相带，下层边可以在 U_2 相带，也可以在 V_1 相带的某一槽内，具体在哪一槽，要由节距 y 决定。可见，双层绕组每一槽上、下层可能属于同一相的两个不同线圈边，也可能不属于同一相的线圈边，因此，层间电压较高，需要可靠的层间绝缘。

（3）U 相双层短距叠绕组连接规律。U 相绕组的槽号（上层）为 1、2、3；10、11、12；19、20、21；28、29、30，如图 7.18（a）所示。根据线圈节距 $y = 7$，可知 1 号槽上层边与 8 号槽下层边组成一个线圈，2 号槽上层边与 9 号槽下层边组成一个线圈，3 号槽上层边与 10 号槽下层边组成一个线圈，将这 $q(q=3)$ 个线圈沿电流方向串起来构成一个线圈组，其余依次类推。将 10、11、12；19、20、21；28、29、30 号槽线圈分别构成另外 3 个线圈组。可见，双层绕组的每相线圈组数等于磁极个数 $2P$，这 4 个线圈组可以串联，也可以并联，若全部并联，则可得每相最大并联支路数 $a_m = 2P = 4$，称为 4 路进火；若两两线圈组串联后并联，则得每相支路数 $a = 2$，称为 2 路进火。根据 $a = 1$，将 U 相 4 个线圈组沿着电流方向全部串联起来，便得 U 相双层短距叠绕组展开图，如图 7.18（b）所示。在展开图中，实线表示槽的上层边，虚线表示下层边。

（4）三相双层短距叠绕组展开图。V 相、W 相的连接规律与 U 相的连接规律完全相同。不过要注意，三相绕组的出线端要相互间隔 120° 电角度，根据槽距角 $\alpha_1 = 20°$，可知三相首端 U_1、V_1、W_1 要间隔 $120°/20° = 6$ 槽，若 U 相首端 U_1 从 1 号槽引出，则 V 相、W 相绕组首端 V_1、W_1 分别从 7 号和 13 号槽引出，尾端 U_2、V_2、W_2 分别从 28、34、4 号槽引出，便得三相双层短距叠绕组展开图，如图 7.18（c）所示。

（5）电动机绕组圆形接线图。三相绕组展开图虽然能清楚地反映线圈节距、线圈组之间的连接规律，但较复杂。在工厂实际生产中，常用圆形接线图来指导接线，用一段箭头的圆弧代表一个线圈组（不论线圈组包含的线圈个数是多少），圆弧的箭头方向表示电流的参考方向。圆弧的段数与相带数相等，在例 7.4 中，三相共有 $2Pm_1 = 4 \times 3 = 12$ 个线圈组，故画 12 段圆弧。相带的排列次序与图 7.18（a）所示的排列次序相同，即 U_1、W_2、V_1、U_2、

W_1、V_2，箭头按一正一反交替排列，表示相邻线圈组的电流方向相反。三相绕组首端间隔 120°电角度排列。U 相首端从 U_1 开始，顺着电流方向连接，尾端为 U_2，如图 7.19（a）所示。同理，可得 V 相、W 相的首端 V_1、W_1，尾端 V_2、W_2，如图 7.19（b）所示。

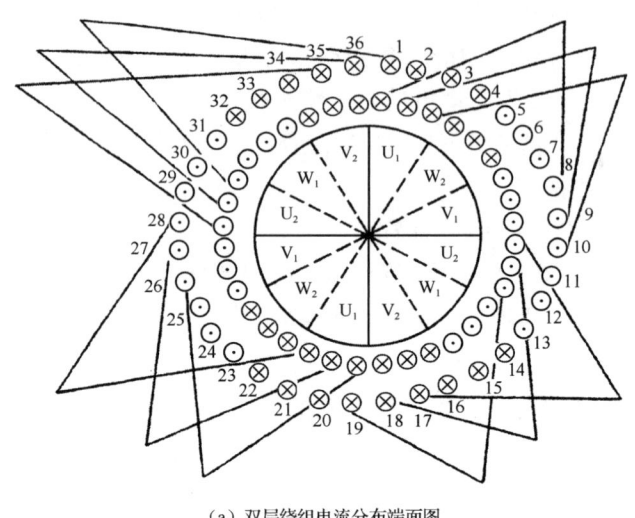

（a）双层绕组电流分布端面图

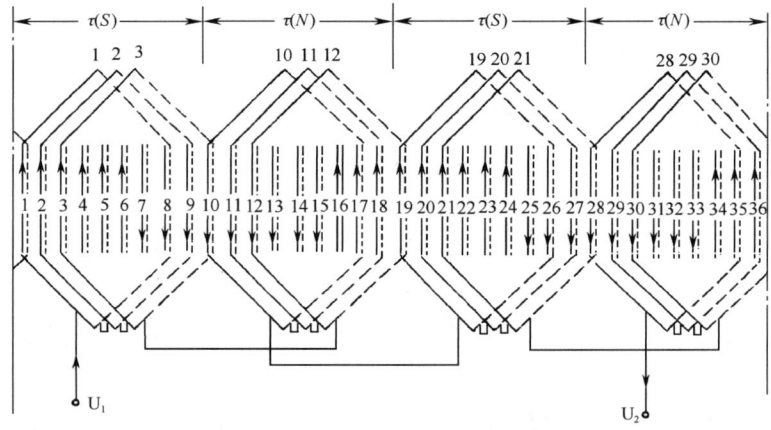

（b）U 相双层短距叠绕组展开图

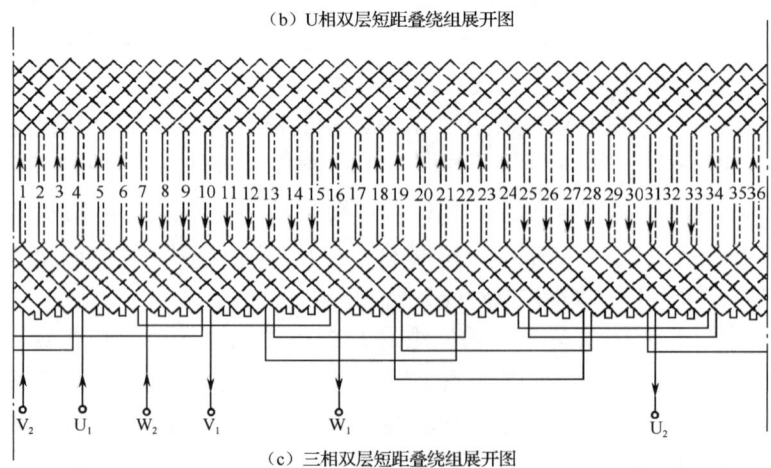

（c）三相双层短距叠绕组展开图

图 7.18 三相 36 槽 4 极双层短距叠绕组

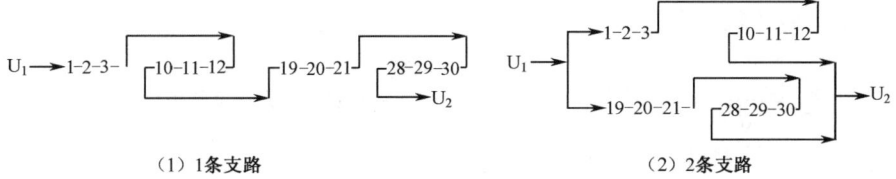

（1）1条支路　　　　　　　　　　　　（2）2条支路

(a) 36槽U相绕组并联支路数

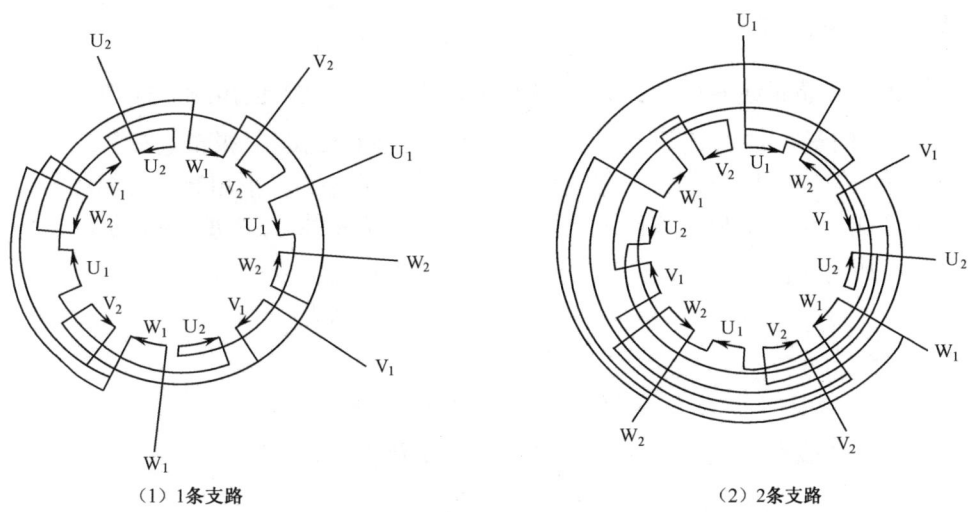

（1）1条支路　　　　　　　　　　　　（2）2条支路

(b) 三相4极绕组圆形接线图

图 7.19　三相并联支路图

7.3　交流绕组的感应电势

当三相定子绕组通以三相对称电流时，在气隙中便产生一旋转磁场，该磁场必切割定/转子绕组而产生感应电势。本节主要讨论定子绕组的基波（正弦波）电势。

7.3.1　线圈感应电势

1. 导体电势 E_{c1}

当磁场在气隙中按正弦规律分布且以恒速 n_0 旋转时，它在导体中产生的感应电势也为一正弦波，其最大值为

$$E_{c1m} = B_{m1} L v_a \tag{7-8}$$

式中，E_{c1m}——导体电势最大值（V）；

L——导体有效长度（m）；

B_{m1}——磁通密度最大值（Wb），与平均磁通密度的关系为：$B_{m1} = \pi B_{av}/2$；

v_a——线速度（m/s），其计算公式如下：

$$v_a = \pi D_1 n_0 / 60 = 2P\tau n_0 / 60 = 2P\tau \left(\frac{60f}{P}\right)/60 = 2\tau f_1$$

因此，导体电势有效值为：

$$E_{c1} = \frac{E_{c1m}}{\sqrt{2}} = \frac{B_{m1}Lv_a}{\sqrt{2}} = \frac{\frac{\pi}{2}B_{av}L}{\sqrt{2}} \cdot 2\tau f_1 = \frac{\pi}{\sqrt{2}}B_{av}L\tau f_1 = 2.22\Phi f_1 \tag{7-9}$$

式中，$\Phi = B_{av}L\tau$——每磁极磁通（Wb）；

$L\tau$——每磁极下的极弧面积。

若磁通 Φ 的单位为 Wb，频率的单位为 Hz，则电势 E_{c1} 的单位为 V。

2. 整距线圈电势 E_y'

（1）若为单匝整距线圈（$y = \tau$），则线圈两有效边相差180°电角度，即当一个有效边处在 N 极轴线下的最大磁通密度处时，另一个有效边刚好处在 S 极轴线下的最大磁通密度处，如图 7.20（a）中的虚线所示。此时，两个有效边的电势大小相等、方向相反，沿线圈回路正好相叠加。由于电势是按正弦规律变化的，所以可用 $\dot{E}_{c1}$、$\dot{E}_{c2}$ 来表示，它们在相位上相差180°，如图 7.20（b）所示，于是单匝线圈的电势为：

$$\dot{E}_c = \dot{E}_{c1} - \dot{E}_{c2} = \dot{E}_{c1} + (-\dot{E}_{c2}) = 2\dot{E}_{c1} \tag{7-10}$$

每匝电势有效值为

$$E_c = 2E_{c1} = 2 \times 2.22\Phi f_1 = 4.44\Phi f_1$$

（2）若设每个线圈的匝数为 N_y，则整距线圈电势 E_y' 为：

$$E_y' = 4.44\Phi f_1 N_y \tag{7-11}$$

3. 短距线圈电势 E_y

由于短距 $y < \tau$，即线匝缩短了一个 β 角（β 等于槽距角 α_1 乘以缩短的槽数），即线匝两有效边相差$(180° - \beta)$电角度，如图 7.20（a）中的实线所示，那么产生的电势 $\dot{E}_{c1}$ 与 $\dot{E}_{c2}$ 也相差$(180° - \beta)$角度。如图 7.20（c）所示，根据几何关系可得短距线匝电势 E_d 为

$$E_d = 2E_{c1}\cos(\beta/2) = 2 \times 2.22 f_1 \Phi \cos(\beta/2) = 4.44 f_1 \Phi \cos(\beta/2)$$

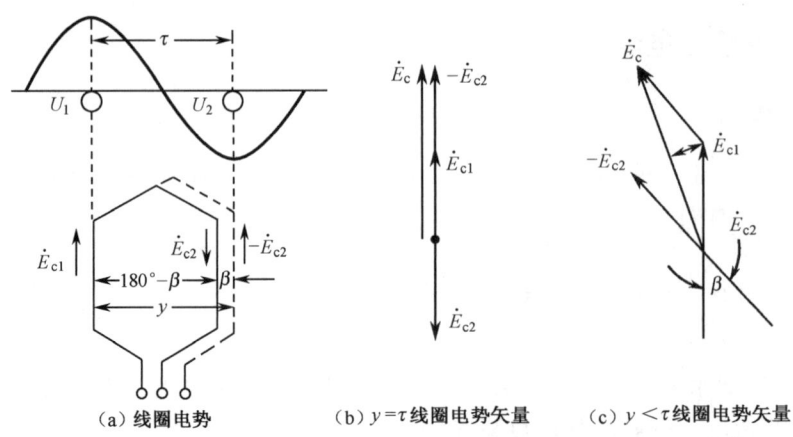

（a）线圈电势　　（b）$y = \tau$ 线圈电势矢量　　（c）$y < \tau$ 线圈电势矢量

图 7.20　线圈电势相量图

因此，短距线圈电势 E_y 为：

$$E_y = 4.44 f_1 N_y \Phi \cos(\beta/2) \quad (7-12)$$

4. 短距系数 K_d

将短距线圈电势与整距线圈电势之比称为短距系数 K_d，即

$$K_d = E_y/E_y' = \frac{4.44 f_1 N_y \phi \cos(\beta/2)}{4.44 f_1 N_y \phi} = \cos\frac{\beta}{2} \quad (7-13)$$

可见，线圈短距时产生的电势比整距时产生的电势要小，故 $K_d<1$。根据式（7-11）和式（7-13），可得

$$E_y = E_y' K_d = 4.44 f_1 N_y \Phi \cdot K_d$$

7.3.2 线圈组电势

1. 采用集中绕组时的线圈组电势 E_q'

线圈组是由 q 个线圈串联组成的，当 q 个线圈集中在一起时，如图 7.21（a）所示，由于 q 个线圈都处于同极性下的相同位置（同一槽内），所以各线圈产生的电势大小相等、相位相同，故线圈组电势应为线圈电势的代数和，即

$$E_q' = qE_y \quad (7-14)$$

2. 采用分布绕组时的线圈组电势 E_q

一个线圈组的 q 个线圈都分布在相邻的 q 个槽内，因此，每槽线圈中产生的电势大小相等，但相位依次相差一个槽距角 α_1，如图 7.21（b）所示，这时线圈组电势应等于 $q(q=3)$ 个线圈电势的矢量和。可见，q 个线圈电势构成了正多边形外接圆的一部分，如图 7.21（c）所示。设 R 为外接圆的半径，根据几何关系，正多边形的每个边对应的圆心角等于相邻两电势矢量之间的夹角 α_1，于是可得

$$E_q = 2R\sin(q\alpha_1/2) \quad (7-15)$$

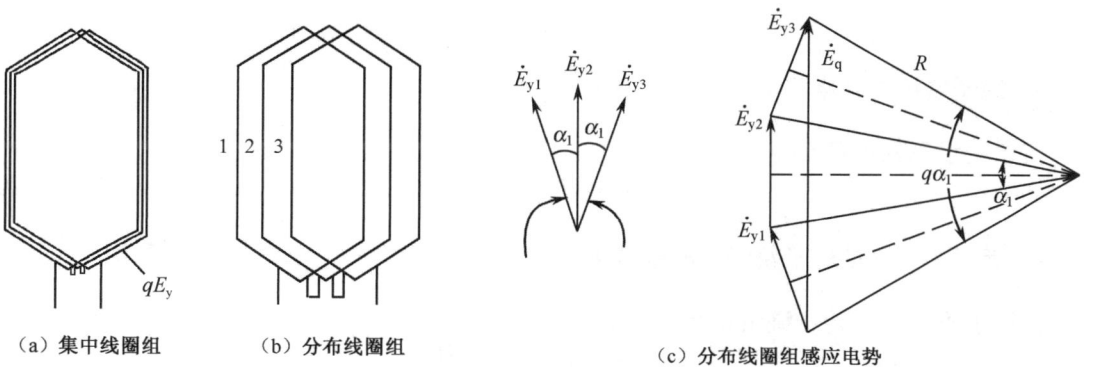

（a）集中线圈组　　（b）分布线圈组　　（c）分布线圈组感应电势

图 7.21　线圈组电势

3. 绕组分布系数 K_p

将分布绕组时的线圈组电势 E_q 与集中绕组时的线圈组电势 E_q' 之比称为绕组分布系数，用 K_p 表示：

$$K_p = \frac{E_q}{E_q'} = \frac{2R\sin(q\alpha_1/2)}{2Rq\sin(\alpha_1/2)} = \frac{\sin(q\alpha_1/2)}{q\sin(\alpha_1/2)} \tag{7-16}$$

由于线圈分布时产生的电势比集中时产生的电势要小，故 $K_p < 1$。

线圈组既分布又短距后的线圈组电势为：

$$E_q = K_p E_q' = K_p q E_y = 4.44 q \cdot f_1 \Phi N_y K_d K_p = 4.44 q \cdot f_1 \Phi N_y K_w \tag{7-17}$$

式中，$K_w = K_p K_d$——绕组系数，表示线圈组既短距又分布产生的电势所打的总折扣。

7.3.3 每相电势

每相电势是指每相每条并联支路的电势，通常，每条支路中串联的几个线圈组的电势大小相等、相位相同，故可直接相加。

1. 单层绕组每相每条支路串联匝数 N_1 的计算

单层绕组每相共有 P 个线圈组，经过串联或并联，有 a 条并联支路，因此每相每条支路串联匝数为：

或

$$\left.\begin{array}{l} N_1 = \dfrac{P}{a} q N_y \\ N_1 = \dfrac{Z_1}{2m_1 a} N_y \end{array}\right\} \tag{7-18}$$

2. 双层绕组每相每条支路串联匝数 N_1 的计算

双层绕组每相共有 $2P$ 个线圈组，并联支路数为 a，因此每相每条支路串联匝数为

或

$$\left.\begin{array}{l} N_1 = \dfrac{2P}{a} q N_y \\ N_1 = \dfrac{Z_1}{m_1 a} N_y \end{array}\right\} \tag{7-19}$$

3. 定子绕组每相电势 E_1

定子绕组每相电势 E_1 为：

$$E_1 = 4.44 f_1 N_1 K_{w1} \Phi \tag{7-20}$$

4. 转子不动时的转子绕组每相电势 E_2

当转子不动时，转子绕组每相电势 E_2 为：

$$E_2 = 4.44 f_1 N_2 K_{w2} \Phi$$

式中，K_{w2}——转子绕组系数。

7.4 三相异步电动机空载运行

7.4.1 三相异步电动机与变压器的异同

1. 三相异步电动机与变压器的相似之处

三相异步电动机与变压器的相似之处：定子绕组相当于变压器原绕组，转子绕组相当于变压器副绕组；定子和转子之间均只有磁的耦合，而无电的直接联系；功率传递都是通过电磁感应来实现的。

2. 三相异步电动机与变压器的主要区别

（1）二者磁场性质不同。变压器铁芯中为一脉振磁场，而异步电动机气隙中则为一旋转磁场。

（2）空载电流不等。变压器主磁通 $\varPhi$ 经过铁芯而闭合，其空载电流 $I_0 \approx (2\% \sim 8\%)I_{1N}$；异步电动机主磁通 $\varPhi$ 除经过铁芯外，还要经过定子和转子之间的气隙 δ 而闭合，空载电流 $I_0 \approx (20\% \sim 50\%)I_{1N}$。

（3）变压器为一集中整距绕组，$K_w = 1$；异步电动机为一分布短距绕组，$K_w < 1$。

（4）变压器输出的是电功率，而三相异步电动机输出的则是机械功率。

三相异步电动机空载运行可分为转子绕组开路空载运行和转子绕组短路空载运行两种，但某些电磁关系在转子不动时就存在，而转子不动又与变压器非常相似，通过转子不动时的分析，更易理解其电磁过程，因此，先分析转子不动时的空载运行。下面以绕线式异步电动机为例进行分析。

7.4.2 转子不动（转子绕组开路）时的空载运行

1. 空载运行时的物理状况

当三相定子绕组通以三相电流时，旋转磁场便分别切割定子绕组、转子绕组而产生电势，但转子绕组开路（以绕线式异步电动机为例），转子电流 $I_2 = 0$，电磁转矩 $T = 0$，转速 $n = 0$，这时电动机与变压器的空载运行相同，空载运行时的气隙磁场完全由定子电流 I_0 产生的空载磁势 $\dot{F}_0 = m_1 \dot{I}_0 N_1 K_{w1}$ 来建立，即

$$
\begin{array}{c}
\quad\quad\quad\quad\quad\quad \longrightarrow \dot{I}_0 r_1 \quad\quad\quad \longrightarrow \dot{\varPhi}_{1s} \longrightarrow \dot{E}_{1s} = -\mathrm{j}\dot{I}_0 X_1 \\
\dot{U}_1 \longrightarrow \dot{I}_0 \longrightarrow m_1 \dot{I}_0 N_1 K_{w1} = \dot{F}_0 \longrightarrow \dot{\varPhi} \longrightarrow \dot{E}_1 \\
\quad\quad\quad\quad\quad\quad\quad\quad\quad\quad\quad\quad\quad\quad\quad\quad \longrightarrow \dot{E}_2
\end{array}
$$

$\dot{F}_0$ 产生的大部分磁通同时交链定子绕组、转子绕组，这部分磁通称为主磁通 $\dot{\varPhi}$，$\dot{\varPhi}$ 又分别在定子绕组、转子绕组中产生感应电势 $\dot{E}_1$、$\dot{E}_2$；但总还有一小部分磁通仅与定子绕组相交链，而不传递能量，称为定子漏磁通 $\dot{\varPhi}_{1s}$，如图 7.22 所示，$\dot{\varPhi}_{1s}$ 仅在定子绕组中产生漏感电势 $\dot{E}_{1s}$。

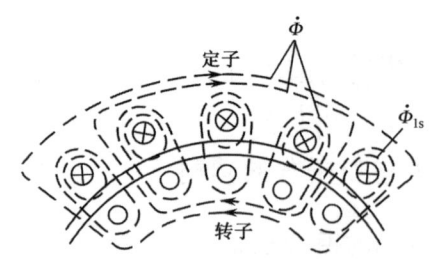

图 7.22 异步电动机主磁通与漏磁通示意图

2. 空载运行时的定子、转子电压平衡关系

三相异步电动机空载运行时的定子、转子电压平衡关系与变压器空载运行时的定子、转子电压平衡关系相似，即：

$$\dot{U}_1 = -\dot{E}_1 - \dot{E}_{1s} + \dot{I}_0 r_1 = -\dot{E}_1 + j\dot{I}_0 X_1 + \dot{I}_0 r_1 = -\dot{E}_1 + \dot{I}_0 Z_1 \tag{7-21}$$

式中，$Z_1 = r_1 + jX_1$——激磁阻抗（Ω）；

$X_1 = 2\pi f_1 N_1^2 \lambda_{1s}$——定子绕组每相漏抗（Ω），为一常数；

r_1——定子绕组每相电阻（Ω）；

λ_{1s}——定子漏磁通 $\dot{\Phi}_{1s}$ 所经磁路的磁导。

虽然异步电动机激磁电流 I_0 比变压器激磁电流 I_0 大很多，但 $I_0 Z_1$ 仍远小于 E_1，可将 $I_0 Z_1$ 忽略不计（$I_0 Z_1 \approx 0$），故 $\dot{U}_1 \approx -\dot{E}_1$，而 $U_1 \approx E_1 = 4.44 f_1 N_1 \Phi K_{w1}$。当 f_1 为常数时，$U_1 \propto \Phi$，若外加电压 U_1 为定值，则 Φ 基本不变，这与变压器的情况相同。

转子电压平衡方程式为：

$$\dot{U}_{20} = \dot{E}_2$$

定子、转子感应电势有效值分别为

$$\left.\begin{array}{l} U_1 = E_1 = 4.44 f_1 N_1 K_{w1} \Phi \\ U_{20} = E_2 = 4.44 f_1 N_2 K_{w2} \Phi \end{array}\right\} \tag{7-22}$$

异步电动机的电压变比为

$$K_\mu = U_1/U_2 = E_1/E_2 = N_1 K_{w1}/N_2 K_{w2} \tag{7-23}$$

7.4.3 转子转动（转子绕组短路）时的空载运行

三相定子绕组通以三相对称电流，形成一旋转磁场以切割定子绕组、转子绕组而产生电势 E_1、E_2，由于转子绕组短路，所以转子绕组中有 I_2 流过，I_2 产生转矩 T，用以克服空载转矩 T_0，因转差 $n_2(n_2 = n_0 - n)$ 很小，所以 $E_2 \approx 0$，$I_2 \approx 0$。可见，这与转子绕组开路时的空载运行情况相似，其基本方程式也相似。

异步电动机定子电势也可像变压器那样用激磁阻抗上产生的压降来表示，即

$$\dot{E}_1 = -\dot{I}_0 (r_m + jX_m) = -\dot{I}_0 Z_m \tag{7-24}$$

式中，r_m——激磁电阻，反映铁耗的等效电阻（Ω）；

$X_m = 2\pi f_1 N_1^2 \lambda_m$——激磁电抗，与主磁通 Φ 相对应为一变数（Ω），其中 λ_m 为主磁通 Φ 所经磁路的磁导，为一变数。

于是可得异步电动机的电压平衡方程式：

$$\dot{U}_1 = -\dot{E}_1 + \dot{I}_0 Z_1 \tag{7-25}$$

异步电动机空载运行时对应的（一相）等值电路如图 7.23 所示，与变压器空载运行时对应的等值电路相类似。异步电动机空载运行时的空载电流 $\dot{I}_0$ 中有很小一部分为有功分量 $\dot{I}_{0p}$，用以供给定子铜耗 P_{Cu1}、铁耗 P_{Fe} 和机械损耗 P_j；而绝大部分是无功的激磁分量 $\dot{I}_{0Q}$，用以产生气隙旋转磁场，故：

$$\dot{I}_0 = \dot{I}_{0p} + \dot{I}_{0Q} \tag{7-26}$$

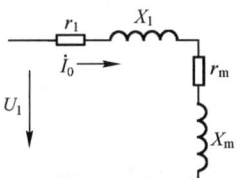

图 7.23 异步电动机空载运行时对应的等值电路

因此，异步电动机空载运行时的功率因数很低，一般 $\cos\varphi \approx 0.2$。因此，应尽量避免电动机长期空载运行，以免浪费电能。

7.5 三相异步电动机负载运行

7.5.1 转子各物理量与转差率 S 的关系

异步电动机转子旋转并带上负载后，$n < n_0$，且转子的转速 n 与旋转磁场的转速 n_0 的转向相同。旋转磁场以相对转速 $n_2(n_0-n)$ 切割转子绕组而产生电势 E_{2s}，其大小、频率和电抗都将随转差率 S 的变化而变化。

1．转子旋转时转子电势 E_{2s} 的频率 f_2

转子旋转时转子电势 E_{2s} 的频率 f_2 的大小取决于磁场的相对转速，即

$$f_2 = \frac{Pn_2}{60} = \frac{Pn_0}{60} \cdot \frac{n_0-n}{n_0} = f_1 S \tag{7-27}$$

从式（7-27）可得出异步电动机不同负载运行时，转子频率 f_2 的变化情况。
(1) 当 $n=0$（静止）时，$S=1$，$f_2 = f_1 S = f_1$。
(2) 当 $n=n_0$ 时，$S=0$，$f_2 = f_1 S = 0$。
(3) 当额定负载运行时，$n=n_N$，即 $S_N \approx 0.02 \sim 0.06$，$f_2 = f_1 S_N \approx 1 \sim 3\text{Hz}$。

2．转子旋转时每相电势的有效值 E_{2s}

转子旋转时每相电势的有效值为：

$$E_{2s} = 4.44 f_2 N_2 K_{w2} \Phi = 4.44 S f_1 N_2 K_{w2} \Phi = SE_2 \tag{7-28}$$

当转子旋转时，$E_{2s} \propto S$；当转子静止时，即 $n=0$，$S=1$，可得 $E_{2s} = E_2 S = E_2$，转子电势达到最大值。

3．转子旋转时的每相电抗 X_{2s}

由于转子绕组流过电流 I_{2s}，产生转子漏磁通 Φ_{2s}，它的磁导 λ_{2s} 为常数，所以转子旋转时的每相电抗为：

$$X_{2s} = 2\pi f_2 N_2^2 \lambda_{2s} = 2\pi S f_1 N_2^2 \lambda_{2s} = SX_2 \tag{7-29}$$

式中，X_2——转子静止时的转子电抗（Ω）；

λ_{2s}——转子漏磁通 Φ_{2s} 所经磁路的磁导。

可见，$X_{2s} \propto S$。当 $n=0$，$S=1$ 时，$X_{2s}=X_2$，达到最大值；当转子旋转时，X_{2s} 随 S 成正比例变化。转子电阻与频率无关，r_2 为常数，因此，转子阻抗为：

$$Z_{2s} = \sqrt{r_2^2 + X_{2s}^2} = \sqrt{r_2^2 + (SX_2)^2} \tag{7-30}$$

4. 转子旋转时的转子电流 I_{2s}

I_{2s} 取决于转子电势 E_{2s} 和转子阻抗 Z_{2s}，即：

$$I_{2s} = E_{2s}/Z_{2s} = SE_2 / \sqrt{r_2^2 + X_{2s}^2} = SE_2 / \sqrt{r_2^2 + (SX_2)^2}$$

或

$$\dot{I}_{2s} = \dot{E}_{2s}/Z_{2s} = \dot{E}_{2s}/(r_2 + jX_{2s}) \tag{7-31}$$

5. 转子功率因数 $\cos\varphi_2$

转子每相绕组都有电阻 r_2 和电抗 X_{2s}，为一感性电路，因此，转子电流 $\dot{I}_{2s}$ 滞后于转子电势 $\dot{E}_{2s}$ 一个 φ_2 角，转子功率因数为：

$$\cos\varphi_2 = r_2/Z_{2s} = r_2 / \sqrt{r_2^2 + (SX_2)^2} \tag{7-32}$$

由式（7-32）可见，当 S 增大时，$\cos\varphi_2$ 减小。

7.5.2 磁势平衡方程式

1. 转子磁极数

在绕线式异步电动机中，将转子磁极数设计成与定子磁极数相同。而鼠笼式转子导条中的电势和电流都由定子气隙磁场感应产生。因此，转子导条中电流的分布形成的磁极数必然等于定子气隙磁场的磁极数，如图 7.24 所示。因此，鼠笼式转子没有固定的磁极数，它的磁极数随定子磁极数而定。也就是说，定子、转子磁极数必须相等，这是一切电机正常工作的首要条件。

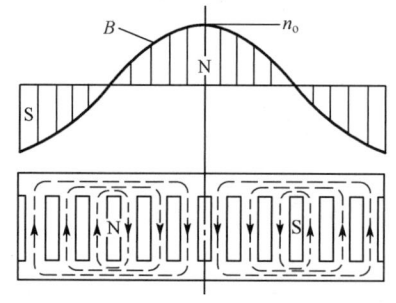

图 7.24 鼠笼式转子磁极数

2. 转子相数 m_2

在绕线式电动机中，转子相数 m_2 与定子相数 m_1 设计成相等的，即 $m_1 = m_2 = 3$ 相，三相均互差 120° 电角度，为三相对称系统；鼠笼式定子相数 $m_1 = 3$ 相，互差 120° 电角度，而转子每根导条产生的电势在时间上相差 $\alpha_2 = 360°P/Z_2$ 角度，两端由端环短接，因此，每根导条就是一相，构成了一个对称的多相系统，其相数 m_2 等于转子铁芯槽数 Z_2，即 $m_2 = Z_2$。它的每相绕组匝数为 $N_2 = 1/2$ 匝，由于它既不短距又不分布，故转子绕组系数 $K_{w2} = 1$。可见，$m_2 \neq m_1$。

3．定子、转子磁势相对静止

当为定子绕组通以三相对称电流时，会产生一旋转磁势 $\dot{F}_1$，相对于定子的转速 $n_0 = 60f_1/P$，取决于定子电流的频率 f_1。同理，当转子电流流过转子绕组时，也产生一转子磁势 $\dot{F}_2$，相对于转子的转速 $n_2 = 60f_2/P = 60f_1S/P = n_0 S$ 取决于转子的频率 f_2。而转子本身又以转速 n 旋转，故 $\dot{F}_2$ 相对于定子的转速为：

$$n_2' = n_2 + n = Sn_0 + n = \frac{n_0 - n}{n_0}n_0 + n = n_0 \tag{7-33}$$

可见，无论转子自身转速如何变化，转子磁势 $\dot{F}_2$ 与定子磁势 $\dot{F}_1$ 总是以相同速度向同一方向旋转，故定子、转子磁势之间没有相对运动，始终保持相对静止状态，如图 7.25 所示。这是电动机能正常工作的必要条件。

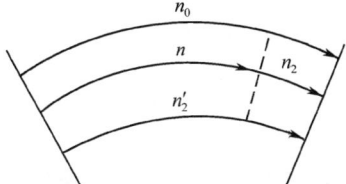

图 7.25　定子、转子磁势速度关系

4．定子、转子磁势平衡方程式

当异步电动机空载运行时，气隙磁通 $\dot{\Phi}$ 是由定子空载电流 $\dot{I}_0$ 产生的空载磁势 $\dot{F}_0$ 单独建立的。因为外加电压 $\dot{U}_1$ 不变，所以 $\dot{\Phi}$ 基本不变，从而 $\dot{F}_0$ 不变。带负载后，转子电流 $\dot{I}_{2s}$ 便产生转子磁势 $\dot{F}_2$，同时，定子绕组从电网吸收的电流便由 $\dot{I}_0$ 增大到 $\dot{I}_1 = \dot{I}_0 + \dot{I}_{1L}$，电流的负载分量 $\dot{I}_{1L}$ 产生负载磁势 $\dot{F}_{1L} = m_1 \dot{I}_{1L} N_1 K_{w1}$，以平衡转子磁势 $\dot{F}_2$，从而保证 $\dot{F}_0$ 不变，$\dot{\Phi}$ 不变。它们的关系如下：

$$\dot{F}_{1L} = m_1 \dot{I}_{1L} N_1 K_{w1} = -\dot{F}_2 = -m_2 \dot{I}_2 N_2 K_{w2}$$

$$\dot{I}_{1L} = \frac{-m_2 N_2 K_{w2}}{m_1 N_1 K_{w1}} \cdot \dot{I}_2 = -\frac{\dot{I}_2}{K_i} \tag{7-34}$$

式中，$K_i = m_1 N_1 K_{w1} / m_2 N_2 K_{w2}$ ——异步电动机的电流变比。

由于 $\dot{F}_1$ 与 $\dot{F}_2$ 在空间相对静止，所以它们共同建立空载磁势 $\dot{F}_0$，即

$$\dot{F}_1 = \dot{F}_0 + \dot{F}_{1L} = \dot{F}_0 - \dot{F}_2$$
$$\dot{F}_1 + \dot{F}_2 = \dot{F}_0 \tag{7-35}$$
$$m_1 \dot{I}_1 N_1 K_{w1} + m_2 \dot{I}_2 N_2 K_{w2} = m_1 \dot{I}_0 N_1 K_{w1}$$
$$\dot{I}_1 + \frac{m_2 N_2 K_{w2}}{m_1 N_1 K_{w1}} \dot{I}_2 = \dot{I}_0$$

或

$$\dot{I}_1 + \frac{\dot{I}_2}{K_i} = \dot{I}_0$$

从式（7-35）可见，定子磁势 $\dot{F}_1$ 包含两个分量：一个是负载分量 $\dot{F}_{1L}$，作用是抵消 $\dot{F}_2$ 的影响；另一个是激磁分量 $\dot{F}_0$，作用是产生主磁通 $\dot{\Phi}$。三相异步电动机负载运行时的电磁

关系如下：

$$\begin{array}{c} \dot{U}_1 \to \dot{I}_1 \to m_1\dot{I}_1N_1K_{w1}=\dot{F}_1 \to \dot{F}_0 \to \dot{\Phi} \to \dot{E}_1 \\ \dot{I}_{2s} \to m_2\dot{I}_{2s}N_2K_{w2}=\dot{F}_2 \to \dot{\Phi}_{2s} \to \dot{E}_{2sL}=-j\dot{I}_{2s}X_{2s} \end{array}$$

（带有 $\dot{I}_1r_1$、$\dot{\Phi}_{1s} \to \dot{E}_{1s}=-j\dot{I}_1X_1$、$\dot{I}_{2s}r_2$、$\dot{E}_{2s}$ 支路）

7.5.3 电压平衡方程式

异步电动机从空载到负载，相应定子电流从 $\dot{I}_0$ 增大到 $\dot{I}_1$，仿照式（7-25），可列出负载运行时的定子电压平衡方程式：

$$\dot{U}_1 = -\dot{E}_1 + \dot{I}_1 Z_1 \tag{7-36}$$

由于异步电动机的转子电路自成闭合回路，处于短路状态，即 $U_2=0$，故转子电压平衡方程式为

$$\dot{E}_{2s} = \dot{I}_{2s}r_2 - \dot{E}_{2sL} = \dot{I}_{2s}r_2 + j\dot{I}_{2s}X_{2s} = \dot{I}_{2s}(r_2+jX_{2s}) = \dot{I}_{2s}Z_{2s} \tag{7-37}$$

式中，$\dot{E}_{2s}$——转子旋转时每相电势（V）；

$\dot{E}_{2sL} = -j\dot{I}_{2s}X_{2s}$——转子漏感电势（V）；

$\dot{I}_{2s}$——转子旋转时每相电流（A）；

r_2——转子每相电阻（Ω）；

X_{2s}——转子旋转时每相电抗（Ω）；

Z_{2s}——转子旋转时每相阻抗（Ω）。

7.5.4 负载运行时的等值电路

当异步电动机转子静止时，定子、转子电路的频率相同，即 $f_2=f_1$，这与变压器相似。而当转子旋转时，异步电动机有一个静止的定子电路和一个旋转的转子电路，如图 7.26 所示。此时，两电路的频率不同，即 $f_2<f_1$。为了将两个独立电路联系到一起，首先必须进行频率折算，即将旋转的转子折算为静止的转子，然后就可像变压器那样进行绕组折算了，将定子、转子之间磁的耦合转化为仅有电的直接联系的等效电路。

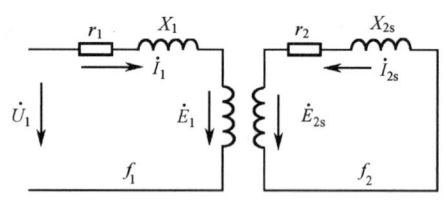

图 7.26 异步电动机旋转时的电路图

1. 频率折算

频率折算就是用一个等效不动的转子来代替实际转动的转子，使定子与转子有相同的频率，进行这种折算纯粹是为了满足求解电路的需要。要求频率折算前后 $\dot{I}_2$ 的大小和相位不变，转子旋转时的转子电流 $\dot{I}_{2s}$、功率因数 $\cos\varphi_2$、频率 f_2 分别为：

$$\left.\begin{aligned}\dot{I}_{2s} &= \frac{\dot{E}_{2s}}{r_2 + jX_{2s}} = \frac{S\dot{E}_2}{r_2 + j(SX_2)} \\ \cos\varphi_2 &= \frac{r_2}{Z_{2s}} = \frac{r_2}{\sqrt{r_2^2 + X_{2s}^2}} = \frac{r_2}{\sqrt{r_2^2 + (SX_2)^2}} \\ f_2 &= S \cdot f_1\end{aligned}\right\} \quad (7\text{-}38)$$

将式（7-38）的分子、分母同时除以 S，可得

$$\left.\begin{aligned}\dot{I}_2 &= \frac{\dot{E}_2}{r_2/S + jX_2} \\ \cos\varphi_2 &= \frac{r_2/S}{\sqrt{(r_2/S)^2 + (SX_2/S)^2}} = \frac{r_2/S}{\sqrt{(r_2/S)^2 + X_2^2}} \\ f_2 &= f_1\end{aligned}\right\} \quad (7\text{-}39)$$

虽然式（7-38）与式（7-39）中转子电流的大小、相位没有变化，但它们代表的实际意义截然不同。式（7-38）对应转子旋转时的情况，$f_2 = Sf_1$；式（7-39）对应转子静止时的情况，$f_2 = f_1$。可见，用等效的静止转子电路去代替实际转子电路，除了改变与频率有关的参数，还需要在转子电路中串入一可变电阻 $(1-S)r_2/S$，它是模拟机械负载的等效电阻，随机械负载的变化而变化，实际上并不存在，仅是分析的一种方法，使转子每相总电阻变为 $r_2/S = r_2 + (1-S)r_2/S$，就可使转子电流不变，从而保持转子磁势不变。

转子在旋转时具有总的机械功率 $P_\omega = P_2 + P_j$ 的动能，而当用等效的静止转子代替实际转子时，总的机械功率 P_ω 就用 $(1-S)r_2/S$ 上流过的电流 I_2 产生的损耗来代替，即 $P_\omega = m_2 I_2^2 r_2(1-S)/S$。频率折算后的（一相）等效电路如图 7.27 所示。

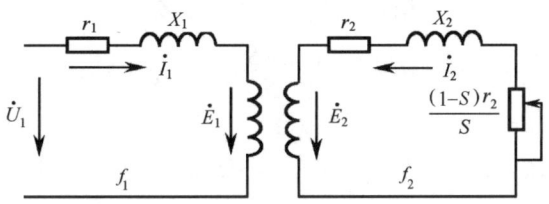

图 7.27 频率折算后的等效电路

当 $n = n_0$，$S = 0$ 时，$(1-S)r_2/S \to \infty$，$I_2 \to 0$，相当于转子开路，电动机处于空载运行状态，无机械功率输出；当 $n = 0$，$S = 1$ 时，$(1-S)r_2/S = 0$，相当于转子短路，也无机械功率输出。其中，$(1-S)r_2/S$ 表示转子处于不同转速 n 时产生的总的机械功率的变化状况。

2. 绕组折算

异步电动机经过频率折算后，定子和转子的频率相同，此时就可像变压器那样进行绕组折算了。所谓折算，就是指用一个与定子相数（m_2'）、匝数（N_2'）、绕组系数（K_{w2}'）均相等的转子来代替原来的 m_2、N_2、K_{w2} 的实际转子绕组，折算的原则是折算前后应保持磁势、功率、损耗不变。折算后，转子各量均应在右上角加"′"表示。

（1）电流 I_2 的折算。根据折算前后转子磁势不变的原则，即 $F_2' = F_2$，可得

$$m'_2 I'_2 N'_2 K'_{w2} = m_2 I_2 N_2 K_{w2}$$

$$I'_2 = \frac{m_2 N_2 K_{w2}}{m'_2 N'_2 K'_{w2}} I_2 = \frac{m_2 N_2 K_{w2}}{m_1 N_1 K_{w1}} I_2 = \frac{I_2}{K_i} \tag{7-40}$$

式中，$K_i = m_1 N_1 K_{w1}/m_2 N_2 K_{w2}$——三相异步电动机的电流变比。

（2）电势 E_2 的折算。因为折算前后磁势不变，所以 Φ 不变。

绕组折算前，转子电势为

$$E_2 = 4.44 f_1 N_2 K_{w2} \Phi$$

绕组折算后，转子电势为

$$\left. \begin{array}{l} E'_2 = 4.44 f_1 N'_2 K'_{w2} \Phi = 4.44 f_1 N_1 K_{w1} \Phi = E_1 \\ E_1/E_2 = E'_2/E_2 = N_1 K_{w1}/N_2 K_{w2} = K_u \\ E'_2 = K_u E_2 \end{array} \right\} \tag{7-41}$$

（3）阻抗的折算值 r'_2、X'_2。根据折算前后功率不变的原则，可得

$$m_1 I'^2_2 r'_2 = m_2 I^2_2 r_2$$

$$r'_2 = \frac{m_2 I^2_2}{m_1 I'^2_2} r_2 = \frac{m_2}{m_1} \left(\frac{m_1 N_1 K_{w1}}{m_2 N_2 K_{w2}} \right)^2 r_2 = K_u K_i r_2 \tag{7-42}$$

同理，可得

$$X'_2 = K_u K_i X_2 \tag{7-43}$$

3．等值电路

折算后的基本方程式为

$$\left. \begin{array}{l} \dot{U}_1 = -\dot{E}_1 + \dot{I}_1 (r_1 + jX_1) = -\dot{E}_1 + \dot{I}_1 Z_1 \\ \dot{E}'_2 = \dot{I}'_2 r'_2 + j\dot{I}'_2 X'_2 + \dot{I}'_2 \frac{1-S}{S} r'_2 = \dot{I}' \frac{r'_2}{S} + j\dot{I}'_2 X'_2 \\ \dot{I}_1 = \dot{I}_0 + \dot{I}_{1L} = \dot{I}_0 + (-\dot{I}'_2) \\ \dot{E}_1 = \dot{E}'_2 = -\dot{I}_0 (r_m + jX_m) = -\dot{I}_0 Z_m \end{array} \right\} \tag{7-44}$$

经过频率折算和绕组折算，就可像变压器那样得出异步电动机（一相）的 T 形等值电路了，如图 7.28 所示。

在实际应用中，为计算方便，可将 T 形等值电路中的激磁支路移至电源端，同时，为保证激磁支路电流 I_0 不变，需要在激磁支路中串入定子电阻 r_1 和电抗 X_1，便得简化等值电路，如图 7.29 所示。

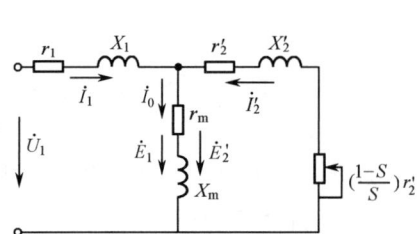

图 7.28　异步电动机的 T 形等值电路

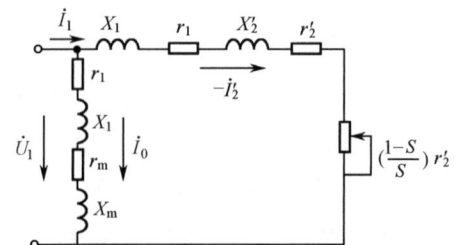

图 7.29　异步电动机的简化等值电路

4. 异步电动机的相量图

异步电动机的相量图与变压器副绕组带纯电阻负载时的相量图相似，如图 7.30 所示。

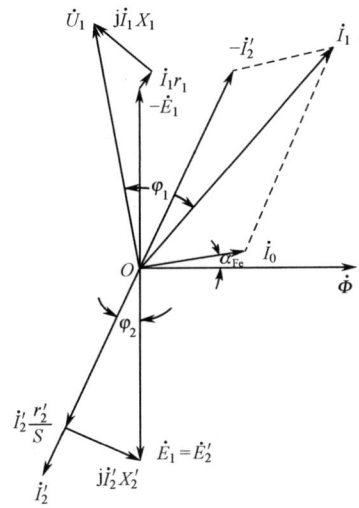

图 7.30 异步电动机的相量图

从图 7.30 可见，定子电流 $\dot{I}_1$ 滞后外加电压 $\dot{U}_1$ 一个 φ_1 角，故三相异步电动机对电源来讲是一个感性负载，它从电网吸收来的功率绝大部分消耗在转子电路中模拟机械负载的等效电阻 $(1-S)r_2/S$ 上，属于有功分量；另一小部分功率是异步电动机建立磁场所需的无功分量。

7.6 三相异步电动机参数的测定

在利用等值电路计算异步电动机运行特性时，需要首先知道电机参数 r_m、X_m、r_1、r_2'、X_1、X_2'，这些参数可通过空载试验和短路试验求得。

7.6.1 三相异步电动机空载试验

1. 空载试验的目的

空载试验的目的是测空载时的 U_0、I_0、P_0，求得异步电动机的激磁参数 r_m、X_m、Z_m，以及机械损耗 P_j 和铁耗 P_{Fe}。

2. 试验方法

三相异步电动机空载试验接线图如图 7.31 所示，转子不带负载，定子绕组通过调压器 TC 接三相电源；调节 TC，使电压升高至 $U_0 \approx (1.0 \sim 1.2)U_N$，然后开始逐渐降低电压，直至转速发生明显变化。测取对应的空载电流 I_0 和功率 P_0（7~9 组），并绘出 $I_0 = f(U_0)$ 和 $P_0 = f(U_0)$ 曲线，如图 7.32 所示。

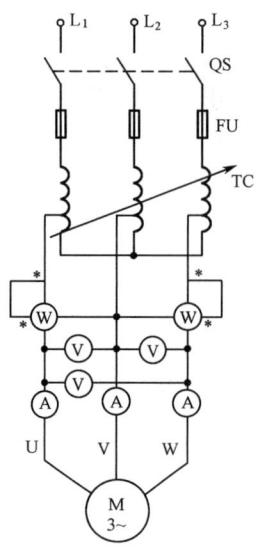

图 7.31 三相异步电动机空载试验接线图

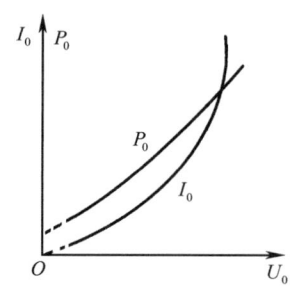

图 7.32 异步电动机空载特性

3. 空载损耗

空载状态时，转子电流很小，转子铜耗可忽略不计（$P_{Cu2} \approx 0$），因此，从电网吸收来的功率 P_0 完全消耗在定子铜耗 P_{Cu1}、铁耗 P_{Fe} 和机械损耗 P_j 上，从 P_0 中扣除 P_{Cu1}，可得

$$P_0' = P_0 - P_{Cu1} = P_j + P_{Fe} \tag{7-45}$$

式中，铁耗 P_{Fe} 与磁通密度的平方成正比（$P_{Fe} \propto B_m^2$），即与电压的平方成正比（$P_{Fe} \propto U_1^2$）；机械损耗 P_j 与电压 U_1 无关，仅与转速 n 有关；而在空载状态时，$n \to n_0$，转速变化不大，故 P_j 可认为是恒定值，因此，$P_j + P_{Fe} = P_0' = f(U_1^2)$ 近似为一直线，若延长直线与纵坐标相交于点 O'，从 O' 点作与横轴平行的虚线，则虚线以上即表示铁耗 P_{Fe} 的值，虚线以下表示机械损耗 P_j 的值，如图 7.33 所示。

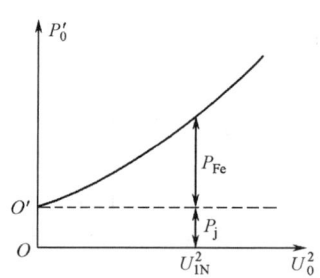

图 7.33 铁耗和机械损耗的分离

4. 激磁参数的计算

根据空载试验，取 $U_0 = U_1 = U_N$ 时的 I_0 和 P_0，可得

$$\left.\begin{array}{l} Z_0 = U_0/I_0 \\ r_0 = P_0/(m_1 I_0^2) \\ X_0 = \sqrt{Z_0^2 - r_0^2} \end{array}\right\} \tag{7-46}$$

空载时，$S \approx 0$，$(1-S)r_2/S \to \infty$，可认为转子开路，$I_2 \approx 0$，根据图 7.28 可得出图 7.34，便可求出激磁参数：

$$\left.\begin{array}{l} X_m = X_0 - X_1 \\ r_m = P_{Fe}/(m_1 I_0^2) \\ Z_m = \sqrt{r_m^2 + X_m^2} \end{array}\right\} \tag{7-47}$$

式（7-46）和式（7-47）中的相关参数均为一相之值，计算时应特别注意。

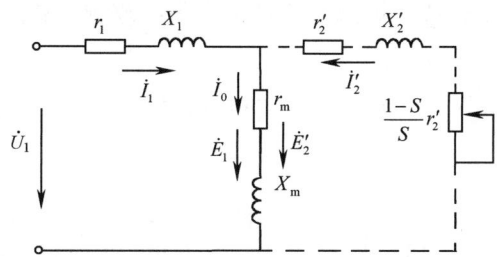

图 7-34　异步电动机空载试验等值电路

7.6.2　三相异步电动机短路试验

1. 短路试验的目的

短路试验的目的是测短路时的 U_k、P_k、I_k，从而求出异步电动机的短路参数 $r_k = r_1 + r_2'$、$X_k = X_1 + X_2'$、Z_k。

2. 短路试验方法

三相异步电动机短路试验接线图如图 7.35 所示，试验时，定子接电源，转子堵住不动，在 $n=0$，$S=1$，$(1-S)r_2/S=0$ 的情况下进行。在进行短路试验时，为使短路电流 I_k 不至于过大，经三相调压器 TC 外加电压于三相定子绕组，一般从 $U_k \approx 0.4U_N$ 开始，然后逐渐降低电压，记录 U_k、I_k 和短路损耗 P_k（7~9 组）并描绘于坐标系中，便得异步电动机短路特性 $I_k = f(U_k)$、$P_k = f(U_k)$，如图 7.36 所示。

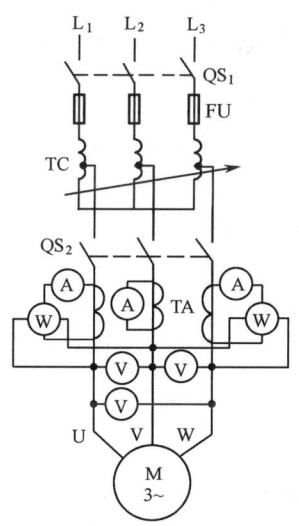

图 7.35　三相异步电动机短路试验接线图

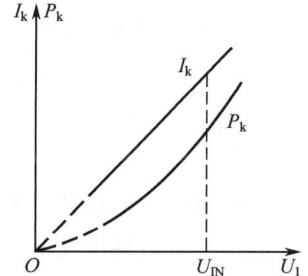

图 7.36　异步电动机短路特性

3. 短路参数的计算

由图 7.28 可知，当进行短路试验时，$n=0$，$S=1$，$(1-S)r_2/S=0$，又因为 $Z_m \gg Z_2'$，

所以可认为激磁支路断开，即 $I_0 \approx 0$，铁耗 P_{Fe} 忽略不计，便得短路时的等值电路，如图 7.37 中实线所示。这时，输出功率 P_2 和机械损耗 P_j 均为零，故输入功率 P_k 全部用于定子、转子铜耗，即

$$P_k = P_{Cu1} + P_{Cu2} = m_1 I_1^2 r_1 + m_2' I_2'^2 r_2' \approx m_1 I_1^2 (r_1 + r_2') = m_1 I_1^2 r_k$$

于是可得短路参数：

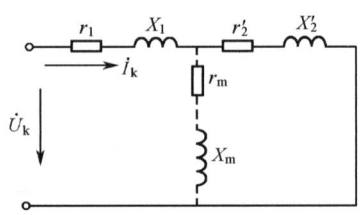

$$\left.\begin{array}{l} Z_k = U_k / I_k \\ r_k = r_1 + r_2' = P_k / (m_1 I_k^2) \\ X_k = X_1 + X_2' = \sqrt{Z_k^2 - r_k^2} \end{array}\right\} \quad (7\text{-}48)$$

图 7.37 异步电动机短路等效电路

一般可认为，$r_1 \approx r_2' \approx r_k / 2$，$X_1 \approx X_2' \approx X_k / 2$。

7.7 三相异步电动机的功率和转矩平衡方程式

7.7.1 异步电动机的功率平衡关系

1. 异步电动机的功率及损耗

在异步电动机的能量转换过程中，不可避免地会产生各种损耗，可在异步电动机的 T 形等值电路中用电流流经各电阻上产生的损耗来表示，如图 7.38 所示。

$$\left.\begin{array}{ll} \text{电动机输入功率：} & P_1 = m_1 U_1 I_1 \cos\varphi_1 = \sqrt{3} U_{1L} I_{1L} \cos\varphi_1 \\ \text{定子铜耗：} & P_{Cu1} = m_1 I_1^2 r_1 \\ \text{定子铁耗：} & P_{Fe} = m_1 I_0^2 r_m \end{array}\right\} \quad (7\text{-}49)$$

因在正常运行时，转子频率很小，所以转子铁耗常忽略不计，即 $P_{Fe} \approx 0$。

$$\left.\begin{array}{ll} \text{电磁功率：} & P_M = m_1 I_2'^2 r_2' / S = m_1 E_2' I_2' \cos\varphi_2 \\ \text{转子铜耗：} & P_{Cu2} = m_1 I_2'^2 r_2' = m_2 I_2^2 r_2 \end{array}\right\} \quad (7\text{-}50)$$

转轴上的总机械功率：

$$P_\omega = P_j + P_s + P_2 = m_1 I_2'^2 r_2' (1 - S) / S$$

电动机轴上输出的机械功率：

$$P_2 = m_1 U_1 I_1 \eta \cos\varphi_1 = \sqrt{3} U_{1L} I_{1L} \eta \cos\varphi_1 \quad (7\text{-}51)$$

空载损耗：

$$P_0 = P_j + P_s$$

式中，U_1、I_1——每相的相电压和相电流；

U_{1L}、I_{1L}——三相异步电动机定子的线电压和线电流；

E_2'——转子折算后的相电势；

φ_1——$\dot{U}_1$ 与 $\dot{I}_1$ 的相位差；

P_j——机械损耗，指电动机旋转时轴承的摩擦和空气阻力产生的损耗；

P_s——附加损耗。

2. 功率平衡关系

功率平衡关系可从功率流程示意图（见图7.39）中得出：

$$\left.\begin{array}{l}P_M = P_1 - (P_{Cu1} + P_{Fe}) \\ P_\omega = P_M - P_{Cu2} \\ P_2 = P_\omega - (P_j + P_s) = P_\omega - P_0\end{array}\right\} \quad (7\text{-}52)$$

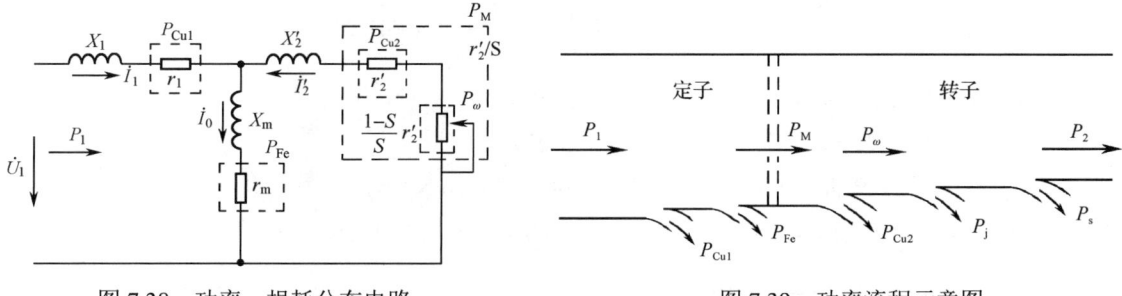

图7.38 功率、损耗分布电路　　　　图7.39 功率流程示意图

3. 功率间的关系

各功率间的关系如下：

$$\left.\begin{array}{l}P_{Cu2}/P_M = r_2' \Big/ \dfrac{r_2'}{S} = S \\ P_\omega / P_M = \dfrac{1-S}{S} r_2' \Big/ \dfrac{r_2'}{S} = 1-S\end{array}\right\} \quad (7\text{-}53)$$

式（7-53）表明，对于通过气隙传递给转子的电磁功率 P_M，一部分转变为机械功率 $P_\omega = (1-S)P_M$，另一部分转变为转子铜耗 $P_{Cu2} = SP_M$，又称转差功率，故正常工作时的 S 较小（$S_N \approx 0.02 \sim 0.06$），$P_{Cu2}$ 很小，效率较高。

7.7.2 异步电动机的转矩平衡关系

将异步电动机的功率平衡方程式 $P_\omega = P_0 + P_2$ 左右两边同时除以 ω，可得异步电动机转矩平衡方程式：

$$T = T_0 + T_2 \quad (7\text{-}54)$$

式中，$T = P_\omega/\omega = 9.55 P_\omega/n$ ——电动机电磁转矩，起拖动作用，P_ω 的单位为 W，T 的单位为 N·m；

$T_0 = P_0/\omega = 9.55 P_0/n$ ——电动机空载转矩，起制动作用，P_0 的单位为 W；

$T_2 = P_2/\omega = 9.55 P_2/n$ ——电动机输出机械转矩，其大小与负载转矩 T_L 相等（$T_2 = T_L$），但方向相反，T_L 起制动作用，P_2 的单位为 W。

T 也可从电磁功率中导出，根据机械角速度 $\omega = 2\pi n/60$，同步角速度 $\omega_0 = 2\pi n_0/60$，$n = (1-S)n_0$，可知 $\omega = (1-S)\omega_0$，将其代入式（7-54），可得：

$$T = \dfrac{P_\omega}{\omega} = \dfrac{P_\omega}{(1-S)\omega_0} = \dfrac{P_M(1-S)}{(1-S)\omega_0} = \dfrac{P_M}{\omega_0} \quad (7\text{-}55)$$

可见，电磁转矩 T 等于机械功率 P_ω 除以机械角速度 ω，同时等于电磁功率 P_M 除以同

步角速度 ω_0。

例 7.5 一台三相异步电动机的额定数据为：$P_N=11\text{kW}$，$U_N=380\text{V}$，$n_N=1459\text{r/min}$，$f_1=50\text{Hz}$，$P_j=110\text{W}$，$P_s=30\text{W}$，求额定运行时：①转差率 S_N；②电磁功率 P_M；③电磁转矩 T_N；④转子铜耗 P_{Cu2}；⑤输出转矩 T_{2N}；⑥空载转矩 T_0。

解：① $S_N = \dfrac{n_0 - n_N}{n_0} = \dfrac{1500 - 1459}{1500} \approx 0.0273$。

② $P_M = \dfrac{P_\omega}{1-S_N} = \dfrac{P_N + P_j + P_s}{1-S_N} = \dfrac{11 + 0.11 + 0.03}{1 - 0.0273} \approx 11.453(\text{kW})$。

③ $T_N = 9.55 P_M / n_0 = 9.55 \times 11.453 \times 10^3 / 1500 \approx 72.92(\text{N} \cdot \text{m})$。

④ $P_{Cu2} = S_N P_M = 0.0273 \times 11.453 \approx 0.313(\text{kW})$。

⑤ $T_{2N} = 9.55 P_N / n_N = 9.55 \times 11 \times 10^3 / 1459 \approx 72.001(\text{N} \cdot \text{m})$。

⑥ $T_0 = 9.55 P_0 / n_N = 9.55 \times (0.11 + 0.03) \times 10^3 / 1459 \approx 0.916(\text{N} \cdot \text{m})$。

7.7.3 异步电动机的工作特性

异步电动机的工作特性是指定子电压 $U_1 = U_N$、$f_1 = f_{1N}$ 的条件下，$n = f(P_2)$、$I_1 = f(P_2)$、$\cos\varphi_1 = f(P_2)$、$T = f(P_2)$ 及 $\eta = f(P_2)$ 的关系曲线。

1. 转速特性 $n = f(P_2)$

转差率的表达式为

$$S = \frac{n_0 - n}{n_0} = 1 - \frac{n}{n_0} = \frac{P_{Cu2}}{P_M} = \frac{m_1 I_2'^2 r_2'}{m_1 E_2' I_2' \cos\varphi_2} = \frac{I_2' r_2'}{E_2' \cos\varphi_2} \tag{7-56}$$

由式（7-56）可知，当电动机空载运行时，$P_2 = 0$、$I_2' \approx 0$、$S \approx 0$，因此 $n \approx n_0$；当负载增大时，P_2 增大，n 降低，S 增大，E_2' 增大，I_2' 增大，以产生较大的电磁转矩与增大的负载转矩相平衡。为降低转子铜耗 P_{Cu2}，额定负载时，$S_N \approx 0.02 \sim 0.06$，转子转速 $n = (1-S_N)n_0 = (0.98 \sim 0.94)n_0$，因此，转速特性是一条微微向下倾斜的曲线，如图 7.40 中的曲线 n 所示。

2. 定子电流特性 $I_1 = f(P_2)$

根据磁势平衡方程式 $\dot{I}_1 = \dot{I}_0 + (-\dot{I}_2')$，当异步电动机空载运行时，$P_2 = 0$、$S \approx 0$、$I_2' \approx 0$，此时，$\dot{I}_1 = \dot{I}_0$ 几乎全部用以激磁。当负载增大时，P_2 增大，n 下降，S 增大，E_{2s} 增大，I_2' 增大，为维持平衡，I_1 增大，因此，定子电流 I_1 几乎随 P_2 成正比增大，并且曲线起点在 I_0 处，如图 7.40 中的曲线 I_1 所示。

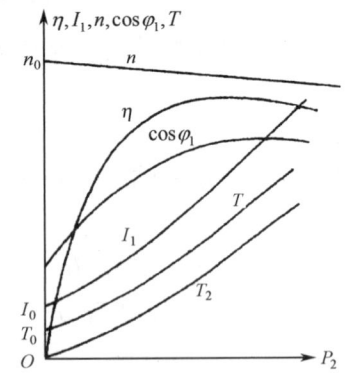

图 7.40 异步电动机的工作特性曲线

3. 转矩特性 $T = f(P_2)$

由于负载转矩 $T_L = T_2 = 9.55 P_2 / n$，异步电动机从空载到满载的转速 n 变化很小，故可认为 T_2 与 P_2 成正比例变化，是一直线。但在实际中，当负载增大时（$P_2 \uparrow$），n 略微下降，

故 T_2 向上微弯曲,如图 7.40 中的曲线 T_2 所示。又因为 T_0 近似不变,而 $T=T_0+T_2$,所以,$T=f(P_2)$ 也为向上微弯曲的曲线,如图 7.40 中的曲线 T 所示。

4. 功率因数特性 $\cos\varphi_1 = f(P_2)$

当异步电动机外加一恒定电压 U_1 时,Φ 基本不变,建立该磁场所需的无功激磁电流 I_0 基本不变。当空载运行时,$P_2=0$,$I'_2=0$,定子电流 $\dot{I}_1=\dot{I}_0$,这时定子电流基本为激磁电流,功率因数很低,一般 $\cos\varphi_1 \approx \cos\varphi_0 < 0.2$。随着负载的增大,$P_2$ 增大,I'_2 增大,定子电流 I_1 的有功分量增大,$\cos\varphi_1$ 升高,在额定负载附近,$\cos\varphi_1$ 达到最大值,$\cos\varphi_{1N} \approx 0.73 \sim 0.93$。超过额定负载后,当负载继续增大时,$n\downarrow$,$S\uparrow$,$SX_2\uparrow$,转子功率因数 $\cos\varphi_2$ 下降较多,使定子电流 I_1 中与三相平衡的无功分量增大,$\cos\varphi_1$ 反而下降,如图 7.40 中的曲线 $\cos\varphi_1$ 所示。可见,若电动机容量选择不当,则是不经济的。

5. 效率特性 $\eta = f(P_2)$

效率特性的表达式为

$$\eta = (P_2/P_1)\times 100\% = (1-\Sigma P)/P_1 \times 100\% \tag{7-57}$$

异步电动机的效率特性与变压器的效率特性相似,如图 7.40 中的曲线 η 所示。

7.8 三相异步电动机的机械特性

当异步电动机的定子绕组接 $U_1=U_{1N}$、$f_1=f_{1N}$ 的交流电时,T 随 S 或 n 的变化关系,即 $T=f(S)$ 或 $T=f(n)$ 称为机械特性。

7.8.1 三相异步电动机的电磁转矩 T

1. 电磁转矩 T 的物理表达式

三相异步电动机的电磁转矩 T 是由转子电流 I_2 的有功分量和气隙主磁通 Φ 的相互作用产生的。可将式(7-41)、式(7-50)代入 $T=P_M/\omega_0$,经整理后,便得电磁转矩 T 的物理表达式:

$$T = C_T \Phi I'_2 \cos\varphi_2 \tag{7-58}$$

式中,$C_T = 4.44 m_1 P N_1 K_{w1}/2\pi$ ——转矩常数,仅与电机的结构有关。

式(7-58)表明,对于异步电动机,$T \propto \Phi$,$T \propto I'_2 \cos\varphi_2$(电流有功分量),用左手定则可判断 T 的方向该式的物理概念十分清楚,故称物理表达式。

2. 电磁转矩 T 的参数表达式

式(7-58)虽然物理概念十分清楚,但对于鼠笼式异步电动机,由于转子结构的原因,I_2 很难测量,故计算极不方便。同时,物理表达式不能直接表达转速与转矩的关系,在实际计算中,需要知道 T 与电动机参数之间的关系。

根据图 7.29，可得：

$$I_2' = U_1 / \sqrt{(r_1 + r_2'/S)^2 + (X_1 + X_2')^2} \tag{7-59}$$

将式（7-59）代入 $T = \dfrac{P_M}{\omega_0} = \dfrac{m_1 I_2'^2 r_2'/S}{\omega_0}$，经整理可得异步电动机的电磁转矩参数表达式：

$$T = \frac{m_1}{\omega_0} \cdot \frac{U_1^2 r_2'/S}{(r_1 + r_2'/S)^2 + (X_1 + X_2')^2} = \frac{m_1}{\omega_0} \cdot \frac{U_1^2 r_2'/S}{(r_1 + r_2'/S)^2 + X_k^2} \tag{7-60}$$

式中，m_1——定子绕组相数；

U_1——加在定子绕组上的相电压；

$\omega_0 = 2\pi n_0/60 = 2\pi f_1/P$——异步电动机同步角速度。

在式（7-60）中，当 U_1 和 f_1 不变，且电机参数 r_1、r_2'、X_1、X_2' 为常值时，电磁转矩 T 是 S 的函数，即 $T = f(S)$ 或 $T = f(n)$，将其变化规律描于坐标系中，便得 T-S 曲线，又称为异步电机的机械特性曲线，如图 7.41 所示。

该曲线反映了异步电机的 3 种工作状态：$0 < S < 1$ 为电动状态；$S < 0$ 为发电状态；$S > 1$ 为制动状态。但在生产实际中，异步电机主要作为电动机使用。

3. 最大电磁转矩 T_m

从图 7.41 可见，异步电动机有一最大电磁转矩 T_m，对应的转差率 S_m 称为临界转差率，令 $dT/dS = 0$，可求得 T_m 对应的转差率 S_m 为：

$$S_m = r_2' / \sqrt{r_1^2 + (X_1 + X_2')^2} = r_2' / \sqrt{r_1^2 + X_k^2} \tag{7-61}$$

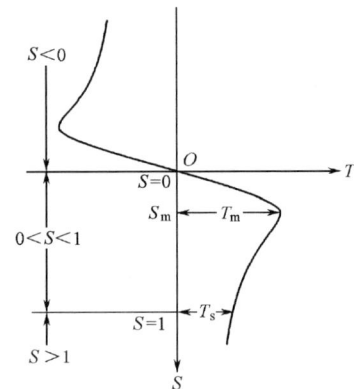

图 7.41 异步电机 T-S 曲线

将式（7-61）代入式（7-60），经整理可得

$$T_m = \frac{m_1}{\omega_0} \cdot \frac{U_1^2}{2[r_1 + \sqrt{r_1^2 + (X_1 + X_2')^2}]} = \frac{m_1}{\omega_0} \cdot \frac{U_1^2}{2[r_1 + \sqrt{r_1^2 + X_k^2}]} \tag{7-62}$$

一般，$X_1 + X_2' \gg r_1 \approx 0$，故式（7-61）可写为

$$S_m \approx r_2' / X_k \tag{7-63}$$

式（7-62）可写为

$$T_m \approx \frac{m_1}{\omega_0} \cdot \frac{U_1^2}{2X_k} \tag{7-64}$$

由式（7-63）、式（7-64）可得出以下结论。

（1）当频率 f_1=常数且电动机参数不变时，$T_m \propto U_1^2$。

（2）当 U_1=常数且 f_1=常数时，$T_m \propto 1/X_k$，$S_m \propto 1/X_k$。

如果负载转矩 $T_L > T_m$，则电动机将发生停转事故，为保证电动机稳定运行，要求电动机应具有一定的过载能力。过载能力是指电动机的最大转矩 T_m 与额定转矩 T_N 的比值，用 λ 表示，即

$$\lambda = T_m / T_N \tag{7-65}$$

一般 Y2 系列电动机的 $\lambda \approx 1.9 \sim 2.3$，起重与冶金电动机的 $\lambda \approx 2.0 \sim 2.8$。

(3) T_m 与转子回路电阻 r_2' 无关，而 $S_m \propto r_2'$，因此，当 $r_2' \uparrow$ 时，因为 T_m 为常数，所以 $S_m \uparrow$，$S_m \to 1$。

4．启动转矩 T_s

异步电动机的定子接电源，转子尚未转动即 $n=0$、$S=1$ 时的转矩称为启动转矩 T_s。将 $S=1$ 代入式（7-60），可得

$$T_s = \frac{m_1}{\omega_0} \cdot \frac{U_1^2 r_2'}{(r_1+r_2')^2+(X_1+X_2')^2} = \frac{m_1}{\omega_0} \cdot \frac{U_1^2 r_2'}{r_k^2+X_k^2} \tag{7-66}$$

启动转矩 T_s 必须大于制动转矩之和，即 $T_s > T_0 + T_L$，电动机才能启动。将启动转矩 T_s 与额定转矩 T_N 之比称为启动转矩倍数，用 λ_s 表示，即

$$\lambda_s = T_s/T_N \tag{7-67}$$

Y2 系列电动机的 $\lambda_s \approx 1.3 \sim 2.4$。

5．转矩 T 的实用表达式

在电力拖动中，若采用电动机参数计算、分析电磁转矩，则较烦琐，而在电动机产品目录中，电动机参数 r_1、r_2'、X_1、X_2' 也是查找不到的，但可查到额定功率 P_N、额定转速 n_N、过载能力 λ 等数据，故可推出转矩实用表达式。

一般，$r_1 \ll X_1 + X_2' = X_k$，r_1 可忽略不计，将式（7-60）化简，可得

$$T = \frac{m_1}{\omega_0} \cdot \frac{U_1^2 r_2'/S}{(r_2'/S)^2 + X_k^2} \tag{7-68}$$

由式（7-63）可得

$$X_k = r_2'/S_m \tag{7-69}$$

将式（7-68）与式（7-64）等号两边分别相除，可得

$$\frac{T}{T_m} = \frac{2(r_2'/S)X_k}{(r_2'/S)^2+X_k^2} = \frac{2X_k r_2'}{(r_2'^2/S)+SX_k^2}$$

将式（7-69）代入上式，化简得

$$\frac{T}{T_m} = \frac{2}{(S_m/S)+(S/S_m)} \tag{7-70}$$

或

$$T = \frac{2T_m}{(S_m/S)+(S/S_m)}$$

根据在电动机手册与产品目录中所查的数据，由 n_N 先算出 S_N，由 P_N、λ 分别计算出 T、T_m，并一起将它们代入式（7-70）中，计算出 S_m；再将 S_m、T_m 代入式（7-70）中，并保持 T_m、S_m 不变，取不同的 S 值，便可计算出不同的 T 值。由于转矩实用表达式经过了多次假定与忽略，所以不能推广到 $S > S_m$ 区域。

7.8.2 机械特性及特点

1. 异步电动机的固有机械特性

（1）固有机械特性曲线。固有机械特性是指异步电动机的定子绕组接 $U_1=U_{1N}$、$f_1=f_{1N}$ 的交流电，由电动机本身固有的参数决定的机械特性曲线。根据式（7-60）描绘出 $T=f(S)$ 曲线，如图 7.42 所示。

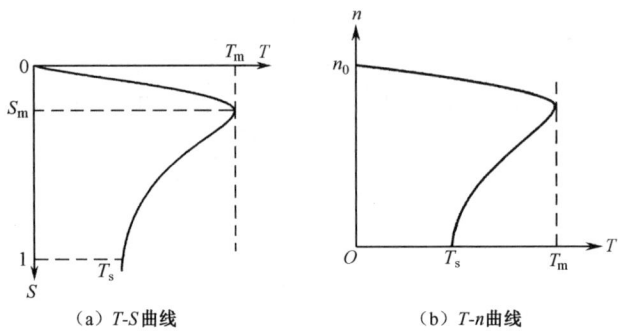

（a）$T\text{-}S$ 曲线　　　（b）$T\text{-}n$ 曲线

图 7.42　$T\text{-}S$ 曲线及 $T\text{-}n$ 曲线

① 当 $S=0$ 时，$n=n_0$，转子与定子磁场无相对切割运动，$E_2=0$、$I_2=0$、$T=0$。

② 当 $S\uparrow$ 且较小时，r_2'/S 项相对较大，r_1、X_1+X_2' 均可忽略不计，此时式（7-60）变为 $T=\dfrac{m_1}{\omega_0}\cdot\dfrac{U_1^2 S}{r_2'}$，可见，$T\propto S$。

③ 当 $S\uparrow$ 且较大时，r_2'/S 项相对较小，且 $(r_2'/S)^2$ 更小，可将 $(r_2'/S)^2$ 忽略，此时式（7-60）变为 $T=\dfrac{m_1}{\omega_0}\cdot\dfrac{U_1^2 r_2'/S}{X_k^2}$，此时 T 反比于 S，在之间会出现一个最大电磁转矩 T_m。

（2）三相异步电动机稳定运行。设电动机拖动的负载转矩为 T_L，根据转矩平衡关系 $T=T_0+T_L$，在图 7.43 中，电动机固有机械特性曲线与生产机械负载转矩 T_L 特性曲线有 a 和 b 两个交点。

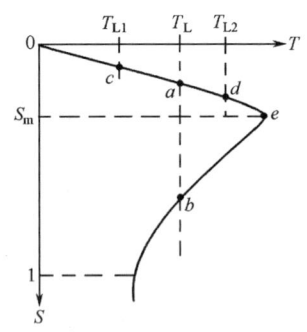

图 7.43　稳定运行状态分析

① 稳定运行区域 $0\sim S_m$。

a. 当 $T=T_0+T_L$，$n=n_a$，$S=S_a$ 时，电动机稳定运行于固有机械特性曲线与负载转矩 T_L 特性曲线相交的 a 点，如图 7.43 中的直线段所示。

b. 若因某种原因，负载转矩从 T_L 减小到 T_{L1}，这时 $T>T_{L1}\to n\uparrow\to S\downarrow\to E_{2s}\downarrow\to SE_2\to I_{2s}\downarrow\to T\downarrow$，直至 $T=T_{L1}$，则电动机稳定运行于 c 点，$n=n_c$。

c. 若因某种原因，负载转矩从 T_L 增大到 T_{L2}，这时 $T<T_{L2}$，破坏了原来的平衡状态，电动机转速 $n\downarrow\to S\uparrow\to E_{2s}\uparrow=SE_2\to I_{2s}\uparrow\to T\uparrow$，直至 $T=T_{L2}$，则电动机稳定运行于 d 点，$n=n_d$。

可见，不论负载如何变化，在 $0\sim S_m$ 区域都能自行找到稳定运行点。

② 不稳定运行区域 $S_m \sim 1$。

a. 当 $T = T_0 = T_L$，$n = n_b$，$S = S_b$ 时，电动机在 b 点稳定运行。

b. 若因某种原因，负载转矩从 T_L 减小到 T_{L1}，这时 $T > T_{L1}$，$n \uparrow$（从图 7.43 中的曲线段可见），$S \downarrow \to T \uparrow \to n \uparrow$，直到绕过 e 点，才能进入稳定区域。

c. 若因某种原因，负载转矩从 T_L 增大到 T_{L2}，这时 $T < T_{L2} \to n \downarrow \to S \uparrow \to T \downarrow \to n \downarrow$，直到电动机停转。可见，在 $S_m \sim 1$ 区域无稳定运行点。

因此，$0 \sim S_m$ 为稳定运行区域，$S_m \sim 1$ 为不稳定运行区域。S_m 为稳定与不稳定的分界线，故 S_m 称为临界转差率。

2．人为机械特性

人为机械特性是指人为地改变电动机参数或电源参数所得到的机械特性。

（1）降低定子电压 U_1 的人为机械特性。当 $U_1 \downarrow \to T_m \propto U_1^2$，$T_s \propto U_1^2$，但 $S_m = r_2'/X_k =$ 常数，$n_0 =$ 常数，n_0 与电压无关时，其机械特性如图 7.44 所示。

（2）转子回路串电阻的人为机械特性。转子回路串电阻只适用于绕线式转子。当转子回路串入电阻 R_t 与最大的转矩 T_m 无关（$T_m =$ 常数）时，S_m 随 R_t 的增大而增大，与 n_0 无关，在一定范围内，串入 R_t 可增大启动转矩 T_s，当 $r_2' + R_t' = X_k$ 且 $S_m = 1$ 时，$T_s = T_m$，若再增大 R_t，则 T_s 将因有功电流的减小不仅不增加反而减小，如图 7.45 所示。

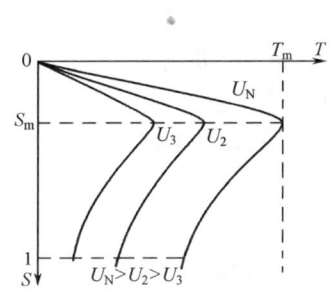

图 7.44　定子降压时的人为机械特性

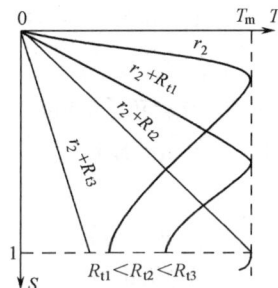

图 7.45　转子回路串不同电阻时的人为机械特性

本 章 小 结

1．三相异步电动机具有结构简单、造价低廉、坚固耐用、便于维护的优点，因而被广泛应用。但它需要从电网吸收一滞后无功电流 I_0 来激磁，从而使电网功率因数降低了。

2．三相异步电动机旋转磁场产生的条件是：三相对称绕组通以三相对称电流，其转向取决于三相电流的相序，其转速 $n_0 = 60f_1/P$（r/min）；异步电动机的转子转速 n 总是小于同步转速 n_0，而又接近同步转速，其转差率的范围为 $0 < S < 1$。

3．三相交流绕组分为单层绕组与双层绕组。单层绕组的线圈数等于槽数的 1/2；线圈组数等于磁极对数 P，最大并联支路数 $a_m = P$。而双层绕组的线圈数等于槽数；线圈组数等于磁极数 $2P$，最大并联支路数 $a_m = 2P$，并可采用短距绕组改善电动机的性能。

4．绕组系数 K_w 表示线圈既短距又分布产生的电势所打的总折扣，感应电势计算的公式为 $E_1 = 4.44 f_1 N_1 K_{w1} \Phi$。

5. 异步电动机与变压器相似，均是通过电磁感应实现能量转换的；不同的是变压器是静止不动的，而异步电动机转子则是旋转的。因此，首先对异步电动机进行频率折算，将旋转的转子折算为静止不动的转子，相当于在转子回路中串入了一可变电阻 $(1-S)r_2'/S$，用这个电阻上消耗的功率来代替异步电动机的总机械功率，这就实现了将转子频率折算为定子频率；然后就可像变压器那样进行绕组折算；最后得出异步电动机的等值电路、相量图。

6. 异步电动机的机械特性是分析电动机各种运行性能的基础，异步电动机的临界转差率 S_m 为分界线。在 $0 \sim S_m$ 区域，机械特性接近于线性关系，为稳定运行区域。在 $S_m \sim 1$ 区域，机械特性为非线性关系，为不稳定运行区域。

7. 异步电动机电磁转矩的 3 种表达式：一是物理表达式，二是参数表达式，三是转矩实用表达式。物理表达式是指由磁通 Φ 与转子电流有功分量 $I_2' \cos\varphi_2$ 相互作用产生的电磁转矩 T，用左手定则可判断 T 的方向，它的物理概念十分清楚，用于定性分析，但计算不方便，且不能直接反映转矩 T 与 n 的关系。参数表达式主要反映转矩与参数的关系及转矩与转差率的关系，从而得出机械特性 $T = f(n)$。转矩实用表达式应用广泛，通过产品目录和电动机手册查出 P_N、n_N、λ，可求出 T_m、S_m，然后代入转矩实用表达式可得出机械特性。

习 题 7

一、填空题

7.1 三相异步电动机的定子主要是由_____、_____和_____构成的。定子铁芯槽型有_____、_____和_____3 种。转子主要是由_____、_____和_____构成的。根据转子结构的不同可分为_____异步电动机和_____异步电动机。

7.2 三相异步电动机的定子和转子之间的气隙 δ 一般为_____mm，气隙越小，空载电流 I_0_____，_____越高。

7.3 三相异步电动机旋转磁场产生的条件是：_____通以_____；旋转磁场的转向取决于_____；其转速大小与_____成正比，与_____成反比。

7.4 每磁极每相槽数 q 是指_____，q 个槽所占的区域称为_____，用电角度表示为_____。

7.5 三相异步电动机的转差率 S 是指_____与_____的比值。三相异步电动机转差率的范围在_____，额定转差率的范围在_____。当三相异步电动机稳定运行时，转差率的范围在_____；不稳定运行时的转差率的范围在_____。

7.6 三相异步电动机在运行时，$S<0$ 在_____状态，$S>1$ 为_____状态，$0<S<1$ 为_____状态。

7.7 三相单层绕组的总线圈数与_____相等，最大并联支路数 a_m 与_____相等；三相双层绕组的总线圈数与_____相等，最大并联支路数 a_m 与_____相等。

7.8 三相异步电动机的过载能力 λ 是指_____与_____之比，对于 Y2 系列电动机，这个比值为_____。

7.9 三相异步电动机的最大电磁转矩 T_m 与转子电阻 r_2_____，临界转差率 S_m 与转子电阻 r_2_____，启动转矩 T_s 与转子电阻 r_2_____。

7.10 三相绕线式异步电动机在转子回路串入适当电阻 R_t 后，其人为机械特性曲线的最大转矩

T_m=_____，临界转差率 S_m=_____，旋转磁场转速 n_0=_____，使机械特性曲线_____。启动转矩 T_s_____。

7.11 三相异步电动机的启动转矩倍数 λ_s 是指_____与_____的比值，对于 Y2 系列电动机，这个比值为_____。

7.12 异步电动机等值电路中的电阻 r'_2/S 上消耗的功率为_____功率。电阻 r'_2/S 可分解为_____电阻和_____电阻。_____电阻上消耗的功率为总的机械功率，_____电阻上消耗的功率为转子铜耗。

二、选择题

7.13 三相异步电机在电动状态时，其转子转速 n 永远（　　）旋转磁场的转速。
  A．高于　　　　　　　　B．低于　　　　　　　　C．等于

7.14 三相绕线式异步电动机的转子绕组与定子绕组基本相同，因此其转子绕组的末端做（　　）连接。
  A．三角形　　　　　　　B．星形　　　　　　　　C．延边三角形

7.15 一台三相异步电动机的铭牌上标明额定电压为 220/380V，其接法应是（　　）。
  A．Y,d　　　　　　　　B．D,y　　　　　　　　C．Y,y

7.16 若电源电压为 380V，而电动机每相绕组的额定电压是 220V，则应接成（　　）。
  A．三角形或星形均可　　B．只能接成星形　　　　C．只能接成三角形

7.17 当三相异步电动机带额定负载时，若电源电压超过额定电压的 10%，则会使电动机过热；若电源电压低于额定电压的 10%，则电动机将（　　）。
  A．不会过热　　　　　　B．不一定过热　　　　　C．肯定会过热

7.18 为了增大三相异步电动机的启动转矩，可采取的方法是（　　）。
  A．提高定子相电压　　　B．增大定子每相电阻　　C．适当增大转子回路电阻

7.19 不论三相异步电动机的转子是否转动或转速如何变化，转子磁势 $\dot F_2$ 与定子磁势 $\dot F_1$ 在空间上必须（　　）。
  A．相对运动　　　　　　B．相对静止　　　　　　C．存在转差

7.20 对于三相异步电动机，若轴上所带负载越大，则转差率 S（　　）。
  A．越大　　　　　　　　B．越小　　　　　　　　C．基本不变

7.21 一台三相 8 极异步电动机的电角度为（　　）。
  A．360°　　　　　　　　B．720°　　　　　　　　C．1440°

7.22 三相异步电动机的转子磁场与定子旋转磁场之间的相对速度是（　　）。
  A．n_0　　　　　　　　B．n_0+n　　　　　　　C．n_0-n

7.23 当三相异步电动机的转差率 $S=1$ 时，说明电动机此时处于（　　）状态
  A．静止　　　　　　　　B．额定转速 n_N　　　　C．同步转速 n_0

7.24 三相异步电动机的磁通 Φ 的大小取决于（　　）。
  A．负载的大小　　　　　B．负载的性质　　　　　C．外加电压的高低

7.25 三相异步电机在电动状态稳定运行时，转差率的范围是（　　）。
  A．$0<S<S_m$　　　　　B．$0<S<1$　　　　　　C．$S_m<S<1$

7.26 对于三相异步电动机，当气隙 δ 增大时，（　　）增大（升高）。
  A．转子转速　　　　　　B．输出功率　　　　　　C．空载电流

7.27 异步电动机启动转矩 T_s 等于最大转矩 T_m 的条件是（　　）。

　　A. $S=1$　　　　　B. $S=S_N$　　　　　C. $S_m=1$

7.28 绕线式异步电动机转子回路串入电阻后，其同步转速 n_0（　　）。

　　A. 升高　　　　　B. 降低　　　　　C. 不变

7.29 三相绕线式异步电动机采用转子回路串电阻启动，下面哪种说法是正确的（　　）。

　　A. 启动电流减小，启动转矩减小

　　B. 启动电流增大，启动转矩增大

　　C. 启动电流减小，启动转矩增大

7.30 异步电动机等值电路中的电阻 r'_2/S 上消耗的功率为（　　）。

　　A. 转轴上输出的机械功率 P_2

　　B. 总机械功率 P_ω

　　C. 电磁功率 P_M

7.31 三相异步电动机的空载电流比同容量变压器的空载电流大的原因是（　　）。

　　A. 异步电动机是旋转的

　　B. 异步电动机的定子和转子之间存在气隙 δ

　　C. 异步电动机的漏抗大

7.32 一台三相 6 极异步电动机的转子相对于定子的转速 $n_2=20$ r/min，此时转子电流的频率为（　　）。

　　A. 1Hz　　　　　B. 3Hz　　　　　C. 50Hz

7.33 当一台三相异步电动机拖动额定负载稳定运行时，若将电源电压下降10%，则这时的电磁转矩为（　　）。

　　A. $T=T_N$　　　　　B. $T=0.81T_N$　　　　　C. $T=0.9T_N$

三、判断题（正确的打√，错误的打×）

7.34 三相异步电动机的输出功率就是电动机的额定功率。（　　）

7.35 三相异步电动机的定子磁势 $\dot{F}_1$ 与转子磁势 $\dot{F}_2$ 的合成总是等于空载磁势 $\dot{F}_0$。（　　）

7.36 三相异步电动机的转子相数 m_2 始终等于定子相数 m_1。（　　）

7.37 三相异步电动机的定子磁势、转子磁势在空间上总是相对静止的。（　　）

7.38 三相异步电动机双层常采用短距绕组，主要目的是节省电动机绕组的用铜量。（　　）

7.39 从降低成本的角度考虑，三相异步电动机的定子绕组采用等元件整距绕组比采用链式绕组更有利。（　　）

7.40 三相异步电动机处于运行状态，当转差率 $S=0$ 时，电磁转矩 $T=0$。（　　）

7.41 三相异步电动机带负载与空载启动开始瞬间，启动电流一样大。（　　）

7.42 三相异步电动机启动瞬间，启动电流最大，启动转矩等于电动机的最大转矩。（　　）

7.43 当三相异步电动机正常工作时，定子、转子的磁极数一定要相等。（　　）

7.44 当三相异步电动机旋转时，定子、转子的频率总是相等的。（　　）

7.45 鼠笼式异步电动机转子绕组由安放在槽内的裸铜导体构成（也可以采用铝浇铸），导体两端分别焊接在两个端环上。（　　）

7.46 三相异步电动机的额定电流是指电动机在额定工作状态下，流过定子绕组的相电流。（　　）

7.47 三相异步电动机的额定温升是指电动机额定运行时的实际温度。（　　）

7.48 三相异步电动机旋转磁场产生的条件是三相对称绕组通以三相对称电流。（　　）

7.49 三相异步电动机的电流变比 K_i 总是等于电压变比 K_u。（   ）

7.50 在异步电动机画等值电路时，首先要进行频率折算，然后进行绕组折算。（   ）

7.51 异步电动机等值电路中的 $(1-S)r_2'/S$ 代表总的机械功率 P_ω，也可以用一个电抗来代替它。（   ）

7.52 $S = (n_0-n)/n_0 = P_{Cu2}/P_M$（   ）

7.53 $T = P_\omega/\omega = P_M/\omega_0$（   ）

四、问答题

7.54 三相异步电动机旋转磁场产生的条件是什么？旋转磁场有何特点？其转向取决于什么？其转速的大小与哪些因素有关？

7.55 对于三相异步电动机，若转子绕组开路，则当定子通以三相电流时，会产生旋转磁场吗？转子是否会转动？为什么？

7.56 一台频率为 $f_1 = 50Hz$ 的三相异步电动机，当电压不变，将该电动机接在 $f_1 = 60Hz$ 的电源上时，电动机的最大电磁转矩 T_m 和启动转矩 T_s 有何变化？

7.57 为削减 5 次和 7 次谐波电势，双层绕组的节距一般取多大为宜？单层绕组和双层绕组的最大并联支路数与磁极数各有什么关系？线圈组数与磁极数又有什么关系？

7.58 当三相异步电动机带额定负载运行时，若负载转矩不变，当电源电压降低时，电动机的 Φ、I_1、I_2 将如何变化？为什么？

7.59 异步电动机与同容量变压器相比，哪一个空载电流大？为什么？

7.60 在修理异步电动机时，将定子匝数少绕了 20%，若仍按原铭牌规定接上电源，则会出现什么现象？为什么？

7.61 异步电动机转子静止时与转子旋转时，转子各物理量和参数（转子电流、电抗、频率、电势、功率因数）将如何变化？

7.62 异步电动机的 T 形等值电路与变压器的 T 形等值电路有无差别？异步电动机等值电路中的 $(1-S)r_2'/S$ 代表什么？能不能将它换成电抗或容抗或阻抗？为什么？

7.63 异步电动机轴上所带负载若增大，则转速 n、转差率 S、定子电流 I_1 将如何变化？为什么？

7.64 异步电动机、变压器和直流电机的磁场有何区别？

7.65 在画异步电动机等值电路前，应进行哪些折算？折算的原则是什么？

7.66 异步电动机的人为机械特性与固有机械特性有何区别？转子回路串电阻可得到不同的人为机械特性，是否异步电动机都可以在转子回路中串电阻？是否串入的电阻越大，启动转矩也越大？

7.67 一台鼠笼式异步电动机，原转子导体为铜条，现改为铝条，若输出同样大小的功率，则电动机的 S、$\cos\varphi_2$、I_1、η 将怎样变化？

五、计算题

7.68 一台三相异步电动机，其额定转速 $n_N = 1470r/min$，试求转差率 S 和磁极数 $2P$。

7.69 一台 Y2-180L-4 型三相异步电动机，$P_N = 30kW$，$U_N = 380V$，$n_N = 1470r/min$，$\eta_N = 92\%$，$\cos\varphi_2 = 0.86$，求：①额定电流 I_{1N}；②额定相电流 $I_{1\varphi N}$。

7.70 一台 6 极三相异步电动机的 $Z_1 = 36$，为节省材料，试选用单层绕组的形式，要求 $a=1$，并画出 U 相绕组展开图。

7.71 一台 4 极三相异步电动机的 $Z_1 = 36$，$y = 8\tau/9$，$a = 2$，画出 U 相双层叠绕组展开图。

7.72 一台三相异步电动机，$n_N = 1450r/min$，定子采用双层短距分布绕组，$q = 3$，$y = 8\tau/9$，每相串联匝数 $N_1 = 108$ 匝，每磁极磁通 $\Phi = 1.015 \times 10^{-2}$ Wb。求：①磁极对数 P；②定子铁芯槽数 Z_1；③绕

组系数 K_{w1} 和相电势 E_1。

7.73 一台三相异步电动机的 $2P=4$，$f_{1N}=50\text{Hz}$，转子电路参数为 $r_2=0.02\Omega$，$X_2=0.08\Omega$，定子和转子电路每相电势变比 $K_u=10$，当 $E_1=200\text{V}$ 时，试求：

（1）转子不动时，转子绕组每相电势 E_2、电流 I_2、功率因数 $\cos\varphi_0$。

（2）当 $n_N=1425\text{r/min}$ 时，转子绕组每相的电势 E_{2s}、电流 I_{2s}、功率因数 $\cos\varphi_2$。

（3）转子静止时的电流是转子旋转时的电流的多少倍？

7.74 一台三相异步电动机的输入功率为 $P_1=60\text{kW}$，定子铜耗 $P_{\text{Cu1}}=1\text{kW}$，铁耗 $P_{\text{Fe}}=500\text{W}$，转差率 $S_N=0.03$。试计算转子铜耗 P_{Cu2} 和总机械功率 P_ω。

7.75 一台 Y-160M1-2 型三相鼠笼式异步电动机的 $P_N=11\text{kW}$，$f_{1N}=50\text{Hz}$，定子铜耗 $P_{\text{Cu1}}=360\text{W}$，转子铜耗 $P_{\text{Cu2}}=239\text{W}$，铁耗 $P_{\text{Fe}}=330\text{W}$，机械损耗和附加损耗 $P_0=P_j+P_s=340\text{W}$。试求：①电磁功率 P_M；②输入功率 P_1；③转速 n。

7.76 一台三相 6 极异步电动机的额定值为：$P_N=28\text{kW}$，$U_N=380\text{V}$，$f_{1N}=50\text{Hz}$，$n_N=950\text{r/min}$，$\cos\varphi_N=0.88$，$P_{\text{Cu1}}+P_{\text{Fe}}=2.2\text{kW}$，$P_j+P_s=1.1\text{kW}$。试求额定负载时：①转差率 S_N；②转子铜耗 P_{Cu2}；③效率 η_N；④定子电流 I_{1N}；⑤转子电流频率 f_2；⑥电磁转矩 T；⑦空载转矩 T_0。

7.77 一台型号为 Y2-180L-6 的异步电动机，其 $P_N=15\text{kW}$，$U_N=380\text{V}$，$n_N=970\text{r/min}$，过载能力 $\lambda=2.1$，启动转矩倍数 $\lambda_s=2.0$。求：①该电动机的额定电磁转矩 T_N；②最大电磁转矩 T_m；③启动转矩 T_s。

7.78 一台星形接法的三相 4 极绕线式异步电动机的 $P_N=150\text{kW}$，$U_N=380\text{V}$，在额定运行时，转子铜耗 $P_{\text{Cu2}}=2.2\text{kW}$，机械损耗 $P_j=2.64\text{kW}$，附加损耗 $P_s=1\text{kW}$。求电动机额定运行时：①电磁功率 P_M；②转差率 S_N；③额定转速 n_N；④电磁转矩 T；⑤输出转矩 T_2；⑥空载转矩 T_0。

第 8 章 三相异步电动机的电力拖动

内容提要

- 三相异步电动机的启动性能。
- 三相鼠笼式异步电动机的不同启动方法和特点。
- 三相绕线式异步电动机的不同启动方法和特点。
- 三相异步电动机的不同调速方法和特点。
- 三相异步电动机的不同制动方法和特点。
- 电动机容量的选择；异步电动机的故障判断及维护。

三相异步电动机的启动、调速和制动是保证生产机械完成一定生产任务，从而满足不同产品的生产工艺要求，保证产品质量，实现生产过程自动化必不可少的重要途径。

8.1 三相异步电动机的启动性能

三相异步电动机的启动是指定子绕组接上额定交流电源，转子转速从零逐渐加速到对应负载的稳定转速的过程。

8.1.1 衡量异步电动机启动性能的标准

衡量异步电动机启动性能应从启动电流 I_s、启动转矩 T_s、启动时间 t_s、启动过程的平滑性和经济性 5 方面考察，但对电动机最主要的要求有以下两点：

（1）电动机应有足够大的启动转矩 T_s，以保证启动迅速。
（2）在保证启动转矩 T_s 足够大的前提下，电动机启动电流 I_s 应尽量小。

8.1.2 异步电动机的启动特点

异步电动机若采用直接启动（全压启动），则启动电流 I_s 很大，启动转矩 T_s 并不大。由于异步电动机在正常工作时，$n = n_N$，$S_N \approx 0.02 \sim 0.06$，转子回路总电阻为 $r_2'/S_N \approx (17 \sim 50)r_2'$，因而限制了转子电流和定子电流（$\dot{I}_1 \approx -\dot{I}_2'$）；而异步电动机在启动瞬间，$n = 0$，$S = 1$，转子回路总电阻为 $r_2'/S = r_2'$（见图 7-35），这时启动电流为：

$$I_s = U_1 \bigg/ \sqrt{(r_1 + r_2')^2 + (X_1 + X_2')^2} = U_1/Z_k = I_k \tag{8-1}$$

可见，异步电动机的启动电流为堵转（短路）电流，一般 $I_s \approx (4 \sim 7)I_N$，其值很大。过大的启动电流 I_s 主要将造成以下两大危害：

（1）过大的启动电流 I_s 在电网上将造成较大的电压降，从而使供电电压不稳定，影响接在同一电网上的其他用电设备的正常工作。

（2）过大的启动电流 I_s 将造成电动机绕组发热，加速绝缘老化。

尽管启动电流 I_s 很大，但启动转矩 T_s 并不大。这是因为在启动瞬时，一方面 $n=0$，$S=1$，$f_2=f_1$，$X_2 \gg r_2$，使转子功率因数（$\cos\varphi_2 = r_2/\sqrt{r_2^2+X_2^2}$）很低；另一方面，启动电流 I_s 很大，使定子绕组阻抗压降（$I_s Z_1$）增大，从公式 $\dot{U}_1 = -\dot{E}_1 + \dot{I}_s Z_1$ 和 $T = C_T \Phi I_2' \cos\varphi_2$ 可见，使 E_1 和 Φ 相应减小，因此，两种因素都使电动机启动转矩减小。

由此可见，异步电动机启动时存在两对矛盾：一是电动机启动电流 I_s 很大，而电网受启动电流冲击的能力有限；二是异步电动机启动转矩 T_s 很小，而生产机械的启动又要求电动机要有足够大的启动转矩 T_s。

为了解决以上矛盾，根据异步电动机结构形式的不同、容量不同，电网容量和负载对转矩的要求也不同，可选择不同的启动方法。

8.2 三相鼠笼式异步电动机的启动

一般情况下，三相鼠笼式异步电动机有直接启动和降压启动两种启动方法。

8.2.1 三相鼠笼式异步电动机的直接启动

直接启动是指通过断路器（接触器或闸刀开关）将电动机三相定子绕组直接接到额定电压的电网上进行启动，故又称为全压启动，如图 8.1 所示，其熔断器 FU 的熔体额定电流按电动机额定电流 I_N 的 2.5~3.5 倍选取。

虽然鼠笼式异步电动机的直接启动存在启动电流大、启动转矩并不大的缺点，但启动设备简单、操作方便，因而在电网容量允许的情况下，应优先选用此方法。

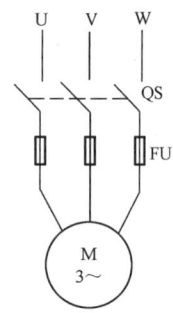

图 8.1 异步电动机直接启动接线图

任何一台电动机就其电动机本身而言，都允许直接启动（$\lambda_s = T_s/T_N \approx 1.3 \sim 2.4$），而实际能否采用直接启动方法，关键应视电网容量（变压器容量）而定，看启动电流对电网电压是否会造成过大波动。那么，到底多大容量的电动机才允许直接启动呢？

1. 由经验公式确定电动机能否直接启动

对于电动机能否直接启动，国内一部分资料中曾介绍过以下经验公式：

$$\frac{I_s}{I_N} \leqslant \frac{3}{4} + \frac{S_N}{4P_N} \tag{8-2}$$

式中，S_N——电源总容量，即变压器容量（kVA）；

P_N——启动时的电动机功率（kW）。

由于式（8-2）未考虑系统阻抗、原有负载等因素，所以是不科学的（这里不再阐述），实践也证明，它是不太切合实际的，因此，这一经验公式只能作为参考，不能作为判断能否直接启动的依据。

2．电力部门对鼠笼式异步电动机能否直接启动的规定

鼠笼式异步电动机能否直接启动，各地电力部门都有各自的规定：当用电单位有单独动力变压器时，若电动机频繁启动，则允许直接启动的电动机容量不应超过变压器容量的20%；若偶尔启动，则不应超过30%；若照明与动力混用变压器，则允许电动机在直接启动时，启动电流在线路上造成的电压降不应超过额定电压的10%。

若多台电动机接于同一电源（同一变压器）直接启动，则电动机应从大到小依次启动，不允许同时启动。

8.2.2 鼠笼式异步电动机的降压启动

若电网容量不能满足该电动机的直接启动，则作为鼠笼式异步电动机，由于结构的原因，只有从定子方面想办法，即采用降压启动。

异步电动机降压启动是指在启动时，将额定电压通过启动设备降低后加于电动机定子绕组上，待启动结束后，将电压还原到额定电压运行的启动方式。

降压启动虽能达到限制启动电流过大的目的，但由于电动机的转矩与每相电压的平方成正比（$T \propto U_1^2$），启动转矩减小更多，故降压启动一般只用于电动机空载或轻载启动。通常有以下几种方法。

1．定子绕组前方串电阻 R_s 或电抗 X_s 降压启动

（1）定子绕组前方串电阻 R_s 或电抗 X_s 降压启动过程。定子绕组前方串电阻 R_s 或电抗 X_s 降压启动如图8.2所示，电动机启动时，接触器 KM_1 闭合、KM_2 断开，异步电动机定子绕组经过启动电阻 R_s 或启动电抗 X_s 接入电网进行降压启动，使启动电流 I_s 在电阻 R_s 或电抗 X_s 上产生压降，使加在电动机定子绕组上的电压 U_s' 低于电网电压 $U_{N\varphi}$（$U_s' = U_{N\varphi} - I_s R_s < U_{N\varphi}$），从而限制启动电流。启动结束时，$KM_2$ 闭合，启动电阻 R_s 或启动电抗 X_s 切除，定子绕组加额定电压 U_N 运行，启动结束。

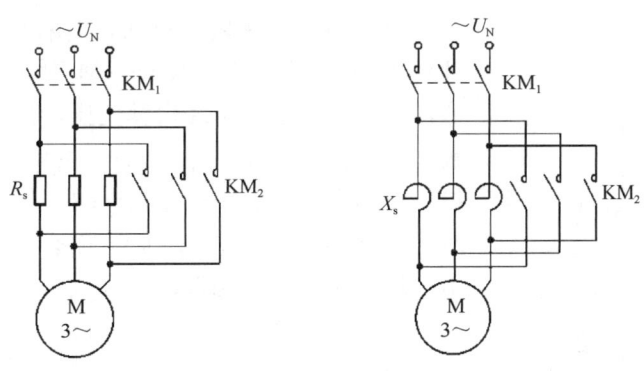

(a) 定子绕组前方串电阻 R_s 降压启动　　(b) 定子绕组前方串电抗 X_s 降压启动

图8.2　定子绕组前方串电阻 R_s 或电抗 X_s 降压启动

（2）定子绕组前方串电阻 R_s 降压启动的启动电流 I_s' 和启动转矩 T_s'。设串电阻 R_s 启动时的电压为 U_s'，直接启动时的额定相电压为 $U_{N\varphi}$，则串接电阻后与串接电阻前的电压之比为

$$K = U'_s/U_{N\varphi} < 1 \tag{8-3}$$
$$U'_s = KU_{N\varphi}$$

这时电动机串接电阻后的启动电流为
$$I'_s = U'_s/Z_k = KU_{N\varphi}/Z_k = KI_s \tag{8-4}$$

式中，I_s——直接启动时的启动电流（A）；

I'_s——串电阻降压后的启动电流（A）；

Z_k——电动机每相短路阻抗（Ω）；

$U_{N\varphi}$——定子额定相电压（V）；

U_s——定子每相启动相电压（V）。

电动机的转矩与电压的平方成正比，即
$$T'_s/T_s = (U'_s/U_{N\varphi})^2 = K^2 \tag{8-5}$$
$$T'_s = K^2 T_s$$

式中，T_s——直接启动时的启动转矩（N·m）。

若将电压下降到60%，即 $K = 0.6$，则 $I'_s = KI_s = 0.6I_s$，$T'_s = K^2 T_s = 0.6^2 T_s = 0.36 T_s$。

（3）定子绕组前方串电阻 R_s 或电抗 X_s 降压启动的优点、缺点及适用范围。此方法虽减小了启动电流，但转矩减小更多，因此这种方法只适用于空载或轻载启动；同时，启动电流 I_s 流过启动电阻 R_s 将产生较高的损耗。

串联电抗启动与串联电阻启动的原理相同。鼠笼式异步电动机定子绕组前方串电抗 X_s 降压启动通常用于高压电动机中。

2．自耦变压器（启动补偿器）降压启动

自耦变压器降压启动又称启动补偿器降压启动，如图 8.3 所示。自耦变压器副绕组有 2~3 个抽头，副绕组输出电压分别为额定电压 U_N 的 40%、60%、80%，用户可根据负载的大小灵活选择。

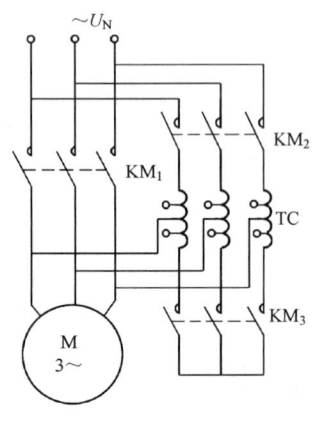

图 8.3 自耦变压器降压启动原理图

（1）自耦变压器（启动补偿器）降压启动过程。启动开始瞬时，将图 8.3 中的 KM_1 断开，将 KM_2、KM_3 闭合，电动机定子绕组经自耦变压器接至电网（$U = U_N$），自耦变压器的副绕组接电动机定子绕组，从而降低加于电动机定子绕组上的电压，即 $U'_s = U_2$；待转速升至稳定转速时，KM_2、KM_3 断开，KM_1 闭合，自耦变压器被切除，电动机定子绕组接额定电压 U_N 而稳定运行，启动结束。

（2）自耦变压器降压启动电流 I'_s 和转矩 T'_s。设自耦变压器原绕组与副绕组相电压之比为
$$K = U_{N\varphi}/U_2 = U_{N\varphi}/U' > 1 \tag{8-6}$$
$$U' = U_{N\varphi}/K$$

式中，U'——加在电动机定子绕组上的启动相电压，即自耦变压器副绕组电压 U_2（V）；

$U_{N\varphi}$——电网电压，即自耦变压器原绕组额定相电压（V）。

自耦变压器副绕组供给电动机定子绕组的启动电流 I_2 为

$$I_2 = \frac{U_2}{Z_k} = \frac{U'}{Z_k} = \frac{U_{N\varphi}/K}{Z_k} = \frac{I_s}{K} \quad (8\text{-}7)$$

式中，I_s ——直接启动时的定子相电流（A）。

由于电动机定子绕组接在自耦变压器副绕组上，自耦变压器原绕组接电网，故电网供给电动机的启动电流为 I'_s：

$$I'_s = \frac{I_2}{K} = \frac{I_s/K}{K} = \frac{1}{K^2}I_s \quad (8\text{-}8)$$

由此可见，当采用自耦变压器降压启动时，启动电流仅为直接启动时的 $1/K^2$（$K>1$）。同理，启动转矩与电压的平方成正比（$T_s \propto U^2$），即启动转矩 T'_s 也只有直接启动时的 $1/K^2$：

$$T'_s = \frac{1}{K^2}T_s \quad (8\text{-}9)$$

若抽头比取 60%，即 $1/K = 0.6$，则

$$I'_s = (1/K)^2 I_s = 0.6^2 I_s = 0.36 I_s$$
$$T'_s = (1/K)^2 T_s = 0.6^2 T_s = 0.36 T_s$$

当采用自耦变压器降压启动时，启动电流 I'_s 和启动转矩 T'_s 都变为直接启动时的 $1/K^2$。自耦变压器降压启动可根据负载大小选择不同的抽头比，但自耦变压器体积大、成本高。

3. 星形-三角形降压启动

（1）星形-三角形（Y-D）降压启动过程。星形-三角形降压启动适用于正常工作为三角形（D）接法的鼠笼式三相异步电动机。目前，我国生产的 Y 系列电动机容量在 4kW 及以上的都是三角形接法。

所谓星形-三角形降压启动，就是指启动瞬时，将三相异步电动机定子绕组改接成星形（Y），以降低启动电压，从而减小启动电流，待启动结束后恢复为三角形（D）接法，其接线原理图如图 8.4 所示。

启动瞬时，KM_1、KM_3 闭合，KM_2 断开，定子绕组为星形（Y）连接，这时定子绕组每相电压由直接启动时的额定电压 U_N 降为 $U_{Y\varphi}$：

$$U_{Y\varphi} = U_N/\sqrt{3} \quad (8\text{-}10)$$

式中，U_N ——电源额定电压（线电压）（V）；

$U_{Y\varphi}$ ——星形接法的每相定子绕组上的相电压（V）。

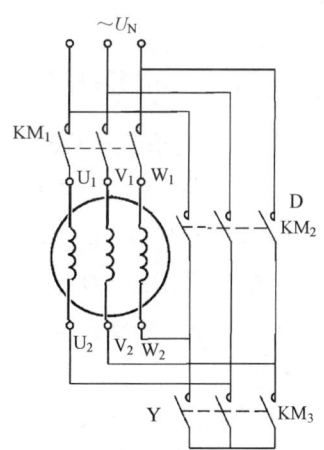

图 8.4 星形-三角形降压启动接线原理图

当电动机转速 n 升至稳定转速时，KM_3 断开、KM_2 闭合，定子绕组还原成三角形接法，电动机接在额定电压 U_N 上稳定运行，启动结束。

（2）星形-三角形降压启动的电流和转矩。当采用电动机三角形接法直接启动时，$U_{D\varphi} = U_N$，定子绕组每相启动电流 $I_{sD\varphi}$ 为：

$$I_{sD\varphi} = U_N/Z_k \tag{8-11}$$

三角形接法的定子绕组线电流为：

$$I_{sD} = \sqrt{3}I_{sD\varphi} = \sqrt{3}\frac{U_N}{Z_k} \tag{8-12}$$

当采用星形接法启动时，$U_{Y\varphi} = U_N/\sqrt{3}$，定子绕组每相启动电流为：

$$I_{sY\varphi} = \frac{U_{Y\varphi}}{Z_k} = \frac{U_N/\sqrt{3}}{Z_k} = \frac{U_N}{\sqrt{3}Z_k} \tag{8-13}$$

由于定子绕组为星形接法，所以线电流为：

$$I_{sY} = I_{sY\varphi} \tag{8-14}$$

星形接法启动与三角形接法启动的线电流之比为：

$$\frac{I_{sY}}{I_{sD}} = \frac{U_N/\sqrt{3}Z_k}{\sqrt{3}U_N/Z_k} = \frac{1}{\sqrt{3}^2} = \frac{1}{3} \tag{8-15}$$

式（8-15）表明，当电动机以星形接法启动时，启动电流只有三角形接法启动的1/3。由于电磁转矩与电压的平方成正比，因此，星形接法启动转矩 T_{sY} 与三角形接法启动转矩 T_{sD} 之比为

$$\frac{T_{sY}}{T_{sD}} = \left(\frac{U_{Y\varphi}}{U_{D\varphi}}\right) = \left(\frac{U_N/\sqrt{3}}{U_N}\right)^2 = \frac{1}{3} \tag{8-16}$$

（3）星形-三角形降压启动的优点、缺点及适用范围。综上所述，星形-三角形降压启动的启动设备简单、体积小、成本低、维护方便，但只能有一个固定的压降值（$U_N/\sqrt{3}$），无灵活选择电压的余地。星形接法启动电流 I_{sY} 可减小为直接（三角形连接）启动时的1/3，启动转矩 T_{sY} 也只有三角形接法启动转矩 T_{sD} 的1/3，故只适用于空载或轻载启动场合。

4．延边三角形降压启动

星形-三角形降压启动方法虽然具有许多优点，但由于启动转矩小，星形接法启动电压只能是 $U_N/\sqrt{3}$，而直接（三角形连接）启动电压为 U_N，所以应用受到一定的限制。为了克服星形-三角形降压启动的缺点，在星形-三角形降压启动的基础上研制出了延边三角形降压启动。采用这种启动方法的异步电动机是特殊设计的电动机，电动机定子绕组制成后，抽头就不能随意改动，其定子绕组有 9 个出线头（普通异步电动机只有 6 个出线头），如图 8.5 所示。

（1）延边三角形降压启动的原理。启动时，定子绕组一部分接成三角形，另一部分接成星形，绕组接法如图 8.5（a）所示，从图形上看就是一个三角形的 3 条边的延长，故称延边三角形。当 U_1、V_1、W_1 这 3 个出线端接三相电源时，每相绕组上的电压都比正常运行（三角形接法）时的相电压低，但又比三相绕组完全接成星形时高（220V < U < 380V）。至于电压到底是多少，这要取决于星形接法部分与三角形接法部分抽头的匝数比。若 U_3、V_3、W_3 越靠近 U_2、V_2、W_2，则星形接法部分比例越大，每相绕组电压越低，启动电流

I_s 和启动转矩 T_s 也越小。在生产实际中，可根据负载的大小选用不同的抽头比。实验表明，当星形与三角形部分的匝数比为 $Y_匝/D_匝$ =1:1 时，电动机每相电压为 268V；若 $Y_匝/D_匝$=1:2，则电动机每相电压为 290V。

当电动机转速升至稳定转速时，通过接触器改接成三角形接法，电动机在额定电压下稳定运行，如图 8.5（b）所示。

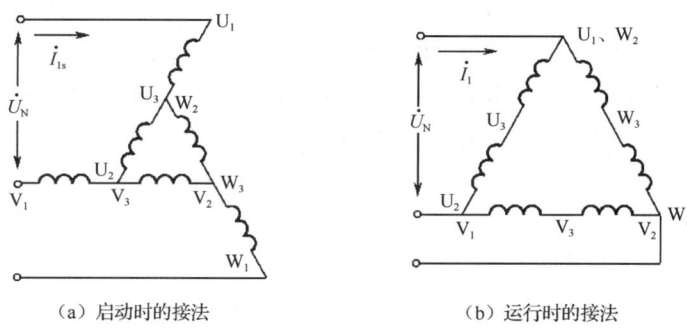

(a) 启动时的接法　　　　　　(b) 运行时的接法

图 8.5　延边三角形降压启动原理图

（2）采用延边三角形启动的优点和缺点。延边三角形启动与星形-三角形降压启动一样，启动设备简单，可根据负载大小采用不同的定子绕组抽头比，便可得到不同数值的启动电流和启动转矩，以满足不同的使用要求。从图 8.5 可见，延边三角形启动的电动机定子绕组有 9 个出线头，制造较为麻烦，因此，不是特殊需要，一般较少采用。

以上讨论了如何在鼠笼式异步电动机定子绕组前方来降低启动电压 U_s，抑制启动电流 I_s。实际中，还可以在制造时通过改进鼠笼的结构来使启动时转子电阻增大，而运行时电阻自动变小，从而达到改善启动性能的目的，这就是常见的双鼠笼和深槽式异步电动机（这里不再阐述）。

8.3　三相绕线式异步电动机的启动

三相鼠笼式异步电动机的转子由于结构的原因，无法外串电阻启动，只能在定子中采用降低电源电压的方法启动，但通过分析可知，不论采用哪种降压启动方法，虽减小了启动电流 I_s，但启动转矩 T_s 减小得更多，只能适用于空载或轻载启动。在生产实际中，对于一些在重载下启动的生产机械（如起重机、皮带运输机、球磨机等），或者需要频繁启动的电力拖动系统，三相鼠笼式异步电动机就无能为力了。这时，三相绕线式异步电动机可在转子回路中通过电刷和滑环串入一适当启动电阻 R_s，既可减小启动电流 I_s，又可增大启动转矩 T_s。在要求平滑启动的场合，可采用转子外串频敏变阻器启动。

8.3.1　三相绕线式异步电动机转子外串电阻启动

在启动绕线式异步电动机时，转子外串电阻 R_s 启动可减小启动电流：

$$I_s = U_1 \Big/ \sqrt{(r_1 + r_2' + R_s')^2 + X_k^2} \tag{8-17}$$

若电阻 R_s 大小串接适当,则既可将启动电流 I_s 限制在规定范围内,又可增大启动转矩 T_s:

$$T_s = \frac{m_1}{\omega_0} \cdot \frac{U_1^2(r_2' + R_s')}{(r_1 + r_2' + R_s')^2 + X_k^2} \tag{8-18}$$

式中,U_1——定子每相电压(V);

R_s'——转子绕组外串电阻的折算值(Ω)。

为了在整个启动过程中获得较大的加速转矩,使启动过程更加平滑,将转子外串电阻分为多段,启动时随着转速的升高,逐段切除启动电阻 R_s,称为电阻分级启动,如图 8.6 所示,将启动电阻分为 3 段:$R_s = R_{s1} + R_{s2} + R_{s3}$。

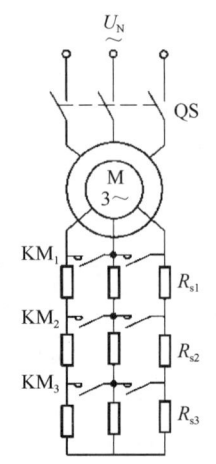 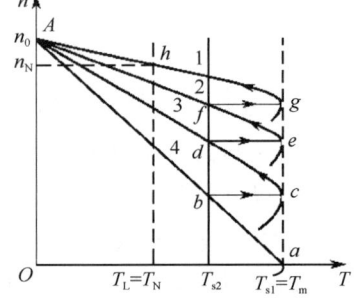

(a)转子绕组外串电阻启动接线图　　(b)转子绕组外串电阻启动人为机械特性曲线

图 8.6　绕线式异步电动机转子绕组外串对称电阻分级启动

1. 转子外串电阻启动过程

(1)如图 8.6(a)所示,接触器 KM_1、KM_2、KM_3 断开。启动电阻 R_s 全部串入转子回路中,若电阻选取适当,则转子每相总电阻与总电抗相等,得对应的人为机械特性曲线,如图 8.7(b)中的 Aa 所示。这时的临界转差率 $S_m \approx (r_2' + R_s')/X_k = 1$,因此,启动转矩为

$$T_{s1} = \frac{m_1}{\omega_0} \cdot \frac{U_1^2(r_2' + R_{s1}' + R_{s2}' + R_{s3}')}{(r_1 + r_2' + R_{s1}' + R_{s2}' + R_{s3}')^2 + X_k^2} = T_m \approx \frac{m_1}{\omega_0} \cdot \frac{U_1^2}{2X_k} > T_L \tag{8-19}$$

于是电动机转子开始启动并加速。

(2)在图 8.6(b)中,随着转速 n 沿曲线 Aa 加速,启动转矩减小,加速度便慢下来,为了缩短启动时间,当转速加速至 b 点时,对应的启动转矩减小至 T_{s2}。这时 KM_3 闭合,启动电阻 R_{s3} 切除,转子回路电阻为 $R_2 = r_2' + R_{s1}' + R_{s2}'$,得相应人为机械特性曲线 Ac,在切除 R_{s3} 的瞬间,由于机械惯性,n 保持不变,从 b 点过渡到人为机械特性曲线 Ac 上的 c 点,启动转矩从 T_{s2} 增至 $T_{s1} > T_L$,转速 n 从 c 点沿特性曲线 Ac 继续加速至 d 点。

(3)当转速 n 升至 d 点时,T_{s1} 又减小至 T_{s2},接触器 KM_2 闭合,R_{s2} 切除,转子回路电

阻为 $R_1 = r_2' + R_{s1}'$，得相应人为机械特性曲线 Ae，转速 n 从 d 点过渡到人为机械特性曲线 Ae 的 e 点，并沿 Ae 继续加速，依次类推。当 KM_1 闭合时，切除最后一段电阻 R_{s1}，转子回路只有固有电阻 r_2 电动机转速 n 应过渡到固有机械特性曲线 Ag 的 g 点，并沿曲线 Ag 加速至 h 点稳定运行，$n = n_h$，启动过程结束。

从图 8.6（b）可看出，启动时，转速 n 从 $a \nearrow b \rightarrow c \nearrow d \rightarrow e \nearrow f \rightarrow g \nearrow h$，既保证了电动机有较大的启动转矩 T_s，又限制了过大的启动电流 I_s，从而保证了良好的启动性能。

一般，最大加速转矩 $T_{s1} \approx (1.5 \sim 2.0)T_N$，切换转矩 $T_{s2} \approx (1.1 \sim 1.2)T_N$。

2. 转子外串电阻启动级数 m 的选取

在同一 T_{s1} 值下，启动级数越多，启动越快且越平滑，但接触器或控制触头也越多。绕线式异步电动机启动电阻级数 m 可参照表 8.1 进行选取。

表 8.1 绕线式异步电动机启动电阻级数（段数）m

电动机容量/kW	接触器、继电器控制时的启动电阻级数 m	
	全负载	50%负载
0.7~0.75	1	1
10~20	2	2
22~35	2~3	2
35~55	3	2~3
60~90	4~5	3
100~200	4~5	3
220~370	6	4

8.3.2 转子外串频敏变阻器启动

对于绕线式异步电动机转子外串电阻分级启动，在启动过程中，需要逐级切除启动电阻，每切除一段电阻，电动机就会产生较大的冲击电流和冲击转矩，并且启动也不平滑，要克服以上不足，只能增加启动电阻级数 m，但这又使启动设备（接触器）增加，投资增大。若绕线式异步电动机转子外串电阻在启动过程中能随着转速的升高而自动均匀地切除，就可以做到无级平滑启动，而频敏变阻器就具有这样的特性。

1. 频敏变阻器的结构

频敏变阻器的外形很像一台没有副绕组的三相心式变压器，绕组接成星形，绕组 3 个首端通过电刷和滑环与绕线式异步电动机转子绕组串联，如图 8.7（a）所示。频敏变阻器的铁芯采用每片厚度为 30~50mm 的钢板或铁板叠成，比变压器每片硅钢片厚 100 倍左右，以提高频敏变阻器中的涡流损耗，从而使频敏变阻器等效电阻 R_{pm} 增大，达到启动电流减小的目的。

2．频敏变阻器的工作原理

绕线式异步电动机转子外串频敏变阻器一相等值电路如图 8.7（b）所示，其中，r_b 是频敏变阻器每相绕组本身的直流电阻，其值很小；R_{pm} 是反映频敏变阻器涡流损耗的等效电阻，其值随涡流损耗的变化而变化，由于频敏变阻器的铁芯用特厚钢板制成，所以涡流损耗较高，对应的 R_{pm} 也较大；X_{pm} 是频敏变阻器的每相电抗，由于启动电流较大，所以使频敏变阻器的磁路较饱和，X_{pm} 较小。

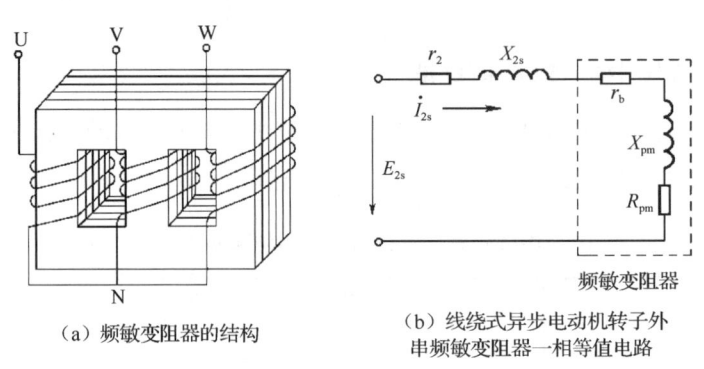

（a）频敏变阻器的结构　　（b）线绕式异步电动机转子外串频敏变阻器一相等值电路

图 8.7　绕线式异步电动机转子外串频敏变阻器启动

（1）转子外串频敏变阻器启动的接线如图 8.8（a）所示，启动瞬间，KM 断开，转子外串频敏变阻器，$n=0$，$S=1$，转子电流频率 $f_2=f_1S=f_1=50Hz$，频敏变阻器的涡流损耗达到最高，反映涡流损耗的等效电阻 R_{pm} 达到最大，而电动机电流使频敏变阻器的铁芯更饱和，因此，X_{pm} 很小，$R_{pm}>X_{pm}$。此时，相当于在转子回路中串入了一个较大电阻 R_{pm}，使启动电流 I_s 减小，而使启动转矩 T_s 增大，从而获得较好的启动性能。

（2）随着转速 n 的上升，S 减小，$f_2=f_1S$ 减小，涡流损耗降低，R_{pm} 随之减小（X_{pm} 也减小），这相当于随着转速 n 的升高，R_{pm} 自动连续均匀地切除。

（3）当转速升高到 $n=n_N$ 时，$S_N\approx 0.02\sim 0.06\rightarrow f_2\approx 1\sim 3Hz$，$R_{pm}$ 和 X_{pm} 都很小，相当于启动电阻全部被切除，此时频敏变阻器已不再起作用，图 8.8（a）中的 KM 闭合，频敏变阻器被切除，启动结束。对于转子外串频繁变阻器启动的生产机械，可不用接触器 KM，频敏变阻器长期接于转子回路中，正常运行时对运行性能影响不大。

3．转子外串频敏变阻器启动的优点和缺点

频敏变阻器是一种静止的无触点电磁启动元件，阻值敏感于频率，即随着频率的变化，电阻值自动改变，便于实现自动控制，能获得接近恒转矩的机械特性，减小电流冲击和机械冲击，可实现无级平滑启动。它具有结构简单、材料加工要求低、造价低廉、坚固耐用、便于维护等优点。但频敏变阻器是一种感性元件，因而功率因数低，$\cos\varphi_2\approx 0.5\sim 0.75$，与转子外串电阻启动相比，其启动转矩小。频敏变阻器电抗的存在使最大转矩比转子外串电阻时的最大转矩小，如图 8.8（b）中曲线 2 的拐弯处所示，故适用于要求频繁启动的生产机械中。

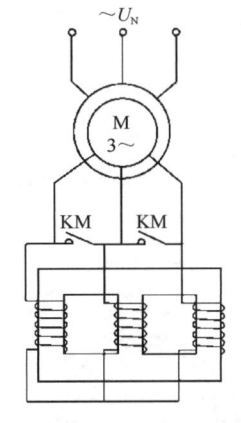 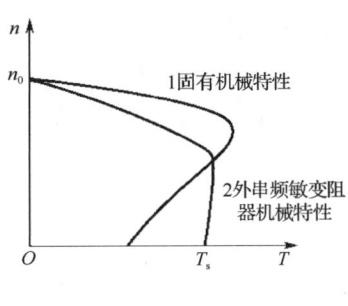

（a）转子外串频敏变阻器启动的接线图　　（b）转子外串频敏变阻器启动的机械特性

图 8.8　转子外串频敏变阻器启动的接线图和机械特性

8.4　三相异步电动机的调速

从第 1 篇的分析已知，直流电动机具有良好的调速性能，在对调速要求较高的电力拖动系统中，大多采用直流电动机拖动。但直流电动机价格高、维修复杂，且需要直流电源供电。三相异步电动机的调速性能虽不如直流电动机的调速性能，但它有其独特的优点，特别是近年来，由于电力电子技术和计算机控制技术的发展，异步电动机的调速与控制有了较大的发展，将逐步取代直流电动机调速。

异步电动机调速是指在电力拖动系统中，人为地改变电动机的机械特性，以满足生产机械对电动机不同转速的要求。根据转速公式：

$$n = (1-S)n_0 = (1-S)\frac{60 f_1}{P} \tag{8-20}$$

可得出三相异步电动机的调速方法有以下几种：

（1）变极调速，即改变电动机磁极对数 P 调速。
（2）变频调速，即改变电源频率 f_1 调速。
（3）改变转差率 S 调速。
① 绕线式异步电动机转子绕组外串电阻调速。
② 绕线式异步电动机串级调速。
③ 改变定子电压调速。
（4）电磁滑差离合器调速。

下面介绍常用的上述（1）、（2）、（3）3 种调速方法。

8.4.1　三相异步电动机变极 2P 调速

在电源频率 f_1 保持不变时，改变电动机的磁极对数 P，使同步转速 n_0 改变，故称为变极调速。我们知道，在改变定子磁极对数的同时，必须改变转子磁极对数，因此，它对于三相鼠笼式异步电动机更方便，因为鼠笼式异步电动机的转子没有固定的磁极数，其磁极数随定子磁极数而定。

1. 变极调速的原理

三相异步电动机的磁极对数取决于定子绕组电流的方向，只要改变定子绕组的接线方式，便能达到改变磁极对数的目的。如图 8.9 所示，U 相绕组的两线圈组尾首相连接，根据绕组电流方向，用右手定则可判断该电动机为 4 极（$P=2$）磁场，同步转速为

$$n_0 = 60f_1/P = 60 \times 50/2 = 1500 \text{ (r/min)}$$

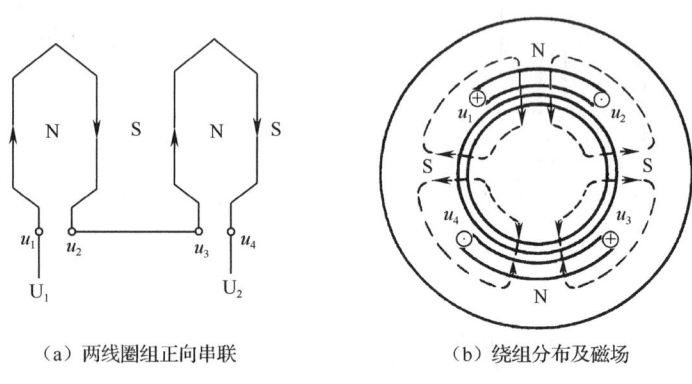

(a) 两线圈组正向串联　　　　(b) 绕组分布及磁场

图 8.9　三相 4 极异步电动机定子绕组接线和磁场

若将图 8.9 中的端部连接线改接成图 8.10 所示的形式，即 U 相绕组的两线圈组反向串联，如图 8.10（a）所示；或者反向并联，如图 8.10（b）所示，这实质上只改变了其中一半线圈组中电流的方向，定子绕组便产生 2 极（$P=1$）磁场，同步转速为

$$n_0 = 60f_1/P = 60 \times 50/1 = 3000 \text{ (r/min)}$$

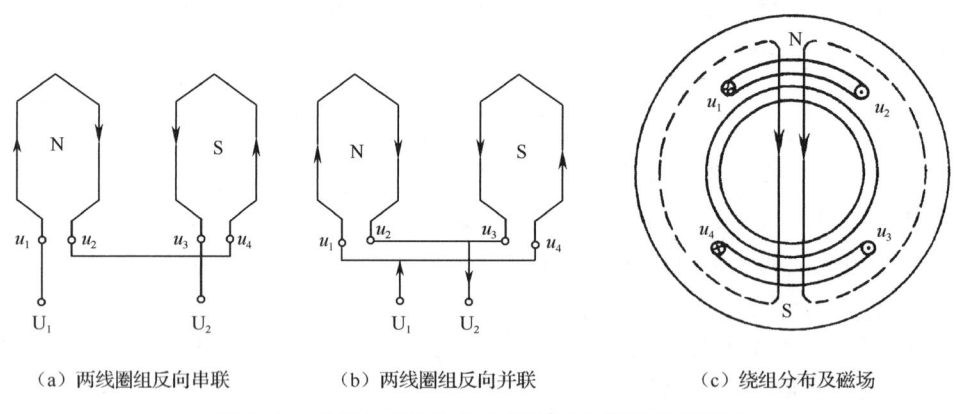

(a) 两线圈组反向串联　　　(b) 两线圈组反向并联　　　(c) 绕组分布及磁场

图 8.10　三相 2 极异步电动机定子绕组接线和磁场

可见，变极调速只改变定子绕组连接线，只要使每相绕组有一半线圈组电流反向，就可使磁极对数 P 减少为原来的 1/2，使同步转速 n_0 升高为原来的 2 倍，随之转速 n 升高为原来的 2 倍（n_0 与 P 成反比），这种电动机称为双速电动机，V 相、W 相的连接方法与 U 相的连接方法相同。

2. 变极调速接线方法

（1）Y-YY 接法。将电动机定子绕组 Y 接法［见图 8.11（a）］改接成 YY 接法，

如图8.11（b）所示，可见，每相有一半的线圈组电流反向，磁极数由2极变为4极。

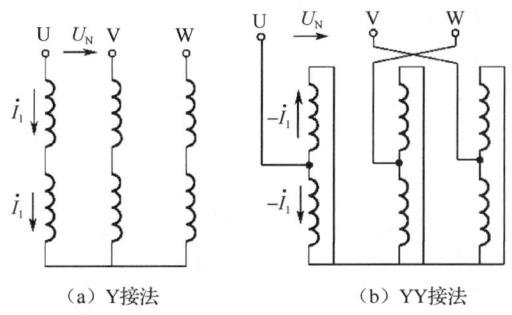

（a）Y接法　　　　　（b）YY接法

图8.11　三相异步电动机Y-YY变极调速接线图

（2）D-YY接法。将电动机定子绕组D接法[见图8.12（a）]改接成YY接法，如图8.12（b）所示，可见，每相有一半的线圈组电流反向，磁极数由2极变为4极。

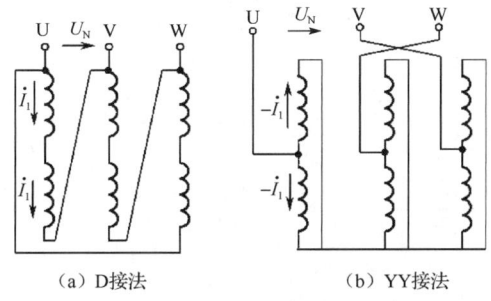

（a）D接法　　　　　（b）YY接法

图8.12　三相异步电动机D-YY变极调速接线图

（3）变极后保持转向不变的方法。变极前，当磁极对数$P=1$时，U相、V相、W相之间的相位关系为0°、120°、240°。当磁极对数变为$P=2$时，U相、V相、W相之间的相位关系变为$0°×2=0°$、$120°×2=240°$、$240°×2=480°$（120°），可见，V相、W相相序已交换，故V相、W相与电源的连接必须对调，方可保持转向不变。

8.4.2　三相异步电动机变频f_1调速

20世纪80年代以前，由于大功率电力电子器件制造、成本、运行可靠性等诸多因素的制约，限制了变频技术的应用，因此，鼠笼式异步电动机虽有其自身独特的优点，但调速较为困难，限制了它的使用，一般只能做恒速运行。在精度、连续性、灵活调速要求较高的场合，一直是直流电动机占据主导地位。20世纪90年代后，大功率电力电子器件及变频技术迅速发展，使异步电动机变频调速技术逐渐成熟，广泛应用于生产、生活的各个领域。它具有高效的驱动性能和良好的控制特性，而且在节约电能等方面具有显著效果，现已成为改造传统产业、实现机电一体化的重要手段。

根据$n_0=60f_1/P$，可知当磁极对数P不变时，同步转速n_0与电源频率f_1成正比（$n_0 \propto f_1$），因此，连续均匀地改变电源频率f_1，便可连续地改变电动机的同步转速n_0，从而达到改变电动机转子转速n的目的。

1. 变频调速的控制方式

以电动机额定频率 f_{1N} 为基准频率，简称基频。变频调速以基频为分界线，可以从基频 f_{1N} 向下调速，也可从基频 f_{1N} 向上调速。

根据异步电动机电压平衡方程式：

$$U_1 \approx E_1 = 4.44 f_1 N_1 K_{w1} \Phi \tag{8-21}$$

可知，若保持电压 U_1 不变，只降低电源频率 f_1，则主磁通 Φ 必增大。而在制造电动机时，为节省材料，磁路已接近饱和，工作在磁化曲线弯曲段，Φ 的增大必将导致电动机磁路过度饱和，激磁电流 I_0 急剧增大，定子电流和铁耗急剧增大（升高），发热加剧，功率因数 $\cos\varphi_2$ 降低，使电动机不能正常工作。相反，若频率 f_1 升高，则 Φ 必减小，使电动机的电磁转矩 T 及最大电磁转矩 T_m 减小，过载能力降低，电动机容量不能得到充分应用。由此看来，变频调速时，单纯调节频率 f_1 的办法是行不通的。只有在改变频率 f_1 的同时，相应成正比例地调节电源电压 U_1，方能保持电动机性能不变。为此，将式（8-21）变为

$$\Phi = \frac{E_1}{4.44 N_1 K_{w1} f_1} \approx \frac{U_1}{4.44 N_1 K_{w1} f_1} \propto \frac{U_1}{f_1} = 常数 \tag{8-22}$$

（1）从基频 f_{1N} 向下调速。根据式（7-64），有

$$T_m = \frac{m_1}{\omega_0} \cdot \frac{U_1^2}{2X_k} = \frac{m_1 P}{2\pi f_1} \cdot \frac{U_1^2}{2(X_2 + X_2')} = \frac{m_1 P}{2\pi f_1} \cdot \frac{U_1^2}{2[2\pi f_1 (L_{1s} + L_{2s}')]}$$

$$= \frac{m_1 P}{8\pi^2 (L_{1s} + L_{2s}')} \cdot \frac{U_1^2}{f_1^2} = C_f \cdot \frac{U_1^2}{f_1^2} \propto \frac{U_1^2}{f_1^2} \tag{8-23}$$

式中，$X_k = X_1 + X_2' = \omega(L_{1s} + L_{2s}') = 2\pi f_1 (L_{1s} + L_{2s}')$；

$C_f = \dfrac{m_1 P}{8\pi^2 (L_{1s} + L_{2s}')}$ ——电动机系数，为一常数；

L_{1s} ——定子绕组漏感；

L_{2s}' ——转子绕组漏感。

一般生产机械的负载大多数是恒转矩负载，对于恒转矩负载，若要保持最大转矩 T_m 不变，即保持电动机过载能力 λ 不变，则在降低频率 f_1 的同时，要相应改变定子电压，使 $U_1/f_1 = $ 常数，方能保持最大转矩 T_m 不变。

当忽略 $r_1 + r_2'$ 时，变频调速机械特性方程式为：

同步点： $\qquad n_0 = 60 f_1 / P \Rightarrow n_0 \propto f_1$

最大转矩点： $T_m \approx \dfrac{m_1 P}{8\pi^2 (L_{1s} + L_{2s}')} \cdot \dfrac{U_1^2}{f_1^2} = \dfrac{m_1 P}{8\pi^2 (L_{1s} + L_{2s}')} \cdot \left(\dfrac{U_1}{f_1}\right)^2$

临界点转速降： $\Delta n_m = S_m n_0 \approx \dfrac{r_2'}{X_k} \cdot \dfrac{60 f_1}{P} = \dfrac{r_2'}{2\pi f_1 (L_{1s} + L_{2s}')} \cdot \dfrac{60 f_1}{P}$

$\qquad\qquad\qquad = \dfrac{30 r_2'}{\pi P (L_{1s} + L_{2s}')}$

启动转矩点： $T_s \approx \dfrac{m_1}{\omega_0} \cdot \dfrac{U_1^2 r_2'}{X_k^2} = \dfrac{m_1 P}{2\pi f_1} \cdot \dfrac{U_1^2 r_2'}{[2\pi f_1 (L_{1s} + L_{2s}')]^2}$

$\qquad\qquad\qquad = \dfrac{m_1 P r_2'}{8\pi^3 (L_{1s} + L_{2s}')^2} \cdot \left(\dfrac{U_1}{f_1}\right)^2 \cdot \dfrac{1}{f_1}$

$$\tag{8-24}$$

当从基频向下调速时，$U_1/f_1=$常数，称为恒转矩调速。当 f_1 调低时，从式（8-24）可见，同步转速 n_0 降低，最大转矩 T_m 不变，临界转差率 S_m 对应的转速降 Δn_m 不变，启动转矩 T_s 增大，因而机械特性曲线随 f_1 的下降而平行下移，如图 8.13 中的虚线所示。在实际应用中，由于定子电阻 r_1 的存在，随着 f_1 的降低，$U_1/f_1=$常数，T_m 将减小；当 f_1 调至较低时，T_m 将减小很多，如图 8.14 中的实线所示。为保证电动机在低速运行时有较高的过载能力，即足够大的 T_m，应使 U_1 比 f_1 下降的比例略小一些，方能使 U_1/f_1 的比值随 f_1 的下降而有所增大，从而能获得如图 8.13 中虚线所示的机械特性曲线。

（2）从基频 f_{1N} 向上调速。当频率 f_1 从额定频率 f_{1N} 升高时，U_1 就不能跟着上调了，这是因为电动机受绝缘的限制，电压 U_1 不能升至高于额定电压 U_{1N}，只能保持 $U_1=U_{1N}$，所以，从式（8-22）可见，当 f_1 升高时，将迫使 Φ 随 f_1 的升高而减小；从式（8-24）可见，同步转速 $n_0\uparrow \to n\uparrow \to$ 最大转矩 $T_m\downarrow \to$ 临界转差率对应的转速降 Δn_m 不变 $\to$ 启动转矩 $T_s\downarrow$，如图 8.14 所示。

当 $f_1\uparrow \to \Phi\downarrow$ 时，若要保持定、转子电流不变，这时电动机的电磁功率为：

$$P_M = m_1 I_2'^2 \frac{r_2'}{S} = m_1 \left[U_N \Big/ \sqrt{(r_1+r_2'/S)^2 + X_k^2} \right]^2 \frac{r_2'}{S}$$

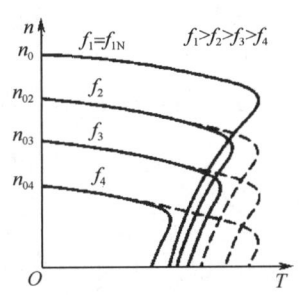
图 8.13 $U_1/f_1=$常数时变频调速的机械特性曲线

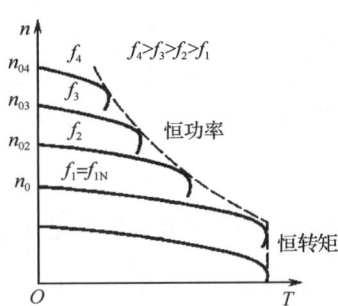
图 8.14 恒转矩和恒功率变频调速的机械特性曲线

正常运行时，S 很小，r_2'/S 比 r_1 和 X_k 大很多，故 r_1 和 X_k 略去不计，此时，电磁功率可表示为：

$$P_M \approx \frac{m_1 U_N^2}{r_2'} S \tag{8-25}$$

若保持电压不变，$U_1=U_N=$常数，则不同频率 f_1 下的 S 变化不大，$P_M\approx$ 常数，可近似认为属于恒功率调速，这与直流电动机的弱磁调速相似。

2. 变频电源简介

实现变频调速的关键是要有一个既经济又可靠的变频电源，现应用最广的是静止变频装置，可分为交—直—交变频装置和交—交变频装置。

（1）交—直—交变频装置。交—直—交变频装置将三相频率（工频）的交流电源整流后变成直流，再经逆变电路，把直流电逆变成另一频率连续可调的三相交流电，由于把直流电逆变成交流电较易控制，调速较广，性能较好，因而目前使用最多的变频器均属于交-直-交变频器，但它需要较多的晶闸管（变频电源请参考有关交流调速资料）。

（2）交—交变频装置。交—交变频装置将三相频率（工频）固定的交流电源直接变成另一频率连续可调的交流电源，主要优点是没有中间环节，变换效率高；但它连续可调的频率范围较窄，一般在额定频率的1/2以下（$0 < f_1 < f_{1N}/2$）调节，主要应用于容量较大、转速低的拖动系统中。

（3）变频调速的应用。变频调速平滑性好、效率高、机械特性硬、调速范围广，只要控制端电压随频率变化，便可适应不同负载的要求。变频调速已是公认的最理想、最有发展前途的调速方式之一，是鼠笼式异步电动机调速的发展方向。变频调速应用于风机、泵类负载的节能效果最明显，节电率可达20%～60%。目前，应用变频调速较成功的有恒压供水、中央空调，以及各类风机、泵的变频调速，特别是恒压供水，使用效果很好，现已成为典型的变频控制模式，广泛应用于城乡生活用水、消防等行业。恒压供水不仅可以节省大量电能，还延长了设备的使用寿命。另外，变频技术在家用电器设备中的应用也取得了很好效果。

8.4.3 改变转差率 S 调速

改变转差率 S 调速包括改变定子电压调速、绕线式转子绕组外串电阻调速和绕线式异步电动机串级调速。改变 S 转差率调速的共同特点是：调速过程中将产生较大的转差功率 $P_{Cu2} = P_M S$，对于改变定子电压调速和绕线式转子绕组外串电阻调速，转差功率在转子中转换成热能消耗掉；而绕线式异步电动机串级调速则将大部分转差功率 $P_M S$ 反馈给电网，提高了效率。

1. 绕线式转子绕组外串电阻调速

转子绕组外串电阻调速只适用于绕线式异步电动机。绕线式转子绕组外串电阻调速的机械特性曲线如图 8.15 所示。

（1）绕线式转子绕组外串电阻调速过程分析。

① 图 8.15 中的曲线1为电动机固有机械特性曲线，$U = U_N$，$f_1 = f_{1N}$，若电动机所带负载为 T_L，则 $T \approx T_L$，$n = n_a$，$S = S_a$，电动机在固有机械特性曲线1与生产机械负载转矩 T_L 特性曲线相交的 a 点稳定运行。

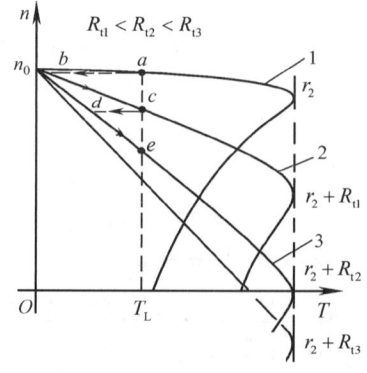

图 8.15 绕线式转子绕组外串电阻调速的机械特性曲线

② 当转子绕组串入电阻 R_{t1} 后，转子回路总电阻为 $R_1 = r_2 + R_{t1}$，由于 $U = U_N$ 不变，所以最大转矩 T_m 不变，临界转差率 S_m 增大，得图 8.15 中的曲线 2。在串入电阻 R_{t1} 的瞬间，由于机械惯性，转速 n 来不及变化，$n_b = n_a$，但工作点从固有机械特性曲线 1 与负载转矩 T_L 特性曲线相交的 a 点过渡到人为机械特性曲线 2 的 b 点，这时电磁转矩 $T = T_b < T_L$，因此 $n \downarrow$。

③ 随着 $n \downarrow \to n_2 \uparrow \to S \uparrow \to E_{2s} \uparrow (E_{2s} = SE_2) \to I_{2s} \uparrow \to T \uparrow$，直至 $T = T_c = T_L$，转速下降至人为机械特性曲线 2 与负载转矩 T_L 特性曲线相交的 c 点并稳定运行，$n = n_c < n_a$，达到了调速的目的。

如果还需要继续调速，则可进一步将外串电阻增大到 R_{t2}，转子回路总电阻 $R_2 = r_2 + R_{t2}$，得到图 8.15 中的曲线 3，其过程与上述过程相同。

（2）调速电阻 R_t 的计算。由于调速前后稳定转速对应的电磁转矩不变，即 $T = T_a = T_c = T_L =$ 常数，所以当电压 U_1 不变时，转子电阻与转速成反比，转子电阻与转差率成正比，则

$$\frac{r_2}{S_a} = \frac{r_2 + R_t}{S_c} \Rightarrow R_t = \left(\frac{S_c}{S_a} - 1\right) r_2 \qquad (8-26)$$

式中，S_a——电动机串入电阻 R_t 之前的稳定转速（$n = n_a$）对应的转差率；

S_c——电动机串入电阻 R_t 之后的稳定转速（$n = n_c$）对应的转差率；

$r_2 = S_N E_{2N} / \sqrt{3} I_{2N}$——转子每相绕组的固有电阻；

R_t——转子每相外串电阻。

（3）绕线式转子绕组外串电阻调速的特点。

① 调速方法简便，初次投资少，适用于重复短期负载，特别是在起重运输设备上的应用比较广泛。

② 串接电阻后，电动机机械特性变软，因而稳定性差，调速范围不大，只能有级调速，调速范围受负载转矩的影响，轻载时几乎无调速作用见图 8.15 中 b 点与 a 点所示。

③ 调速时能量损耗高，转子损耗为 $P_{Cu2} = m_2 I_2^2 (r_2 + R_t)$，串入电阻越大，损耗功率也越大。当串入 R_t 时，$P_M =$ 常数，只改变 P_{Cu2} 与 P_ω 之间的分配，$R_t \uparrow \to n \downarrow \to S \uparrow \to P_M S \uparrow = P_{Cu2} \uparrow \to P_\omega \downarrow \to$ 效率 $\eta \downarrow$。

2. 绕线式异步电动机串级调速

从上述分析可知，当 $P_M =$ 常数时，$P_{Cu2} = SP_M \propto S$。绕线式转子绕组外串电阻 R_t 越大，n 越低，S 越大，消耗在转子回路的损耗 P_{Cu2} 就越高，因此，调速很不经济。为了解决这一问题，将外串电阻换成一个与转子电势 $\dot{E}_{2s}$ 频率相同的附加电势 $\dot{E}_f$，如图 8.16 所示。$\dot{E}_f$ 与 $\dot{E}_{2s}$ 方向相同或相反，并且 $\dot{E}_f$ 大小可调，从而达到调速的目的。转子绕组外串附加电势 $\dot{E}_f$ 时（一相）的等值电路如图 8.17 所示。

（1）$\dot{E}_f$ 与 $\dot{E}_{2s}$ 方向相反串级调速原理。

① 异步电动机正常运行时的转子电流为：

$$I_{2s} = \frac{E_{2s}}{\sqrt{r_2^2 + X_{2s}}} = \frac{SE_2}{\sqrt{r_2^2 + (SX_2)^2}} \qquad (8-27)$$

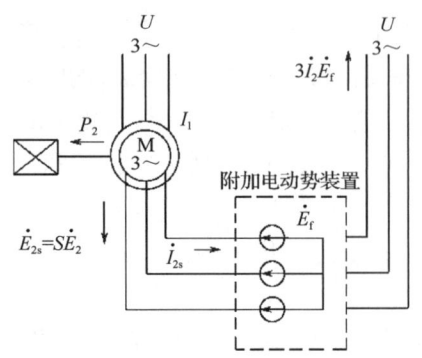
图 8.16 绕线式异步电动机串级调速原理图

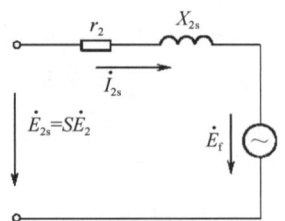
图 8.17 转子绕组外串附加电势 $\dot{E}_f$ 时（一相）的等值电路

可见，$E_{2s} \propto S$，当 $T = T_L =$ 常数时，电动机稳定运行于 $n = n_N$。

② 当串入交流附加电势 $\dot{E}_f$ 与 $\dot{E}_{2s}$ 方向相反时，转子电流为：

$$I_{2s} = \frac{SE_2 - E_f}{\sqrt{r_2^2 + (SX_2)^2}} \quad (8-28)$$

这时，串入电势 $\dot{E}_f \to I_{2s} \downarrow \to T \downarrow < T_L =$ 常数，稳定转速条件被破坏，电动机转速 $n \downarrow \to n_2 \uparrow \to S \uparrow \to (SE_2) \uparrow \to I_{2s} \uparrow \to T \uparrow$，直到 $T = T_L$，减速过程结束，这时电动机在 $n < n_N$ 转速下稳定运行。

③ 随着 $\dot{E}_f$ 的增大，电动机的稳定转速 n 降低，当 $\dot{E}_f$ 增大到 $\dot{E}_f = \dot{E}_2 S = \dot{E}_2$ 时，$S = 1$，$n = 0$。可见，$\dot{E}_f$ 在 $0 \sim \dot{E}_{2s}$ 内调节。这种在同步转速以下调节电动机转速的方法称为低同步串级调速或次同步串级调速。$\dot{E}_f$ 越大，电动机的稳定转速就越低。

（2）$\dot{E}_f$ 与 $\dot{E}_{2s}$ 方向相同串级调速原理。

① 当 $\dot{E}_f$ 与 $\dot{E}_{2s}$ 方向相同时，转子电流为

$$I_{2s} = \frac{SE_2 + E_f}{\sqrt{r_2^2 + (SX_2)^2}} \quad (8-29)$$

这时，串入电势 $\dot{E}_f \to \dot{I}_{2s} \uparrow \to T \uparrow > T_L =$ 常数，迫使电动机转速 $n \uparrow \to n_2 \downarrow \to S \downarrow \to (S\dot{E}_2) \downarrow \to \dot{I}_{2s} \downarrow \to T \downarrow$，直到 $T = T_L$，加速过程结束。这时，电动机在 $n > n_N$ 转速下稳定运行。

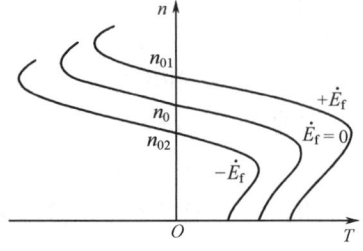
图 8.18 串级调速的机械特性曲线

② 随着 $\dot{E}_f$ 的增大，n 上升。当 $\dot{E}_f$ 增大到某一值时，$S = 0$，转速上升到 $n = n_0$，$E_{2s} = 0$，这时转子电流 I_{2s} 仅由 $\dot{E}_f$ 产生，电动机仍有电磁转矩产生。如果继续增大 $\dot{E}_f$，则 $S < 0$，$n > n_0$，电动机将在高于同步转速下稳定运行，故称为超同步串级调速。

③ 串级调速的机械特性。串级调速的机械特性曲线如图 8.18 所示。当 $\dot{E}_f$ 与 $\dot{E}_{2s}$ 方向相同时，机械特性曲线向右上方移动；当 $\dot{E}_f$ 与 $\dot{E}_{2s}$ 方向相反时，机械特性曲线向左下方移动。但机械特性硬度不变，低速时的最大转矩 T_m 减小，过载能力 λ 降低、启动转矩 T_s 减小。

（3）实现串级调速的方法。实现串级调速的方法很多，近年来，大多采用晶闸管串级调速，主要用于低同步串级调速，如图 8.19 所示。在绕线式转子绕组电刷引出端串接一整

流器，当转子转差率为 S 时，转子绕组中的转差电势 $\dot{E}_{2s}=SE_2$，经三相不可控的整流器 VD，把 $\dot{E}_{2s}$ 整流成直流电压 U_d，经电抗器 L 滤波后加在晶闸管逆变器 VT 上，再由逆变器将直流逆变成与电源具有相同频率的交流，然后经变压器 TM 变换成合适的电压送回电网。逆变器的电压 $\dot{U}_i$ 可以看成是加在转子回路中的附加电势 $\dot{E}_f$（$\dot{U}_i=\dot{E}_f$），控制逆变器的移相角 β，便可改变逆变器两端的电压 $\dot{U}_i$，其极性与转子电势 $\dot{E}_{2s}$ 的方向相反，故可达到异步电动机低同步串级调速的目的。

在串级调速中，电动机从定子传递给转子的电磁功率 P_M 绝大部分转换成机械功率 $P_\omega=(1-S)P_M=m_1I_2'^2r_2'(1-S)/S$，另一部分转变为转子中的转差功率 $P_c=SP_M$。其中，从机械功率 P_ω 中扣去电动机机械损耗 P_j 和附加损耗 P_s，便是电动机轴上的输出功率 $P_2(P_2=P_\omega-P_j-P_s)$；而转差功率 P_c 中的一部分消耗在转子绕组的电阻 r_2 上，即转子铜耗 $P_{Cu2}=m_2I_2^2r_2$，剩余部分（P_c-P_{Cu2}）被送入整流器，经晶闸管逆变器、变压器（再扣去整流器、晶闸管逆变器上的损耗 P_e 和变压器中的损耗 P_b）反馈给电网 P_f［$P_f=(P_c-P_{Cu2})-P_e-P_b$］，从而节约了电能，提高了效率。如图 8.20 所示，P_1 为输送给三相异步电动机定子的有功功率，是由电网供给功率 P 和晶闸管逆变器反馈给电网的功率 P_f 之和。

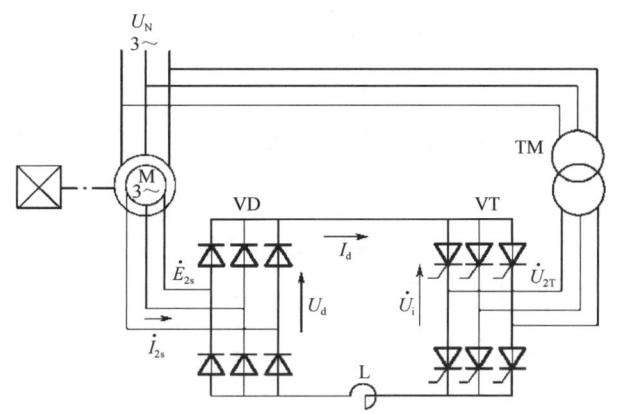
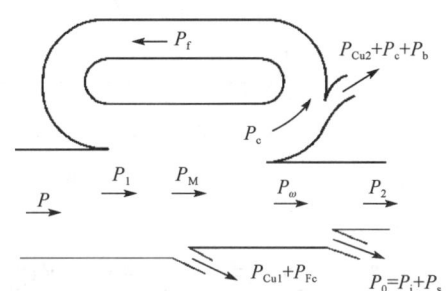

图 8.19　晶闸管低同步串级调速系统原理图　　　图 8.20　晶闸管低同步串级调速系统能流图

（4）串级调速的主要优点和缺点。晶闸管低同步串级调速将转差功率一部分反馈给电网，节能效果显著，效率高；机械特性硬，可实现平滑无级调速；可取代绕线式转子绕组外串电阻调速。但设备复杂、成本高；低速运行时，过载能力和系统功率因数较低。

3．改变定子电压 U_1 调速

改变定子电压 U_1 调速适用于鼠笼式异步电动机。若电动机拖动的是恒转矩负载，如图 8.21（a）中的曲线 1 所示，则当电源电压为 $\dot{U}_{1N}$ 时，电动机稳定运行于固有机械特性曲线与负载转矩特性曲线 1 相交的 a 点，这时 $T=T_a=T_L$，$n=n_a$。当电压从 $\dot{U}_{1N}$ 下降至 U_1 的瞬间，由于惯性，转速 n 来不及变化，转速 n 便从 a 点过渡到人为机械特性曲线 $\dot{U}_1$ 的 d 点，这时对应的电磁转矩 $T<T_L$，n 沿人为机械特性曲线 $\dot{U}_1$ 下降，T 增大，直至 $T=T_b=T_L$，电动机便稳定运行于人为机械特性曲线 $\dot{U}_1$ 与负载转矩特性曲线 1 的 b 点，$n=n_b<n_a$，从而达到调速的目的。

若电动机拖动的是通风机负载，如图 8.21（a）中的曲线 2 所示，则不同定子电压下的稳定运行点分别为 a'、b' 和 c'。

从图 8.21（a）可见，降低定子电压虽可达到调速的目的，但是对于恒转矩负载，调速范围很小，在降低定子电压的同时，最大转矩 T_m 减小，过载能力 λ 降低，当负载稍有波动时，电动机将发生停转事故。对于通风机负载，虽调速范围较大，但当 n 较低时，磁通 Φ 较小，$\cos\varphi_1$ 低，转子电流 I_{2s} 大，转子铜耗 P_{Cu2} 高，电动机发热加剧，故不宜在低速下长期运行。

为克服上述不足，实现在恒转矩负载下的降压调速，常采用转子电阻 r_2 较大的高转差率鼠笼式异步电动机，对于恒转矩负载，在不同的定子电压下也能获得稳定转速，如图 8.21（b）中的 a、b、c 点所示，并能在较大范围内调速，但机械特性较软，当转速调至较低时，转子损耗高，电动机发热较严重，不能在低速下长期运行。

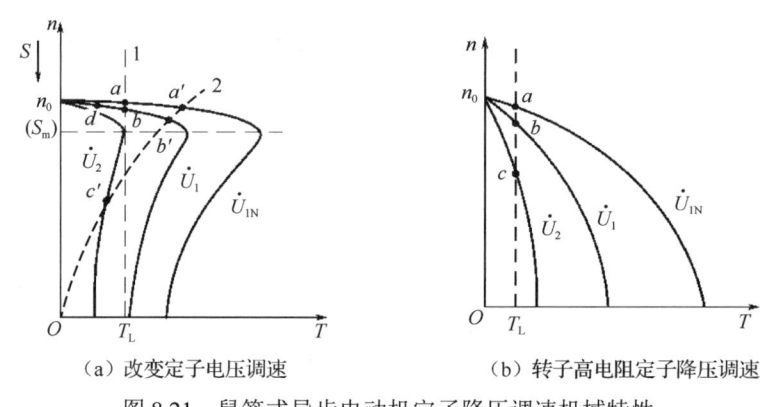

(a) 改变定子电压调速　　(b) 转子高电阻定子降压调速

图 8.21　鼠笼式异步电动机定子降压调速机械特性

8.5　三相异步电动机的制动

当切断三相异步电动机的电源后，由于电力拖动系统的惯性，需要经过一段时间才会停下来，但由于生产工艺的要求或为了设备、人身的安全，有时需要迅速减速或迅速准确停转，这就需要电动机产生一电磁转矩 T 与转子旋转方向相反而起制动作用。异步电动机的制动有机械制动和电气制动两大类，这里主要讨论电气制动。电气制动可分为能耗制动、反接制动和回馈制动。

8.5.1　三相异步电动机的正、反转

在生产实际中，有的生产机械往往要求运动部件实现正、反两个方向的运动，如机床工作台的前进与后退、主轴的正转与反转、起重机的上升与下降等，这都需要拖动生产机械的电动机能够实现正、反转功能。根据三相异步电动机的工作原理，只要将接到三相异步电动机上的三相电源线的任意两相调接，旋转磁场、转子便可反向，就能使电动机反转。三相异步电动机正/反转线路图及电动状态机械特性如图 8-22 所示。

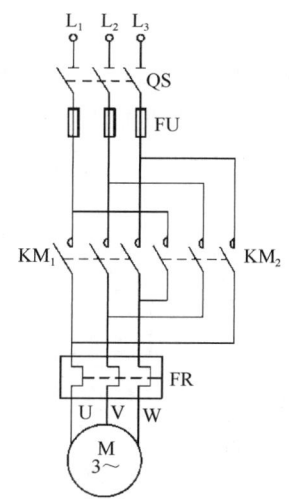 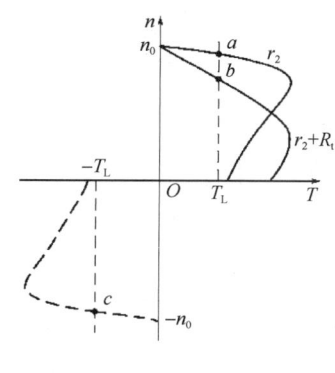

（a）三相异步电动机正/反转线路图　　（b）三相异步电动机正/反转电动状态机械特性

图 8.22　三相异步电动机正/反转线路图及电动状态机械特性

三相异步电动机正、反转的过程如下。

（1）当合上开关 QS 时，接触器主触头 KM_1 闭合、KM_2 断开，L_1 与 U 相相接、L_2 与 V 相相接、L_3 与 W 相相接，电动机正转，其机械特性位于第一象限，工作于图 8.22（b）中的 a 点或 b 点。

（2）当电动机拖动反抗性负载时，KM_1 断开、KM_2 闭合，这时，L_1 与 W 相相接、L_2 与 V 相相接、L_3 与 U 相相接，电动机定子绕组相序改变，n_0 及 T 的方向改变，电动机反转，其机械特性位于第三象限，工作于图 8.22（b）中的 c 点，电动机工作于反转状态。

8.5.2　三相异步电动机的能耗制动

1. 三相异步电动机能耗制动的原理

三相异步电动机的能耗制动是指对于一台正在做电动运行的异步电动机，突然将定子绕组从交流电网断开，然后立即在定子绕组任意两相接上直流电源，该直流 I_f 在气隙中便产生一恒定静止磁场，由于惯性，正在旋转的转子沿原方向继续旋转而切割该静止磁场，从而产生感应电势 E_{2s} 和电流 I_{2s}（用右手定则确定其方向），转子载流导体在磁场中受到电磁力的作用而形成电磁转矩 T（用左手定则确定其方向），T 的方向与电动机的旋转方向（惯性方向）相反，起制动作用。它主要是将转子的惯性能或动能转化为电能，全部消耗在转子回路电阻 r_2 和所串接电阻 R_z 上，故称为能耗制动。制动转矩 T 的大小与直流电流 I_f 的大小有关，改变 I_f 的大小可以控制制动时间的长短。

2. 三相异步电动机能耗制动的物理过程

三相异步电动机能耗制动的物理过程如图 8.23 所示，其制动原理接线如图 8.23（a）所示。

（1）电机运行于电动状态。在图 8.23（a）中，当接触器主触头 KM_1 闭合、KM_2 断开时，电机稳定运行于电动状态，其电磁转矩 T 和 n 的方向如图 8.23（b）所示。此时，电动机工作在固有机械特性曲线1与负载转矩T_L特性曲线相交的a点,如图8.24所示。

（2）能耗制动状态。当电机以稳定转速$n=n_a$运行于电动状态时,接触器主触头KM_1突然断开、KM_2迅速闭合,这时三相交流电压$U_{1N}=0$,定子绕组两相通以直流电流$I_f \to \Phi \to E_{2s} \to I_{2s} \to T$,与$n$的方向相反,$T$起制动作用,如图8.23（c）所示。

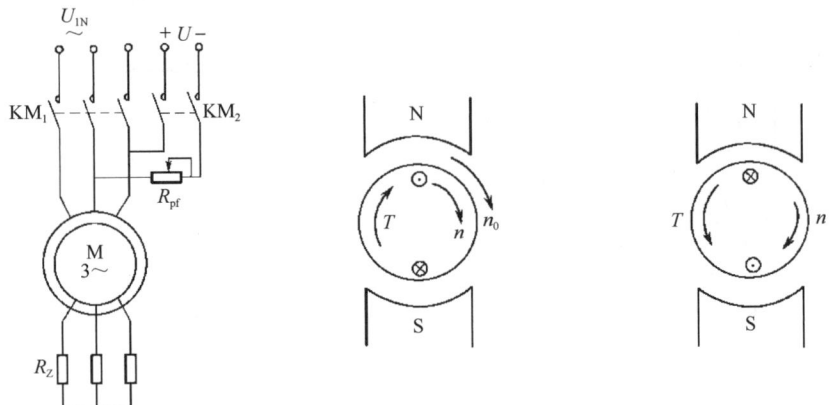

（a）能耗制动原理接线图　　（b）电动状态下n与T的方向　　（c）能耗制动状态下n与T方向

图8.23　三相异步电动机能耗制动的物理过程

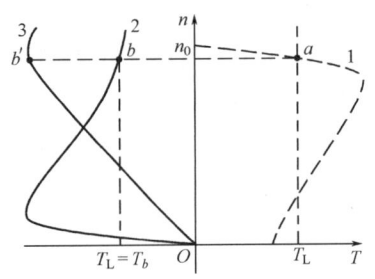

图8.24　异步电动机能耗制动机械特性曲线

当KM_1断开、KM_2闭合时,直流电流I_f产生一静止磁场Φ,其转速$n_0=0$,转子对磁场的相对转速就是电动机转子转速n,其转差率为

$$S = n/n_b \tag{8-30}$$

式中,n_b——制动开始瞬间的电动机转速。

电动机制动开始瞬间,由于惯性,转速n来不及变化,工作点便从图8.24所示的固有机械特性曲线1的a点过渡到制动机械特性曲线2的b点,此时,$n=n_a=n_b$,$S=n/n_b=1$,但T与n的方向相反,迫使n沿曲线2减速,直到$n=0$,$S=n/n_b=0/n_b=0$,制动结束。若为转子回路串入适当电阻R_z而得曲线3,则工作点便从a点过渡到制动机械特性曲线3的b'点（在同一转差率$S=1$下）,从而限制了制动电流,增大了制动转矩。

可见,通过调节I_f或改变转子绕组外串电阻R_z,可以控制制动转矩的大小。在这一过程中,既要考虑有较大的T,又要考虑定子、转子回路的电流不能太大,以免造成绕组过热。因此,鼠笼式异步电动机取I_f为:

$$I_f = (3.5 \sim 4)I_0 \tag{8-31}$$

绕线式异步电动机取I_f为:

$$I_f \approx (2 \sim 3)I_0 \tag{8-32}$$

绕线式转子绕组外串电阻为:

$$R_z = \frac{(0.2 \sim 0.4)E_{2N}}{\sqrt{3}I_{2N}} - r_2 \tag{8-33}$$

式中，I_f——直流励磁电流（A）；

I_0——异步电动机空载电流（A）；

I_{2N}——异步电动机转子额定电流（A）；

E_{2N}——绕线式转子线电势（或电压）（V）；

r_2——绕线式转子固有电阻（Ω）。

（3）异步电动机能耗制动的特点。异步电动机能耗制动平稳，可方便地改变制动转矩，制动电流小，能准确快速停转；但系统惯性能转换成电能后，全部消耗在转子回路电阻（$r_2 + R_z$）上，效率低，并需要直流电源供电，设备费用高。基于上述特点，能耗制动适用于需要经常启动、频繁逆转并要求迅速准确停车的生产机械中。

8.5.3 三相异步电动机的反接制动

三相异步电动机的反接制动是指转子的旋转方向与定子旋转磁场方向相反的运行状态。反接制动有电源反接（定子两相调接）制动和倒拉反接制动两种。

1. 电源反接制动

电源反接制动接线如图8.25（a）所示。它适用于反抗性负载的快速停车和快速反转。

（1）电机运行于电动状态。如图8.25（a）所示，当接上电源时，接触器主触头KM_1、KM_3闭合，KM_2断开，电机工作于电动状态，其旋转磁场、电磁转矩T、转子转速n的方向相同，如图8.25（b）所示。

（2）电源反接制动过程。对于正在电动状态下运行的电机，当生产机械需要迅速停车或快速反转时，只需将电源两相调接即可，即将接触器主触头KM_1、KM_3断开，同时将KM_2闭合。由于定子电流$\dot{I}_1$相序改变，所以旋转磁场的方向随之改变（$-n_0$），磁场由原来的顺时针变为逆时针方向旋转；转子绕组中产生的电势$\dot{E}_{2s}$和电流$\dot{I}_{2s}$方向改变，变为$-\dot{E}_{2s}$和$-\dot{I}_{2s}$，电磁转矩T的方向随之改变。而转子由于机械惯性，仍保持原旋转方向（顺时针方向）不变，这时的电磁转矩与旋转方向相反而起制动作用，如图8.25（c）所示。

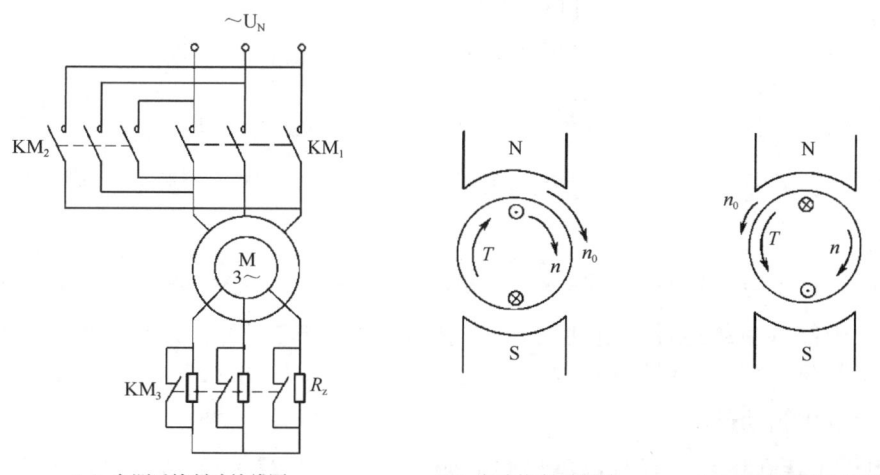

(a) 电源反接制动接线图　　(b) 电动状态原理图　　(c) 电源反接制动原理图

图8.25 异步电动机的电源反接制动

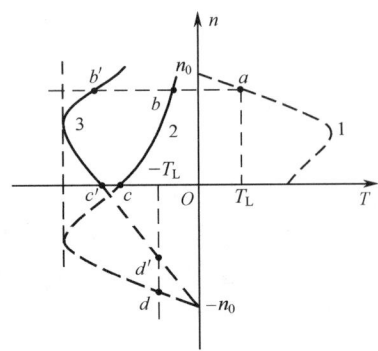

图 8.26 异步电动机电源反接制动机械特性曲线

(3) 电源反接制动机械特性。

① 如图 8.26 所示,当电机处于电动状态时,稳定运行于第一象限固有机械特性曲线1与负载转矩 T_L 特性曲线相交的 a 点。

② 电源反接瞬间,磁场反向,即 $-n_0<0$,其对应的机械特性曲线如图 8.26 中的曲线 2 或曲线 3 所示。由于惯性,转速来不及变化,工作点便从 a 点过渡到第二象限曲线 2 的 b 点,这时,在对应的制动转矩 T 和负载转矩 T_L 的共同作用下,转速 n 沿曲线 2 迅速下降。当转速 $n=0$ 时,制动结束。这时应立即切断电源,否则电动机将反向启动,进入第三象限的反转电动状态。

③ 电源反接制动过程中的转差率为:

$$S=\frac{-n_0-n}{-n_0}=\frac{-(n_0+n)}{-n_0}>1 \tag{8-34}$$

在反接制动瞬间,$n=n_a\approx n_0$,$S\approx 2$,转子产生电势 $E_{2s}\approx 2E_2$,制动电流太大,因此,转子回路应串入制动电阻 R_z,如图 8.25(a)所示,对应的机械特性曲线如图 8.26 中的曲线 3 所示。

2. 倒拉反接制动

倒拉反接制动适用于绕线式异步电动机拖动起重机下放重物,为确保安全,应限制其下降速度。异步电动机倒拉反接制动如图 8.27 所示。

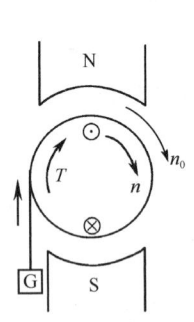
(a) 电动状态原理图

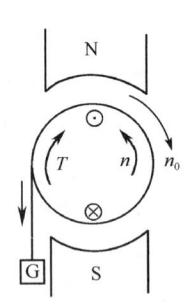
(b) 倒拉反接制动原理图

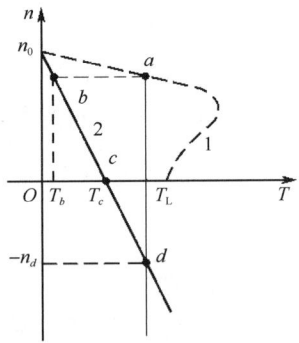
(c) 倒拉反接制动机械特性曲线

图 8.27 异步电动机倒拉反接制动

(1) 电机运行于电动状态。在图 8.25(a)中,当 KM_1、KM_3 闭合,KM_2 断开时,异步电动机提升位能性负载运行于电动状态,电磁转矩 T 与转子旋转方向 n 相同,稳定工作于固有机械特性曲线1与负载转矩 T_L 特性曲线相交的 a 点,如图 8.27(c)所示。

(2) 倒拉反接制动过程。

① 当电机工作在电动状态时,重物向上提升,如图 8.27(a)所示,这时在转子回路中串入足够大的制动电阻 R_z,便得人为机械特性曲线2,如图 8.27(c)所示。

② 在串入电阻的瞬间，由于机械惯性，转速来不及变化，电动机转速从固有机械特性曲线的 a 点过渡到人为机械特性曲线 2 的 b 点，这时，$n = n_a = n_b$，相应转子电势不变；但转子回路电流由于串入电阻而大大减小，于是产生的电磁转矩也随之减小，$T = T_b \ll T_L$，提升速度 n 沿特性曲线2下降，$n \downarrow \rightarrow S \uparrow \rightarrow E_{2s} \uparrow \rightarrow I_{2s} \uparrow \rightarrow T \uparrow$。

③ 当 $n = 0$ 时，$T = T_c < T_L$，这时在位能负载转矩 T_L 的作用下，倒拉着电动机向相反方向旋转，转速变为 $-n$，电动机进入制动状态，此时重物下降；在重物转矩 T_L 的作用下，电动机反向加速，$n \uparrow \rightarrow T \uparrow$，直到 $T = T_d = T_L$，电动机以 $n = n_d$ 的稳定速度下放重物，其原理如图 8.27（b）所示。

（3）反接制动时的转差率 S 和制动电阻 R_z。无论是电源反接制动还是倒拉反接制动，它们的共同特点是电动机转子旋转方向与旋转磁场方向相反，这时的转差率为：

$$S = \frac{n_0 - (-n)}{n_0} = \frac{n_0 + n}{n_0} > 1 \tag{8-35}$$

为限制过大的制动电流和制动转矩，应在转子回路中串入制动电阻 R_z，至于串入多大的电阻，取决于负载的大小，一般可按下式计算：

$$\frac{S_d}{S_a} = \frac{r_2 + R_z}{r_2}$$

$$R_z = \left(\frac{S_d}{S_a} - 1\right) r_2 \tag{8-36}$$

式中，S_a——固有机械特性曲线上的 a 点对应的转差率；

S_d——人为机械特性曲线上的 d 点对应的转差率；

r_2——转子固有电阻（Ω）。

（4）反接制动时的电磁功率 P_M。反接制动时，转子的旋转方向与旋转磁场方向相反，即 $S > 1$，因此，异步电动机等值电路中代替总机械功率 P_ω 的等效电阻 $\frac{1-S}{S} r_2'$ 为负值，其机械功率为

$$P_\omega = m_1 I_2'^2 r_2'(1-S)/S < 0 \tag{8-37}$$

式（8-37）表明，电机向负载输送了负的机械功率，即电机从转子轴上吸取了机械系统的位能并转换成电能。因此，反接制动时的电磁功率为

$$P_M = m_1 I_2'^2 r_2'/S > 0 \tag{8-38}$$

式（8-38）表明，电网向电机输送了正的电磁功率。以上两部分功率都全部消耗在转子固有电阻 r_2 和转子绕组外串电阻 R_z 上，故反接制动能量损耗高，不经济。

8.5.4 异步电动机的回馈（再生发电）制动

回馈制动又称为再生发电制动。它是当三相异步电动机转子转速 n 高于同步转速 n_0（$n > n_0$）时，电机将拖动系统的位能转换成电能而反馈给电网的一种电气制动方式。从三相异步电动机的工作原理可知，异步电机作为电动机运行时，转子转速 n 永远低于同步转速 n_0，怎样才能使转子转速高于同步转速，从而实现回馈制动呢？

当起重机下放重物或电车下坡时，为确保设备和人身安全，当电机转速 n 高于同步转速 n_0 时，电机工作于回馈制动状态。下面以起重机下放重物为例加以讨论。

1. 起重机下放重物——电机工作于电动状态

（1）当重物向上提升时，如图 8.28（a）所示电机工作在正向电动状态，转速 n 为正（$+n_0$），机械特性曲线在第一象限，工作于固有机械特性曲线 1 与负载转矩 T_L 特性曲线相交的 a 点，并稳定运行，如图 8.28（c）所示。

（2）当起重机下放重物时，将电动机定子两相反接，这时，定子旋转磁场的同步转速为 $-n_0$，其机械特性曲线如图 8.28（c）中的曲线 2 所示，在电源反接瞬间，由于机械惯性，转速不能突变，工作点从 a 点过渡到 b 点，电机进入反接制动过程（从曲线 2 的 b 点变到 c 点），$n=0$。此时，电机反向启动，从曲线 2 的 c 点开始加速，这时电机产生的电磁转矩 T 和负载转矩 T_L 方向相同，在二者（$T+T_L$）的共同作用下，转速沿第三象限机械特性曲线 2 加速，如图 8.28（c）所示，电机工作在反转的电动状态，此时电磁转矩 $T(T<0)$ 与转速 $n(n<0)$ 方向相同，如图 8.28（a）所示。

2. 起重机下放重物——电机工作于回馈制动状态

当 $n=-n_0$ 时，$T=0$，但电机在位能性负载转矩 T_L 的作用下，转子继续加速，转速从 $-n_0$ 沿曲线 2 向第四象限延伸，一直加速至 d 点，如图 8.28（c）所示，电磁转矩与负载转矩平衡，即 $T=T_d=T_L$，起重机便以稳定转速 $n=n_d$ 下放重物，这时转子转速 n 高于同步转速 n_0（$n=n_d>-n_0$），其转差率 $S=(n_0-n)/n_0<0$，电机进入回馈制动状态，转子导体被旋转磁场切割的方向与电动状态时的方向相反，转子电势、电流也随之改变了方向，如图 8.28（b）所示。电磁转矩也由负变为正，T 与 n 方向相反而起制动作用。

回馈制动时，异步电机从转轴上吸取位能转换成电能，一部分消耗在转子电阻 r_2 上，即转子铜耗 $P_{Cu2}=m_2I_2^2r_2$；绝大部分经过气隙传递给定子，供给定子铜耗和铁耗；剩余部分全部反馈给电网，此时，异步电机实质上是一台从电网吸收无功功率的激磁，并与电网并联运行的发电机，因此，回馈制动又称再生发电制动。但需要注意的是，为限制起重机下放速度过快，转子回路不应串入过大的电阻 R_z，因为 R_z 越大，其制动转速 n 就越高。

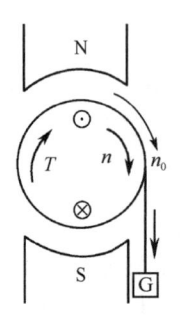

（a）电动运行状态（$n<n_0$）

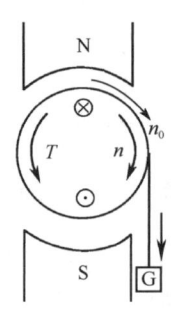

（b）回馈制动状态（$n>n_0$）

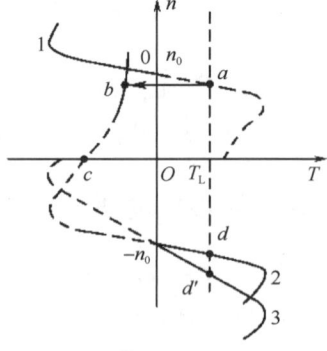

（c）回馈制动机械特性曲线

图 8.28 异步电动机的回馈制动

8.6 三相异步电动机常见故障及维护

三相异步电动机的电力拖动系统包括供电电源、三相异步电动机、控制设备、生产机械、线路等，它们常协同工作以完成一定的生产任务，其中任何一个环节出现故障，均会影响电力拖动系统的正常运行。因此，为了确保三相异步电动机的安全运行，当电动机发生故障时，必须准确无误地查找故障发生的原因，以便尽快修复。三相异步电动机的故障分为两大类：一类是机械故障，如轴承、端盖、机座、铁芯等零部件松动、变形、磨损和断裂；另一类是电磁故障，如绝缘老化、线路接触不良、定子绕组断路和短路、接地和接线错误等。

8.6.1 电动机启动前的准备和启动时的注意事项

1．电动机启动前的准备

（1）对于新安装或修复后停放时间较长而未使用的电动机，使用前必须测量电动机三相绕组之间、三相绕组对地的绝缘电阻，要求每1kV工作电压（额定电压）的绝缘电阻不得小于1MΩ。对于额定电压在500V以下的电动机，采用500V的兆欧表，在常温下测得电阻$R \geqslant 0.5\text{M}\Omega$；对于额定电压为500～3000V的电动机，采用1000V的兆欧表；对于额定电压在3000V以上的电动机，采用2500V的兆欧表；高压电机定子绝缘电阻值不得小于以额定电压计算每1kV为1MΩ的电阻值。兆欧表的规格及选用如表8.2所示。

表8.2 兆欧表的规格及选用

电动机额定电压（U_N）ρ	兆欧表的规格（V）
$0 < U_\text{N} < 500$	500
$500 \leqslant U_\text{N} \leqslant 3000$	1000
$3000 \leqslant U_\text{N}$	2500

（2）对于新安装的电动机，应检查接触螺栓、机座紧固螺栓、轴承螺帽是否拧紧；检查传动装置，如皮带轮或联轴器是否完好。

（3）检查电动机及启动设备的接地装置是否可靠完整，接线是否正确，接触是否良好。

（4）核对电动机铭牌上的型号、额定功率、额定电压、额定电流、额定频率、工作制式与实际是否相符；检查接线是否正确。

（5）对于绕线式异步电动机，要检查电刷表面是否全部紧贴滑环，电刷提升机构是否灵活，电刷压力是否适当。

（6）检查电动机轴承润滑油（脂）是否正常。用手转动电动机转轴，看转动是否灵活。

（7）对于不可逆转的电动机，应注意检查运行方向是否与指示箭头方向一致。

2．电动机启动时的注意事项

（1）经上述准备和检查后，方可启动电动机。合闸后，若电动机不转，则应迅速果断地拉闸断电，以免烧坏电动机，并仔细查明原因，及时处理。

（2）电动机启动后应空转一段时间，注意观察轴承温升，不得超过规定值，且应注意噪声、振动是否正常，若有不正常现象出现，则应消除后重新启动。

（3）多台电动机接于同一台变压器，在启动时，应从大到小依次启动，不可多台同时启动，以免启动电流过大。

8.6.2 电动机运行中的监视与维护

1．电压的监视

电动机端电压过高或过低都将引起电动机过热，甚至烧毁电动机绕组。端电压是指电动机启动或额定负载运行时测得的电压，而不是线路空载电压。当负载一定时，若电压太低，则电流必然增大，从而使电动机温升增高。造成电压低的原因是多方面的，有时可能是因为高压电源本身的电压较低，这时应由供电部门调节变压器上的分接开关，从而提高供电电压；有时可能是因为电动机距离变压器线路太长，导线截面较小或负荷过重，造成线路压降过大，此时应通过增大导线截面加以解决。电动机的额定电压与电源电压偏差不得大于±5%。另外，还要监视三相电压的平衡状况，三相电压中任意两相电压差不得超过±1.5%。

2．电流的监视

电动机在运行中，值班人员必须监视电动机电流的大小。在正常情况下，当环境温度在40℃以内时，负载电流不应超过额定电流；当环境温度超过 40℃时，应适当减小负载，以减小电流。如果电动机过载运行，则其内部电磁关系会遭到破坏，导致转速下降，温升增高。如果是短时过载，那么电动机尚能维持正常运行；但如果是长时间过载，那么电动机便会从电网吸取大量电功率，从而导致电流大大超过额定值，使绕组绝缘很快老化，甚至烧毁电动机绕组。另外，还应监视三相电流是否平衡，任何一相电流与其他三相电流的平均电流差不得超过±10%，否则，说明电动机有故障，必须检查原因并及时排除。

3．电动机温升的监视

电动机的温升应不超过电动机铭牌上规定的允许值，当电动机绕组接法不符合要求时，若原本应为Y（星形）接法，两相绕组承受380V电压，现误接成D（三角形）接法，则使一相绕组承受电压380V，导致空载电流大于额定电流，绕组将被烧毁。若原本应为 D 接法，一相绕组承受380V电压，现误接成Y接法，则每相绕组承受电压$380/\sqrt{3} \approx 220V$，如果负载不变，则每相电流是原来的$\sqrt{3}$倍，从而使铜耗升高为原来的 3 倍，绕组将被烧毁。当电动机接线有错误、一相绕组接地、两相绕组短路、缺相运行、定子绕组匝间短路、通风不良、负载过重、电源电压过高或过低、三相电压严重不平衡时，都可能导致电动机温升过高，使电动机绝缘很快老化，从而缩短电动机的使用寿命。

4．保持电动机清洁

不允许油污、水滴及杂物溅入电动机内部，电动机进风口与出风口、散热片必须保持畅通，通风应良好。

5．监视有无振动，声音是否异常

若电动机发出较大的嗡嗡声，则说明电动机断相或电流过大；若有摩擦声，则说明电动机定子、转子铁芯相摩擦，俗称"扫堂"；若振动声音较大，则说明电动机的机座固定不牢，可能是机座螺栓松动或转子导条断裂。用螺丝刀接触轴承盖，耳朵贴在螺丝刀的木柄上，若能听到均匀的"沙沙"声，则说明轴承运转正常；若听见"咕噜咕噜"声，则说明轴承损坏；若听见"咝咝"声，则说明电动机轴承缺油。

6．监视电动机气味是否正常

若有焦臭气味或冒烟等现象，则说明电动机绝缘烧焦或线圈内部短路。

7．传动装置的监视

在电动机的运行过程中，应注意观察皮带轮或联轴器是否松动，皮带不应有打滑或跳动现象，若皮带太松，则应予调整，并防止皮带受潮。需要经常注意皮带与皮带轮结合处的连接。

8．检查电源接线头与接线柱

经常检查电源接线头与接线柱接触是否良好，是否有烧伤、氧化现象，电源线在接线盒处的绝缘是否有划伤等情况。

8.6.3　电动机的定期检修

为了延长电动机的使用寿命，除了上述监视和维护，还要定期检修，检修分为定期小修和定期大修两种。

1．电动机的定期小修

（1）电动机的小修周期。小修一般对电动机启动设备和其他装置不做大的拆卸处理，仅为一般检修，每半年小修一次。

（2）电动机的小修内容。

① 擦拭电动机的机壳和启动设备，清除灰尘、油垢。

② 测量电动机和启动设备的绝缘电阻，若不符合要求，则应进行干燥处理。

③ 清除接线盒中的接线端子上的灰尘污物，查看压线螺母是否松动、有无烧灼现象，必须拧紧压线螺母。

④ 检查机座固定螺钉、端盖螺钉、轴承盖螺钉是否拧紧；接地线是否牢固、良好。

⑤ 检查皮带轮或联轴器有无破损，固定是否牢固，皮带松紧是否合适。

⑥ 检查开关是否灵活，触头接触是否良好，有无腐蚀、灼伤现象。

⑦ 拆开轴承盖，检查轴承有无破损，检查轴承油是否干涸、变脏，根据实际情况予以更换或补充。

⑧ 对于绕线式异步电动机,应检查电刷有无损伤、弹簧压力是否合适;滑环上的油垢、灼痕应用细砂纸磨光。

2. 电动机的定期大修

全部拆开电动机,进行全面检查,彻底清查与修理,这称为电动机的大修。

(1) 电动机的大修周期。在正常情况下,电动机的大修周期为 1~2 年。

(2) 电动机的大修内容。

① 清除灰尘、油垢。电动机经过一年左右的使用,不可避免地在机壳上会聚集许多灰尘,这将影响电动机的散热性能;在潮湿环境下,电动机内部的灰尘还会吸潮,从而减小绝缘电阻。因此,大修必须拆卸电动机,以清除内部污垢及绕组端部的灰尘。

② 清洗轴承及换油。一般情况下,在拆下端盖时,轴承都会自然留在转轴上,这时可采用拉具、敲打法、软金属冲子拆卸。对于拆卸下来的轴承,应浸泡在汽油中进行清洗,仔细检查轴承磨损情况,对于磨损严重的,应及时更换新轴承;对于不需要更换的轴承,应添加新的润滑油,所加油量约占轴承内腔 2/3 为宜,用手转动一下轴承,若转动灵活,则说明符合要求。

③ 定子和转子的检查。检查定子绕组是否有短路、断路等故障,若有短路、断路故障,则在维修时请参阅刘子林主编的《实用电机拖动维修技术》(北京师范大学出版社出版),用兆欧表检查电动机相与相之间及各相对地电阻,均应不小于 $0.5M\Omega$,否则,应进行干燥处理。

④ 对电动机启动设备要进行全面检查,方能通电试车,先让电动机空载运转 30min,然后才能带负载试车,以便保证大修后的质量。

8.6.4 三相异步电动机常见故障现象、原因分析及故障处理

三相异步电动机在运行中不可避免地会发生故障,此时必须以最短的时间查清故障并予以修复。下面将常见故障产生的原因及维修方法列于表 8.3 中,以便参考。

表 8.3 三相异步电动机常见故障产生的原因及维修方法

故障现象	故障原因	维修方法
电动机通电后不能启动	三相供电线路未接通或定子绕组中有一相(或两相)断路	用万用表查找断路点,对故障进行维修处理
	熔断器熔体已熔断	更换熔断器中的熔体
	开关或启动装置的触点接触不良,导致无旋转磁场产生	检查开关或启动装置的触点,如果不能修复,则应更换
	电源电压过低,造成启动转矩太小	(1) 适当提高电源电压 (2) 启动时,大电流造成线路压降太大,可换上较粗导线,以减小线路压降
	负载过大或传动机构卡住等	(1) 适当减轻所拖动的负载 (2) 检查传动机构,排除故障
	轴承过度磨损	更换轴承
	转轴弯曲	校正转轴

续表

故障现象	故 障 原 因	维 修 方 法
电动机通电后不能启动	定子铁芯松动；定子、转子铁芯相摩擦，使电动机的气隙不均匀，在转子上产生单边磁拉力	将定子铁芯复位并固定
	定子绕组严重短路（匝间、相间短路或对地短路），使三相电流失去平衡而导致启动故障	找出短路点，进行绝缘处理或更换绕组
	定子绕组重绕后接线错误	检查三相绕组的首端和末端，看三相首端引出线是否互差120°电角度，然后按正确接法接线
额定负载运行时，转子转速低于额定转速	电源电压过低，导致电磁转矩太小	调整电源电压
	将电动机的 D 连接错接成 Y 连接，造成相电压下降，相当于降压运行	（1）按正确接法接线 （2）详细核对控制线路接线图后改正
	鼠笼式转子导条断裂或脱焊，导致负载能力下降	（1）用焊接法或冷接法修补断条处 （2）更换转子
	绕线式电动机转子的电刷与滑环接触不良，负载能力下降	调整电刷压力，用细砂布磨好电刷与滑环的接触面
	运行中一相断路（缺相运行），造成电磁转矩减小	用钳形电流表检测三相电流，确定哪一相断路 （1）更换熔断器中已熔断的熔体 （2）查找断路点，根据情况酌情处理
	过载运行	（1）选用容量大的电动机 （2）减轻负载
	定子绕组并联支路或并绕导线断路	用电流表法或电阻法查找断路相，根据情况酌情处理
	绕线式转子电路串接的电阻过大	适当减小转子电路串接的变阻器的阻值
三相电动机三相电流不平衡	三相电源电压不平衡	用电压表测量三相电源电压，并予以调整
	在定子绕组中，匝间、相间短路，并联支路或并绕导线断路	查找短路、断路相，找出断点或短路线圈，连接断路点并进行绝缘处理或更换绕组
	在重绕定子绕组时，部分线圈的匝数有误	检测直流电阻或分压值，更换匝数有误的线圈
	在重绕定子绕组时，部分线圈或线圈组连接有误	拆开电动机，通入低压直流电，找出接错线的线圈或线圈组，重新接线
电动机温升过高或冒烟	电源电压过高或过低，D 连接误接为 Y 连接，或者 Y 连接误接为 D 连接	（1）调整电源电压 （2）查明绕组接法，然后进行正确接线
	电动机过载运行	减轻负载或换上功率较大的电动机
	电动机使用环境温度过高	采取降温措施，如室外搭凉棚遮挡，避免阳光直射
	电动机通风不良	检查风扇叶是否脱落，清理进、出风口，保持风道畅通
	定子绕组有短路或接地故障	查找故障点，局部修复或更换绕组
	电动机缺相运行，定子绕组并绕导线或并联支路断路	（1）检查三相熔断器的熔体是否熔断，启动装置的三相触点是否接触良好，根据情况予以修理 （2）查找定子绕组的断路点，局部修复或更换绕组
	定子、转子铁芯相摩擦，轴承磨损等引起气隙不均匀	（1）更换磨损的轴承 （2）校正转子铁芯或转轴
	电动机受潮或浸漆后烘干不彻底	检查绕组的受潮情况，进行烘干处理
	绕组接线错误，或者在重绕定子绕组时，匝数太少或导线截面过小	（1）按接线图正确接线 （2）按标准数据重绕或重测有关数据后重绕 （3）适当增加每槽的匝数
	铁芯的硅钢片间绝缘损坏，铁芯涡流损耗升高	对铁芯硅钢片进行绝缘处理

续表

故障现象	故障原因	维修方法
电动机外壳带电	电源线与接地线弄反了	查明后纠正接线
	电动机电源引出线破损	更换电动机的电源引出线
	电动机绝缘老化或受潮	（1）用兆欧表检测电动机绝缘电阻，若受潮，则应进行干燥处理 （2）若绝缘老化，则更换绕组
电动机运行时，声音异常或振动厉害	定子绕组有断路、短路故障或接线错误，造成运行不平衡	（1）查找断路点或短路点并修理，或者更换绕组 （2）按接线图正确接线
	定子、转子铁芯相摩擦，转轴严重弯曲	（1）更换磨损的轴承 （2）校正转子铁芯或转轴
	电动机缺相运行，有较大的嗡嗡声	检查开关、接触器的触点、熔体、电源线及定子绕组等，找出缺相的原因，并排除
	电动机放置不平或固定机座螺栓的螺帽未旋紧	重新固定电动机或旋紧螺帽
	轴承严重缺油或严重磨损	清洗轴承并重新加润滑油或更换新轴承
轴承过热	轴承损坏	更换新轴承
	转轴弯曲	校正转轴
	润滑油过多或过少，或者太脏、混入铁屑或其他杂物	调整润滑油量，使其容量不超过轴承室容量的2/3，清洗轴承，并加入适量新的润滑油
	电动机两侧端盖或轴承盖未装平	将端盖或轴承盖止口装平，旋紧螺栓
	传动皮带或联轴器装配不良	（1）调整间距，适当调整传动皮带的松紧程度 （2）修理并装好联轴器
电动机运转时，电流表指针来回摆动	鼠笼式转子断条或脱焊	（1）查找并修补断条处 （2）更换转子绕组
	绕线式转子一相接触不良	调整电刷压力，改善电刷与滑环的接触
	绕线式转子的滑环短路装置接触不良	修理或更换滑环短路装置

本 章 小 结

1. 衡量三相异步电动机启动性能的主要指标是启动电流和启动转矩，我们希望电动机在满足足够大的启动转矩的同时，启动电流应尽可能小。而在实际直接启动时，启动电流很大，一般 $I_s \approx (4\sim 7)I_N$，使电网电压受到冲击，同时电动机绕组绝缘受到损伤；而在启动瞬间，电抗大，功率因数低，导致启动转矩并不大，这就构成了两对矛盾。一台电动机能否直接启动，关键取决于电网容量是否能承受住启动电流的冲击。

2. 当鼠笼式异步电动机不能直接启动时，转子结构又决定了它不能外串电阻启动，此时只能从定子方面想办法，采用降低定子绕组电源电压的方式启动，其方法有以下几种。

（1）定子绕组前方串电阻（或电抗）降压启动。

（2）自耦变压器降压启动。

（3）星形-三角形降压启动。

（4）延边三角形降压启动。

虽然它们的启动电流比直接启动时的启动电流减小了，但启动转矩按电压的平方倍减小，因此，它们只适用于轻载或空载启动。

3. 对于重负载的生产机械，可采用绕线式异步电动机拖动，根据绕线式转子结构，可以在转子绕组回路中串接电阻启动，这样既可减小启动电流，又可增大启动转矩。绕线式异步电动机的启动方法有以下几种。

（1）转子外串电阻启动。

（2）转子外串频敏变阻器启动。

4．异步电动机的调速方法有以下几种：

（1）变极 $2P$ 调速。

（2）变频 f_1 调速。

（3）改变转差率 S 调速。

改变转差率 S 调速又可分为改变定子电压调速、绕线式转子绕组外串电阻 R_1 调速和绕线式异步电动机串级调速。变极调速主要适用于鼠笼式异步电动机。而转子绕组外串电阻调速和串级调速适用于绕线式异步电动机。

5．电机的电动状态与电磁制动状态的本质区别在于，转矩 T 与转子旋转方向是否相同，在电动状态下，转矩 T 与转子旋转方向相同而起驱动作用；在制动状态下，转矩 T 与转子旋转方向相反而起制动作用。异步电动机的电磁制动可分为以下几种：

（1）能耗制动。

（2）反接制动。

（3）回馈制动。

其中，回馈制动最经济，反接制动最不经济。能耗制动电源电压 $U = 0$，反接制动绕组承受的电压 $U \approx 2U_N$。

习　题　8

一、填空题

8.1　三相异步电动机的启动性能是_____很大，一般为 _____ I_N，而启动转矩则_____。

8.2　三相鼠笼式异步电动机降压启动有_____、_____、_____和_____ 4 种启动方法，但它们只适用于_____启动。其中，_____启动只适用于正常工作为 D 接法的异步电动机，其启动电流减小为直接启动时的_____倍，启动转矩减小为直接启动时的_____倍。

8.3　三相绕线式异步电动机的启动方法有_____启动和_____启动两种，既可增大_____，又可减小_____。

8.4　三相异步电动机的转速公式为_____，调速方法有_____调速、_____调速和_____调速，其中，_____调速适用于鼠笼式异步电动机，_____调速和_____调速适用于绕线式异步电动机。

8.5　当三相异步电动机拖动恒转矩负载调速时，为保证主磁通和过载能力不变，电压 U_1 与频率 f_1 _____调节。一般从基频向_____调节。

8.6　三相异步电动机的电气制动有_____制动、_____制动和_____制动 3 种方法。它们的共同特点是_____。其中，最经济的制动方法是_____制动，最不经济的制动方法是_____ 制动。

8.7　当一台三相绕线式异步电动机拖动恒转矩负载运行时，增大转子绕组外串电阻，电动机的转速_____，过载能力_____，电流_____。

8.8 当一台三相绕线式异步电动机拖动恒转矩负载运行时，电磁功率 $P_M =10kW$，当转子绕组外串电阻稳定运行在转差率为 $S = 0.03$ 时，转子铜耗 P_{Cu2} = _____，机械功率 P_ω = _____。

8.9 一台三相鼠笼式异步电动机的定子绕组为 Y 接法，如果将定子每相绕组的一半绕组反接，通以相序不变的三相电流，则电动机的极对数将_____，同步转速将_____，转子转向将_____。

二、选择题

8.10 当一台三相绕线式异步电动机拖动恒转矩负载运行时，若采用转子绕组外串电阻调速，那么运行在不同的转速时，电动机的功率因数 $\cos\varphi_2$（　　）。

　　A．基本不变　　　　　　B．越高　　　　　　C．越低

8.11 当一台三相绕线式异步电动机拖动恒转矩负载运行时，若采用转子绕组外串对称电抗调速，那么与转子绕组外串电阻相比，电动机（　　）。

　　A．串电抗后转速升高

　　B．串电抗后转速降低，$\cos\varphi_2$ 也降低

　　C．不能调速

8.12 一台三相异步电动机，其铭牌上标明的额定电压为 220/380V，其接法应该是（　　）。

　　A．Y,D　　　　　　　　B．D,Y　　　　　　C．D,D

8.13 一台三相异步电动机在额定负载下运行，若电源电压低于额定电压的 10%，则电动机将（　　）。

　　A．不会出现过热现象　　B．肯定会出现过热现象　　C．不一定会出现过热现象

8.14 为增大三相异步电动机的启动转矩，可以采用（　　）。

　　A．升高定子相电压　　　B．适当增大定子电阻　　　C．适当增大转子回路电阻

8.15 三相异步电动机能耗制动是利用（　　）配合而完成的。

　　A．交流电源和转子回路电阻

　　B．直流电源和定子回路电阻

　　C．直流电源和转子回路电阻

8.16 三相绕线式异步电动机在启动过程中，频敏变阻器的等效阻抗变化趋势是（　　）。

　　A．由小变大　　　　　　B．由大变小　　　　　　C．恒定不变

8.17 三相异步电动机倒拉反接制动只适用于（　　）。

　　A．三相鼠笼式异步电动机

　　B．转子绕组外串电阻的三相绕线式异步电动机

　　C．转子绕组外串频敏变阻器的三相绕线式异步电动机

8.18 一台电动机定子绕组原为 Y 接法，两相绕组承受 380V 电压，启动时误接为 D 接法，（　　）承受 380V 电压，结果导致空载电流大于额定电流，绕组很快被烧毁。

　　A．一相　　　　　　　　B．两相　　　　　　　C．三相

三、判断题（正确的打√，错误的打×）

8.19 三相异步电动机定子绕组不论采用哪种接线方式，都可以采用星形-三角形降压启动。（　　）

8.20 三相异步电动机直接启动时，启动电流很大，启动转矩并不大。（　　）

8.21 三相异步电动机为减小启动电流、增大启动转矩，可以通过在转子回路中串接电阻来实现。（　　）

8.22 三相鼠笼式异步电动机采用星形-三角形降压启动，启动转矩只有直接启动时的1/3。（　　）

8.23 三相绕线式异步电动机启动时，可以采用在转子回路中串接电阻启动，既可减小启动电流，又可增大启动转矩。（　　）

8.24 一般鼠笼式异步电动机都可以采用延边三角形降压启动。（　　）

8.25 为了增大三相异步电动机的启动转矩，可将电源电压提高到额定电压以上，从而获得较好的启动性能。（　　）

8.26 绕线式异步电动机在转子回路中串入电阻或频敏变阻器启动，用以限制启动电流，同时限制启动转矩。（　　）

8.27 三相异步电动机变极调速主要适用于鼠笼式异步电动机。（　　）

8.28 三相异步电动机都可以采用串级调速。（　　）

8.29 三相异步电动机倒拉反接制动一般适用于位能性负载。（　　）

8.30 三相异步电动机能耗制动时，气隙磁场是旋转磁场。（　　）

8.31 三相异步电动机电源反接制动时，只需将电源两相相序调接即可。（　　）

四、问答题

8.32 为什么鼠笼式异步电动机的启动电流很大，启动转矩并不大？

8.33 一台三相鼠笼式异步电动机的额定电压为 380/220V，当电网电压为 380V 时，能否采用星形-三角形空载启动？

8.34 三相鼠笼式异步电动机能否直接启动，主要应考虑哪些条件？当不能直接启动时，为什么可以采用降压启动？降压启动时，对启动转矩有什么要求？

8.35 为什么绕线式异步电动机在转子回路中串入适当的电阻既可减小启动电流，又可增大启动转矩？若将电阻串在定子电路中，是否可以起到同样的作用？为什么？

8.36 三相绕线式异步电动机转子外串频敏变阻器启动的机械特性有何特点？为什么？频敏变阻器的铁芯与变压器的铁芯有何区别？为什么？

8.37 为什么说变极调速适用于鼠笼式异步电动机，而对绕线式异步电动机却不适用？

8.38 为什么三相异步电动机串级调速的效率较高？

8.39 三相异步电动机能耗制动时，制动转矩与通入定子绕组的直流电流有何关系？转子回路电阻对制动开始瞬时的制动转矩有何影响？

8.40 在变极调速时，为什么要改变定子绕组相序？在变频调速时，在改变频率 f_1 的同时要改变电压 U_1，使 $U_1/f_1 =$ 常数，这是为什么？

8.41 一台三相异步电动机拖动额定负载稳定运行，若电源电压突然下降了 20%，则此时电动机的定子电流是增大还是减小？为什么？对电动机将造成什么影响？

五、计算题

8.42 一台三相 4 极绕线式异步电动机的 $n_N = 1485 \text{r/min}$，$r_2 = 0.02\Omega$。若保持定子电压、频率、负载转矩均不变，现将转速降到 $n_N = 1050 \text{r/min}$，则在转子回路中应串多大的电阻 R_t？

8.43 一台三相鼠笼式异步电动机：额定功率 $P_N = 40\text{kW}$，额定电压 $U_N = 380\text{V}$，额定转速 $n_N = 2930 \text{r/min}$，额定效率 $\eta_N = 0.9$，额定功率因数 $\cos\varphi_2 = 0.85$，启动电流倍数 $K_s = I_s/I_N = 5.5$，启动转矩倍数 $\lambda_s = 1.2$，定子为三角形连接，供电变压器允许启动电流为 150A。试问：

（1）当负载转矩 $T_L = 0.25T_N$ 时，能否采用星形-三角形降压启动？

（2）当负载转矩 $T_L = 0.5T_N$ 时，能否采用星形-三角形降压启动？

第4篇 其他用途的电机

在电力拖动及电气控制中,除了直流电动机和三相异步电动机被广泛采用外,还有一些其他用途的电机,如单相异步电动机、同步电机、各种控制电机的应用也越来越广泛。下面介绍常用的几种电机的结构、原理及特点。

第9章 单相异步电动机

内容提要

- 单相异步电动机的结构特点、工作原理。
- 单相异步电动机的不同启动方法及应用。
- 单相正弦绕组的分布规律和特点。

单相异步电动机是由单相交流电源供电的异步电动机,可直接用于市电。由于它结构简单、造价低廉、运行可靠、振动小、噪声小、维护方便,因而广泛应用于电子仪器、医疗设备、教学仪器及家用电器等方面,如电风扇、洗衣机、电冰箱、空调、吸尘器、微波炉、电动工具、水泵等。但与同容量的三相异步电动机相比,其体积大、运行性能差。因此,单相异步电动机一般仅制成小容量的,功率从几 W 到几百 W。近年来,随着科学技术的发展,单相异步电动机的体积不断缩小,性能不断改善,目前,我国生产的单相异步电动机功率可达几 kW。

9.1 单相异步电动机的结构特点

单相异步电动机的结构与小容量三相异步电动机的结构相似,但它也有自身的结构特点。

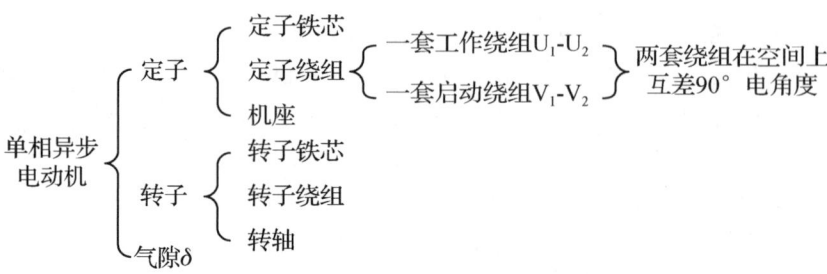

1. 单相异步电动机的定子

（1）定子铁芯。定子铁芯是单相异步电动机的磁路部分，采用0.35～0.5mm厚的硅钢冲片叠压而成，与小型三相异步电动机的定子铁芯相似。

（2）定子绕组。定子绕组是由两套绕组构成的，一套是工作绕组U_1-U_2，又称主绕组；另一套是启动绕组V_1-V_2，又称辅助绕组，两套绕组的轴线在空间上按互差90°电角度排列，嵌放在定子铁芯槽内，如图9.1所示。

对于容量特别小的单相异步电动机，其定子铁芯也用0.5mm厚的硅钢片制成凸极形状叠压而成。凸极极身上套有主绕组U_1-U_2，一般称为集中式绕组，在每个磁极极靴的1/3处开有一个小槽，槽中嵌入短路铜环，将磁极的1/3罩住。短路铜环又称为罩极线圈，整个电动机的罩极线圈总称罩极绕组V_1-V_2，如图9.2所示。

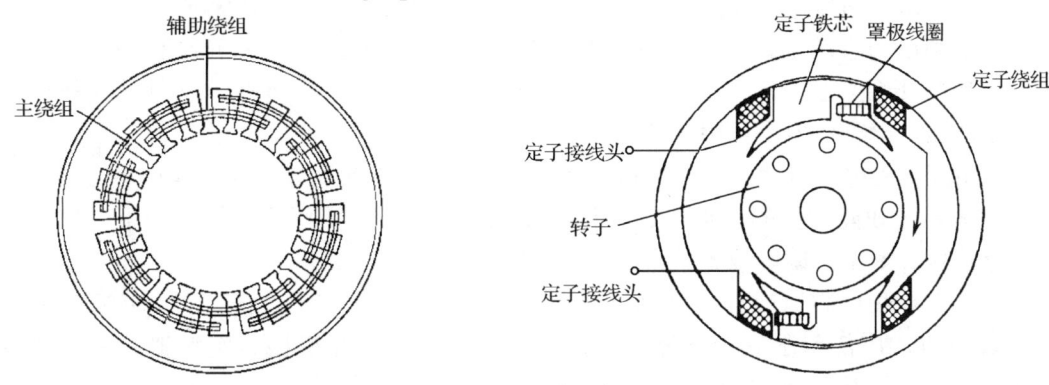

图9.1 单相异步电动机定子绕组分布示意图　　图9.2 单相凸极式罩极异步电动机结构示意图

（3）机座。机座采用铸钢、铸铝、钢板等材料制成，主要用来支承单相异步电动机的定子铁芯和固定端盖。铸钢机座表面通常有散热筋，以便散热；铸铝机座一般无散热筋。单相异步电动机的结构如图9.3所示。

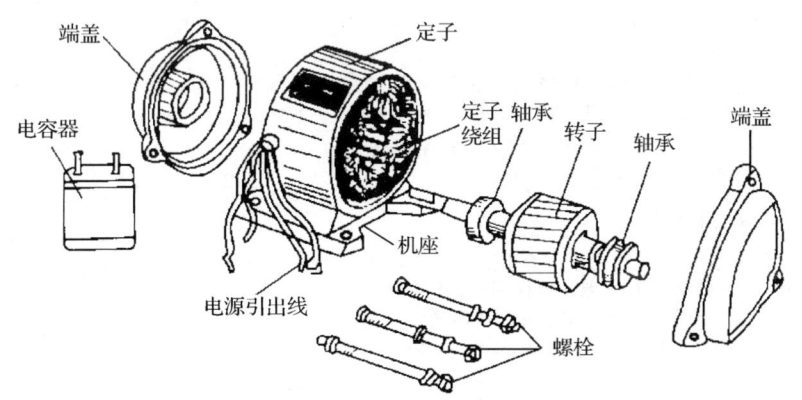

图9.3 单相异步电动机的结构

2. 单相异步电动机的转子

单相异步电动机的转子均采用鼠笼式转子，转子铁芯采用0.35～0.5mm厚的硅钢冲片叠压而成；铁芯槽内为笼式绕组，一般采用铸铝转子如图 9-3 所示。转轴用于支承转子并通过转轴带动负载，与三相鼠笼式转子相同。

3．气隙 δ

为保证电动机转动灵活，在定子与转子之间必须要有一定的气隙 δ。单相异步电动机的气隙 $\delta \approx 0.15 \sim 2\mathrm{mm}$，其大小直接影响电动机的性能。

单相异步电动机的其他部件还有轴承、端盖、风扇、离心式开关、电容器等。

4．单相异步电动机的型号

目前，我国通用的单相异步电动机有 YU、YC、YY、YL 这 4 个基本系列，这些产品是按国际标准由我国自行设计生产的。

YU 系列电动机是全封闭自扇冷式单相电阻启动异步电动机，具有结构简单、运行安全可靠、维护方便、技术经济指标优异等特点，为一般用途电动机，适用于各种小型机床、医疗器械、电子仪器及家用电器。

YC 系列单相电容启动异步电动机具有 Y 系列电动机的高效节能、噪声小、振动小、启动力矩大、过载能力强的特点，它运行可靠、维修方便，广泛用于家用电器、空气压缩机、医疗器械、木工机械等设备中。

YY 系列单相电容运转异步电动机具有高效、节能、噪声小、振动小、运行可靠、维护方便等特点，广泛用于家用电器、风扇、仪表、泵、食品机械、医疗器械等驱动设备中，符合国际电工委员会（IEC）推荐标准中的有关规定。

YL 单相双值电容异步电动机是一种电容启动与电容运转的单相异步电动机，按国家相关标准设计制造，具有启动和运行性能好、噪声小、体积小、质量轻、维护方便等特点，广泛用于空气压缩机、水泵、制冷、医疗器械及小型机械中。

电动机型号的含义如下。

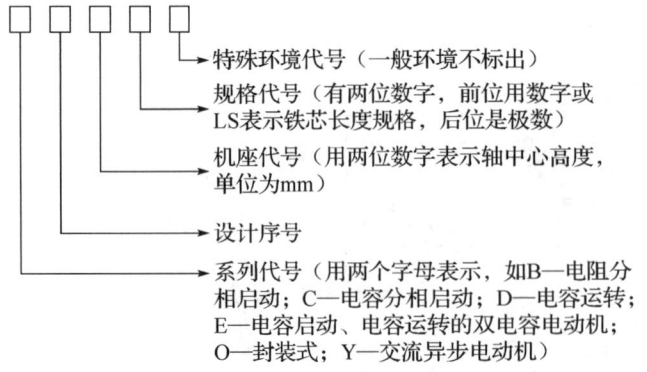

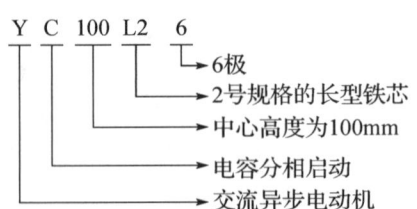

9.2　单相异步电动机的工作原理

9.2.1　单相异步电动机的脉振磁场

单相异步电动机的定子上若只有一套主绕组 $U_1\text{-}U_2$，则当外加单相正弦交流电源后，便有单相正弦交流电流 $\dot{I}_1$ 流过，于是在气隙中产生一脉振磁场，根据右手螺旋定则可得出磁场分布，如图 9.4（a）、（b）所示。从图 9.4（a）、（b）可见，该磁场的轴线位置在空间上始终保持不变，大小随时间按正弦规律变化，如图 9.4（c）所示，这样的磁场称为脉振磁场（或称为交变磁场）。因此，单相异步电动机的磁场与三相异步电动机的磁场截然不同，但是可以利用三相异步电动机的原理来分析单相异步电动机的特点。

一个脉振磁场可分解为两个大小相等、转速相同（$n_0 = \pm \dfrac{60 f_1}{P}$）、转向相反的正、反两个旋转磁场 $\dot{\Phi}_+$ 和 $\dot{\Phi}_-$，每个旋转磁场的磁通是恒定的，等于脉振磁通最大值的 1/2，即

$$\Phi_+ = \Phi_- = \Phi/2 \tag{9-1}$$

凡与电动机转子旋转方向相同的磁场均称为正向旋转磁场，以 $\dot{\Phi}_+$ 表示；凡与电动机转子旋转方向相反的磁场称为逆向旋转磁场，以 $\dot{\Phi}_-$ 表示。

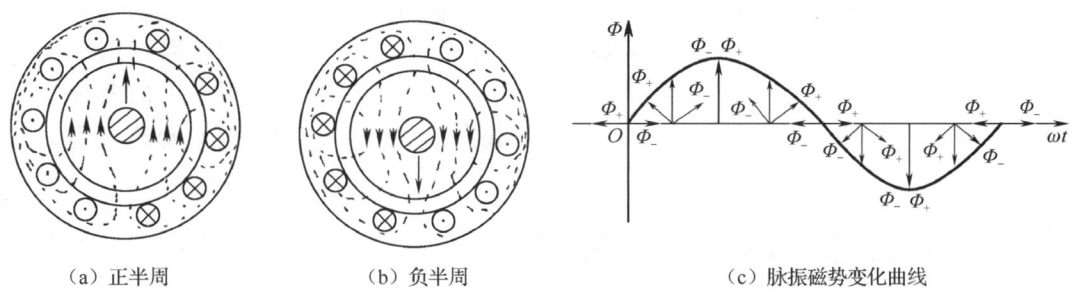

(a) 正半周　　　　　(b) 负半周　　　　　(c) 脉振磁势变化曲线

图 9.4　脉振磁场

9.2.2　单相异步电动机的工作过程

两个转向相反的旋转磁场 $\dot{\Phi}_+$ 和 $\dot{\Phi}_-$ 同时切割同一转子绕组导体，并分别在转子绕组导体中产生感应电势 $\dot{E}_{2+}$、$\dot{E}_{2-}$ 和感应电流 $\dot{I}_{2+}$、$\dot{I}_{2-}$，该电流与旋转磁场相互作用产生正、反两个电磁转矩 T_+ 和 T_-，T_+ 企图使转子正转，T_- 企图使转子反转，T_+ 和 T_- 叠加便是驱动电动机转动的合成转矩 T（$T = T_+ + T_-$）。

单相异步电动机的转差率与三相异步电动机的转差率相同。若电动机转子沿正向磁场 $\dot{\Phi}_+$ 方向以转速 n 旋转，则对正向磁场 $\dot{\Phi}_+$ 而言，转差率 S_+ 为

$$S_+ = \frac{n_0 - n}{n_0} = S \tag{9-2}$$

此时，对逆向磁场 $\dot{\Phi}_-$ 而言，转差率 S_- 为

$$S_- = \frac{-n_0 - n}{-n_0} = \frac{-n_0 - n_0 + n_0 - n}{-n_0} = \frac{-2n_0}{-n_0} + \frac{n_0 - n}{-n_0} = 2 - S_+ \tag{9-3}$$

单相异步电动机的 T-S 曲线，即 $T = f(S)$ 曲线是由 $T_+ = f(S_+)$ 和 $T_- = f(S_-)$ 两条特性曲线叠加而成的，如图 9.5 所示。从图 9.5 中可见，单相异步电动机存在以下几个主要特点：

（1）当转子静止时，$n = 0$，正、反两个旋转磁场 $\dot{\Phi}_+$ 和 $\dot{\Phi}_-$ 均以转速 n_0 向相反方向切割转子绕组导体，在转子绕组导体中产生两个大小相等而相序相反的感应电势 $\dot{E}_{2+}$、$\dot{E}_{2-}$ 和感应电流 $\dot{I}_{2+}$、$\dot{I}_{2-}$，它们分别产生大小相等而方向相反的两个电磁转矩 T_+ 和 T_-，其合成转矩

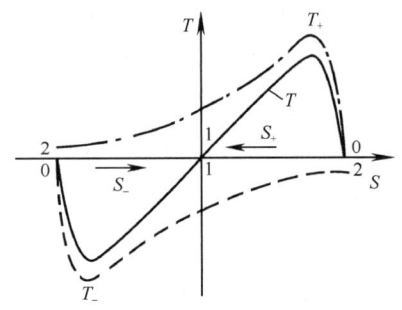

图 9.5 单相异步电动机的 T-S 曲线

为零，即在启动瞬时，$n=0$，$S_+ = S_- = 1$，$T = T_+ + T_- = 0$。这表明单相异步电动机无启动转矩，若不采取措施，则不能自行启动。由此可知，若三相异步电动机一相断路（相当于一台单相异步电动机），则也不能自行启动。

（2）若在外力作用下使转子转动起来，这时 $S_+ \neq 1$，$S_- \neq 1$，则合成转矩也不为零（$T = T_+ + T_- \neq 0$），若合成转矩大于负载转矩（$T > T_L$），即使撤去外力，电动机仍将加速到某一稳定转速。可见，单相异步电动机虽不能自行启动，但一经启动，气隙中就形成一椭圆形旋转磁场，电动机就能不断旋转，而旋转方向取决于启动瞬间外力作用于转子的方向。

（3）如果转子沿正向磁场 $\dot{\Phi}_+$ 方向旋转，则 T_+ 起驱动作用，T_- 起制动作用；反之，如果转子沿反向磁场 $\dot{\Phi}_-$ 方向旋转，则 T_- 起驱动作用，T_+ 起制动作用。上面两种情况均使合成转矩减小，因此，单相异步电动机的过载能力、效率、功率因数都比同容量三相异步电动机低。

9.2.3 单相异步电动机旋转磁场的产生

单相异步电动机定子如果只有一套绕组，则没有启动转矩，无法自行启动，其根本原因是气隙中没有形成旋转磁场。因此，要解决单相异步电动机的工作问题，首先必须解决启动问题，那就得在气隙中建立旋转磁场，要建立旋转磁场，定子必须安放两相参数相同的绕组 U_1-U_2 和 V_1-V_2，且在空间上互差 90°电角度，称为两相对称绕组，如图 9.6（a）所示。若在该绕组中通以大小相等、时间上相差 90°电角度的对称电流，即：

$$\left. \begin{array}{l} i_U = I_m \sin \omega t \\ i_V = I_m \sin(\omega t - 90°) \end{array} \right\} \quad (9-4)$$

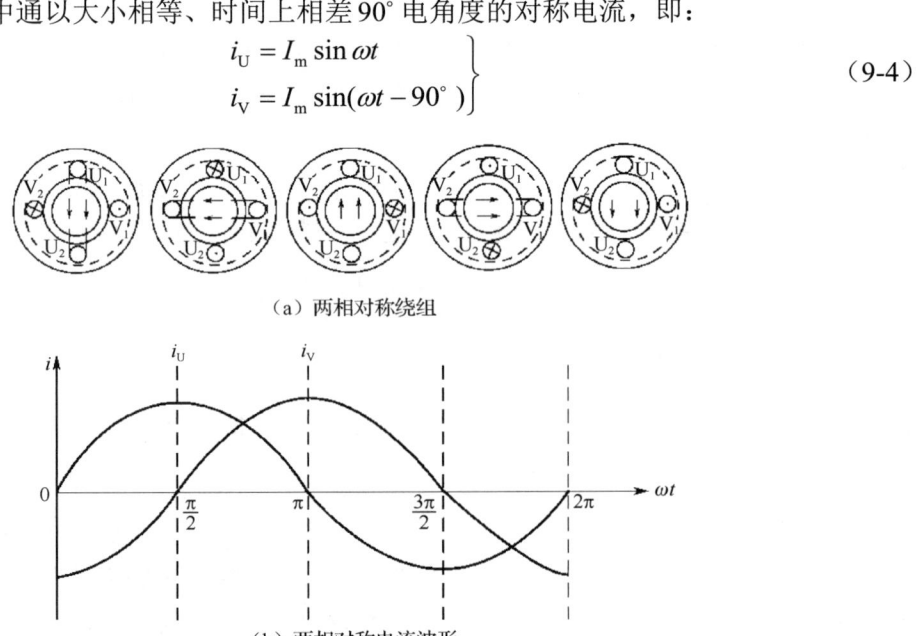

(a) 两相对称绕组

(b) 两相对称电流波形

图 9.6 两相绕组产生的旋转磁场

两相对称电流波形如图 9.6（b）所示。规定：当电流为正时，电流从首端流入，用"⊗"表示，从末端流出，用"⊙"表示；当电流为负时，电流从末端流入"⊗"，从首端流出"⊙"。

从图 9.6 可见，随着时间的变化，当 ωt 经过 360°电角度时，两相合成磁场在空间刚好转过 360°，即转过一周。两相合成磁场旋转速度为 $n_0 = 60 f_1 / P$，旋转磁场的幅值不变，这样的旋转磁场与三相异步电动机旋转磁场的性质相同，称为圆形旋转磁场。用同样的方法可以分析得出，当两相绕组不对称或两相电流不对称时，则两相磁势不等，即 $I_U N_U \neq I_V N_V$；或者两相电流之间的相位差不等于 90°电角度，气隙中只能产生一个椭圆形旋转磁场。一个椭圆形旋转磁场可以分解成两个转向相反、转速相同的圆形旋转磁场，如图 9.7 所示。

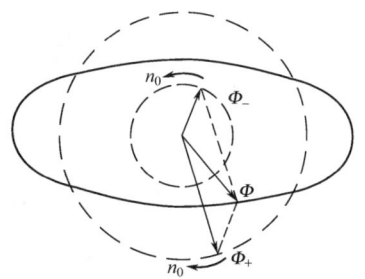

图 9.7 椭圆形旋转磁场的分解

如果单相异步电动机在启动时能获得圆形旋转磁场，就能像三相异步电动机那样自行启动。如果单相异步电动机只能获得椭圆形旋转磁场，那么此时也能自行启动，但启动转矩较小。

9.3 单相分相式异步电动机

两相对称绕组在制造时可以实现，但两相互差 90°电角度的电流只有通过分相才能实现（将单相电源分裂成两相）。

9.3.1 单相电阻（分相）启动异步电动机

1. 接线图

单相电阻（分相）启动异步电动机的定子铁芯槽内嵌有两套绕组，一套是主绕组（工作绕组）U_1-U_2，一般工作绕组的导线粗而电阻小；另一套是辅助绕组（启动绕组）V_1-V_2，辅助绕组的导线细而电阻大，也可在辅助绕组回路中串接一电阻 R_s，辅助绕组一般按短时工作设计（仅在启动时接入电源）。然后将一只离心式开关 QS 串入辅助绕组回路中，启动时，工作绕组和辅助绕组都同时接于同一电源上，如图 9.8（a）所示。这样就可改变两套绕组的电阻与电抗的比率，从而达到电流分相的目的。

2. 启动原理

启动时，离心式开关 QS 闭合，工作绕组接于电网中，辅助绕组与电阻 R_s 串联后也并接于电网中，由于工作绕组和辅助绕组两支路阻抗不等，所以流过两绕组电流的大小不等、相位不同。一般，辅助绕组电流 $\dot{I}_V$ 超前工作绕组电流 $\dot{I}_U$ 一个 φ 角（$\varphi = \varphi_U - \varphi_V$），$0 < \varphi < 90°$，形成一个两相电流系统，如图 9.8（b）所示。一般，$\varphi \approx 30° \sim 40°$，不能满足产生圆形旋转磁场的条件，因此，启动时，只能在气隙中形成一个椭圆形旋转磁场，从而

产生一较小的启动转矩 T_s，电动机便开始启动。当转速升高到 $n=(75\%\sim80\%)n_N$ 时，离心式开关 QS 自动断开（离心力将离心式开关的触点断开），将辅助绕组 V_1-V_2 和电阻 R_s 从电源上切除，剩下工作绕组 U_1-U_2 长期接于电网中稳定运行。

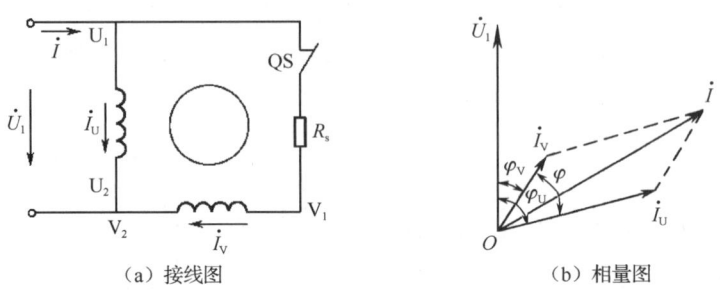

(a) 接线图　　　　　　　(b) 相量图

图 9.8　单相电阻（分相）启动异步电动机的接线图及相量图

3. 单相电阻（分相）启动异步电动机的应用

单相电阻（分相）启动异步电动机也可采用电磁式启动继电器进行启动。在工作绕组 U_1-U_2 中串联一个电流继电器线圈，而将其常开触点 KA 串在辅助绕组 V_1-V_2 中，如图 9.9 所示，启动时，较大的启动电流 I_s 流过继电器线圈，使其触点 KA 闭合，将辅助绕组 V_1-V_2 接入电源，随着转速 n 的升高，工作绕组 U_1-U_2 中的电流 I_s 减小，当 I_s 减小到某一值时，继电器线圈触点 KA 复位（断开），将辅助绕组 V_1-V_2 自动从电源上切除，只剩下工作绕组 U_1-U_2 仍接于电源上，电动机稳定运行。例如，家用电冰箱中的压缩机电机就是采用重力式启动继电器或 PTC 启动继电器等方式启动的。

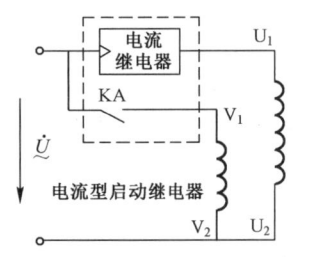

图 9.9　电流型启动继电器接线图

从图 9.8（b）可见，由于采用电阻（分相）启动时，两相电流相位差较小，$\varphi<90°$，气隙中只能建立椭圆形旋转磁场，因此，启动转矩较小。这种启动方式常用于小型车床、鼓风机、医疗机械等单相异步电动机中。

9.3.2　单相电容（分相）启动异步电动机

为了获得圆形旋转磁场，增大启动转矩，可在辅助绕组支路中串入一只电容，如图 9.10（a）所示。若电容值适当，则在启动时，可使辅助绕组 V_1-V_2 中流过的电流 $\dot{I}_V$ 超前于工作绕组 U_1-U_2 中流过的电流 $\dot{I}_U$ 90°，即 $\varphi=\varphi_U-(-\varphi_V)=\varphi_U+\varphi_V=90°$，如图 9.10（b）所示。这样，在启动时，就能在气隙中形成接近于圆形的旋转磁场，从而产生一较大的启动转矩 T_s，使电动机迅速启动。当电动机转速升高到 $n\approx(75\%\sim80\%)n_N$ 时，离心式开关 QS 断开（利用高速运转的离心力将离心式开关的触点断开），将辅助绕组 V_1-V_2 和电容从电源上自动切除，而剩下工作绕组 U_1-U_2 仍单独接于电源上，电动机进入稳定运行状态。可见，单相电容（分相）启动异步电动机的辅助绕组和电容只在启动瞬时接在电网上工作。

单相电容（分相）启动异步电动机适用于具有较大启动转矩 T_s 的小型空气压缩机、电冰箱、磨粉机、水泵及满载启动的生产机械中。

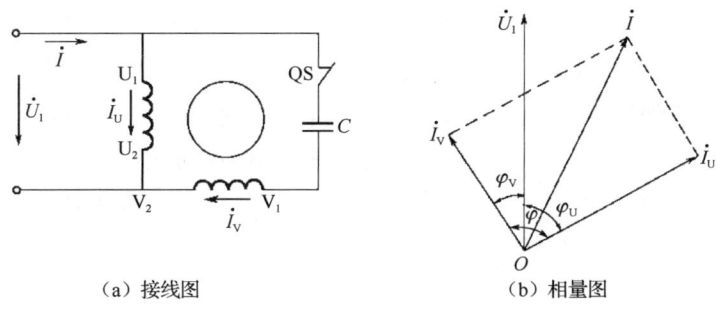

(a) 接线图　　　　　　　　　　(b) 相量图

图 9.10　单相电容（分相）启动异步电动机的接线图及相量图

9.3.3　单相电容运转异步电动机

单相电容运转异步电动机的辅助绕组 V_1-V_2、电容 C 和工作绕组 U_1-U_2 按长期工作设计，在辅助绕组支路中，不再接离心式开关，如图 9.11 所示。这种电动机的实质就是一台两相电动机，若电容值适当，则气隙中便形成接近于圆形的旋转磁场，其功率因数 $\cos\varphi_2$、效率 η、过载能力 λ 都高于普通单相异步电动机，这不但解决了启动问题，而且电动机性能也得到较大的改善，运行较为平稳。电风扇、通风机、录音机、空调的压缩机中的电动机普遍采用单相电容运转异步电动机。

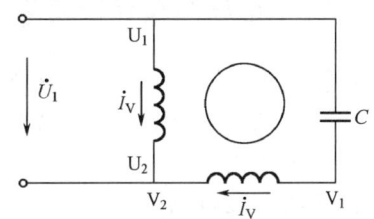

图 9.11　单相电容运转异步电动机接线图

单相电容运转异步电动机的辅助绕组中所串电容值的大小对电动机的启动性能和运行性能影响较大。若电容值取得较大，则启动转矩 T_s 大，气隙磁场就不是圆形旋转磁场，运行性能下降；若电容值取小一些，则启动转矩 T_s 减小，但运行性能较好。综合考虑，为保证有较好的运行性能，单相电容运转异步电动机的电容量比同容量的单相电容启动异步电动机的电容量小，启动性能也较差。

9.3.4　单相双值电容异步电动机

单相双值电容异步电动机又称为单相电容启动和运转异步电动机。

1. 接线图

若单相异步电动机既要有较大的启动转矩 T_s，又要有较好的启动性能，则可采用两只电容并联后与辅助绕组串联，如图 9.12 所示。其中，电容 C_1 的容量较大，仅在启动时接入电路中，称为启动电容；电容 C_2 的容量较小，始终接在电路中，称为运行电容。这种单相异步电动机称为单相双值电容异步电动机。

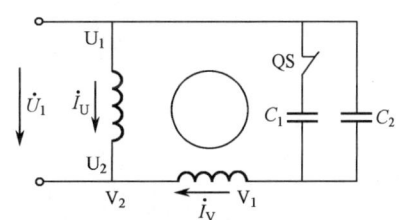

图 9.12　单相双值电容异步电动机接线图

2. 单相双值电容异步电动机的工作原理

启动时，两只电容 C_1 和 C_2 并联，共同作为启动电容（C_1+C_2），总容量较大，将单相电流裂变成在时间上互差 90° 电角度的两相电流，此时，电动机有较大的启动转矩 T_s。电动机启动后，当 $n \approx (75\%\sim 80\%)n_N$ 时，离心式开关 QS 断开，电容 C_1 被切除，这时电容 C_2、辅助绕组和工作绕组仍接于电路中继续运行。这种电动机有较好的启动、运行性能，过载能力强，效率和功率因数高，常用在家用电器、泵、小型机械中。

对于单相双值电容异步电动机，若要改变其转向，则只需将工作绕组 U_1-U_2 或辅助绕组 V_1-V_2 绕组首、尾（末）端调接即可。

9.4 单相罩极式异步电动机

单相罩极式异步电动机按照励磁形式的不同，可分为凸极式和隐极式两种，其中凸极式应用较为广泛。下面仅介绍单相凸极式罩极异步电动机。

9.4.1 单相凸极式罩极异步电动机的结构

单相凸极式罩极异步电动机的定子、转子铁芯均采用 0.5mm 厚的硅钢片叠压而成，在定子凸极式铁芯上安装有单相集中绕组，称为工作绕组。在每个磁极极靴1/3处开有一个小槽，在槽内嵌入短路铜环，将1/3极靴罩住，并且主磁极是凸出来的，故称凸极式罩极异步电动机，转子绕组为鼠笼式。

9.4.2 单相凸极式罩极异步电动机的工作原理

当定子集中绕组通以单相交流电流时，将产生一脉振磁场，其磁通的大部分 $\dot{\Phi}_1$ 穿过磁极的未罩部分，另外一小部分 $\dot{\Phi}_2$ 穿过短路铜环罩住的部分。当穿过短路铜环中的磁通 $\dot{\Phi}_2$ 发生变化时，短路铜环中必然产生电势 $\dot{E}_k$ 和电流 $\dot{I}_k$，根据楞次定律，该电流 $\dot{I}_k$ 的作用总是阻碍磁通变化，这就使穿过短路铜环的部分磁通 $\dot{\Phi}_2$ 滞后于穿过磁极未罩部分的磁通 $\dot{\Phi}_1$，从而使磁场中心线发生推移，这种连续不断地推移形成了一个椭圆度很大的旋转磁场，电动机便能产生一定的启动转矩而自行启动。单相凸极式罩极异步电动机旋转磁场的形成如图 9.13 所示。

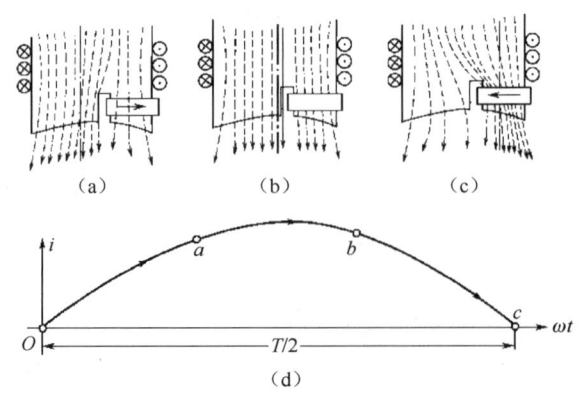

图 9.13 单相凸极式罩极异步电动机旋转磁场的形成

（1）当定子集中绕组流过的电流在正半周内时，磁极中磁通的分布情况如图 9.13（a）

所示。设电流从 0 增大到 a 点对应的电流值这一段时间内，穿过短路铜环部分的磁通 $\dot{\Phi}_2$ 是增大的，根据楞次定律，短路铜环会产生感应电势 $\dot{E}_k$ 和电流 $\dot{I}_k$，该电流产生的磁通 $\dot{\Phi}_k$ 总是阻碍原磁通 $\dot{\Phi}_2$ 变化，$\dot{\Phi}_k$ 与 $\dot{\Phi}_2$ 方向相反，使短路铜环罩住部分的磁通减小（$\dot{\Phi}_2 + \dot{\Phi}_k = \dot{\Phi}_3 < \dot{\Phi}_2$），罩住部分合成磁通减小了，磁场中心线偏离了主磁极中心线而处于磁极的左边，即左强右弱，如图 9.13（a）所示。

（2）在定子集中绕组流过的电流从 a 点变化到 b 点（$a \to b$）的这段时间内，电流大小变化缓慢，此时短路铜环中的感应电势 $\dot{E}_k$ 和电流 $\dot{I}_k$ 均很小，对原磁场几乎无影响，磁场中心线与磁极中心线重合且对称，如图 9.13（b）所示。

（3）在定子集中绕组流过的电流从 b 点对应的电流值减小到 0（$b \searrow c$）的这段时间内，电流减小，穿过短路铜环内的磁通也减小，短路铜环内感应电流 $\dot{I}_k$ 产生的磁通 $\dot{\Phi}_k$ 总是阻碍原磁通变化，即与原磁通 $\dot{\Phi}_2$ 方向相同，其合成磁通比原来增大了，即 $\dot{\Phi}_2 + \dot{\Phi}_k = \dot{\Phi}_3 > \dot{\Phi}_2$，磁场的中心线就向短路铜环方向偏移，即左弱右强，如图 9.13（c）所示。

从以上分析可见，在电流变化的半个周期内［见图 9.13（d）］，磁场中心线总是从磁极的未罩住部分向磁极的罩住部分推移一个磁极，因此，单相凸极式罩极异步电动机的转子也总是从磁极的未罩住部分转向磁极的罩住部分，但这种电动机的转向不能改变。

9.4.3 单相罩极式异步电动机的应用

单相罩极式异步电动机的结构简单、制造方便、成本低、维护方便。但它的启动性能和运行性能差，启动转矩较小，一般为 $T_s \approx (0.3 \sim 0.4)T_N$，主要用于小功率单相电动机的空载启动，如用于 250mm 以下的台式电风扇等家用电器中。

9.5 三相异步电动机的单相运行

如图 9.14（a）所示，三相异步电动机在启动前若有一相断路，如 W 相断路，则将在三相异步电动机的 U 相和 W 相绕组中流过单相电流，于是在气隙中便产生一脉振磁场，电机启动转矩 $T_s = 0$，无法自行启动，流过的电流很大，时间长了，将烧毁电动机绕组。

若三相电动机已经正常运行，突然有一相断路而成为单相运行[见图 9.14（b）]，则由于轴上所带负载不变，效率 η 和功率因数 $\cos\varphi$ 均不变，因此输出功率基本不变。三相电动机正常运行时，线电压为 $U_N = 380V$，因此每相电压为 $U_{N\varphi} = 220V$，输出功率为 $P_N = 3U_{N\varphi}I_{N\varphi}\eta\cos\varphi = \sqrt{3}U_N I_N \eta\cos\varphi$，每相绕组分担 $(1/3)P_N$。而变为单相运行时，线电压 $U_N = 380V$，但每相承受的电压为 $U_\varphi = (380/2)V = 190V$，如图 9.14（b）所示，输出功率为 $P_2 = U_\varphi I_\varphi \eta \cos\varphi$，而实际负载转矩 T_L 不变，电磁转矩 T 不变，这时每相绕组分担 $(1/2)P_N$，每相负载增大为原来的 1.5 倍，每相绕组电流也增大为原来的 1.5 倍。另外，由于每相电压降低为原来的 $190/220 \approx 1/1.16$，所以磁通（$\Phi \propto U_\varphi$）Φ 也相应减小为原来的 $1/1.16$。由于负载不变，转矩不变，因此，根据 $T \propto \Phi I_2'$，转子电流 I_2' 又必须增大为原来的 1.16 倍，反映到定子方面，定子电流也随之增大为原来的 1.16 倍，方能保持转矩 $T \propto \Phi I_2' = \frac{1}{1.16}\Phi \times 1.16 I_2' = \Phi I_2'$ 不变。考虑以上两方面的原因，定子每相电流总共增大为原来的 1.5×1.16=1.74 倍，即约为 $\sqrt{3}$ 倍的额定电流。可见，对于单相运行，当负载较轻时，电动机尚能继续运行；但当负载较重时，单相电流增大为 $\sqrt{3}$ 倍的额定电流，时间一长将会烧毁电动机绕组。

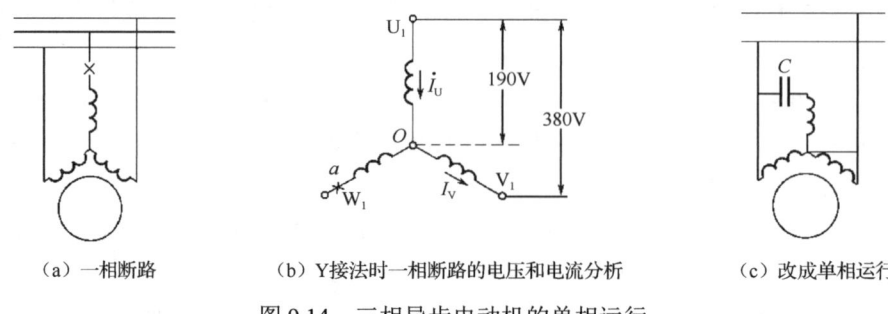

（a）一相断路　　（b）Y接法时一相断路的电压和电流分析　　（c）改成单相运行

图 9.14　三相异步电动机的单相运行

在生产中，如果单相电动机突然损坏，而又无备用的单相电动机时，则可将三相异步电动机改接成单相电动机使用，如图 9.14（c）所示。三相异步电动机改接成单相电动机后，运行在非额定状态，不是最佳状态，输出功率比原来减小了。因此，必须考虑电动机所带负载情况，以免损坏电动机。

电动机从原来的三相运行变为单相运行，必须依靠串联电容来分相（将单相电源裂变为两相），才能产生旋转磁场。三相异步电动机内无离心式开关，电容与三相定子绕组的接法有很多种，这里介绍常用的两种接法，如图 9.15 所示。

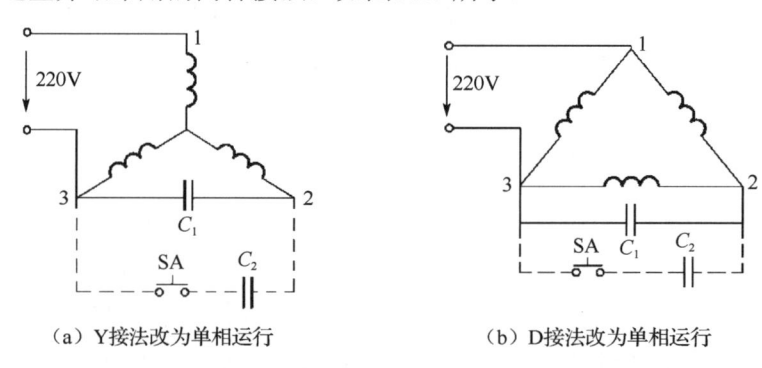

（a）Y接法改为单相运行　　（b）D接法改为单相运行

图 9.15　三相异步电动机改接成单相异步电动机接线图

9.5.1　Y 接法的三相异步电动机改接为单相使用

如果三相电动机的绕组为 Y 接法，则可将一只具有适当电容值的电容并接在绕组引出线的任意两端头，如图 9.15（a）中的 2、3 两接线端所示，然后将 1、3 两接线端接单相电源。若要改变其旋转方向，则可将电源改接在 1、2 两接线端。

9.5.2　D 接法的三相异步电动机改接为单相使用

当三相电动机的绕组为 D 接法时，要改为单相使用，只需将电容直接并联在电动机定子绕组的任意两个出线端上，然后将单相电源的一端接在电动机未接电容的接线端上，将另一端接在电动机绕组其余两端的任意一个接线端上即可。如果要改变其旋转方向，则可将电源线与电动机绕组出线端 2、3 调接，如图 9.15（b）所示。

为增大电动机的启动转矩，在定子绕组中，除了并入工作电容 C_1，还可再并入一启动电容 C_2，如图 9.15（b）所示。启动时，C_1 与 C_2 并联，此时启动转矩将大大增大，电动机启动后，当转速接近额定转速时，一定要通过按钮开关 SA 将启动电容 C_2 切除，否则电动机绕组可能被烧毁。因为若 C_2 未及时被切除，则电容量较大，流入电动机绕组的电流将明显增大。

1. 定子绕组中并入工作电容 C_1

定子绕组中并入的工作电容 C_1 可按如下公式计算：

$$C_1 = \frac{1950 I_N}{U_\varphi \cos\varphi_N} \tag{9-5}$$

式中，C_1——工作电容（μF）；

I_N——三相异步电动机铭牌上的额定电流（A）；

U_φ——单相电源电压（V），一般为 220V；

$\cos\varphi_N$——三相异步电动机铭牌上的额定功率因数。

工作电容 C_1 的电压 U_C 可按下式计算：

$$U_C \approx 1.6 U_\varphi \tag{9-6}$$

2. 启动电容 C_2

启动电容的容量可根据启动时负载的大小来选择，一般 $C_2 \approx (1\sim 4)C_1$。对于 1kW 以下的电动机，可不并入电容 C_2，只需将 C_1 适当加大一些即可。

例 9.1 一台 Y2-90L-4 型电动机，其 $P_N=1.5\text{kW}$，$U_N=380\text{V}$，$I_N=3.7\text{A}$，$\eta_N=78\%$，$\cos\varphi_N=0.79$。当将该电动机接在 220V 单相电源上运行时，试确定并入的工作电容 C_1 和启动电容 C_2 的值？

解：

$$C_1 = \frac{1950 I_N}{U_\varphi \cos\varphi_N} = \frac{1950 \times 3.7}{220 \times 0.79}\mu F \approx 42\mu F$$

工作电容的耐压为

$$U_C = 1.6 U_\varphi = 1.6 \times 220\text{V} = 352\text{V}$$

启动电容为

$$C_2 \approx (1\sim 4)C_1 = (1\sim 4) \times 42\mu F = 42 \sim 168\mu F$$

因为电容的耐压实际取值为交流 400V，所以电容量实际取值为 45μF。

以上两种改接方法简便易行，三相异步电动机本身并不需要改装，改成单相后，若电容选择适当，则输出功率可达三相异步电动机额定功率的 70%~80%，但其运行性能较三相异步电动机差。

9.6 单相异步电动机的调速

单相异步电动机的调速方法有变频调速、串联电容器调速、晶闸管降压调速、串联电抗器降压调速、抽头调速等。目前常用的有串联电抗器降压调速和抽头调速。

9.6.1 串联电抗器降压调速

串联电抗器（调速器）降压调速是指将电抗器与电动机定子绕组串联，再接于电源上，如图9.16所示。它利用电抗器产生一电压降，使得加到定子绕组上的实际电压低于电源电压，从而达到降压调速的目的。通过调速开关，可改变电抗器绕组的匝数，从而改变电抗值的大小，以便改变电动机绕组两端的电压，获得不同的转速，如吊式风扇就有 3 或 5 个抽头。

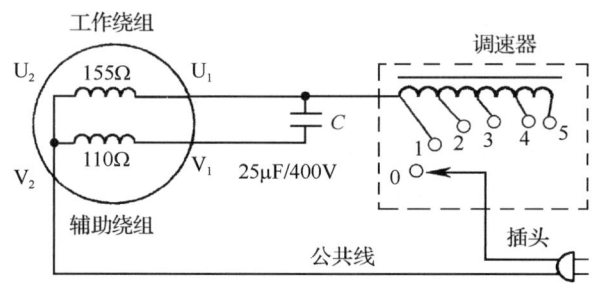

图 9.16 单相异步电动机串联电抗器降压调速接线图

当采用串联电抗器降压调速时，电动机转速只能从额定转速向下调速。该调速方法线路简单、操作方便，但降压后电动机的转矩和功率将减小。

9.6.2 电动机绕组抽头调速

电容运转单相异步电动机的定子上通常有工作绕组、辅助绕组、调速绕组（又称中间绕组），通过调速开关改变调速绕组与工作绕组、辅助绕组的连接方式，从而改变气隙磁场大小及磁场的椭圆度，达到调速的目的。

调速绕组与工作绕组、辅助绕组通常有 T 形和 L 形两种接线方式，如图9.17所示。电动机绕组抽头调速无须专门的电抗器，功耗低、省料、成本低、调速性能较稳定。台式风扇多采用这种方法调速，但此方法绕组嵌线、接线较复杂。抽头调速台式风扇性能如表 9.1 所示。

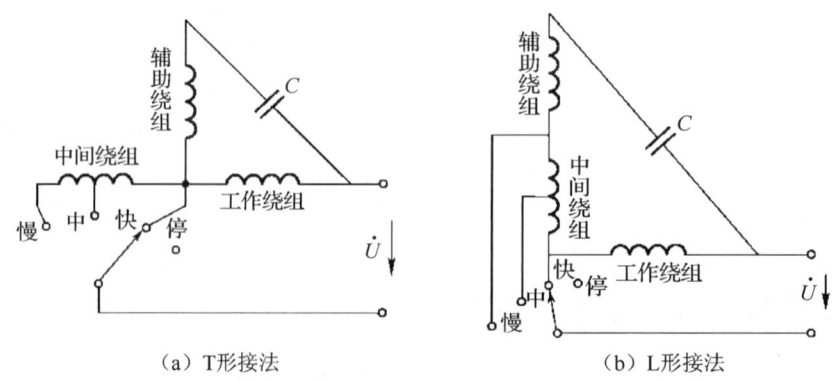

图 9.17 单相异步电动机绕组抽头调速线路图

表 9.1 抽头调速台式风扇性能（电源电压 220V/50Hz）

台式风扇规格/mm		300			350			400		
调速挡		快	中	慢	快	中	慢	快	中	慢
消耗功率 P_N/W		30	22	20	45	37	34	58.5	48.5	42
转速 n/(r/min)		1260	1130	930	1305	1100	910	1303	1069	808
绕组温升/℃	工作绕组	22	—	—	37	—	—	30.1	—	—
	辅助绕组	26	—	—	39	—	—	31.7	—	—

9.7 单相异步电动机的定子绕组

单相异步电动机定子绕组的分类如下：

$$\begin{cases} 集中绕组：用于单相凸极式异步电动机定子绕组 \\ 分布绕组 \begin{cases} 单层绕组 \\ 双层绕组 \\ 正弦绕组 \end{cases} \end{cases}$$

不同的单相异步电动机采用不同的绕组形式，它们的连接规律和特点也各不相同，下面分别介绍。

9.7.1 单相电阻分相启动和电容分相启动异步电动机的定子绕组

单相电阻分相和电容分相异步电动机启动时，工作绕组（主绕组）U_1-U_2 和辅助绕组 V_1-V_2 并联后同时接于电源上，但待启动结束后，辅助绕组 V_1-V_2 应从电源上切除，正常工作时只有工作绕组 U_1-U_2 接在电源上。因此，工作绕组应占总槽数的2/3，辅助绕组占总槽数的1/3。

1. 工作绕组与辅助绕组所占槽数 Z_U、Z_V

工作绕组与辅助绕组所占槽数为

$$\left. \begin{array}{l} Z_U = \dfrac{2}{3}Z_1 \\ Z_V = \dfrac{1}{3}Z_1 \end{array} \right\} \quad (9\text{-}7)$$

式中，Z_1——单相异步电动机定子铁芯总槽数；
Z_U——单相异步电动机定子工作绕组所占槽数；
Z_V——单相异步电动机定子辅助绕组所占槽数。

2. 工作绕组与辅助绕组的匝数的关系

$$N_V \approx (1/2 \sim 1/3)N_U \quad (9\text{-}8)$$

式中，N_U——单相异步电动机定子工作绕组匝数；
N_V——单相异步电动机定子辅助绕组匝数。

3. 工作绕组与辅助绕组的导线截面积的关系

工作绕组与辅助绕组的导线截面积的关系为

$$S_V = (1/2 \sim 1/3)S_U \tag{9-9}$$

式中，S_U——定子工作绕组导线截面积；

S_V——定子辅助绕组导线截面积。

9.7.2 单相同心式绕组

单相同心式绕组与三相同心式绕组的连接规律相同，不同的是工作绕组与辅助绕组所占槽数不等，两相绕组在空间上互差90°电角度。下面以一实例说明其特点。

例 9.2 一台单相电容启动异步电动机，其 $Z_1 = 24$ 槽，$2P = 4$ 极，支路数 $a = 1$，试绕制单相同心式绕组。

解：（1）绕组数据的计算。

极距：$\tau = Z_1/2P = 24/4 = 6$。

工作绕组所占槽数：$Z_U = \dfrac{2}{3}Z_1 = \dfrac{2}{3} \times 24 = 16$。

辅助绕组所占槽数：$Z_V = \dfrac{1}{3}Z_1 = \dfrac{1}{3} \times 24 = 8$。

工作绕组每磁极下的槽数：$q_U = Z_U/2Pm_1 = 16/(4 \times 1) = 4$。

辅助绕组每磁极下的槽数：$q_V = Z_V/2Pm_1 = 8/(4 \times 1) = 2$。

槽距角：$\alpha = 360°P/Z_1 = 360° \times 2/24 = 30°$。

（2）各相槽号的划分如图9.18所示。

U 相：1、2、3、4；7、8、9、10；13、14、15、16；19、20、21、22。

V 相：5、6；11、12；17、18；23、24。

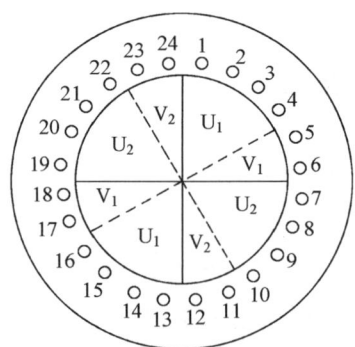

图 9.18 各相槽号的划分

（3）在展开图中标注电动机槽号、分极、分相，如图9-19（a）所示。

（4）U 相绕组展开图。工作绕组 U_1-U_2 的连接规律是头接头、尾连尾，如图9.19（b）所示。

（5）辅助绕组 V_1-V_2 展开图。辅助绕组 V_1-V_2 与工作绕组 U_1-U_2 应相差90°电角度，即相隔 $3(90°/\alpha = 90°/30° = 3)$ 个槽，U 相绕组首端从 3 号槽进，尾端从 21 号槽出；而 V 相绕组首端从 6(3+3) 号槽进，尾端从 24(21+3) 号槽出。辅助绕组 V_1-V_2 的连接规律与工作绕组 U_1-U_2 的连接规律相同，如图9.19（c）所示。

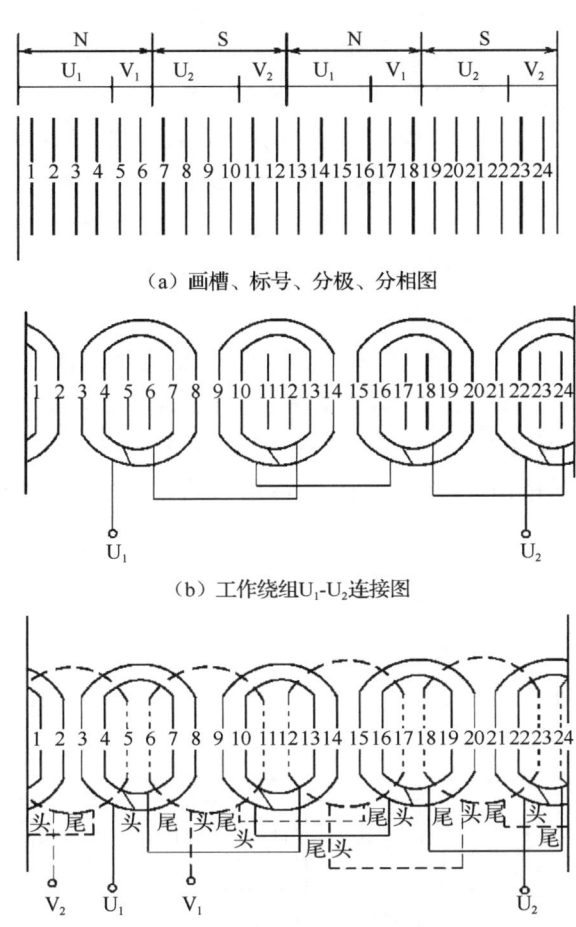

图 9.19　24 槽 4 极单相电容启动异步电动机绕组展开图

9.7.3　单相电容运转和双值电容异步电动机绕组

单相电容运转和双值电容异步电动机的辅助绕组 V_1-V_2 与工作绕组 U_1-U_2 均长期并接于电网中运行，因此，辅助绕组 V_1-V_2 与工作绕组 U_1-U_2 各占总槽数的 1/2，即

$$Z_U = Z_V = Z_1/2 \tag{9-10}$$

辅助绕组 V_1-V_2 与工作绕组 U_1-U_2 的导线截面积相同或相近，即

$$S_U \approx S_V \tag{9-11}$$

单相电容运转和双值电容异步电动机绕组的连接规律及特点以一实例说明。

例 9.3　一台单相电容运转异步电动机，其 $Z_1 = 24$ 槽，$2P = 4$ 极，支路数 $a = 1$，采用单相同心式绕组，试说明连接规律。

解：（1）绕组数据的计算。

极距：$\tau = Z_1/2P = 24/4 = 6$。

工作绕组及辅助绕组所占的槽数：$Z_U = Z_V = Z_1/2 = 24/2 = 12$。

工作绕组及辅助绕组每磁极下的槽数：$q_U = q_V = Z_U/2Pm_1 = 12/(4 \times 1) = 3$。

槽距角：$\alpha = 360°P/Z_1 = 360° \times 2/24 = 30°$。

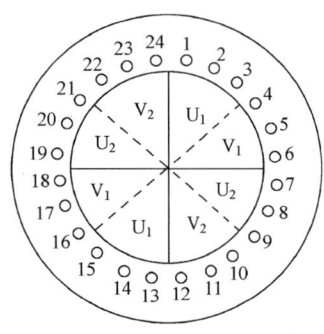

图 9.20 各相槽号的划分

(2) 各相槽号的划分如图 9.20 所示。

U 相：1、2、3；7、8、9；13、14、15；19、20、21。

V 相：4、5、6；10、11、12；16、17、18；22、23、24。

(3) 在展开图中标注槽号，如图 9.21（a）所示。

(4) U 相绕组展开图。工作绕组 U_1-U_2 的连接规律是头接头、尾连尾，属于交叉链式绕组，可节省铜线，如图 9.21（b）所示。

(5) 辅助绕组 V_1-V_2 的连接规律。辅助绕组 V_1-V_2 与工作绕组 U_1-U_2 应相差 90° 电角度，即相隔 $3(90°/\alpha = 90°/30° = 3)$ 个槽，U 相绕组首端 U_1 从 1 号槽进，尾端 U_2 从 20 号槽出；V 相绕组首端 V_1 从 4（1+3）号槽进，尾端 V_2 从 23 号槽出。辅助绕组 V_1-V_2 的连接规律与工作绕组 U_1-U_2 的连接规律相同，如图 9.21（c）所示。

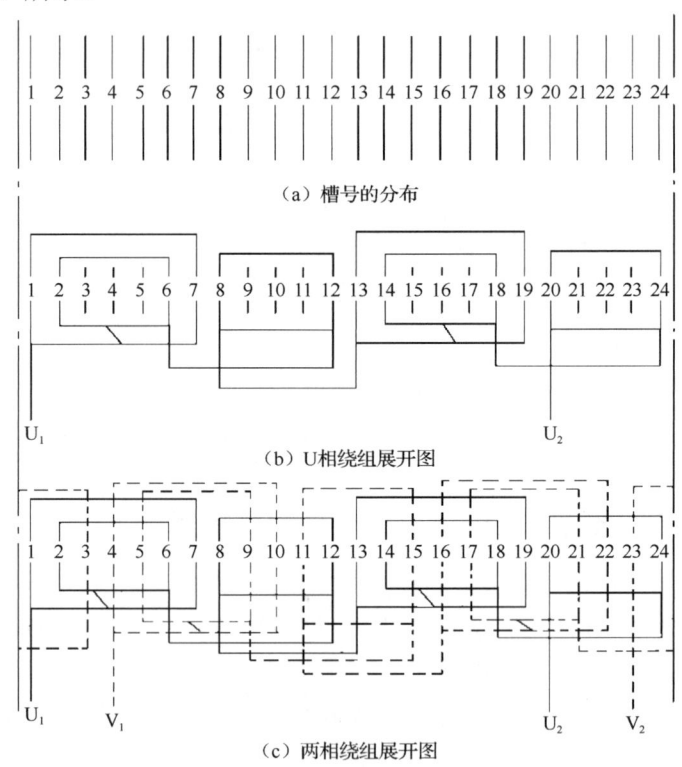

图 9.21 单相 24 槽 4 极电容运转异步电动机绕组展开图

9.7.4 单相正弦绕组

前面介绍的普通单相异步电动机的电势波形，除基波（正弦波）以外，还含有一系列奇次高次谐波，这些奇次高次谐波将产生一系列附加转矩，使电动机的启动和运行性能变差，振动、电磁噪声都较大，这种电动机在家用电器中不适用。为了改善启动和运行性能，单相异步电动机常采用正弦绕组，如在电冰箱、洗衣机、空调、电风扇的电动机中均采用正弦绕组。

1. 正弦绕组的构成

正弦绕组各槽导体数按一定规律分布，使电动机气隙获得正弦曲线的磁场波形，故称为正弦绕组。这种绕组能消除或明显削减高次谐波。正弦绕组从形式上看与同心式绕组相似，定子铁芯槽数不是按工作绕组与辅助绕组来分配的，工作绕组与辅助绕组的匝数也不是均匀分布的，而是将两套绕组的匝数按不同数量分布在定子铁芯各槽中，并且在某些槽内只嵌放工作绕组或辅助绕组，但在另一些槽内既嵌放工作绕组又嵌放有辅助绕组，如图 9.22 所示。从图 9.22 可见，槽内分为上下两层，在嵌放绕组时，一般将辅助绕组嵌放在槽的上层，以便修理，而将工作绕组嵌放在槽的下层，上下层之间用绝缘材料隔开。

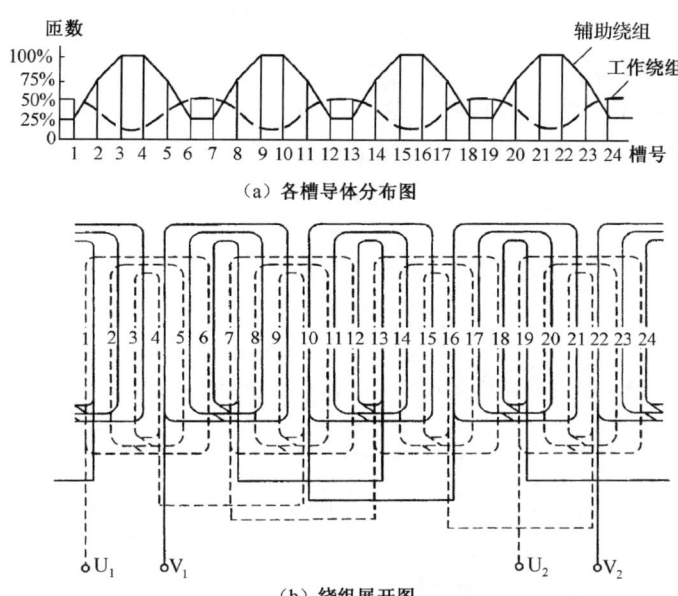

图 9.22 单相异步电动机正弦绕组分布

2. 正弦绕组的分布规律

（1）计算同心式线圈一半节距的正弦值：

$$\sin(x \sim x') = \sin\frac{y(x \sim x')}{2} \times \frac{\pi}{\tau} = \sin\left(\frac{y}{\tau} \cdot 90°\right) \tag{9-12}$$

式中，$\sin(x \sim x')$——同心式线圈半节距的正弦值；

y——同心式线圈的节距（槽）；

$(x \sim x')$——同心式线圈两有效边的起止槽号；

τ——极距（槽）。

（2）每磁极线圈半个节距的总正弦值：

$$\sum \sin(x \sim x') = \sin(x_1 \sim x_1') + \sin(x_2 \sim x_2') + \cdots + \sin(x_n \sim x_n') \tag{9-13}$$

（3）正弦绕组各同心式线圈占每磁极线圈的百分数 $K_{(x \sim x')}\%$：

$$K_{(x \sim x')}\% = \frac{\sin(x \sim x')}{\sum \sin(x \sim x')} \times 100\% \tag{9-14}$$

（4）每个同心式绕组的匝数 N_x：

$$N_x(x \sim x') = N \times \frac{\sin(x \sim x')}{\sum \sin(x \sim x')} \tag{9-15}$$

3. 正弦绕组分布举例

例 9.4 一台单相电容运转异步电动机的定子铁芯槽数 $Z_1 = 24$ 槽，$2P = 4$ 极，工作绕组和辅助绕组均按同心式正弦规律分布。若每个磁极下工作绕组的总匝数 $N = 553$ 匝，试计算同心式正弦绕组各线圈在各槽中的分布匝数。

解：

极距：$\tau = Z_1/2P = 24/4 = 6$。

槽距角：$\alpha = 360°P/Z_1 = 360° \times 2/24 = 30°$。

从图 9.22 可见，工作绕组每磁极由 $(3 \sim 4)$ 槽，$(2 \sim 5)$ 槽，$(1 \sim 6)$ 槽 3 个线圈组成，因此，同心式正弦绕组各线圈在槽内所占匝数如下：

（1）线圈 $(3 \sim 4)$ 槽，节距为 $y = 4 - 3 = 1$ 槽，有：

$$\sin(3 \sim 4) = \sin\left(\frac{y}{\tau} \times 90°\right) \approx \sin\left(\frac{1}{6} \times 90°\right) = \sin 15° \approx 0.25882$$

线圈 $(2 \sim 5)$ 槽，节距为 $y = 5 - 2 = 3$ 槽，有：

$$\sin(2 \sim 5) = \sin\left(\frac{y}{\tau} \times 90°\right) = \sin\left(\frac{3}{6} \times 90°\right) \approx \sin 45° \approx 0.70711$$

线圈 $(1 \sim 6)$ 槽，节距为 $y = 6 - 1 = 5$ 槽，有：

$$\sin(1 \sim 6) = \sin\left(\frac{y}{\tau} \times 90°\right) = \sin\left(\frac{5}{6} \times 90°\right) \approx \sin 75° \approx 0.96593$$

（2）$\sum \sin(x \sim x') = \sin(3 \sim 4) + \sin(2 \sim 5) + \sin(1 \sim 6)$
$= 0.25882 + 0.70711 + 0.96593 = 1.93186$。

（3）$K_{(3 \sim 4)}\% = \dfrac{\sin(3 \sim 4)}{\sum \sin(x \sim x')} \times 100\% = \dfrac{0.25882}{1.93186} \times 100\% \approx 13.397\%$。

$K_{(2 \sim 5)}\% = \dfrac{\sin(2 \sim 5)}{\sum \sin(x \sim x')} \times 100\% = \dfrac{0.70711}{1.93186} \times 100\% \approx 36.603\%$。

$K_{(1 \sim 6)}\% = \dfrac{\sin(1 \sim 6)}{\sum \sin(x \sim x')} \times 100\% = \dfrac{0.96593}{1.93186} \times 100\% \approx 50\%$。

（4）$N_{(3 \sim 4)} = N \times K_{(3 \sim 4)}\% = 553$ 匝 $\times 13.397\% = 553$ 匝 $\times 0.13397 \approx 74$ 匝。

$N_{(2 \sim 5)} = N \times K_{(2 \sim 5)}\% = 553$ 匝 $\times 36.603\% = 553$ 匝 $\times 0.36603 \approx 202$ 匝。

$N_{(1 \sim 6)} = N \times K_{(1 \sim 6)}\% = 553$ 匝 $\times 50\% \approx 553$ 匝 $\times 0.50 \approx 277$ 匝。

正弦绕组中的工作绕组与辅助绕组在槽内的分布规律是相同的，但辅助绕组与工作绕组应互差 90° 电角度，因此，应间隔 3（$90°/\alpha = 90°/30° = 3$）个槽，即 U 相的首端 U_1 从 1 号槽进，尾端 U_2 从 19 号槽出；而 V 相的首端 V_1 从 4 号槽进，尾端 V_2 从 22 号槽出，如图 9.22 所示。

由以上分析可见，中间 $(3 \sim 4)$ 槽嵌放的线圈匝数较少，为提高槽的利用率和制造方便起见，可将这两槽空出，全部嵌放辅助绕组；而将(1~6)槽空出，全部嵌放工作绕组，这样，每磁极下每相减少了一个线圈，即在每磁极下就只有两个同心式线圈，其正弦值之和变为：

$$\sum \sin(x \sim x') = \sin(2 \sim 5) + \sin(1 \sim 6) \approx 0.70711 + 0.96593 = 1.67304$$

各同心式线圈占每磁极线圈的百分数为：

$$K_{(2 \sim 5)}\% = \frac{0.70711}{1.67304} \times 100\% \approx 42.265\%$$

$$K_{(1 \sim 6)}\% = \frac{0.96593}{1.67304} \times 100\% = 57.735\%$$

同心式线圈在各槽中的匝数：

$$N'_{(2 \sim 5)} = N \cdot K_{(2 \sim 5)}\% = 553 \times 42.265\% = 553 \times 0.42265 \approx 234 (匝)。$$

$$N'_{(1 \sim 6)} = N \cdot K_{(1 \sim 6)}\% = 553 \times 57.735\% = 553 \times 0.57735 \approx 319 (匝)。$$

辅助绕组也按照此规律嵌放在(5~8)槽和(4~9)槽中，经过以上调整，对电势正弦波形的影响并不大，但绕组的绕制和嵌线都比较方便，槽满率相应提高了，如图9.23所示。

单相洗衣机电动机正、反转接线图如图9.24所示。

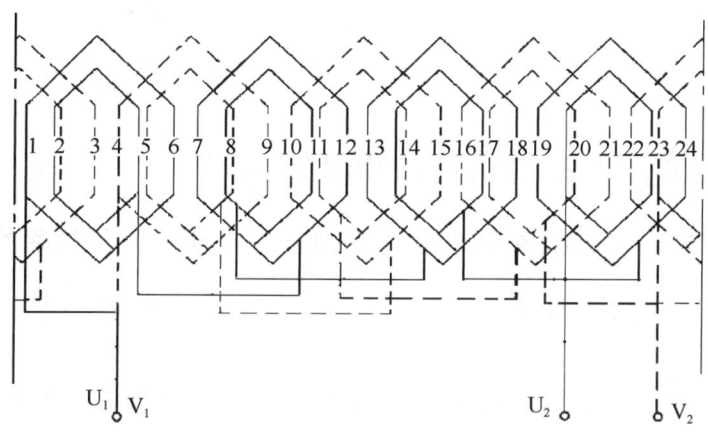

图9.23　单相洗衣机电动机绕组展开图

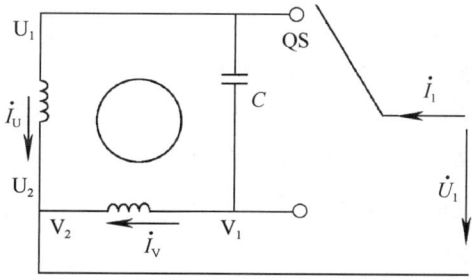

图9.24　单相洗衣机电动机正、反转接线图

单相电容运转异步电动机（吊式风扇）绕组展开图如图9.25所示。

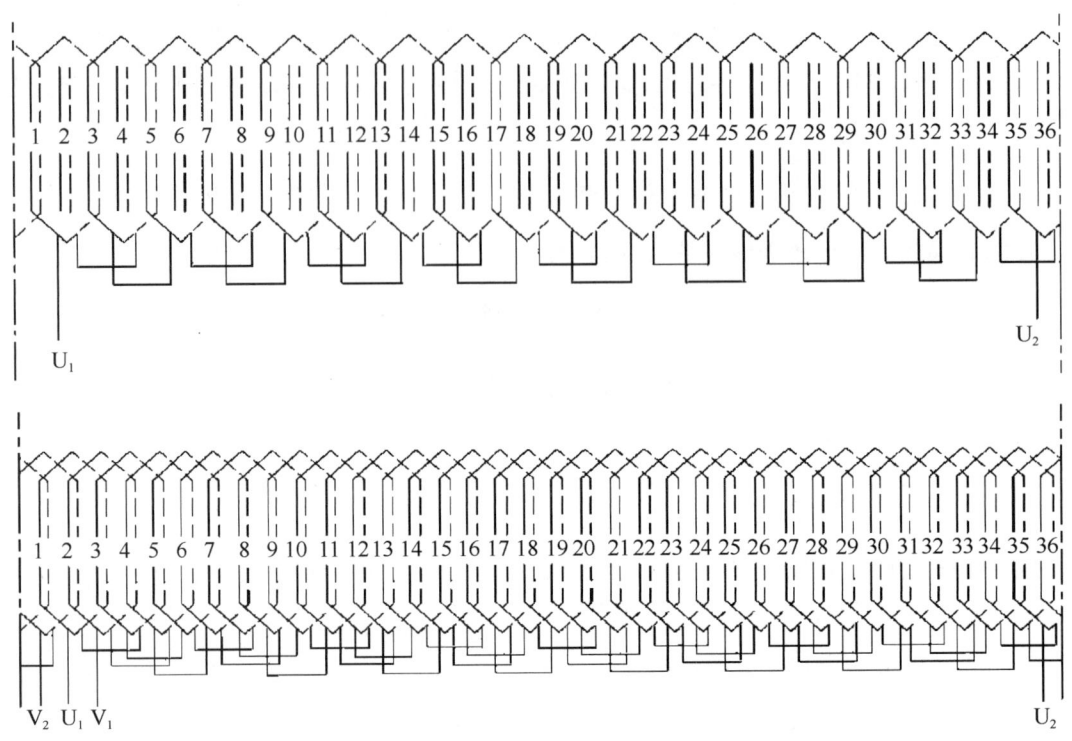

图 9.25 单相电容运转异步电动机（吊式风扇）绕组展开图

9.8 单相异步电动机常见故障及维修

9.8.1 单相异步电动机常见故障与三相异步电动机常见故障的区别

单相异步电动机常见故障与三相异步电动机常见故障基本相似，特殊之处仅在于它的结构。

（1）单相异步电动机设有启动装置（如离心式开关、启动继电器等）。

（2）单相异步电动机的定子铁芯中不仅嵌有工作绕组，还嵌有辅助绕组，并配有启动电容。

（3）单相异步电动机的功率小，定子、转子之间的气隙小。

如果以上部位发生故障，则必须仔细检查。

单相异步电动机的维护和三相异步电动机的维护类似，要经常注意电动机运转是否正常，能否正常启动，有无异常噪声和振动，温升是否过高，有无焦臭味。单相异步电动机的故障也分为电磁故障和机械故障两大类。检修时应根据故障现象分析产生故障的根源，准确判断故障，以便迅速修复。

9.8.2 单相异步电动机常见故障的维修方法

单相异步电动机常见故障的维修方法如表 9.2 所示。

表 9.2 单相异步电动机常见故障的维修方法

故 障 现 象		故 障 原 因	维 修 方 法
通电后电动机不能启动	电动机发出嗡嗡声，但用外力推动后可正常旋转	（1）辅助绕组内断路 （2）离心式开关损坏或接触不良 （3）电流型启动继电器线圈断路或触点接触不良 （4）PTC 启动继电器损坏而断路 （5）电容失效、断路或容量减小太多 （6）罩极式电动机短路铜环断开或脱焊	（1）用万用表找出断路点，进行局部修理或更换组 （2）检查离心式开关，如果不灵活，则予以调整；如果触点接触面粗糙，则予以磨光；如果不能修复，则更换 （3）用万用表确定故障，修理线圈或触点，或者更换线圈 （4）用万用表检测，确定故障后予以更换 （5）更换电容 （6）焊接或更换短路铜环
	电动机发出嗡嗡声，外力推动电动机仍不旋转	（1）电动机过载 （2）轴承故障 ① 轴承损坏 ② 轴承内有杂物 ③ 润滑脂干涸 ④ 轴承装配不良 （3）端盖装配不良 （4）定子、转子铁芯相擦 ① 轴承严重磨损 ② 转轴弯曲 ③ 铁芯冲片变形有凸出 （5）鼠笼式转子断条 （6）主绕组接线错误	（1）测电动机的电流，判断所带负载是否正常，若过载，则减小负载或更换较大容量的电动机 （2）检查维修轴承 ① 更换轴承 ② 清洗轴承，换上新的润滑脂（油），润滑脂充填量不超过轴承室容积的 70% ③ 清洗和更换润滑脂 ④ 重新装配，调整同轴，使转动灵活 （3）重新调整装配端盖，予以校正 （4）检修定子、转子铁芯 ① 更换轴承 ② 检测转轴，若弯曲，则予以校正 ③ 检查铁芯冲片，锉去铁芯冲片凸出部分 （5）检查并修理转子或更换转子 （6）检查并重新接线
	没有嗡嗡声	（1）电源断线或进线线头松动 （2）工作绕组内断路 （3）工作绕组短路或过热烧毁	（1）检查电源，恢复供电，或者接牢线头 （2）用万用表找出断路点并予以局部维修 （3）查找短路点，局部维修或更换组
电动机转速低于正常转速		（1）电动机过载运行 （2）电源电压偏低 （3）启动装置故障，启动后辅助绕组未从电源脱离 （4）电容损坏（击穿、断路或容量减小） （5）工作绕组短路或部分接线错误 （6）轴承损坏或缺油等造成摩擦阻力加大 （7）鼠笼式转子断条，造成负载能力下降	（1）检测负载电流，判断负载大小，减小负载 （2）查明原因，提高电源电压 （3）检查启动装置是否失灵，触点是否粘连，并予以修理或更换 （4）更换电容 （5）检查、维修或更换绕组 （6）清洗、更换润滑脂，或者更换轴承 （7）查找断条处，并予以修理或更换转子
电动机过热	电动机启动后很快发热	（1）电源电压过高或过低 （2）启动装置故障，启动后，辅助绕组未从电源上脱离 （3）工作绕组与辅助绕组接错，将辅助绕组当作工作绕组接在电源上 （4）负载大小不合适 （5）工作绕组短路或接地 （6）工作绕组与辅助绕组间短路	（1）查找电源原因，调整电源电压 （2）检查启动装置，修理或更换启动装置 （3）检查并重新接线 （4）过载时减小负载。电容运转电动机空载运行时发热属正常现象，可增大负载 （5）查找短路点或接地点，局部修复或更换绕组 （6）查找短路点，局部修复或更换绕组
	运行中温升过高	（1）电源电压过高或过低 （2）电动机过载运行 （3）工作绕组匝间短路 （4）轴承缺油或损坏 （5）定子、转子铁芯相擦 （6）绕组重绕时，绕组匝数或导线截面选择不当 （7）转子笼条、端环断裂	（1）查明原因，调整电源电压 （2）减小负载 （3）修理工作绕组 （4）清洗轴承并加润滑脂，或者更换轴承 （5）查明原因，予以修复 （6）选择导线，重新更换绕组 （7）查找断裂处并予以修复

续表

故障现象		故障原因	维修方法
电动机过热	运行中冒烟,发出焦烟味	(1) 绕组短路烧毁 (2) 绝缘受潮严重,通电后绝缘击穿烧毁 (3) 绝缘老化造成短路烧毁	检查短路点和绝缘状况,根据检查结果局部或全部更换绕组
	轴承端盖部位发热严重	(1) 轴承内润滑脂干涸 (2) 轴承内有杂物或损坏 (3) 轴承装配不当,转子转动不灵活	(1) 清洗轴承、更换润滑脂 (2) 清洗或更换轴承 (3) 重新装配、调整。用木槌轻敲端盖,按对角顺序拧紧端盖螺栓,松紧度应均匀,同时不断试转转轴,查看是否灵活,直至螺栓全部拧紧
电动机运行中,振动或噪声大		(1) 转轴弯曲等引起不平衡 (2) 轴承磨损、缺油或损坏 (3) 绕组短路或接地 (4) 转子绕组笼条、端环断裂,造成不平衡 (5) 电动机端盖松动 (6) 定子、转子铁芯相擦 (7) 转子轴向窜动量过大 (8) 冷却风扇松动,或者风扇叶片与风罩相擦	(1) 查明原因,予以校正 (2) 清洗和更换润滑脂或更换轴承 (3) 查找故障点,予以修复 (4) 查找断裂处,予以修理 (5) 拧紧端盖紧固螺栓 (6) 检查并予以修理 (7) 轴向游隙应小于 0.4mm,过大应加垫片调整 (8) 调整并固定
电动机通电后,熔丝烧断		(1) 引出线短路或接地 (2) 绕组严重短路或接地 (3) 负载过大或卡住,使电动机不能转动	(1) 测电阻,查找故障点并修复 (2) 测电阻,查找故障点并修复 (3) 减小负载,或者拆开电动机查找原因并修复
触摸电动机外壳,有触电麻手感觉		(1) 绕组接地 (2) 引线或接线头接地 (3) 绝缘受潮漏电 (4) 绝缘老化	(1) 查找接地点,并予以修复 (2) 更换引线,重新接线,或者处理其绝缘 (3) 测试绝缘吸收比,烘干处理 (4) 更换绕组

本 章 小 结

1. 单相异步电动机通以单相电流将产生一脉振磁场,可以分解成两个大小相等、转向相反、转速相同($n_0 = \pm 60 f_1/P$)的旋转磁场。该磁场作用在同一个转子绕组上,产生两个大小相等、转向相反的电势$\dot{E}_{2+} = \dot{E}_{2-}$、电流($\dot{I}_{2+} = \dot{I}_{2-}$)、电磁转矩($T_+ = T_-$),合成转矩为零($T = T_+ + T_- = 0$)。因此,单相异步电动机通以单相电流,不能自行启动。

2. 要解决单相异步电动机的工作问题,首先得解决启动问题。单相异步电动机必须要有两相对称绕组,一套是工作绕组 U_1-U_2,另一套是辅助绕组 V_1-V_2,两绕组在空间上互差 90°电角度,通以时间上互差 90°电角度的电流,便产生一旋转磁场。两相电流只有通过分相来实现,因此,单相异步电动机可分为单相分相式异步电动机和单相罩极式异步电动机。单相分相式异步电动机又可分为单相电阻分相异步电动机、单相电容分相异步电动机、单相电容运转异步电动机、单相电容启动和电容运转异步电动机。单相罩极式异步电动又可分为单相凸极式罩极异步电动机和单相隐极式罩极异步电动机。

3. 单相分相异步电动机要改变转向,只需将工作绕组或辅助绕组首尾端调接即可;单相凸极式罩极异步电动机不能改变转向。

4. 单相异步电动机为了改善电势波形,削减高次谐波,减小电磁噪声,常采用正弦绕组。

习 题 9

一、填空题

9.1 单相异步电动机若只有一套绕组，则当通单相电流启动时，启动转矩为_____，电机_____启动；若正在运行中，轻载时则_____继续运行。

9.2 单相异步电动机根据获得磁场方式的不同，可分为_____和_____两大类；根据电流分相的方法不同，单相异步电动机的启动方式有_____、_____、_____、_____。

9.3 单相异步电动机通以单相电流，产生一_____磁场，可以分解成_____相等、_____相反、_____相同的两旋转磁场。

9.4 如果一台三相异步电动机尚未运行就有一相断线，则电动机_____启动；若轻载下正在运行中有一相断线，则电动机_____。

二、选择题

9.5 单相异步电动机的定子绕组是单相的，转子绕组为鼠笼型，单相异步电动机的定子绕组有两套绕组，一套是工作绕组，另一套是辅助绕组，两套绕组在空间上相差（ ）电角度。

　　A．120°　　　　　　　　B．60°　　　　　　　　C．90°

9.6 单相异步电动机的电容启动是指在辅助绕组回路中串联一只开关和一只适当的（ ），再与工作绕组并联。

　　A．电阻　　　　　　　　B．电容　　　　　　　　C．电抗

9.7 单相异步电动机的电阻启动是指在辅助绕组回路中串联一只适当的（ ），使工作绕组与辅助绕组的电流在相位上相差一个电角度。

　　A．电阻　　　　　　　　B．电容　　　　　　　　C．电抗

9.8 单相凸极式罩极异步电动机的磁极极靴的（ ）处开有一个小槽，在开槽的这一小部分套装一个短路铜环，此铜环称为罩极绕组或辅助绕组。

　　A．1/3　　　　　　　　B．1/2　　　　　　　　C．1/5

9.9 单相罩极式异步电动机在正常运行时，气隙中的合成磁场是（ ）。

　　A．脉振磁场　　　　　B．圆形旋转磁场　　　　C．椭圆形旋转磁场

三、判断题（正确的打√，错误的打×）

9.10 当三相异步电动机一相断路时，相当于一台单相异步电动机，无启动转矩，不能自行启动。（ ）

9.11 单相异步电动机的体积比同容量的三相异步电动机的体积大，但功率因数、效率、过载能力比同容量三相异步电动机低。（ ）

9.12 单相双值电容异步电动机在启动时两电容并联，以增大电容值，达到启动的目的，启动结束后，应将电容全部切除。（ ）

9.13 电阻分相启动和电容分相启动异步电动机都能在气隙中形成圆形旋转磁场。（ ）

9.14 单相正弦绕组每槽导体数都是相等的。（ ）

9.15 电阻分相启动和电容分相启动异步电动机启动结束后，辅助绕组和电容或电阻都要从电网中切除。（ ）

四、问答题

9.16　为什么单相异步电动机不能自行启动？

9.17　怎样改变单相电容运转异步电动机的旋转方向？单相罩极式异步电动机能否改变旋转方向？为什么？

9.18　一台带轻负载正在运行的三相异步电动机，若突然一相断线，那么此时电动机能否继续运行？若启动前就有一相断了线，那么电动机能否自行启动？为什么？

9.19　单相电容启动异步电动机能否当作电容运转异步电动机使用？为什么？

9.20　一般电容启动异步电动机的工作绕组和辅助绕组约各占总槽数的多少？为什么？对于电容运转异步电动机，又约各占总槽数的多少？

9.21　单相异步电动机正弦绕组有哪些优点？

9.22　一台吊式风扇采用电容运转异步电动机，通电后无法启动，而用手拨动，转动灵活，这可能是哪些原因造成的？

※第 10 章 同步电机

内容提要

- 同步电机的结构特点、工作原理。
- 同步电机的不同启动方法。
- 功率因数的调节。

同步电机是交流电机之一，因其转子转速 n 与旋转磁场转速 n_0 始终相等，故称同步电机。同步电机包括同步发电机、同步电动机和同步补偿机。三相同步电机主要作为发电机使用，全世界电力系统均采用三相同步发电机供电。同步电动机主要用于大功率、转速不需要调节的生产机械中，如大型水泵、空气压缩机、通风机等；可改善电网功率因数 $\cos\varphi$，具有转速稳定、过载能力强等优点；但是它没有启动转矩，应用范围受到一定的限制。同步补偿机又称同步调相机，相当于一台空载运行的同步电动机，通过改变励磁电流 I_f 来调节电网无功功率，从而提高电网功率因数 $\cos\varphi$。本章主要介绍同步电动机。

10.1 同步电机的基本工作原理、分类及结构

10.1.1 同步电机的基本工作原理

1. 同步发电机的基本工作原理

同步电机绕组接线如图 10.1 所示。在定子铁芯内圆均匀分布的槽内嵌放三相对称绕组，同步电机的定子又称电枢。转子主要由铁芯和励磁绕组构成，当励磁绕组通以直流电流 I_f 时，转子立即产生一个恒定的磁场（N、S）。对于同步发电机，若用原动机拖动转子以转速 n 旋转，则恒定的磁场随着转子的转动便形成一旋转磁场，定子导体被该磁场切割而产生交流电势（设计的结构使磁场在空间按正弦规律分布），因此，各相绕组中产生的交变电势也随时间按正弦规律变化。三相电势彼此互差 $120°$ 电角度，即

$$\left.\begin{array}{l}e_U = E_m \sin\omega t \\ e_V = E_m \sin(\omega t - 120°) \\ e_W = E_m \sin(\omega t - 240°)\end{array}\right\} \tag{10-1}$$

该电势的频率为

$$f_1 = Pn/60 \tag{10-2}$$

式中，E_m——绕组相电势的最大值（V）；

$\omega = 2\pi f_1$——交流电的角频率（rad/s）；

P ——电动机的磁极对数；

n ——转子转速（r/min）。

一般，汽轮发电机为一对磁极或两对磁极，同步转速较高，比较经济；而水轮发电机磁极对数较多，有的可达 30 对磁极，转速 $n=100$r/min。当同步发电机的定子绕组接上负载后，便输出三相电能，从而实现将机械能转换成电能。

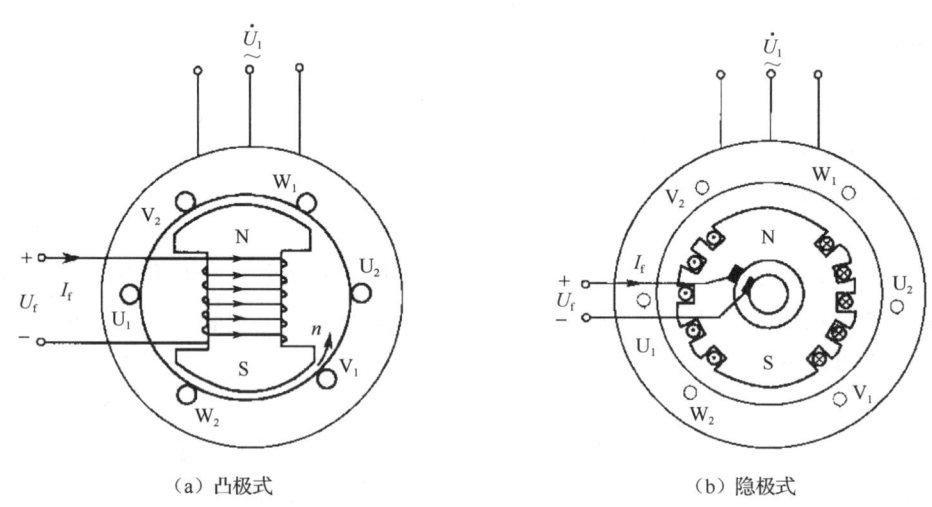

(a) 凸极式　　　　　　　　　　　　　(b) 隐极式

图 10.1　同步电机绕组接线

2．同步电动机的基本工作原理

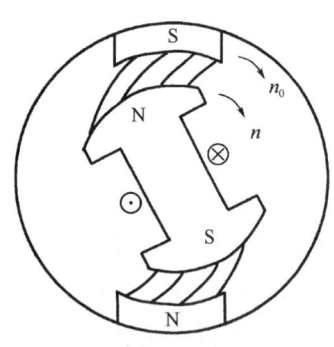

图 10.2　同步电动机原理图

同步电动机的结构与同步发电机的结构相同，若定子绕组通以三相交流电流，则气隙中会产生一旋转速度为 n_0 的旋转磁场，此时若在转子励磁绕组中通一直流电流 I_f 以励磁，则在转子中建立一恒定磁场。该磁场与定子磁场相互吸引，拖动负载沿着定子磁场方向以相同的转速 n_0 旋转，如图 10.2 所示。

转子的转速为：

$$n = n_0 = 60f_1/P \qquad (10\text{-}3)$$

从式（10-3）可知，无论是同步发电机还是同步电动机，其转速 n 与交流电的频率 f_1 之间保持着严格不变的关系，这就是同步电机的显著特点，也是同步电机与异步电机的基本差别之一。

10.1.2　同步电机的分类

1．按励磁方式分类

同步电机按励磁方式可分为同步发电机、同步电动机和同步调相机 3 类。其中，同步发电机将机械能转换成电能；同步电动机将电能转换成机械能；同步调相机专门用来调节和改善电网无功功率。

2. 按结构形式分类

同步电机按结构形式可分为旋转电枢式和旋转磁极式两类。其中，旋转电枢式用在小容量同步电机中，而旋转磁极式多用于高电压、大容量同步电机中。旋转磁极式按磁极形状不同，又可分为隐极式和凸极式两种，如图 10.1 所示。

汽轮发电机的转速高，转子各部分受到的离心力较大，机械强度要求高，因此，一般采用隐极式；而水轮发电机的转速较低，磁极数多，因此常采用结构比较简单的凸极式。同步电动机和同步调相机一般都做成凸极式。

10.1.3 凸极式同步电机的结构

同步电机的结构如下：

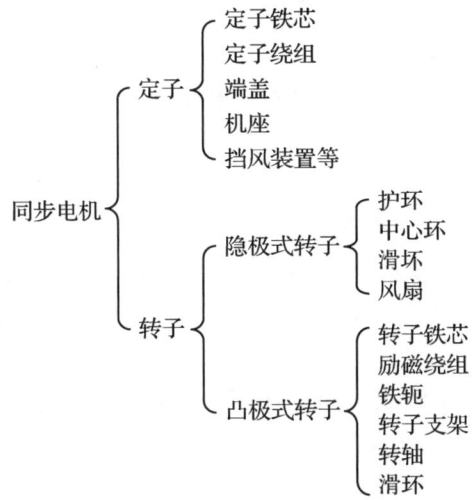

1. 同步电机的定子

（1）定子铁芯。凸极式同步电机的定子铁芯由厚度为 0.35mm 或 0.5mm 的硅钢片冲成带有开口槽的扇形拼合叠成，如图 10.3 所示；每叠厚 300～600mm，各叠之间留有 10mm 宽的通风槽，以增大定子铁芯的散热面积。在定子铁芯两端，采用非磁性材料的端压板压紧，整个定子铁芯固定在机座内，如图 10.4 所示。

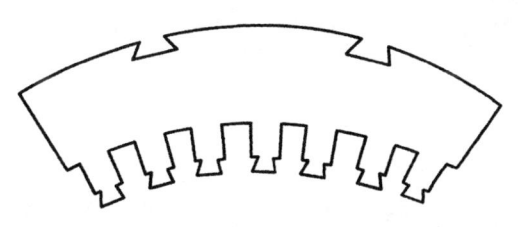

图 10.3 凸极式同步电机的定子

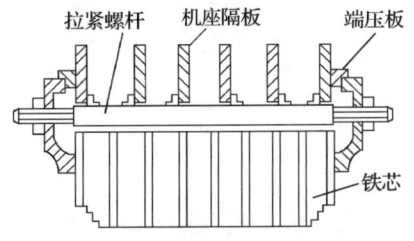

图 10.4 定子铁芯的结构

（2）定子绕组。在定子铁芯的内圆槽中嵌放定子线圈，如图 10.5 所示，电机定子线圈总称定子（电枢）绕组，一般均采用三相双层短距叠绕组。为了降低集肤效应引起的附加损耗，绕组常由许多相互绝缘的扁铜线并联绕制而成，并且在槽内直线部分按一定方式进行换位。

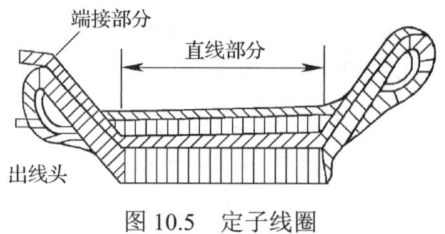

图 10.5　定子线圈

（3）机座。机座是支撑部件，主要用来固定定子铁芯和构成冷却通风道，一般由钢板焊接而成。机座与铁芯外圈之间留有空间，加上隔板形成通风道。另外，同步电机还有端盖、轴承和电刷等部件。

2．同步电机的转子

同步电机转子分为凸极式和隐极式两种，如图 10.1 所示。

（1）凸极式转子的结构。

凸极式同步电机转子如图 10.1（a）所示，主要由磁极、励磁绕组和转轴组成。凸极式转子磁极铁芯采用 1～1.5mm 厚的钢板冲成磁极片状，叠装铆紧而形成一整体磁极，凸极式转子铁芯的尾部为 T 形，装在转轴的 T 形槽内固定。转子的磁极上套装有扁形铜线绕制的励磁绕组，各磁极上的励磁绕组串联后将首、末端引到同轴的两滑环上，通过电刷装置与励磁电源相接。

一般凸极式转子的极靴上还装有类似于异步电动机中鼠笼式绕组的阻尼绕组（或称启动绕组），如图 10.6 所示。当电机作为发电机运行时，阻尼绕组可减小并联运行时转子振荡的幅值；当电机作为电动机运行时，阻尼绕组当作辅助绕组使用，使同步电动机具有启动能力。正常工作时，阻尼绕组不起作用。

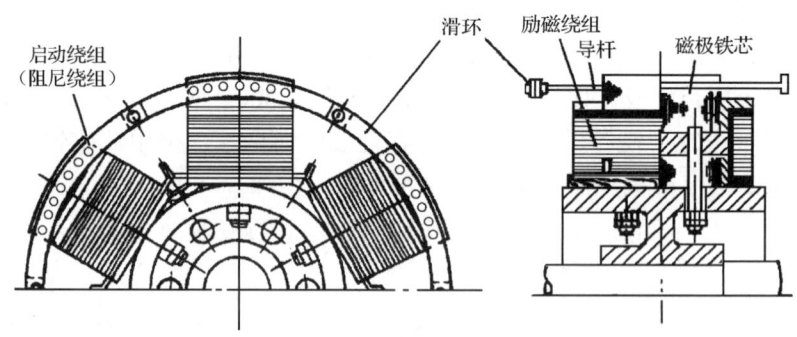

图 10.6　凸极式同步电机转子

凸极式同步电机从结构上可分为卧式和立式两种，一般低转速大容量的水轮发电机多采用立式结构，小容量水轮发电机采用卧式结构。凸极式同步电机的特点如下：

① 转子转速低，磁极数多，且转子具有较大的飞轮转矩，以避免发电机突然甩开负载时转速过高，因此，电机直径大而轴向长度短

② 定子、转子之间的气隙 δ 分布不均匀，极弧下气隙较小，而极尖部分气隙较大，使

气隙中的磁场沿定子内圆按正弦规律分布，当转子旋转时，在定子绕组中便可获得正弦感应电势。

（2）隐极式转子的结构。

隐极式同步电机转子的结构与凸极式同步电机转子的结构相似。

① 隐极式转子铁芯。隐极式同步电机的转子铁芯既是电机磁路的主要部分，又承受着高速旋转产生的离心力，因此，要求其所用材料应具有良好的导磁性能和较高的机械强度，一般采用整块含铬、镍和钼的合金钢锻成，与转轴锻成圆柱形整体，如图10.7所示。

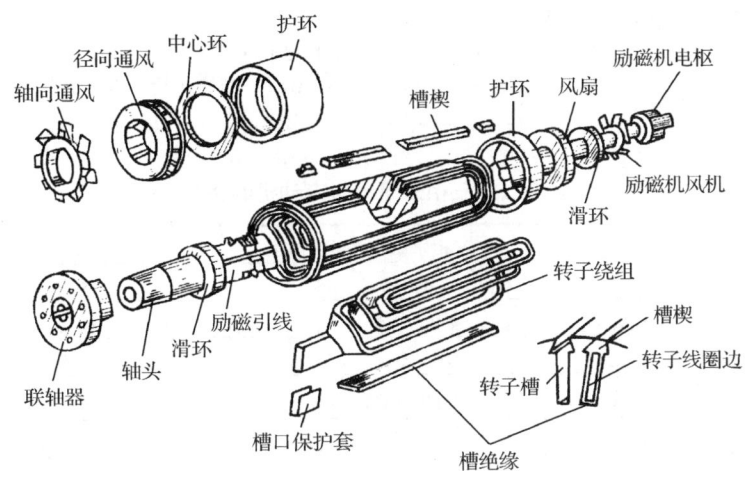

图10.7 两极空冷汽轮发电机转子结构

沿转子铁芯表面全长铣有槽，占转子圆周的2/3，以便嵌放励磁绕组，剩余1/3不开槽，构成所谓的"大齿"，相当于磁极。大齿的中心线实际上就是磁极的中心线。磁极对数 P 一般等于或小于 2，定子、转子之间的气隙 δ 是均匀的，转子没有显露出来的磁极，如图10.8所示。

② 励磁绕组。励磁绕组 N_f 一般采用扁形铜线绕成同心式线圈，用不导磁、高强度的槽楔将励磁绕组压紧在槽内。

③ 护环、中心环、滑环。护环用于保护励磁绕组端部，避免因离心力而甩出；中心环用于支撑护环并阻止励磁绕组轴向移动，如图10.9所示；滑环装在转轴的一端，通过引线接到励磁绕组两端，励磁机的电枢电流经电刷、滑环流入励磁绕组。

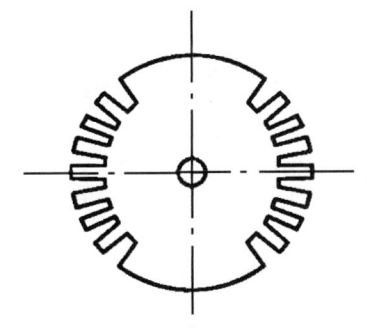

图10.8 隐极式同步电机转子铁芯

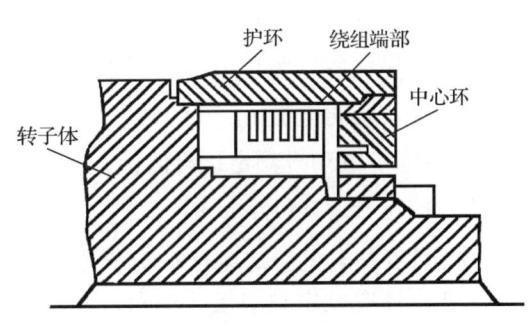

图10.9 隐极式转子绕组端部的固定

10.1.4 同步电机的型号和额定值

1. 同步电机的型号

同步电机的型号是从同步电机全名中选择有代表意义的汉字，取该汉字的第一个大写拼音字母和数字组成，如表 10.1 所示。

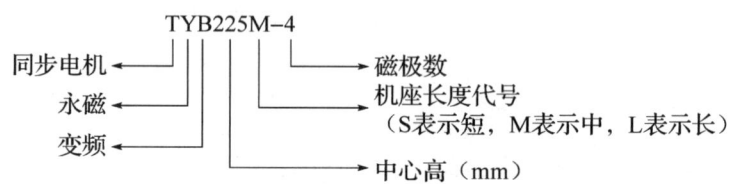

表 10.1 三相永磁同步电动机的铭牌

三相永磁同步电动机					
型号	TYB225M-4	编号		15C149	
额定功率	45kW	额定电压	380V	接法	Y
额定频率	50Hz	额定电流	74.8A	防护等级	IP54
额定转速	1500r/min	绝缘等级	F	工作制	S1
电机重量	245kg	生产日期		2015 年 5 月	
				××实业有限公司出品	

2. 同步电动机的额定值

（1）额定功率 P_N（kW）。

P_N 指电动机额定运行时，同步电动机轴上输出的机械功率，$P_N = \sqrt{3} U_N I_N \eta_N \cos\varphi_N$。

（2）额定电压 U_{1N}（V）。

U_{1N} 指同步电动机额定运行时定子三相的线电压。

（3）额定电流 I_{1N}（A）。

I_{1N} 指同步电动机额定运行时流过定子绕组的线电流。

（4）额定功率因数 $\cos\varphi_N$。

$\cos\varphi_N$ 指同步电动机额定运行时的功率因数。

（5）额定励磁电压 U_{fN}（V）。

额定励磁电压指同步电动机额定运行时加于转子励磁绕组 N_f 两线端的直流电压。

（6）额定励磁电流 I_{fN}（A）。

I_{fN} 指同步电动机额定运行时流过转子励磁绕组 N_f 的直流电流。

（7）额定转速 n（r/min）。

n 指同步发电机额定运行时转子的转速。

此外，还有额定频率 f_N（Hz）、额定效率 η_N 等。

10.2 同步电动机的电压平衡方程式和相量图

同步电动机是将电能转换为机械能的一种运行方式，其转速 n 不随负载的变化而改变，永远保持与电网频率 f_1 的恒定关系。同步电动机的基本工作原理是：当定子三相对称绕组 N_1 通以三相对称电流 I_1 时，便产生一圆形旋转磁场，以转速 n_0 旋转。这时，若转子励磁绕组 N_f 通以直流电流 I_f，转子便产生一固定磁场，定子磁场与转子磁场的异极性相吸引，产生电磁拉力，定子磁场以同步转速 n_0 拖着转子旋转，故称同步电动机。

10.2.1 同步电动机的电压平衡方程式

当三相同步电动机负载运行时，气隙中存在两个磁势：一个是由定子电流 $\dot{I}_1$ 产生的磁势 $\dot{F}_a = m_1 \dot{I}_1 N_1 K_{w1}$，称为电枢磁势，该磁势产生磁通 $\dot{\Phi}_a$（称为电枢磁场）和漏磁通 $\dot{\Phi}_s$，以同步转速 n_0 旋转；另一个是转子励磁绕组通以直流励磁电流 I_f 而产生的励磁磁势 $\dot{F}_f$，从而建立励磁磁场 $\dot{\Phi}_0$，也以同步转速 n_0 旋转。$\dot{\Phi}_a$、$\dot{\Phi}_s$ 和 $\dot{\Phi}_0$ 无相对运动，它们在转子绕组中均不产生感应电势，但 $\dot{\Phi}_a$ 在定子绕组中产生感应电势 $\dot{E}_a$（称为电枢反应电势），$\dot{E}_a$ 滞后于 $\dot{\Phi}_a$ 90°，即 $\dot{E}_a$ 滞后 $\dot{I}_1$ 90°；$\dot{\Phi}_s$ 在定子绕组中同样产生漏感电势 $\dot{E}_s$，滞后于 $\dot{\Phi}_s$ 90°。上述电磁关系如下：

$$\left.\begin{array}{l} U_f \longrightarrow I_f \longrightarrow \dot{F}_f \longrightarrow \Phi \longrightarrow E_0 \\ \phantom{U_f \longrightarrow I_f \longrightarrow \dot{F}_f} \longrightarrow \Phi_s \\ \dot{U}_1 \longrightarrow \dot{I}_1 \longrightarrow \dot{F}_a \longrightarrow \dot{\Phi}_a \longrightarrow \dot{E}_a \\ \text{（三相系统）} \phantom{\longrightarrow \dot{I}_1 \longrightarrow \dot{F}_a} \longrightarrow \dot{\Phi}_{as} \longrightarrow \dot{E}_{as} \\ \phantom{U_f \longrightarrow I_f \longrightarrow \dot{F}_f \longrightarrow} \longrightarrow \dot{I}_1 R_a \end{array}\right\} \quad (10\text{-}4)$$

可用电抗压降的形式表示，即：

$$\left.\begin{array}{l} \dot{E}_a = -j\dot{I}_1 X_a \\ \dot{E}_s = -j\dot{I}_1 X_s \end{array}\right\} \quad (10\text{-}5)$$

式中，X_a——电枢反应电抗（Ω）；
X_s——定子绕组漏电抗（Ω）。

同步电动机电枢每相电压平衡式为

$$\dot{U}_1 = -\dot{E}_0 - \dot{E}_a - \dot{E}_s + \dot{I}_1 R_a$$

由于同步电动机一般容量较大，电枢电阻压降 $\dot{I}_1 R_a$ 可忽略不计，所以电压平衡方程式可写为：

$$\dot{U}_1 \approx -\dot{E}_0 - \dot{E}_a - \dot{E}_s = -\dot{E}_0 + j\dot{I}_1 X_a + j\dot{I}_1 X_s = -\dot{E}_0 + j\dot{I}_1(X_a + X_s) = -\dot{E}_0 + j\dot{I}_1 X_t \quad (10\text{-}6)$$

式中，$X_t = X_a + X_s$——同步电抗（Ω）；
R_a——电枢绕组电阻（Ω）。

10.2.2 同步电动机的等值电路和相量图

根据同步电动机基本方程式，可以画出隐极式同步电动机的等值电路，如图 10.10 所示。

隐极式同步电动机相量图如图 10.11 所示。

从图 10.11（b）可见，δ 是 $\dot{U}_1$ 与 $\dot{E}_0$ 的夹角，称为功角，当负载发生变化时，δ 相应发生变化，电磁转矩 T 也发生变化，这时从电网吸收的电功率 P_1 和电磁功率 P_M 都将随之发生变化，从而使电动机的输出功率 P_2 达到新的平衡状态。

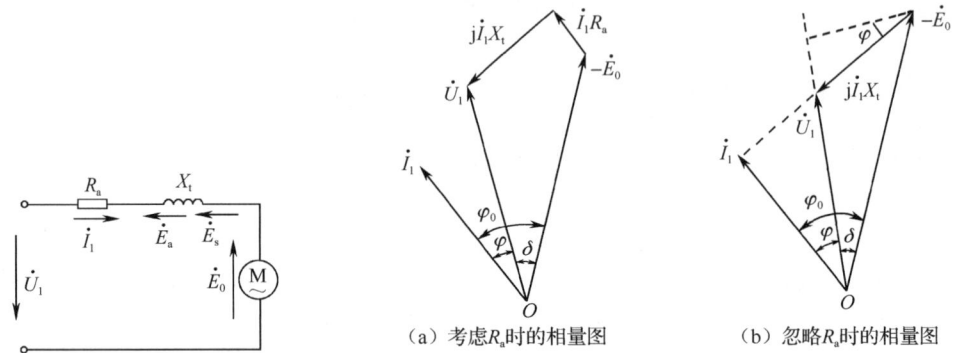

图 10.10 隐极式同步电动机的等值电路　　图 10.11 隐极式同步电动机相量图

10.2.3 同步电动机的功率

同步电动机负载运行时，从电网吸收电功率 P_1（$P_1 = \sqrt{3}U_L I_L \cos\varphi = 3U_1 I_1 \cos\varphi$，其中，$U_L$ 为线电压，单位为 V；I_L 为线电流，单位为 A），其中，一小部分作为定子绕组铜耗 P_{Cu1} 和定子铁耗 P_{Fe} 消耗掉；剩余部分为电磁功率 P_M，通过气隙传递给转子，再从 P_M 中扣去机械损耗 P_j，便得电动机轴上输出的机械功率 P_2，即：

$$\left.\begin{array}{l} P_M = P_1 - P_{Cu1} - P_{Fe} \\ P_2 = P_M - P_j \end{array}\right\} \tag{10-7}$$

同步电动机的能流如图 10.12 所示。

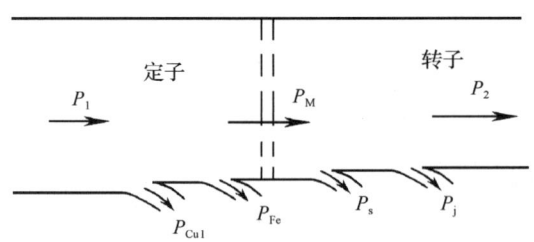

图 10.12 同步电动机能流图

下面以隐极式同步电动机为例进行分析（结论同样适用于凸极式同步电动机）。

当输出有功功率不变时（忽略定子电阻，即 $R_a = 0$；空载损耗忽略不计，即 $P_0 = P_j + P_s = 0$；并且不计磁路饱和的影响），有

$$P_M = P_2 = m_1 \frac{E_0 U_1}{X_t} \sin\delta = m_1 U_1 I_1 \cos\varphi = 常数 \tag{10-8}$$

由于 $U_1 = $ 常数，$X_t = $ 常数，所以 $P_M \propto I_1 \cos\varphi = $ 常数，$P_M \propto E_0 \sin\delta = $ 常数。当调节励磁电流 I_f 时，同步电动机的定子电流 $\dot{I}_1$ 和感应电势 $\dot{E}_0$ 将随之变化。

当改变励磁电流 I_f 时，E_0 随之变化，但由于 $E_0\sin\theta=$ 常数，故 $\dot{E}_0$ 的端点以垂直线 CD 为轨迹。

当改变励磁电流 I_f 时，定子电流 $\dot{I}_1$ 可能超前于 $\dot{U}_1$，也可能滞后于 $\dot{U}_1$，但 $I_1\cos\varphi=$ 常数，故 $\dot{I}_1$ 的端点必须以水平线 AB 为轨迹，如图 10.13 所示。

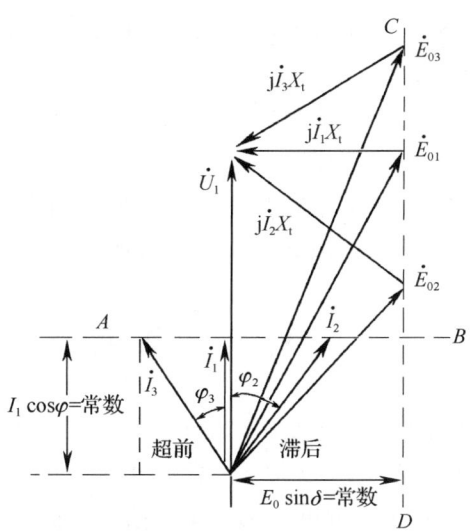

图 10.13　改变转子励磁电流 I_f 时的隐极式同步电机相量图

从图 10.13 可见，同步电动机的励磁状态有以下 3 种。

1. 正常励磁状态

调节励磁电流 I_f，当 $I_f=I_{f1}$，$E_0=E_{01}$ 时，定子电流 $\dot{I}_1$ 与电网电压 $\dot{U}_1$ 同相位，$\varphi=0$，$\cos\varphi=1$，定子电流 $\dot{I}_1$ 全为有功电流，即 $\dot{I}_1=\dot{I}_{1p}$，且定子电流 $\dot{I}_1$ 最小，对电网来说，电动机为电阻性负载，同步电动机从电网只吸收有功功率，这种状态称为"正常励磁"状态，这时产生励磁电势 E_{01} 所需的励磁电流 I_{f1}，称为正常励磁电流。

2. 欠励磁状态

减小励磁电流 I_f，当 $I_f=I_{f2}<I_{f1}$（小于正常励磁电流），$\dot{E}_0=\dot{E}_{02}<\dot{E}_{01}$（$E_{02}$ 比正常励磁时的 $\dot{E}_{01}$ 小），对应的定子电流 $\dot{I}_2$ 滞后电压 $\dot{U}_1$ 一个 φ_2 角，$\varphi_2>0$，定子电流 $\dot{I}_2$ 中除有功电流 $I_2\cos\varphi_2$ 外，还出现了一个感性的无功分量 $I_2\sin\varphi$，说明同步电动机除从电网吸收有功功率外，还要从电网吸收感性无功功率（或发送容性无功功率），即功率因数是滞后的。此时，对电网来说，电动机为感性负载，这种状态称为欠励磁状态，这时产生励磁电势 E_{02} 所需的励磁电流 I_{f2}，称为"欠励磁"电流。定子电流 $\dot{I}_2$ 滞后 $\dot{U}_1$，$\dot{I}_2$ 比正常励磁电流时的定子电流 $\dot{I}_1$ 大（$\dot{I}_2>\dot{I}_1$）。对电网来说，电动机为感性负载。

3. 过励磁状态

增大励磁电流 I_f，当励磁电流 I_f 大于正常励磁电流时，即 $I_f=I_{f3}>I_{f1}$，则相应的 $\dot{E}_0$

增大，当电势增大到 $\dot{E}_0 = E_{03}$ 时，定子电流 $\dot{I}_3$ 超前电压 $\dot{U}_1$ 一个 φ_3 角，$\varphi_3 < 0$（$-\varphi_1$），定子电流 I_3 中除有功电流 $\dot{I}_3\cos\varphi$ 外，还出现了一个超前的容性无功分量 $I_3\sin\varphi$，即功率因数是超前的。这时定子电流 $\dot{I}_3$ 超前 $\dot{U}_1$，$\dot{I}_3$ 比正常励磁电流时的定子电流 $\dot{I}_1$ 大（$\dot{I}_3 > \dot{I}_1$）。这时，$\dot{E}_{03} > \dot{E}_{01}$，产生 $\dot{E}_{03}$ 所需励磁电流 I_{f3}，称为"过励磁"电流。这说明同步电动机的功率是超前的，电动机除了从电网吸收有功功率，还要从电网吸取容性无功功率（或发送感性无功功率）。对电网来说，电动机为容性负载。

从上述分析可知，同步电动机在保持有功功率不变的条件下，调节励磁电流 I_f，有 3 种励磁状态。

（1）当处于"正常励磁"状态时，电动机没有无功功率输入。

（2）当处于"欠励磁"状态时，电动机从电网吸取感性无功功率（或向电网发出容性无功功率）。

（3）当处于"过励磁"状态时，电动机从电网吸取容性无功功率（或向电网发出感性无功功率）。

调节励磁电流 I_f，同样可得定子电流 I_1 与励磁电流 I_f 之间的关系（$I_1 = f(I_f)$）曲线，即 V 形曲线，如图 10.14 所示。当曲线位于 $\cos\varphi = 1$ 的右侧时，电动机处于过励状态，$\cos\varphi$ 超前；当曲线位于 $\cos\varphi = 1$ 的左侧时，电动机处于欠励状态，$\cos\varphi$ 滞后。

当 I_f 减小到一定数值时，电动机会失去同步，因此，V 形曲线中存在不稳定区域。由于欠励状态接近不稳定区，所以电动机一般运行于过励状态。

调节 I_f 可以改变无功功率输出，从而改善电网的功率因数，这是同步电动机最可贵的优点。特别是同步电动机在过励状态下向电网发出感性无功功率的特性具有较大的实际意义。但需要注意的是，定子电流不能超过电动机温升所允许的最大电流。

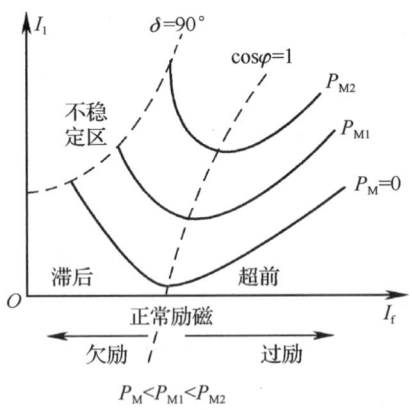

图 10.14 同步电动机的 V 形曲线

10.3 同步补偿机（同步调相机）

同步补偿机又称同步调相机。它实质上是一台不拖动任何负载而专门用来改善电网功率因数的同步电动机，从图 10.14 可见，正常励磁时，同步电动机的定子电流 $\dot{I}_1$ 与定子电

压 $\dot{U}_1$ 同相，同步电动机只从电网吸收有功功率；欠励磁时，同步电动机从电网吸收感性无功功率，即吸收滞后的感性无功电流；过励磁时，同步电动机可从电网吸收容性无功功率，即吸收超前的无功电流。

当一台异步电动机接入电网拖动生产机械运行时，对电网来说，它是一感性负载，异步电动机便从电网吸收一滞后 $\dot{U}_1$ 的电流 $\dot{I}_{1a}$（从电网吸收一定的无功功率以建立旋转磁场），使整个电网的功率因数降低。如果此时接入一台同步补偿机，并使它工作在过励磁状态，那么这时同步电动机会从电网吸收一超前 $\dot{U}_1$ 的无功电流 $\dot{I}_{1c}$，用以补偿异步电动机的滞后电流 $\dot{I}_{1a}$。若同步电动机的励磁电流 I_f 调节合适，则可使电网电流 $\dot{I}_1$ 与电压 $\dot{U}_1$ 同相，从而达到补偿异步电动机的无功损耗的目的，提高电网的功率因数，如图 10.15 所示。

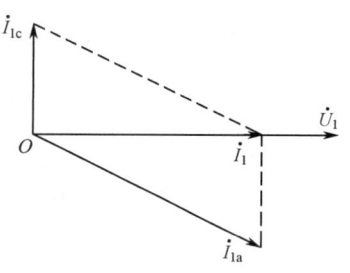

图 10.15 同步补偿机改善电网功率因数相量图

10.4 同步电动机的启动

10.4.1 同步电动机本身不能自行启动

同步电动机本身没有启动转矩，转子不能自行启动。下面以一台两极凸极式同步电动机来说明同步电动机的启动原理，如图 10.16 所示。

当同步电动机的定子通以三相对称电流 $\dot{I}_1$ 时，便产生一个旋转磁场（N、S），以同步转速 n_0 沿逆时针方向旋转（设定子磁场为逆时针方向旋转）。同时，转子励磁绕组通以直流电流 I_f，产生一静止磁场（N、S），如图 10.16（a）所示。根据异极性相吸引、同极性相排斥的原理，当定子旋转磁场的 N 极经过转子磁场的 S 极时，理应吸引转子一起沿逆时针（旋转磁场）方向旋转，但由于转子本身的惯性，而且旋转磁场旋转速度又快，所以转子还未来得及转动，定子

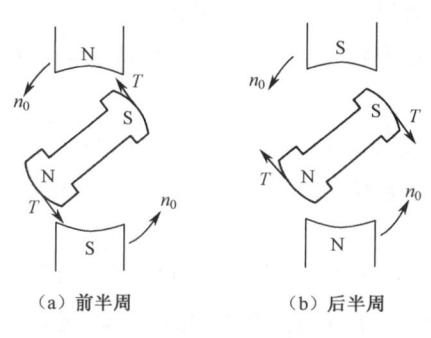

图 10.16 同步电动机的启动

旋转磁场就已经转过180°了，如图 10.16（b）所示，这时转子的 S 极受到旋转磁场的 S 极的推斥力，这个推斥力又欲使转子沿顺时针方向旋转，故旋转磁场旋转一周，作用在同步电动机转子上的平均电磁转矩为零。因此，同步电动机不能自行启动，需要借助外力才能启动。

10.4.2 启动方法

1. 辅助电机启动法

一般选用与同步电动机极数相同，且功率为同步电动机额定功率的 5%～15%的异步电动机作为辅助电机。首先由该辅助电机将同步电动机转子拖到接近同步转速（$n \approx 95\%n_0$），

然后给同步电动机励磁绕组加入励磁电流 I_f 并投入电网运行（自整步法将其投入电网），最后切除辅助电机电源。

由于辅助电机的功率较小，所以该方法只适用于空载或轻载启动。

2．异步启动法

从同步电动机的结构可知，在凸极式同步电动机转子主磁极上装有与鼠笼式异步电动机转子相似的阻尼绕组，如图 10.17 所示。

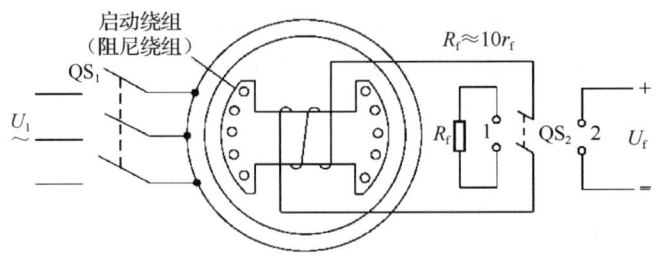

图 10.17　异步启动法原理线路图

（1）启动时，QS_1 断开，将开关 QS_2 合于"1"处，首先将同步电动机的励磁绕组经过附加电阻 R_f（$R_f \approx 10 r_f$，r_f 为励磁绕组电阻）短接，如图 10.17 所示，以限制启动电流过大。启动时，励磁绕组开路是很危险的，因为启动开始瞬时，定子旋转磁场与静止的转子的相对速度较大，同步电动机励磁绕组的匝数又很多，所以将在励磁绕组中产生较高的电势，可能击穿励磁绕组绝缘。若励磁绕组直接短接，励磁电流非常大，则可能将励磁绕组损坏。

（2）将图 10.17 中的开关 QS_1 合上，同步电动机的定子绕组接入三相交流电源，在气隙中便产生一旋转磁场，该旋转磁场切割启动绕组（阻尼绕组），产生电势和电流，从而产生异步启动转矩，将同步电动机当作异步电动机来启动。

（3）当同步电动机的转子转速达到 $n \approx 95\% n_0$ 时，将图 10.17 中的开关 QS_2 从"1"处断开并迅速合于"2"处，即附加电阻 R_f 被切除，把励磁绕组与直流电源相接，这时，依靠定子旋转磁场与转子磁场之间的相互吸引力带动转子同步旋转，称为异步启动、同步运行。

3．变频启动法

变频启动必须有三相变流器提供电源，先将同步电动机的定子电源的频率 f_1 降低，并在转子上加上直流励磁，电动机会逐渐启动（低速启动），然后逐渐升高电源频率，直到 $f_1 = f_{1N}$（额定频率），于是同步电动机的转子转速将随着定子旋转磁场的转速上升而同步上升，直到额定转速，即 $n = n_0 = n_N$，此时再将变频器切除，定子投入电网供、电运行。当采用该方法启动时，必须有变频电源，并且励磁机必须是非同轴的，否则将由于同轴励磁机最初转速低而无法获得所需的励磁电压。

本 章 小 结

1. 同步电机按结构形式可分为旋转电枢式和旋转磁极式两类。
2. 同步电动机的转子转速与频率保持严格不变的关系，即 $n = n_0 = 60f_1/P$，与负载大小无关。
3. 同步电动机无启动转矩，故不能自行启动，只有借助其他方法启动：①辅助电机启动法；②异步启动法；③变频启动法。
4. 调节同步电动机的励磁电流可以改善其电网功率因数。

习 题 10

一、填空题

10.1 同步调相机称为_____。它实际上就是一台_____运行的同步电动机，通常工作于_____状态。

10.2 同步电动机_____启动，一般启动方法有_____、_____、_____3 种。

10.3 同步电机根据工作状态可分为_____、_____和_____3 类，但主要作为_____运行。

10.4 同步电动机的 V 形曲线是指_____与_____的关系曲线，调节_____可以调节电网的功率因数。

10.5 同步补偿机相当于_____的同步电动机，专门用来调节_____，因此又称为同步调相机。

10.6 同步电机按励磁方式可分为_____、_____和_____3 种。同步电动机常采用_____励磁。

10.7 常使同步电动机处于电容性负载工作状态，起一定的_____，以改善电网的_____和_____。

10.8 同步电动机异步启动时，其励磁绕组应该_____，否则，将因励磁绕组的匝数较多而产生_____，造成_____。

10.9 同步电动机与异步电动机相比，同步电动机的主要特点是：转速 n 与_____保持严格不变的关系；它的_____是可以调节的，因此广泛应用于_____的大容量生产机械的拖动中。

二、选择题

10.10 同步电动机是指转子转速 n（   ）旋转磁场的转速 n_0 的一种三相交流电动机。
    A．等于　　　　　　　B．高于　　　　　　　C．低于

10.11 凸极式同步电动机的特点是转子上有显露的磁极，励磁绕组为集中绕组，转子的磁极与磁轭一般不是整体的，且磁极对数大于（   ）的。
    A．1　　　　　　　　B．2　　　　　　　　C．3

10.12 同步补偿机用于向电网输送电感性或电容性无功功率，从而（   ），以提高电网运行的经济性。
    A．提高电压　　　　　B．增大电流　　　　　C．改善功率因数

10.13 隐极式同步电动机的转子为圆柱形，一般磁极对数等于或小于（　　）。

　　A．1　　　　　　　　B．2　　　　　　　　C．3

10.14 同步电动机的启动方法有辅助电机启动法、变频启动法和（　　）启动法。

　　A．串接电阻　　　　B．频敏变阻器　　　　C．异步

10.15 处于过励磁状态的同步补偿机从电网吸收（　　）。

　　A．电感性电流　　　B．电容性电流　　　　C．电阻性电流

10.16 同步电动机中的电枢磁场与主磁极磁场之间的关系为（　　）。

　　A．方向相反、同步旋转　　B．方向相同、同步旋转　　C．不旋转

10.17 同步电动机启动时的转子转速 n 必须达到同步转速 n_0 的（　　）才具有牵入同步的能力。

　　A．70%　　　　　　B．85%　　　　　　　C．95%

10.18 当同步电动机采用异步启动时，为避免励磁绕组产生感应电势过高而烧坏绕组，一般应先在励磁绕组回路中串联阻值为（　　）倍的 r_f 的附加电阻进行启动，然后短接。

　　A．3～5　　　　　　B．7～10　　　　　　C．15～20

三、判断题（正确的打√，错误的打×）

10.19 同步电机按结构形式分为旋转磁极式和旋转电枢式两类。（　　）

10.20 旋转磁极式同步电动机的三相绕组装在转子上，磁极装在定子上。（　　）

10.21 当将同步电机作为同步补偿机使用时，若所接电网功率因数是感性的，则为了提高功率因数，该电机应处于过励磁状态。（　　）

10.22 同步电动机处于异步启动开始瞬时，其励磁绕组应该开路。（　　）

10.23 汽轮发电机一般采用凸极式，水轮发电机常采用隐极式。（　　）

10.24 同步电动机的 V 形曲线是指当负载一定且输入电压和频率为额定值时，调节励磁电流而引起转速变化的曲线。（　　）

四、问答题

10.25 什么是同步电动机的 V 形曲线？

10.26 同步电动机为什么不能自行启动？通常采用什么方法启动？

10.27 什么是同步电动机过励磁？什么是欠励磁？励磁与同步电动机功率因数有何关系？为什么？

10.28 同步电动机的"同步"是什么意思？

第 11 章 控 制 电 机

内容提要

- 伺服电动机的结构特点、工作原理和应用。
- 步进电动机的结构特点、工作原理和应用。
- 测速发电机的结构特点、工作原理和应用。
- 直线电动机的结构形式、工作原理及特点。

控制电机是一种用来执行特定任务且具有特殊性能的电机。在自动控制系统中,控制电机作为检测、放大、执行和解算元件,主要用来对运动物体的位置或速度进行快速、精确的控制。它的功率较小,一般从几百 mW 到数百 W,机座外径一般为 12.5～130mm,质量从几十 g 至数 kg。控制电机与普通电机并无本质区别,普通电机容量较大,主要用在电力拖动系统中,以完成机电能量转换,因此,强调的是启动、运行时的各项力能指标;而控制电机主要用在自动控制系统和计算装置中,以完成对机电信号的检测、解算、放大、传递、执行或转换,对可靠性、精度、快速性要求很高。

控制电机广泛应用于国防、航天、航空技术,以及先进工业技术和现代化装备中。在雷达的扫描跟踪、航船的方位控制、飞机的自动驾驶、数控机床控制、工业机器人、自动化仪表及计算机外围设备中,控制电机是不可缺少的。

本章简要介绍常用的伺服电动机、步进电动机、测速发电机、直线电动机几种控制电机的结构、特点、工作原理和应用。

11.1 伺服电动机

在自动控制系统中,伺服电动机是执行元件,它将接收到的电信号变为转轴的角位移或角速度输出,并带动控制对象运动,具有服从信号的要求,故称伺服电动机或执行电动机。伺服电动机可分为直流伺服电动机和交流伺服电动机两类。直流伺服电动机的输出功率较大,容量范围一般为 $P_N \approx 1 \sim 600 \text{V·A}$,个别可达 kV·A 以上;交流伺服电动机的输出功率较小,一般为 $P_N \approx 0.1 \sim 100\text{W}$。

11.1.1 伺服电动机的特点

根据控制系统的要求,伺服电动机必须具有以下特点:

(1) 快速响应性好。伺服电动机的机电时间常数小、转动惯量小、灵敏度高,从而使其转速随控制电压迅速变化。

(2) 线性的机械特性和调节特性好。伺服电动机的转速与控制电压呈线性关系,可以提高自动控制系统的动态精度。

（3）无自转现象。当控制信号到来时，伺服电动机的转子迅速转动；当控制信号消失时，转子立即停止转动。

（4）有宽广的调速范围。

11.1.2 直流伺服电动机

1．直流伺服电动机的结构

直流伺服电动机实质上就是一台直流他励电动机，其结构与普通小型直流他励电动机的结构相同，可分为永磁式和电磁式两种。其中，永磁式直流伺服电动机的磁极由永久磁铁制成，电磁式直流伺服电动机在主磁极铁芯上套有励磁绕组。

2．直流伺服电动机的工作原理

直流伺服电动机的工作原理与直流他励电动机的工作原理相同。当直流伺服电动机的励磁绕组 N_f 和电枢绕组 N_a 同时分别通以电流 I_f 和 I_k 时，电动机将转动。当其中一个绕组断电时，电动机立即停转，故输入的控制信号可以加在励磁绕组 N_f 上，也可以加在电枢绕组 N_a 上。若将控制信号加在电枢绕组 N_a 上，则可以通过改变控制信号 $U_a = U_k$ 的大小和极性来控制转子转速的大小与方向，这种方式称为电枢控制；若将控制信号加在励磁绕组 N_f 上，则可以通过调节控制信号 U_f 的大小和极性来控制转子转速的大小和方向，这种方式称为磁场控制。由于电枢控制可获得线性的机械特性和调节特性，电枢电感又较小，反应灵敏，故自动控制中多采用电枢控制；而磁场控制只用在小功率放大器电机中。对于永磁式直流伺服电动机，只有电枢控制一种方式。

3．直流伺服电动机的机械特性

直流伺服电动机的电枢控制如图 11.1 所示。将励磁绕组接在额定电压 $U_f = U_{fN}$ 的电源上，这时 $I_f = I_{fN} \rightarrow \Phi = \Phi_N$，当给控制绕组 N_a 加控制电压 $U_a = U_k$ 时，电动机转动；当控制电压消失，即 $U_k = 0$ 时，电动机立即停转，$n = 0$。可见，直流伺服电动机的机械特性 $n = f(T)$ 与直流他励电动机的机械特性类似，即

$$n = \frac{U_k}{C_e \Phi_N} - T \frac{R_a}{C_e C_T \Phi_N^2} = n_0 - \beta T \tag{11-1}$$

式中，$\beta = R_a / C_e C_T \Phi_N^2$ ——机械特性的斜率；

$n_0 = \dfrac{U_k}{C_e \Phi_N} \propto U_k$ ——理想空载转速（r/min）。

若电动机磁路不饱和，且忽略电枢反应的影响，则有以下结论：

（1）当改变控制电压 $U_a = U_k$ 时，由于 n_0 与控制电压 U_k 成正比，而 β 不变，因此，改变控制电压的机械特性曲线是一组相互平行的直线，如图11.2所示。

从图11.2可见，机械特性与横轴的交点即电动机的堵转矩 T_k，即

$$T_k = C_T \Phi_N I_k = C_T \Phi_N \frac{U_k}{R_a} \tag{11-2}$$

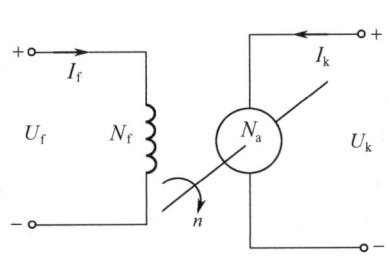 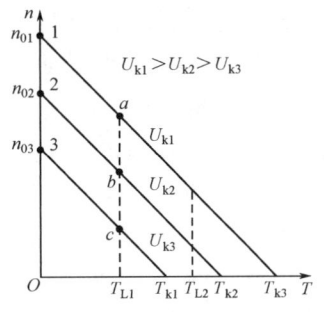

图 11.1　直流伺服电动机的电枢控制　　　图 11.2　直流伺服电动机的机械特性曲线

（2）当控制电压 U_k 一定时，若负载增大（$T_L\uparrow$），则电磁转矩增大（$T\uparrow$），转速下降（$n\downarrow$）；反之，若负载减小（$T_L\downarrow$），则转速上升（$n\uparrow$）。转矩 T 与转速 n 成正比，即 $T\propto n$。

（3）若负载转矩等于或大于堵转矩（$T_L\geq T_k$），则 $n=0$。

4．直流伺服电动机的调节特性

当直流伺服电动机的负载转矩一定（$T_L=$ 常数）时，电动机转速 n 随控制电压 U_k 的变化关系 $n=f(U_k)$ 称为电动机的调节特性。

由式（11-1）可画出直流伺服电动机的调节特性曲线，如图 11.3 所示，也是一组相互平行的直线。这些调节特性曲线与横轴的交点表示在一定负载转矩时电动机的始动电压 U_1 的大小。

（1）当负载一定时，若直流伺服电动机的控制电压 U_k 高于相对应的始动电压 U_1（$U_k>U_1$），则电动机转动，并达到某一稳定转速。若 U_k 继续升高，则 n 随之升高，$U_k\propto n$。

（2）当负载一定时，若直流伺服电动机的控制电压 U_k 低于相对应的始动电压 U_1（$U_k<U_1$），则电动机的最大电磁转矩小于负载转矩（$T_m<T_L$），直流伺服电动机停止转动。

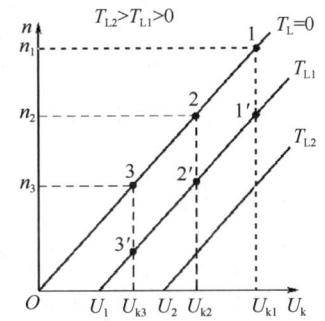

图 11.3　直流伺服电动机的调节特性曲线

可见，要使电动机转动，控制电压 U_k 必须高于 U_1。实际上，始动电压 U_1 就是调节特性曲线与横轴的交点，如图 11.3 所示。因此，从坐标原点到始动电压的这一范围称为在一定负载转矩 T_L 下伺服电动机的失灵区。显然，失灵区的大小与负载转矩 T_L 的大小成正比。

从以上分析可知，在电枢控制下，直流伺服电动机的机械特性和调节特性均是一组相互平行的直线，转速 n 受控制电压 U_k 的控制，且无自转现象，这种特性使它在自动控制系统中成为一种很好的执行元件，在工业中的应用极为广泛，如发电厂锅炉阀门的控制、变压器有载调压定位等。

11.1.3　交流伺服电动机

1．交流伺服电动机的结构

交流伺服电动机的结构与单相分相异步电动机的结构类似，如图 11.4 所示。交流伺服电动机在定子槽内嵌有两套绕组,且在空间上互差 90° 电角度,一套是励磁绕组 N_f,另一套是控制绕组 N_k,两套绕组的匝数可以相同也可以不同。

交流伺服电动机的转子结构有两种形式,一种是鼠笼式转子,与普通三相鼠笼式异步电动机的转子相似,但为减小转子转动惯量,转子做得细而长,转子导条和端环采用高电阻率的导电材料青铜、黄铜或铸铝做成;另一种是非磁性空心杯转子。杯形转子交流伺服电动机的结构如图 11.5 所示,其定子由外定子和内定子两部分组成,外定子与普通异步电动机的定子完全相同,内定子由硅钢片叠成。通常,内定子不嵌放绕组,只是代替鼠笼式转子的铁芯,作为电动机磁路的一部分。在内、外定子之间有一细长的空心杯形转子装在转轴上,一般采用非磁性材料铜或铝制成,杯壁很薄,仅为 0.2~0.3mm。杯形转子可在内、外定子之间的气隙中灵活转动,以便在杯形转子中产生涡流,涡流与气隙磁场强度作用产生电磁转矩。杯形转子的转动惯量很小,反应迅速,并且运行平稳。

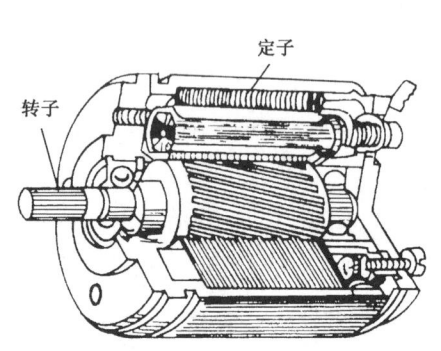

图 11.4 鼠笼式交流伺服电动机外形

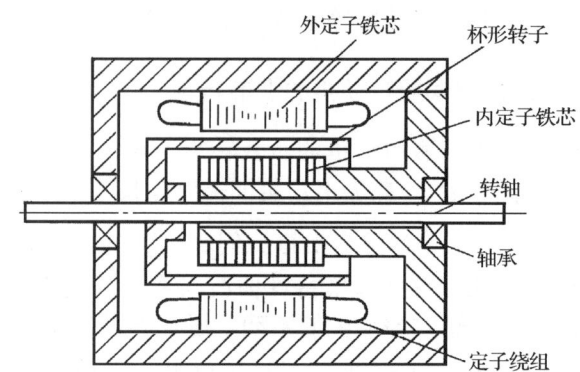

图 11.5 杯形转子交流伺服电动机的结构

2. 交流伺服电动机的工作原理

交流伺服电动机原理图如图 11.6 所示,两相绕组 N_f、N_k 的轴线在空间上相差 90°。当给励磁绕组 N_f 加以额定励磁电压 $U_f = U_{fN}$,而控制绕组 N_k 接入控制电压 U_k,且励磁电流 $\dot{I}_f$ 与控制电流 $\dot{I}_k$ 在相位上相差 90° 时,在气隙中便产生一圆形旋转磁场(若 $\dot{I}_f$ 与 $\dot{I}_k$ 在相位上不是相差 90°,则只能产生椭圆形旋转磁场),以同步转速 n_0 旋转,转子导体切割该磁场而产生转子电势 E_2 和电流 I_2,I_2 与磁场相互作用产生转矩 T,使转子沿旋转磁场方向旋转。

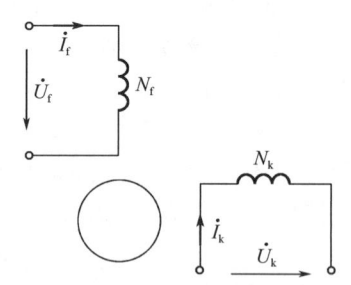

交流伺服电动机转动后,若控制电压 $U_k = 0$,则电动机便在仅有的励磁绕组 N_f 电压作用下产生一单相脉振磁场,

图 11.6 交流伺服电动机原理图

电动机可能会继续旋转,这种现象称为"自转"。在自动控制系统中,交流伺服电动机是不允许存在自转现象的,因为这不符合自控要求。那么,如何消除这种自转失控现象呢?从单相异步电动机的工作原理可知,单相异步电动机的脉振磁场可以分解成两个大小相等、转向相反、转速相同($n = \pm 60 f_1 / P$)的旋转磁场。正向旋转磁场 Φ_+ 产生正向电磁转矩 T_+,起拖动作用;反向旋转磁场 Φ_- 产生反向电磁转矩 T_-,起制动作用。正向电磁转矩 T_+ 和反向

电磁转矩 T_- 与转差率 S 的关系如图 11.7（a）中的虚线所示，电动机的电磁转矩应为 T_+ 和 T_- 的代数和，即 $T = T_+ + T_-$，如图 11.7（a）中的实线所示。

（1）若交流伺服电动机的参数（电阻、电抗）与普通单相异步电动机的参数一样，那么，从图 11.7（a）中可以看出，当转子沿正向磁场 Φ_+ 方向旋转时，$S_+ < 1$，$T_+ > T_-$，电动机合成电磁转矩 $T = (T_+ + T_-) > 0$，即使控制电压（$U_k = 0$）消失，电动机在只有励磁绕组 N_f 通电的情况下，转子仍会沿着 T_+ 方向继续旋转，只是转速稍有降低，仍无法消除自转失控现象。

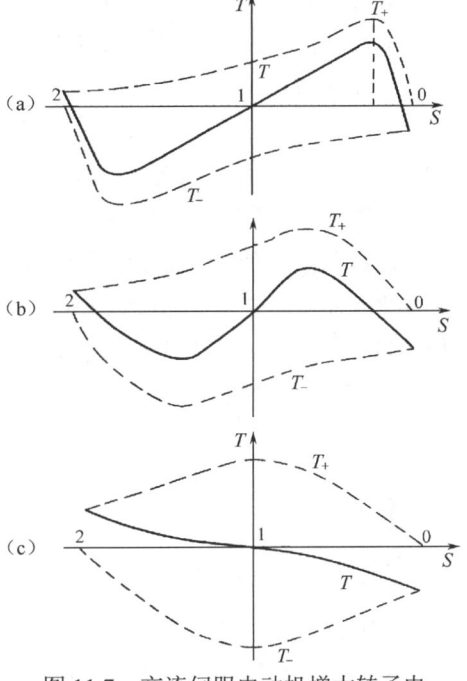

图 11.7 交流伺服电动机增大转子电阻对自转的消除过程

（2）若增大转子电阻，使正向旋转磁场产生的最大电磁转矩 T_m 的临界转差率 S_m 为

$$S_{m+} \approx \frac{r_2'}{X_1 + X_2'} \quad (11\text{-}3)$$

式中，X_1——交流伺服电动机定子电抗值（Ω）；

r_2'——交流伺服电动机折算后的转子电阻（Ω）；

X_2'——交流伺服电动机折算后的转子电抗（Ω）。

从式（11-3）可见，当 r_2' 增大时，S_{m+} 随之增大。而反向旋转磁场产生的最大电磁转矩 T_{m-} 对应的临界转差率 $S_{m-} = 2 - S_{m+}$ 则减小了，如图 11.7（b）中实线所示，这时合成转矩也相应减小。

当 r_2' 增大到正向旋转磁场产生的最大电磁感应转矩 T_{m+} 对应的临界转差率 $S_{m+} \geq 1$ 时，若 $U_k = 0$（控制电压消失），$T_- > T_+$，则合成电磁转矩在 $0 < S < 1$ 范围内为负值，即 $T < 0$，T 起制动作用，如图 11.7（c）所示，转子受制动转矩作用而停转。反之，当电动机反向旋转时，若 $U_k = 0$，那么 $T_+ > T_-$，合成转矩 $T > 0$，对反向旋转的转子仍起制动作用，使转子停转，从而消除自转失控现象。因此，在设计制造交流伺服电动机时，应满足 $r_2' \geq (X_1 + X_2')$，这样不仅可以消除自转失控现象，还有利于改善伺服电动机的其他性能，但转子电阻过大将减小伺服电动机的启动转矩，从而影响快速响应。

3．交流伺服电动机的控制方式

从以上分析可知，交流伺服电动机在励磁绕组 N_f 和控制绕组 N_k 同时加以两个大小相等、相位相差 90° 电角度的电压 $\dot{U}_f$ 和 $\dot{U}_k$ 时，电动机气隙中便形成一圆形旋转磁场，此时电磁转矩最大，转速最高。如果改变控制电压 $\dot{U}_k$ 的大小或改变控制电压 $\dot{U}_k$ 与励磁绕组电压 $\dot{U}_f$ 之间的相位角 β，那么，在气隙中便形成一椭圆形旋转磁场，电磁转矩减小，转速下降。

可见，调节控制电压 $\dot{U}_k$ 或相位的大小，可以使气隙的椭圆形磁场的椭圆度随之改变，从而达到调速的目的。故交流伺服电动机的控制方式有以下 3 种。

（1）幅值控制。幅值控制是指保持控制电压 $\dot{U}_k$ 与励磁电压 $\dot{U}_f$ 始终相差 90° 电角度（通常 $\dot{U}_k$ 滞后于 $\dot{U}_f$），通过调节控制电压 $\dot{U}_k$ 的大小来改变交流伺服电动机的转速 n。幅值控制的接线图和相量图如图11.8所示。当控制电压$\dot{U}_\mathrm{k}=0$时，电动机立即停转，即$n=0$。

励磁绕组N_f直接接于交流电源上，电源电压为额定电压，即$\dot{U}_\mathrm{f}=\dot{U}_\mathrm{N}$；控制绕组$N_\mathrm{k}$所加电压为$\dot{U}_\mathrm{k}$，与励磁绕组$N_\mathrm{f}$所加电压$\dot{U}_\mathrm{f}$相差90°电角度，用电位器调节控制电压$\dot{U}_\mathrm{k}$的大小，此时$\dot{U}_\mathrm{k}$的大小为

$$U_\mathrm{k}=\alpha U_\mathrm{Nk} \tag{11-4}$$

式中，α——控制电压系数，最大值为1；

U_Nk——控制绕组的额定电压。

若以U_Nk为基准值，则控制电压的相对值为α，即$\alpha=U_\mathrm{k}/U_\mathrm{Nk}$，可见，$\dot{U}_\mathrm{k}$的大小随$\alpha$的改变而改变。在幅值控制下，控制电压为不同值时对应的机械特性曲线如图11.9所示。从图11.9中可见，当负载一定时，控制电压越高，转速也越高，这就达到了调速的目的。

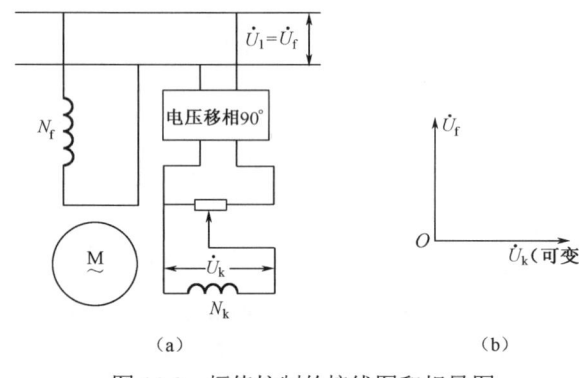

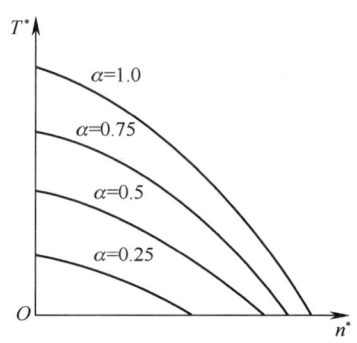

图11.8 幅值控制的接线图和相量图　　　　图11.9 幅值控制时的机械特性曲线

（2）相位控制。相位控制是指保持励磁电压和控制电压的幅值不变，通过调节控制电压与励磁电压的相位差β来改变电动机的转速。

相位控制接线图如图11.10所示，励磁绕组N_f接至交流电源上，而控制绕组N_k经移相器后与N_f接至同一交流电源上，$\dot{U}_\mathrm{k}$与$\dot{U}_\mathrm{f}$的频率相同，而通过移相器，可以改变$\dot{U}_\mathrm{k}$与$\dot{U}_\mathrm{f}$的相位差β，从而改变电动机的转速，当$\beta=0$时，转子停转，即$n=0$。

若将$\dot{U}_\mathrm{k}$改变180°，从而使电动机气隙旋转磁场的方向与原来相反，则交流伺服电动机的转子反转，这种控制方式很少采用。

（3）幅值-相位控制。幅值-相位控制是指保持励磁电压$\dot{U}_\mathrm{f}$的幅值和相位不变，改变控制电压$\dot{U}_\mathrm{k}$的幅值和相位，从而达到改变转速的目的，其接线图如图11.11所示。首先在励磁绕组N_f中串接电容C，然后接到交流电源$\dot{U}_1$上（电容起分相作用），这时励磁绕组N_f上的实际电压为$\dot{U}_\mathrm{f}=\dot{U}_1-\dot{U}_\mathrm{C}$；而控制绕组$N_\mathrm{k}$通过分压电阻$R$与$N_\mathrm{f}$接在同一交流电源上，$\dot{U}_\mathrm{k}$与$\dot{U}_1$的相位相同，通过调节控制绕组$N_\mathrm{k}$的电压$\dot{U}_\mathrm{k}$（幅值），可以改变电动机转子转速。

当改变控制电压$\dot{U}_\mathrm{k}$时，转子转速n变化，由于转子绕组的耦合作用，励磁绕组N_f中的电流$\dot{I}_\mathrm{f}$也在变化，致使励磁绕组的端电压$\dot{U}_\mathrm{f}$和电容上的电压$\dot{U}_\mathrm{C}$也随之改变，$\dot{U}_\mathrm{k}$与$\dot{U}_\mathrm{f}$的相位差β也随之改变，即电压$\dot{U}_\mathrm{k}$及$\dot{U}_\mathrm{f}$的大小及它们之间的相位角β也都随之改变，这是一种幅值和相位的复合控制方式，故称幅值-相位控制方式。若控制电压$\dot{U}_\mathrm{k}=0$，则$n=0$。

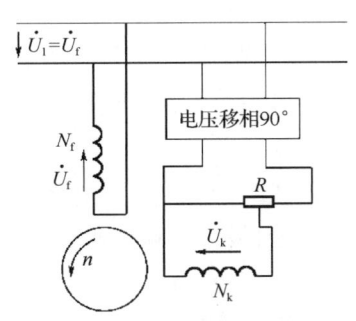
图 11.10 相位控制接线图

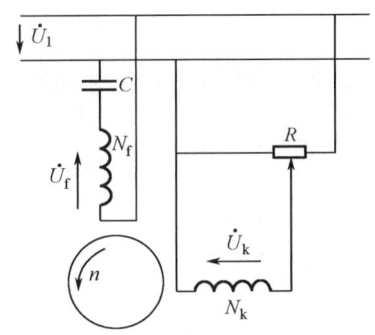
图 11.11 幅值-相位控制接线图

幅值-相位控制不需要复杂的移相装置，只用电容分相，控制线路简单、成本低、输出功率较大，是使用最多的一种控制方式。

4. 交流伺服电动机的应用

在自动控制系统中，根据被控对象的不同，有速度控制和位置控制两种类型。特别是位置控制系统，可实现远距离角度传递，其工作原理是将主令轴的转角传递给远距离的执行轴，使之再现主令轴的转角位置，如工业上用于发电厂锅炉闸门的开启、轧钢机中轧辊间隙的自动控制、电子自动电压计、电子自动平衡电桥等。

交流伺服电动机还可与其他控制元件一起组合成各种计算装置，进行加、减、乘、除、乘方、开方、正弦函数、微积分等运算。

11.2 步进电动机

步进电动机是一种将电脉冲信号转换成角位移或线位移的控制电机，即给定子绕组输入一个电脉冲信号，转子就转过一个角度或前进一步，若连续输入脉冲信号，那么它就会像人走路一样，一步接一步地转过一个角度又一个角度，故称步进电动机。步进电动机的转速与脉冲频率成正比，而且转向与各相绕组通电方式有关。

步进电动机根据励磁方式的不同，可分为反应式、永磁式和永磁感应式 3 种。目前，反应式步进电动机应用较普遍，具有一定的代表性，下面以这种步进电动机为例简要介绍其工作原理。

11.2.1 反应式步进电动机的结构

图 11.12 为一台三相反应式步进电动机的结构示意图。从图 11.12 中可见，它由定子和转子两大部分组成。定子铁芯由硅钢片叠成，定子上均匀分布着 6 个磁极，在每两个相对的磁极上装有一相励磁绕组，共三相励磁绕组，分别为 U、V、W。步进电动机的转子铁芯由软磁材料制成或由硅钢片叠成，在转子上均匀分布着 4 个齿，齿上没有绕组。

图 11.12 三相反应式步进电动机的结构示意图

11.2.2 反应式步进电动机的工作原理

1. 三相单三拍通电方式

(1) 当 U 相首先通电（V 相、W 相暂不通电）时，气隙中便产生一个磁场，该磁场的轴线与 U 相绕组轴线 U_1U_2 重合，而磁通 Φ 总是力图从磁阻最小的路径通过，于是产生一磁拉力，使转子铁芯的齿 1、齿 3 的轴线与 U 相绕组轴线 U_1U_2 对齐，如图 11.13（a）所示。

(2) 若 V 相通电（U 相、W 相断电），则气隙中产生的磁场的轴线与 V 相绕组轴线 V_1V_2 重合，根据同样的原理，磁拉力使转子铁芯的齿 2、齿 4 的轴线与 V 相绕组轴线 V_1V_2 对齐，如图 11.13（b）所示。可见，转子按顺时针方向在空间转过了 30°电角度，即前进了一步，转过的这个角称为步距角。在实际应用中，通常采用机械角度表示步进电动机的步距角，以 θ_b 表示。

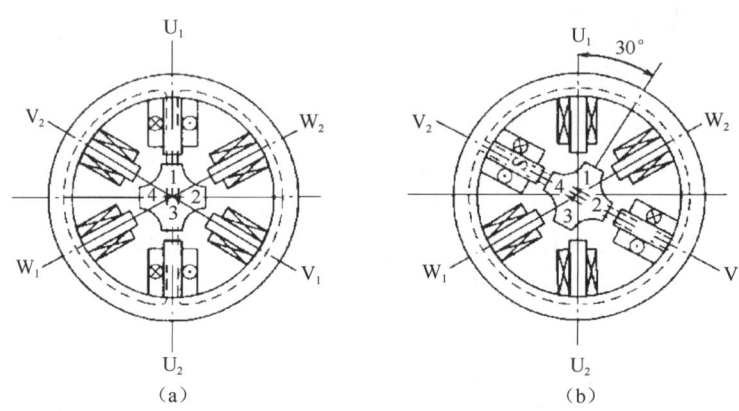

图 11.13 反应式步进电动机三相单三拍通电方式原理图

(3) 当 W 相通电（U 相、V 相断电）时，用同样的方法分析得出转子又将转过 30°电角度。

由以上分析可知，如果定子绕组按 U→V→W→U→…… 的顺序轮流通电，则转子就沿顺时针方向一步一步地转动，每步转过 30°电角度。从一相通电转换到另一相通电称为一拍，每一拍转子转过一个步距角 θ_b。如果将通电顺序改为 U→W→V→U→……，则步进电动机将反方向一步一步地转动，其转速取决于脉冲频率，频率越高，转速越高；其转向取决于通电相序。

上述通电方式称为三相单三拍通电方式。其中，"单"是指每次只有一相通电，"三拍"是指一次循环只换接三次通电。这种通电方式在一相绕组断电，而另一相绕组开始通电时刻容易造成失步，同时，单一绕组通电吸引转子，也容易造成转子在平衡位置附近振荡，从而导致运行稳定性较差，因此很少被采用。

2. 三相双三拍通电方式

三相双三拍通电方式是每次有两相通电，即按 UV→VW→WU→UV→…… 的顺序通电。

(1) 当 U 相、V 相同时通电（W 相断电）时，气隙形成的磁场轴线与未通电的 W 相绕组轴线 W_1W_2 重合，这时该磁场轴线与转子齿 1、齿 2（齿 3、齿 4）之间的槽轴线对齐，如图 11.14（b）所示。

（2）当 V 相、W 相同时通电（U 相断电）时，气隙形成的磁场轴线与未通电的 U 相绕组轴线 U_1U_2 重合，这时该磁场轴线与转子齿 2、齿 3（齿 4、齿 1）之间的槽轴线对齐，如图 11.14（d）所示。可见，这种双三拍通电方式与单三拍通电方式的步距角均为 30°，即 $\theta_b = 30°$。

3．三相六拍通电方式

三相六拍通电方式中每相通电与两相通电交替进行，即按 U→UV→V→VW→W→WU→U→……的顺序通电，每循环一次共六拍。

（1）当 U 相通电（V 相、W 相断电）时，气隙磁场轴线与 U 相绕组轴线 U_1U_2 重合，转子齿 1、齿 3 与轴线 U_1U_2 对齐，如图 11.14（a）所示。

（2）当 U 相、V 相同时通电（W 相断电）时，气隙形成的磁场轴线与未通电的 W 相绕组轴线 W_1W_2 重合，这时该磁场轴线与转子齿 1、齿 2（齿 3、齿 4）之间的槽轴线对齐，如图 11.14（b）所示。可见，一拍转子转过 15°（步距角 $\theta_b = 15°$）。

（3）当 V 相通电（U 相、W 相断电）时，气隙磁场的轴线与 V 相绕组轴线 V_1V_2 重合，转子齿 2、齿 4 的轴线与轴线 V_1V_2 对齐，如图 11.14（c）所示。此时，转子又转过 15°（步距角 $\theta_b = 15°$）。

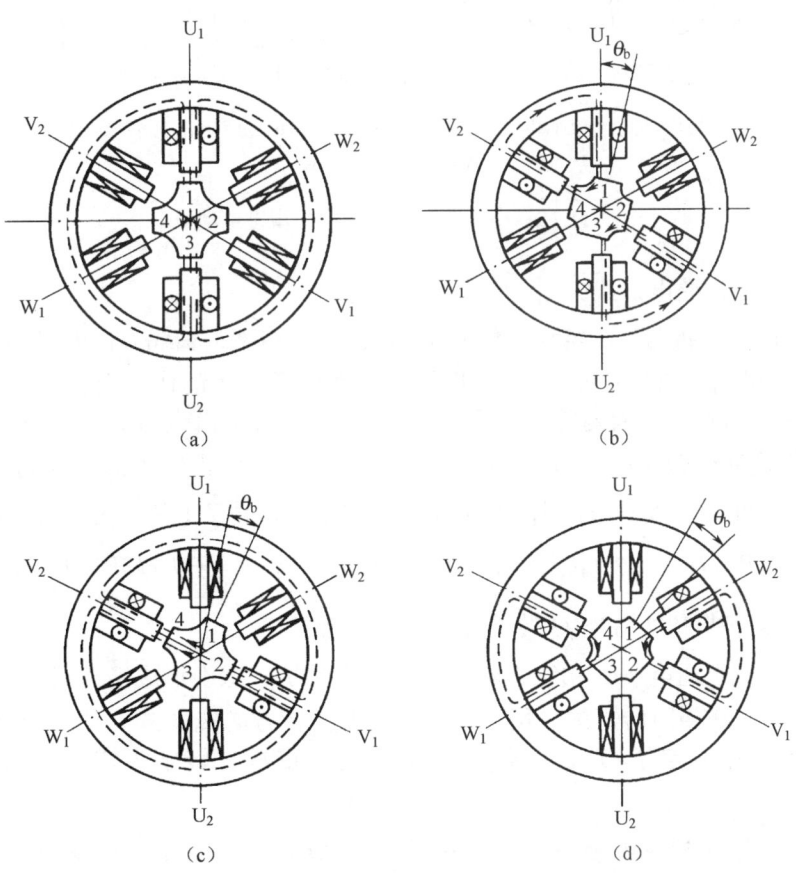

图 11.14　反应式步进电动机三相六拍通电方式原理图

（4）当 V 相、W 相同时通电（U 相断电）时，气隙磁场轴线与未通电的 U 相绕组轴线 U_1U_2 重合，这时该磁场轴线与转子铁芯的齿 2、齿 3（齿 1、齿 4）之间的槽轴线对齐，如图 11.14（d）所示。

4．常用的小步距角三相反应式步进电动机

从以上分析可知，每拍转过15°，步进电动机决定着控制的精度，步距角 θ_b 越小，精度越高。因此，为了满足控制精度的要求，必须减小步距角 θ_b。实际上，在步进电动机中，常将定子的每个磁极分成许多小齿，转子也由许多小齿组成。图 11.15 是最常用的一种小步距角三相反应式步进电动机，其定子上均匀分布有 6 个磁极，每个磁极极面上有 5 个齿，极身上装有励磁绕组（控制绕组），转子上均匀分布有 40 个小齿，定子、转子小齿的齿距必须相等。

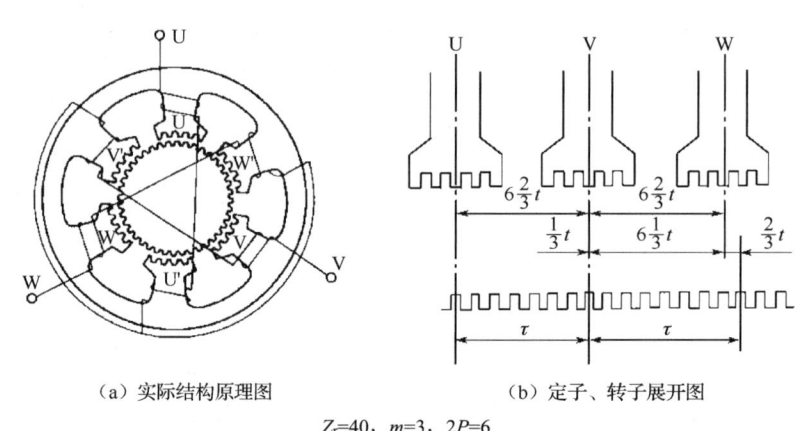

(a) 实际结构原理图　　(b) 定子、转子展开图

$Z_r=40, \ m=3, \ 2P=6$

图 11.15　小步距角三相反应式步进电动机

（1）三相单三拍通电方式。

① 当 U 相绕组通电时，电动机气隙中形成沿 U 相绕组轴线方向的磁场，因为磁通总沿磁阻最小、磁路最短的路径闭合，所以转子受到磁阻转矩的作用而转动，直至转子小齿与 U 相面下的小齿对齐。因为转子上共有 40 个小齿，每个齿距为 $t=360°/40=9°$，而定子每个磁极的极距为 $\tau=360°/6=60°$，所以，定子每个磁极所占转子的齿数为40/6，不是整数。从图 11.15（b）可以看出，当 U 相面下的定子齿与转子上的齿对齐时，V 相面下的定子齿与转子齿错开 $\frac{1}{3}\theta_b$（1/3 齿距），W 相面下的定子齿与转子齿错开 $\frac{2}{3}\theta_b$。也就是说，定子齿与转子齿的相对位置依次错开1/3 转子齿距，即为9°/3=3°。

② 当 V 相绕组通电（U 相绕组断电）时，电动机气隙中形成沿 V 相绕组轴线 VV′方向的磁场，同理，在磁阻转矩的作用下，转子沿顺时针方向转过3°，使 V 相面下的定子齿与转子齿对齐，相应定子 U 相和 W 相面下的齿又依次与转子齿错开1/3 转子齿距，即 9°/3=3°。

依次类推，若按 U→V→W→U→……的顺序循环通电，则转子沿顺时针方向以每拍转过3°的方式转动；若按 U→W→V→U→……的顺序循环通电，则转子沿逆时针方向以每拍转过3°的方式转动。

（2）三相六拍通电方式。若采用三相六拍通电方式，即控制绕组按 U→UV→V→VW→W→WU→U→……的顺序循环通电，则步距角 θ_b 会减小一半，即每拍转子仅转过1.5°。

设转子的齿数为 Z_r，运行拍数为 m，则对于三相单三拍或三相双三拍通电方式，每走一步，便前进 $1/m$ 齿距（$360°/Z_r$），转子要走 m 步才前进一个齿距；对于三相六拍通电方式，转子要走 6 步才前进一个步距角。步距角 θ_b 为

$$\theta_b = \frac{360°}{mZ_r} \tag{11-5}$$

例如，$Z_r = 40$，当采用三相单三拍或三相双三拍通电方式时，步距角 θ_b 为

$$\theta_b = \frac{360°}{mZ_r} = \frac{360°}{3 \times 40} = 3°$$

若采用三相六拍通电方式，则步距角 $\theta_b = \frac{360°}{mZ_r} = \frac{360°}{6 \times 40} = 1.5°$。

当脉冲频率为 f_1（Hz）、步距角为 θ_b 时，步进电动机的转速 n 为

$$n = \frac{60 f_1 \theta_b}{360°} \text{ (r/min)} \tag{11-6}$$

如果脉冲频率 f_1 很高，那么步进电动机就不是一步一步地转动，而是连续不断地转动。

5．步进电动机的优点及应用

步进电动机的结构简单、运行可靠、反应灵敏、调速范围广、转速与频率成正比，其步距角不受电压波动和负载变化的影响，广泛应用于数控机床、计算机指示装置、自动记录仪、钟表数字控制区系统、工业自动化生产线、印刷设备、阀门控制、纺织机械、工业缝纫机中。

11.3　测速发电机

测速发电机是一种检测转速的信号元件，它将输入的机械转速 n 变换为电压 U_2 信号输出，输出电压 U_2 与转速 n 成正比（$U_2 \propto n$）。

测速发电机可分为直流测速发电机和交流测速发电机两大类。另外，还有一种霍尔效应测速发电机。

自动控制系统和计算机装置对测速发电机的基本要求如下。

（1）输出电压 U_2 与转速 n 成正比，且不随温度等条件的改变而变化，以提高测量精度。

（2）转动惯量要小，以保证反应迅速。

（3）输出电压 U_2 对转速 n 反应灵敏。

11.3.1　直流测速发电机

1．直流测速发电机的结构

直流测速发电机按励磁方式可分为电磁式和永磁式两种。电磁式直流测速发电机的结

构与普通小型直流发电机的结构相同。而永磁式直流测速发电机的定子用永久磁铁制成，一般为凸极式，转子上有电枢绕组和换向器，通过电刷接通内、外电路，不需要另加励磁电源，因此应用也较广泛。

2．直流测速发电机的工作原理

直流测速发电机的工作原理与一般小型直流发电机的工作原理相同；不同的是，直流测速发电机不对外输出功率或对外输出功率极小。直流测速发电机接线如图 11.16 所示，励磁绕组 N_f 接至直流电压 U_f 上，便有一励磁电流 I_f 流过励磁绕组 N_f，产生一恒定磁通 Φ；当电枢以转速 n 旋转时，在电枢绕组中产生的感应电势 E_a 为：

$$E_a = C_e \Phi n = C_e' n \tag{11-7}$$

式中，Φ = 常数，因此 $C_e' = C_e \Phi$ = 常数，称为电势常数，它仅与电机结构有关。

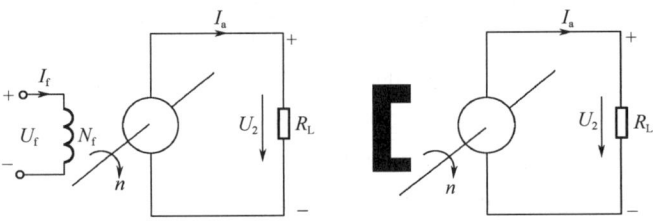

（a）电磁式直流测速发电机接线图　　（b）永磁式直流测速发电机接线图

图 11.16　直流测速发电机接线图

（1）当直流测速发电机空载时，电枢电流 $I_a = 0$，其输出电压 U_2 与空载电势 E_a 相等，因此，输出电压 U_2 与转速成正比，即

$$U_2 = E_a = C_e' n \propto n \tag{11-8}$$

（2）当直流测速发电机负载运行时，电枢绕组中便有电枢电流 I_a 流过，若负载电阻为 R_L，则 $I = I_a = U_2 / R_L$，当忽略电枢反应的影响时，直流测速发电机负载运行时的输出电压为

$$U_2 = E_a - I_a R_a = E_a - \frac{U_2}{R_L} R_a \tag{11-9}$$

式中，R_a——电枢回路电阻（Ω）。

将式（11-7）代入式（11-9），经整理得

$$U_2 = \frac{E_a}{1 + \frac{R_a}{R_L}} = \frac{C_e \Phi n}{1 + \frac{R_a}{R_L}} = Cn \propto n \tag{11-10}$$

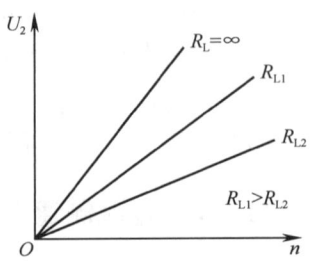

在理想情况下，R_a、R_L、Φ 均为常数，$C = C_e \Phi \big/ \left(1 + \frac{R_a}{R_L}\right) =$ 常数，因此，直流测速发电机的输出电压 U_2 与转速 n 成正比（$U_2 \propto n$），故输出特性曲线为一条过原点的直线，如图 11.17 所示。若改变负载电阻 R_L 的大小，则可得不同斜率 β 的输出特性曲线，β 随 R_L 的减小而减小。

图 11.17　不同负载电阻 R_L 时的理想输出特性曲线

3．产生误差的原因及改进方法

直流测速发电机的输出电压 U_2 与转速 n 呈线性关系的条件是：Φ、R_a、R_L 保持不变。实际上，直流测速发电机在运行时，下列原因会使这些量发生变化，导致误差。

（1）电枢反应去磁作用的影响。直流测速发电机 $U_2 = f(n)$ 呈线性关系的条件之一是 Φ = 常数，实际中，当直流测速发电机负载运行时，电枢电流 I_a 引起电枢反应的去磁作用，使发电机气隙磁通 Φ 减小（当转速一定时，负载电阻越小，电枢电流越大；或者当负载电阻一定时，转速越高，电势越高，电枢电流越大，电枢反应又将使 Φ 减小），电势 E_a 降低，输出电压 U_2 相应降低，使输出特性变为向下弯曲的曲线，如图 11.18 所示，当转速很高时，U_2 与 n 呈非线性关系。

为了减小电枢反应对输出特性的影响，在使用直流测速发电机时，转速不得高于最大线性工作转速，所接负载电阻不得小于最小负载电阻，以保证不超过允许线性误差。对于电磁式直流测速发电机，还可在定子主磁极极靴上安装补偿绕组，以减小误差。

（2）电刷接触电阻非线性的影响。直流测速发电机 $U_2 = f(n)$ 呈线性关系的另一个条件是电枢回路电阻 R_a = 常数，而在实际中，由于电枢电路总电阻 R_a 中除了电枢绕组内阻，还包括电刷与换向器的接触电阻，而这种接触电阻是非线性的，不是常数，它随负载电流的变化而变化。当电机转速较低时，相应的电枢电流较小，而接触电阻较大，电刷压降较大，这时测速发电机虽然有输入信号（转速 n），但输出电压很小，因而在输出特性上有一失灵区，会引起线性误差，如图 11.19 所示。

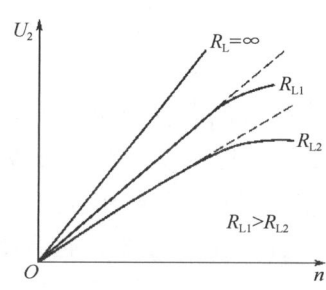
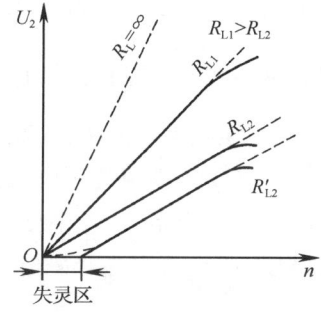

图 11.18　直流测速发电机的输出特性曲线　　图 11.19　考虑电刷接触压降后的输出特性曲线

因此，为了减小电刷接触电阻的非线性影响，缩小失灵区，直流测速发电机常选用接触压降较小的金属——石墨电刷（可使失灵区缩小）。

（3）温度的影响。对于电磁式直流测速发电机，因为励磁绕组长期通过电流而发热，所以它的电阻也相应增大，引起励磁电流及磁通 Φ 的减小，使输出电压 U_2 降低，从而造成线性误差。

为了减小由温度变化引起的磁通 Φ 的变化，在设计直流测速发电机时，应使磁路处于足够饱和状态，同时可在直流测速发电机的励磁回路中串联一个温度系数很小、阻值比励磁绕组的阻值大 3～5 倍且由康铜或锰铜材料制成的电阻。但上述减小由温升造成磁通改变的措施均会使励磁功率增大，励磁损耗也会升高。

11.3.2 交流测速发电机

交流测速发电机有异步测速发电机和同步测速发电机两种，下面介绍在自动控制系统中应用较广泛的交流异步测速发电机。

1. 交流异步测速发电机的结构

交流异步测速发电机的结构与交流伺服电动机的结构一样。为了提高系统的快速性和灵敏度，减小转动惯量，目前广泛应用交流异步测速发电机。这种测速发电机有两个定子铁芯，一个称为外定子铁芯，位于转子的外侧；另一个称为内定子铁芯，位于转子的内侧。在小号机座的测速发电机中，通常在内定子铁芯槽中嵌放有空间上相差90°电角度的两相绕组，其中，一相绕组称为励磁绕组 N_f，另一相绕组称为输出绕组 N_2。在较大号机座的测速发电机中，常把励磁绕组 N_f 嵌放在外定子铁芯上，而把输出绕组 N_2 嵌放在内定子铁芯上，以便调节内、外定子铁芯间的相对位置，使剩余电压最低。内、外定子铁芯间的气隙中为空心杯转子，是一个薄壁非磁性杯（杯壁厚度为 0.2～0.3mm，通常采用高电阻率的硅锰青铜或铝锌青铜制成）。空心杯转子异步测速发电机的结构如图 11.20 所示。

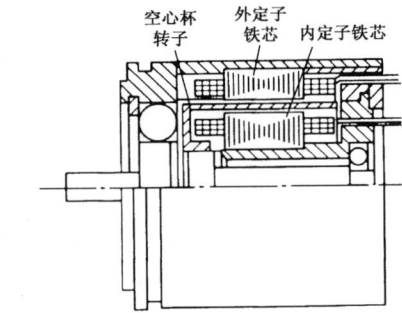

图 11.20 空心杯转子异步测速发电机的结构

2. 交流异步测速发电机的工作原理

交流异步测速发电机的工作原理如图 11.21 所示。励磁绕组 N_f 接于频率为 f_1 = 常数和电压 $\dot{U}_1 = \dot{U}_f$ = 常数的单相交流电源上，输出绕组 N_2 两端的输出电压 $\dot{U}_2$ 与转速 n 成正比。在励磁电压 $\dot{U}_f$ 的作用下，N_f 中便有励磁电流 $\dot{I}_f$ 流过，在定子和转子气隙中便产生与电源频率相同的脉振磁场，它在励磁绕组 N_f 轴线上脉动，称为直轴磁场（或直轴磁通 $\dot{\Phi}_d$），如图 11.21（a）所示。

（1）当转子静止（$n=0$）时，励磁绕组 N_f 和空心杯转子之间的电磁关系与副绕组短路时的变压器一样，励磁绕组 N_f 相当于变压器的原绕组，空心杯转子（将其看作由无数根并联导条组成的笼式导条转子）是短路的副绕组。而测速发电机气隙中的脉振磁场以频率 f_1 脉振，其轴线与励磁绕组 N_f 的轴线重合，与输出绕组 N_2 的轴线互相垂直。脉振磁通 $\dot{\Phi}_d$ 只能在空心杯转子中感应出像变压器那样的电势 $\dot{E}_d$，称为变压器电势（用右手螺旋定则确定 $\dot{E}_d$ 的方向是左进"⊗"，右出"⊙"）。由于转子是闭合的，所以这一变压器电势 $\dot{E}_d$ 将产生转子电流，电流的方向如图 11.21（a）所示。而输出绕组 N_2 的轴线与励磁绕组 N_f 的轴线的空间位置相差90°电角度，故 Φ_d 与输出绕组 N_2 没有耦合关系，在输出绕组 N_2 中不产生感应电势，即 $\dot{E}_2=0$，输出电压为零，即 $n=0$，$\dot{U}_2=0$。

（2）当外界机械拖动交流测速发电机的空心杯转子以转速 n（r/min）顺时针转动时，空心杯转子中有感应变压器电势 $\dot{E}_d$；因为空心杯转子旋转而切割磁通 $\dot{\Phi}_d$，所以还会产生旋转

电势 $\dot{E}_q$，$\dot{E}_q$ 的方向用右手定则确定，如图 11.21（b）所示（空心杯转子中的电势 $\dot{E}_q$ 的方向为上方进"⊗"，下方出"⊙"），$\dot{E}_q$ 的大小为：

$$E_q = C_q \Phi_d n \tag{11-11}$$

式中，C_q——电势常数。

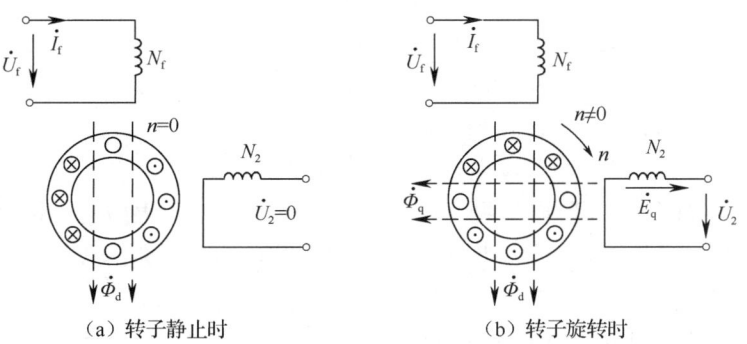

（a）转子静止时　　　　　　（b）转子旋转时

图 11.21　交流异步测速发电机的工作原理

由于空心杯转子采用硅锰青铜或铝锌青铜制成，其转子电阻 $r_2 \gg X_2$（X_2 为转子电抗），故转子电流 $\dot{I}_q$ 与旋转电势 $\dot{E}_q$ 基本同相位，$\dot{I}_q$ 又将产生一交变磁通 $\dot{\Phi}_q$，$\dot{\Phi}_q$ 的大小与 $\dot{I}_q$ 成正比，即

$$\Phi_q \propto I_q \propto E_q \propto \Phi_d n \tag{11-12}$$

$\dot{\Phi}_q$ 的轴线与输出绕组 N_2 的轴线重合（用右手定则确定），$\dot{\Phi}_q$ 在输出绕组 N_2 中又产生一个感应电势 $\dot{E}_2$，其频率为 f_1，因此有

$$E_2 = 4.44 f_1 \Phi_q N_2 K_{w2} \tag{11-13}$$

式中，N_2——嵌放在内定子铁芯上的输出绕组的匝数；

K_{w2}——定子输出绕组的绕组系数，

N_f——嵌放在外定子铁芯上的励磁绕组的匝数。

对于成品测速发电机，N_2、K_{w2} 均为常数，因此，感应电势 $\dot{E}_2$ 与磁通 $\dot{\Phi}_q$ 成正比，而磁通又与转速 n 和电流 $\dot{I}_q$ 成正比，这样，根据正比的传递关系，就可以得到在输出绕组 N_2 上产生的电势 $\dot{E}_2$ 与电机转速 n 呈线性关系，将这个电势 $\dot{E}_2$ 引出，就是与速度相对应的电压信号 U_2：

$$E_2 \propto \Phi_q \propto I_q \propto E_q \propto n \tag{11-14}$$

3．产生误差的原因及改进方法

以上分析的是交流异步测速发电机的理想工作情况，但在实际应用中，还存在各种误差，主要包括非线性误差与相角误差。

（1）非线性误差。在理想情况下，交流异步测速发电机的输出电压 U_2 与转子的转速 n 应该保持正比线性关系（$U_2 \propto n$），但在实际运行过程中，不能保证磁通 Φ_d 不变，从而影响输出电压 U_2 与转子转速 n 之间的线性关系，U_2 与线性关系的直线之间有一个误差，这个误差称为非线性误差。

要减小交流异步测速发电机的非线性误差,就必须减小励磁绕组的漏阻抗,并选用高电阻率材料制作发电机的转子。

(2) 相角误差。在自动控制系统中,总是希望交流测速发电机的输出电压 $\dot{U}_2$ 与励磁电压 $\dot{U}_f$ 同相位,但在实际应用中,当励磁电压 $\dot{U}_f$ = 常数时,由于励磁绕组电势与外加电压之间相差一个漏阻抗压降,故 $\dot{\Phi}_d$ 随负载的变化而略有变化,在一定的转速范围内,输出电压与励磁电压之间总存在一定的相位差值,称为相角误差。

减小交流测速发电机相位误差的主要方法是通过在励磁绕组上串接一定的电容来进行补偿。

(3) 剩余电压。最理想的测速发电机是当转速 $n=0$ 时,输出电压 $U_2=0$。但在实际中,由于测速发电机在制造和加工中总是存在(或多或少)机械上的不对称,使定子上的励磁绕组 N_f 与输出绕组 N_2 不完全垂直,导致励磁绕组 N_f 与输出绕组 N_2 之间存在耦合作用,因而当转子不动时,也有磁通穿过输出绕组而产生感应电势,该电势称为剩余电压,使控制系统的精度大为降低,影响系统的正常运行,甚至会产生误动作。

降低剩余电压的方法是合理选择磁性材料,并提高机械加工和装配精度、装置补偿绕组等,从而达到尽量降低剩余电压的目的,以消除其影响。

4. 交流测速发电机的优点和缺点

交流测速发电机的结构简单、稳定性好,与直流测速发电机相比,它无须电刷和换向器,因而无滑动接触,输出特性稳定、精度较高;但存在相位误差和剩余电压。

在自动控制系统中,测速发电机通常作为检测元件、解算元件、角加速度信号元件等。例如,在速度控制系统中作为速度敏感元件,通过输出电信号的变化来反映系统速度的微小变化,从而达到检测或通过反馈信号自动调节电机转速以提高系统的跟随稳定性和精度的目的。测速发电机可代替测速仪直接测量机械的转速。

11.4 直线电动机

旋转电动机转轴上输出的圆周运动只有通过曲柄连杆或蜗轮蜗杆才能转化为直线运动,其结构复杂、传动精度低。而直线电动机将电能直接转换成直线运动的机械能,省去了中间的传动机构,系统传动效率得到了提高,是一种新型的电动机。

近年来,随着科学技术的不断发展,直线电动机已经在控制系统、仪器、仪表等行业得到了广泛的应用。目前,直线电动机可分为直线异步电动机、直线同步电动机、直线直流电动机和特种直线电动机。其中,直线异步电动机的应用最广泛,故本节主要介绍直线异步电动机。

11.4.1 直线异步电动机的结构

直线异步电动机是由普通旋转异步电动机演变而成的,相当于将旋转异步电动机的定子、转子沿径向剖开,并展成一平面,便得平板型直线异步电动机,如图 11.22 所示。旋转电动机中的定子在直线异步电动机中称为初级,转子称为次级。直线异步电动机与旋转电动机的区别在于，旋转电动机中是定子固定、转子旋转；而直线异步电动机的运行方式可以是初级固定、次级运动，称为动次级；也可以是次级固定、初级运动，称为动初级。

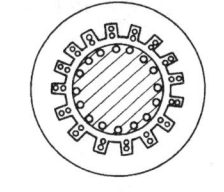
（a）鼠笼式异步电动机剖开图

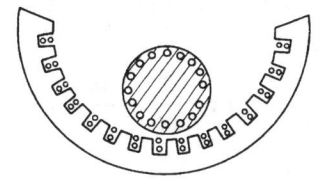
（b）鼠笼式异步电动机剖开拉直图

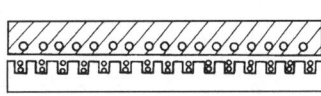
（c）直线异步电动机剖开图

图 11.22　直线异步电动机的剖开图示

直线异步电动机在运动过程中始终保持初级和次级耦合（固定部件与移动部件在行程范围内始终耦合）。例如，单边平板型直线异步电动机的初级与次级长度不相等，可长次级、短初级，如图 11.23（a）所示；也可长初级、短次级，如图 11.23（b）所示。为节省成本，一般采用长次级、短初级，故初级嵌放三相绕组。

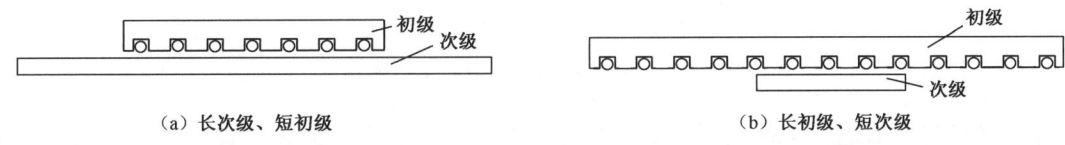

（a）长次级、短初级　　　　　　　　　　　　（b）长初级、短次级

图 11.23　单边平板型直线异步电动机的初级和次级耦合示意图

1．初级

直线异步电动机的初级铁芯也是由硅钢片叠成的，其表面开有槽，用于嵌放三相（或两相、单相）交流绕组。旋转电动机的定子铁芯和绕组沿圆周的分布是连续的，而直线异步电动机的初级则是断开的，形成两个端部边缘，铁芯和绕组无法从一端连到另一端，对电动机的磁场有一定的影响。

2．次级

在短初级直线异步电动机中，常用的次级形式有以下 3 种：
（1）次级用整块钢板制成，称为钢次级或磁性次级。其中，钢板既导磁又导电，由于钢的电阻率较大，所以电磁性能较差。
（2）复合次级。在钢板上复合一层铜板（或铝板），称为钢铜（或钢铝）复合次级。其中，钢主要用于导磁，铜、铝主要用于导电。
（3）次级用单纯的铜板或铝板制成，称为铜（铝）次级或非磁性次级。

3．直线异步电动机的气隙δ

直线异步电动机的气隙δ比旋转电动机的气隙大，主要目的是避免在做直线运动时，初级和次级之间发生摩擦。

11.4.2　直线异步电动机的工作原理

直线异步电动机的工作原理与旋转鼠笼式异步电动机的工作原理类似。当在直线异步电动机初级的三相绕组中通入三相对称交流电流后，也会产生气隙磁场，不过此时的气隙磁场不是旋转磁场，而是按电流 U、V、W、U…相序沿直线移动的磁场，称为滑行磁场（又称行波磁场），如图 11.24 所示。滑行磁场的同步速度 v_0 与旋转磁场在定子内圆表面上的线速度相等，即

$$v_0 = \pi D_1 \times \frac{n_0}{60} = 2P\tau \times \frac{1}{60} \times \frac{60 f_1}{P} = 2\tau f_1 \tag{11-15}$$

式中，v_0——滑行磁场的同步速度（m/s）；

D_1——原电动机定子的直径（m）；

τ——初级绕组的极距（m）；

f_1——电源频率（Hz）；

P——磁极对数。

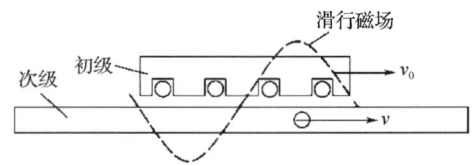

图 11.24 直线异步电动机的工作原理

滑行磁场切割次级导条，将在其中感应出电势并产生电流，该感应电流与滑行磁场相互作用产生电磁力，使次级跟随滑行磁场做直线运动。次级移动的速度 v 小于滑行磁场的同步速度 v_0，因此，直线异步电动机的滑差率 S 为：

$$S = \frac{v_0 - v}{v_0} \tag{11-16}$$

11.4.3 直线异步电动机的类型

直线异步电动机主要有平板型、圆筒型和圆盘型 3 种形式。

1．平板型直线异步电动机

（1）单边平板型直线异步电动机。单边平板型直线异步电动机的初级和次级耦合示意图如图 11.23 所示。它仅在次级的一边具有初级，故又称单边型。单边平板型直线异步电动机除了产生切向力，还产生单边磁拉力，即初级磁场与次级（电枢）之间存在着较大的吸引力，使磁场与次级（电枢）吸在一起，导致相对的直线运动产生较大的摩擦力，从而使直线运动难以进行，故单边平板型直线异步电动机是不能使用的。

（2）双边平板型直线异步电动机。为了克服上述缺点，实际中都设计成双边平板型直线异步电动机，如图 11.25 所示。它在次级两侧都装有初级，这种直线电动机的磁路对称，磁场对次级（电枢）上下的吸引力相等，不存在磁拉力，因而只存在切向力，运动稳定。

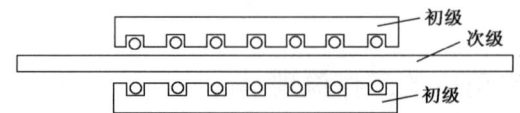

图 11.25 双边平板型直线异步电动机的初级和次级耦合示意图

2. 圆筒型（或管型）直线异步电动机

若将平板型直线异步电动机沿着与移动方向相垂直的方向卷成圆筒，即构成圆筒型直线异步电动机，如图 11.26 所示。

3. 圆盘型直线异步电动机

若将平板型直线异步电动机的次级制成圆盘结构，并能绕着经过圆心的轴自由转动，使初级位于圆盘的两侧，圆盘在电磁力作用下自由转动，便成为圆盘型直线异步电动机，如图 11.27 所示。

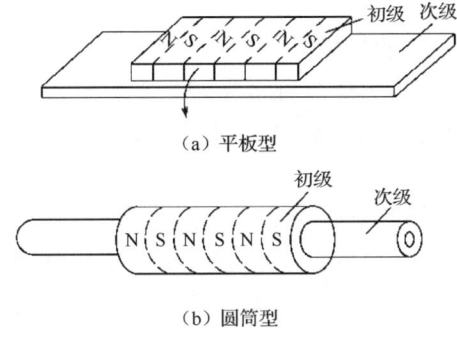

图 11.26 圆筒型直线异步电动机的形成

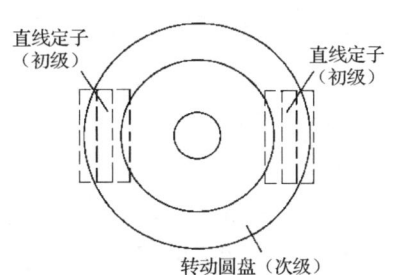

图 11.27 圆盘型直线异步电动机的形成

11.4.4 直线异步电动机的应用

直线异步电动机的应用很广，在交通运输和传送装置中均得到了广泛的应用。例如，磁悬浮高速列车，将初级绕组和铁芯装在列车上，利用铁轨充当次级。另外，直线异步电动机还可用在各种阀门、生产自动线上的机械手、传送带等设备上。

11.5 电动机的选择

想要使电力拖动系统经济而可靠运行，必须正确选择电动机，包括以下各项：
（1）电动机的种类。
（2）电动机的形式。
（3）电动机的额定电压 U_N。
（4）电动机的额定转速 n_N。
（5）电动机的功率 P_N（容量）。

其中，最重要的是电动机功率的选择，既要考虑电动机能否满足生产机械负载的要求，又要考虑电动机的发热、允许过载能力与启动能力等因素，一般情况下，以发热问题最为重要。因此，下面首先讨论电动机发热和冷却的一般规律，然后根据负载运行的不同情况予以介绍。

11.5.1 电动机的发热、冷却及工作方式

长期未使用的电动机的温度与周围环境温度相同，而长期运行的电动机的温度必然高

于环境温度。这是因为电动机在工作时，必然有电流流过绕组，有磁通穿过铁芯，电流在绕组中产生铜耗 P_{Cu}，磁通在铁芯中产生铁耗 P_{Fe}；电动机旋转时，轴承摩擦、电刷摩擦、转动部分与空气摩擦都会产生能量损耗，称为机械损耗 P_j。这些损耗全部变成热能，使电动机温度升高。我们将电动机的温度与环境温度的差称为温升。

在电动机开始工作瞬间，因为电动机的温升等于零，所以不向周围介质散热，而将发热量全部储存起来，使电动机温度升高较快。当电动机的温度高于环境温度时，电动机便向周围介质散发热量。

可见，电动机损耗产生的热量一部分储存在电动机中，引起温度升高；另一部分通过传导、对流和辐射等多种方式散发到周围介质中，即

$$发热量=储热量+散热量$$

当电动机工作时间足够长时，单位时间内产生的热量全部散发掉，电动机储存的热量不再增加，因而温度也不再升高，这就是热的稳定状态。稳定状态的温度称为稳态温度，其温升称为稳态温升。

随着电动机负载的增大，损耗也升高，单位时间内产生的热量也越多，稳态温升也越高。因此，在电动机未达到稳定状态之前，温升的高低取决于负载大小和工作时间的长短这两个因素。当电动机的负载由小变大时，会引起温度升高，而电动机的负载由大变小则会引起温度降低。

同理，当运行的电动机断电停机时，损耗等于零，发热量没有了，原来储存在电动机中的热量逐渐散出，使电动机温升下降。由此可见，长时间不使用的电动机在带动负载运行的过程中，温升逐渐升高，这种现象称为电动机的发热；而运行的电动机在停车（或负载减小）以后，温升逐渐降低，这种现象称为电动机的冷却。

由于电动机每一部分材料的热容量、散热系数和发热量都不相同，因此，电动机内部各点温度是不均匀的。当空载和轻载运行时，铁耗 P_{Fe} 高于铜耗 P_{Cu}，铁芯温度高于绕组温度，热量从铁芯传递到绕组；重载运行时，铜耗 P_{Cu} 高于铁耗 P_{Fe}，热量又从绕组传递到铁芯。而电动机耐热性能最弱的部分是绕组的绝缘材料，槽内绕组绝缘夹在导线和铁芯之间，从导线和铁芯两方面受热，温度最高。如果按照实际的热交换关系分析槽内绕组绝缘的温升变化规律，那么将是非常复杂的。因此，关于电动机的温升计算，此处不再叙述。但从发热方面看，限制电动机负载的主要原因是绕组绝缘材料的耐热能力，即取决于绕组绝缘材料所能允许的温度。为了保证电动机有足够长的使用寿命（工作寿命一般为 15～20 年）和可靠运行，电动机运行中的最高温度不能超过绕组绝缘材料的最高允许温度。如果超过了最高允许温度，那么绝缘材料将迅速老化、变脆，其机械强度和绝缘性能会很快降低，寿命大大缩短，甚至失去绝缘性能，称为绝缘击穿，将直接影响电动机的使用寿命和运行可靠性。

11.5.2 绝缘材料及性能

绝缘材料的主要作用是在电气设备中将不同部分的导电体隔开，使电流按预定的方向流动。绝缘材料是电气设备中最薄弱的环节，很多故障都发生在绝缘部分。因此，绝缘材料应具有良好的介电性能，以及较大的绝缘电阻和较高的耐压强度；耐热性能要好，不至

于因长期受热而引起性能变化；应具有良好的防潮、防霉、防雷电性能和较高的机械强度。

绝缘材料在长期使用中，在温度、电气、机械等各方面的作用下，绝缘性能逐渐变差，称为绝缘老化。温度与绝缘材料的使用寿命和绝缘老化密切相关，为了确保电气设备长期安全运行，对绝缘材料的耐热等级、最高允许温度做了明确规定。

电动机的最高允许温度既与所用绝缘材料等级有关，又与周围环境温度有关，在不同的季节、不同的时间、不同的地点，环境温度是不尽相同的，为了统一起见，GB/T 755—2019 规定，各种电机工作的周围环境温度不得超过 40℃，设计电机时也规定取为 40℃，即 40℃为我国的标准环境温度。而温升就是绝缘材料允许的极限温度与标准环境温度之差。一般每超过 8℃，电机寿命减少一半。

由以上分析可知，绝缘材料的最高允许温度是一台电动机带负载能力的极限，而电动机的额定功率正是这个极限的具体体现，电动机的额定功率是指在环境温度为 40℃时，电动机长期连续工作，其温度不超过绝缘材料最高允许温度的最大输出功率。如果实际环境温度低于 40℃，则电动机可以在稍大于额定功率的条件下运行；反之，电动机必须在小于额定功率的条件下运行。在实际生产中，一定要保证电动机的工作温度不超过绝缘材料的最高允许温度。

1. A 级绝缘材料

A 级绝缘材料最高允许温度为 105℃，温升为 60℃，其主要材料有浸漆处理过的棉纱、丝、纸、纸板、木材、普通绝缘漆等。

2. E 级绝缘材料

E 级绝缘材料最高允许温度为 120℃，温升为 75℃，其主要材料有环氧树脂、聚酯薄膜、三醋酸纤维薄膜、青壳纸、高强度绝缘漆等。

3. B 级绝缘材料

B 级绝缘材料最高允许温度为 130℃，温升为 80℃，其主要材料有云母带、云母纸、石棉、玻璃纤维组合物。

4. F 级绝缘材料

F 级绝缘材料最高允许温度为 155℃，温升为 100℃，其主要材料有耐热性能良好的环氧树脂黏合物或浸漆的云母、石棉及玻璃纤维组合物。

5. H 级绝缘材料

H 级绝缘材料最高允许温度为 180℃，温升为 125℃，其主要材料有硅有机树脂黏合物或浸漆的云母、石棉及玻璃纤维组合物、硅有机橡胶。

6. C 级绝缘材料

C 级绝缘材料最高允许温度在 180℃以上，温升在 125℃以上，其主要材料有不采用任何有机黏合剂及浸渍剂的无机物，如石英、石棉、云母、玻璃和瓷材料。

目前，一般电动机常采用 B 级绝缘材料和 F 级绝缘材料，而 C 级绝缘材料较少采用。

11.5.3 电动机工作方式的选择

电动机的发热和冷却状况不仅与拖动的负载大小有关，还与拖动负载持续的时间有关。拖动负载持续的时间不同，电动机的发热程度也不同，为了便于电动机的系列生产和用户的正确选择、使用，国家标准规定电动机的工作方式可分为以下 3 类。

1. 连续工作制 S1

电动机连续工作的时间很长，工作时间可达几个小时、几昼夜甚至更长时间，以至连续不断地运转下去，其温升仍为稳定值，这种工作方式称为连续工作制，常用符号 S1 表示。电动机铭牌对工作方式没有特别标注的，都属于连续工作制，这种工作制的电动机拖动的生产机械有水泵、鼓风机、球磨机、机床主轴等。

2. 短时工作制 S2

短时工作制是指电动机工作时间较短，在工作时间内，电动机温升尚未达到稳定温升值就停机了，而停机时间又相当长，在停机时间里，足以使电动机的温度降到周围环境温度。短时工作制常用符号 S2 表示。国家标准规定，短时工作制的标准时间为 15min、30min、60min 和 90min，共 4 种。这类工作制的电动机拖动的生产机械有机床的夹紧装置、旋窑的辅助机械、水库闸门启闭机等。

3. 断续周期性工作制 S3

断续周期性工作制是指电动机的工作与停歇周期交替进行，但时间都较短，在工作时间内，温升达不到稳定温升值就停机了，而在停机时间内，温升未下降到零值（标准环境温度），下一个工作周期又已经开始。断续周期性工作制常用符号 S3 表示，其工作时间 t_g 和停止时间 t_0 之和称为一个周期，工作时间 t_g 与周期之比称为负载持续率，用 FS 表示，即

$$FS = \frac{t_g}{t_g + t_0} \times 100\% \tag{11-17}$$

我国国家标准规定的负载持续率 FS 有 15%、25%、40%、60% 4 种，一个周期的总时间规定为 ≤10min。属于此类工作制的生产机械有起重机、电梯、轧钢辅助机械等。

电机厂专门制造了适应不同工作制的电动机，并规定了连续、短时、断续周期性 3 种定额，供不同负载性质的生产机械选配。若负载是连续工作制，而选用相同功率短时工作制的电动机来拖动，则必将导致电动机烧坏。

11.5.4 电动机额定功率、额定电压、电流类型、额定转速结构形式的选择

电动机选择是否恰当，关系到电动机能否安全、经济、合理地使用，如果选择不当，则会造成浪费，甚至烧坏电动机。前面已提到，电动机的选择主要包括电动机额定功率的选择、电动机电流类型的选择、电动机结构形式的选择、电动机额定电压的选择、电动机

额定转速的选择等。

1. 电动机额定功率的选择

生产机械工作时，必然消耗一定的机械功率 P_L，而这些机械功率是由拖动它的电动机提供的输出功率 P_2，即 $P_2 = P_L$。如果选择的电动机的额定功率 P_N 合适，则电动机运行时的稳态温度就等于绕组绝缘材料最高允许温度，电动机就能够达到正常使用寿命，电动机容量可以得到充分利用。如果选择的电动机的额定功率 P_N 偏小，则会出现"小马拉大车"的情况，电动机将长时间在过载情况下运行，其温升就会超过绕组绝缘材料最高允许温升，从而缩短电动机的使用寿命，同时使电动机效率较低。若电动机在过载25%的情况下运行，则大约在 45 天内会使绕组的绝缘损坏；若过载50%，则在几个小时内就会引起绝缘损坏。如果选择的电动机的额定功率 P_N 过大，则会出现"大马拉小车"的情况，电动机将长期轻载运行，稳态温度比绕组绝缘材料最高允许温度低很多，电动机容量没有得到充分利用，这不仅增加了初期投资，还降低了电动机的效率 η 和功率因数 $\cos\varphi$，浪费了电力，显然是不合理的。因此，正确选择电动机的额定功率 P_N，使电动机得到合理的充分利用就显得尤为重要。一般情况下，电动机的额定功率 P_N 应根据它所带的负载功率来选用。对于连续运行的生产机械，只要知道生产机械的功率 P_L，根据下式就可计算出电动机的额定功率 P_N'：

$$P_N' = \frac{P_L}{\eta_L \eta_c} \tag{11-18}$$

式中，η_L——生产机械本身的效率；

η_c——生产机械与电动机之间的传动效率；

P_L——生产机械的功率（kW）；

P_N'——计算出的电动机的额定功率（kW）。

计算出的电动机的额定功率 P_N' 如果与我国生产的电动机的额定功率 P_N 等级不相符，则可选取功率稍大于计算值的电动机功率 P_N'，即

$$P_N \geq P_N' \tag{11-19}$$

2. 电动机电流类型的选择

选择电动机的种类，要根据生产机械的要求，全面衡量各种技术条件、经济来确定。技术条件包括电动机的机械特性与生产机械的负载特性是否匹配，调速和启动性能是否符合要求。在经济方面，要考虑对生产率的影响、初期投资及运行费用等。在技术条件基本满足生产机械要求的条件下，一般优先选用结构简单、价格低廉、坚固耐用、工作可靠、维护方便的电动机。从这个意义上看，交流电动机优于直流电动机，交流异步电动机优于交流同步电动机，鼠笼式异步电动机优于绕线式异步电动机。

（1）鼠笼式异步电动机。鼠笼式异步电动机构造简单、坚固耐用、启动设备比较简单、价格和运行费用低，应尽量优先选用；但是它的启动电流大、启动转矩一般较小、转速不易调节、功率因数低。因此，它的应用范围受到一定的限制，一般适用于 10kW 以下、不经常启动、不需要调速的生产机械中，如一般机床、泵类、通风机、空气压缩机和运输机等。

（2）绕线式异步电动机。绕线式异步电动机可以在其转子电路中串入电阻，既可减小启动电流，又可增大启动转矩，并能进行小范围的调速。它的构造虽然比较复杂、设备费

用也较高，但在某些情况下，尤其在电源容量较小、要求有较大的启动转矩、经常启动或有调速要求的场合（如空气压缩机、破碎机、球磨机、提升机、吊车等）都采用绕线式异步电动机来拖动。

（3）同步电动机。同步电动机的特点是转速恒定、功率因数高，但构造复杂、调速困难、需要两种电源，且维护操作较烦琐。同步电动机一般应用于大容量（100kW 以上）、低转速、不需要调速、经常启动的机械，如大型通风机、压缩机、球磨机等。

（4）直流电动机。直流电动机的突出特点是调速性能好、启动转矩大、过载能力强，克服了异步电动机功率因数低的缺点；但是直流电动机结构复杂、初期投资大、获得直流电源不太方便、操作和维护麻烦。因此，直流电动机一般用在交流电动机无法满足生产机械要求的场所，如要求频繁重载启动、制动、反转或大范围平滑调速的生产机械，如轧钢机、电铲、起重机、大型提升机、电车及水泥厂的旋窑等。

3. 电动机结构形式的选择

电动机的结构形式按其安装位置的不同可分为卧式与立式两种。卧式电动机在安装时，电动机的转轴处于水平位置；立式电动机的转轴则与地面垂直，二者的轴承不同，不能随便混用。在一般情况下，应优先选用卧式电动机。立式电动机的价格较高，只有在为了简化传动装置，又必须垂直运转时才采用（如立式钻床等）。

为了防止电动机为周围的介质所损坏，必须根据不同的环境选择适当的防护形式，以达到节约投资、安全运行的目的。电动机的防护形式分为如下几种：

（1）开启式。开启式电动机的定子两侧与端盖都有较大的通风口，通风散热性能良好，造价比其他同功率电动机的造价低；但灰尘、水滴、铁屑等杂物容易从通风口进入电动机内部，因此，它只适用于干燥、清洁、无灰尘和没有腐蚀性气体的环境。

（2）防护式。防护式电动机在机座下面有通风口，散热性能较好，一般可防水滴、铁屑等杂物从与垂直方向成小于 45°角方向溅入电动机内部，但不能防止潮气及灰尘的侵入。防护式电动机适用于比较干燥、灰尘少、无腐蚀性与爆炸性气体的环境。

（3）封闭式。封闭式电动机的机座和端盖是全封闭的，仅靠电动机表面散热，因此，散热条件较差。为改善散热条件，机壳上铸有散热筋片，并由尾部的外风扇吹风经散热筋片冷却。这种电动机由于结构形式是全封闭的，所以适用于水土飞溅、尘雾较多、潮湿、易受风雨、有腐蚀性气体等各种较恶劣的工作环境。

（4）密闭式电动机。密闭式电动机一般适用于液体（水或油）中的生产机械，如潜水电泵等。

（5）防爆式。防爆式电动机具有坚固的密封外壳，适用于易燃、易爆气体的危险环境，如煤矿的井下、油库、煤气站等场所。

4. 电动机额定电压的选择

交流电动机额定电压的选择主要以使用场所的供电电网的电压等级为依据。一般低压电网为 380V，因此，中小型三相异步电动机的额定电压大多为 380V（Y 或 D 接法）、220V/380V（D/Y 接法）和 380V/660V（D/Y 接法），这样绝缘问题容易解决，可降低成本，既经济又安全。当功率为 100～200kW 或更高时，中等功率的电动机有低压和高压两种类型，选用时应根据工作地点的电源电压来决定，应尽量避免增设变压器，以减少投资。

对于矿山及钢铁企业的大型设备用大功率电动机，为了提高经济技术指标，多采用 3000V 或 6000V 的高压电动机，这样既减小了电动机的体积，又节约了电动机铜线的用量，但使用时的安全问题应引起重视。单相异步电动机的额定电压多采用 220V。

直流电动机的额定电压也要与电源电压相配合。由直流发电机供电的直流电动机的额定电压一般为 110V、220V 或 440V，其中 220V 为常用电压等级。大功率电动机可提高到 600～1000V，当电网电压为 380V 且直流电动机由晶闸管整流电路供电时，若采用三相整流，则可选额定电压为 440V；若采用单相整流，则可选额定电压为 160V 或 180V。当然，选用时也要根据现场电网已有的电压等级来考虑，尽量减少电动机供电电源的投资。

5．电动机额定转速的选择

电动机额定转速是根据生产机械传动系统的要求、设备的投资和传动系统的可靠性来决定的。一般，在同类型同功率的电动机中，电动机的额定转速越高，其体积越小、质量越轻、价格越低、运行的效率越高，因此，选用高速电动机较经济。但是，若生产机械要求的转速低，则这时选择高速电动机就势必要采用高传动比的变速装置，不但使传动复杂，增加了设备投资，而且传动效率低、工作可靠性差。因此，选用电动机转速的原则应该是使电动机的转速等于或略大于生产机械所需的转速，尽量采用低传动比的变速装置。在许多场所，即使生产机械的转速很低，也采用与它相配合的低转速电动机，虽然电动机贵一些，但省去或简化了变速装置，改善了工作可靠性，在总的技术经济指标上还是比较合理的。

本 章 小 结

1．交流伺服电动机的转子与普通鼠笼式异步电动机的转子相似，但也有不同，直流伺服电动机的转子要求有小的转动惯量，以保证启动、制动迅速；交流伺服电动机除要求有小的转动惯量外，还要求转子电阻大，以克服自转现象。

2．伺服电动机分为直流伺服电动机和交流伺服电动机，其中，直流伺服电动机的工作原理与直流他励电动机的工作原理相同；交流伺服电动机的工作原理与两相交流电动机的工作原理相同。伺服电动机在自动控制系统中主要作为执行元件，改变控制电压，便可改变伺服电动机的转速或转向。因此，要求伺服电动机的启动、制动及跟随性能要好，当控制电压 $U_k = 0$ 时，应无自转现象，即 $n = 0$。

3．直流伺服电动机的控制方式比较简单，可通过控制电枢电压实现对直流伺服电动机的控制。交流伺服电动机的控制方式分为幅值控制、相位控制和幅值-相位控制 3 种。其中，相位控制方式的特性较好，幅值-相位控制方式的线路较简单。

4．步进电动机是一种将脉冲信号转换成角位移或线位移的控制电机，是控制系统中常用的执行元件，各相控制绕组轮换输入脉冲信号，每输入一个脉冲信号，转子便转过一个步距角。步进电动机的转速与脉冲频率成正比，改变脉冲频率便可调节转速。步进电动机广泛用于数控机床、计算机指示装置、自动记录仪、钟表数字控制系统中。

5．测速发电机是一种检测转速的信号元件，根据测速发电机发出的电压不同可分为直流测速发电机和交流测速发电机两类。直流测速发电机的工作原理与一般小型直流发电机的工作原理相同，$U_2 = E_a = C'_e n \propto n$。交流测速发电机的输出电压正比于测速发电机轴上的转速，$E_2 \propto \Phi_q \propto I_r \propto E_r \propto n$。

6. 直流测速发电机的误差主要由以下因素的影响所致。

（1）电枢反应去磁作用的影响。

（2）电刷接触电阻非线性的影响。

（3）温度的影响。

7. 交流异步测速发电机的误差主要如下：

（1）非线性误差。

（2）相角误差。

（3）剩余电压。

使用时应尽量减小误差的影响。

8. 直线电动机是一种将电能转换成直线运动机械能的机械装置，可分为直流和交流两种。现应用最广的是交流直线异步电动机。定子绕组在直线电动机中称为初级，转子绕组称为次级，初级和次级可装在一个整体机壳内，也可完全分离开来，将初级和次级安装在驱动装置中。直线异步电动机的工作原理与旋转鼠笼式异步电动机的工作原理类似；改变电源相序可以改变直线异步电动机的运动方向，可实现往复直线运动。直线电动机能直接产生直线运动，可省去中间的传动装置，具有高效、节能、精度高的特点。交流直线异步电动机广泛用于磁悬浮装置的高速列车中，大大降低了机械损耗。

9. 选择电动机的原则是在电动机性能能够满足生产机械性能要求的前提下，优先选用结构简单、造价低廉、坚固耐用、便于维护的电动机。根据这一原则，交流电动机优于直流电动机，交流异步电动机优于交流同步电动机，鼠笼式异步电动机优于绕线式异步电动机。

10. 选择电动机主要应考虑电动机的电流类型、结构形式、额定电压、额定转速、额定功率、工作方式等，其中最重要的是电动机的额定功率。

习 题 11

一、填空题

11.1 交流伺服电动机的控制方式有 3 种，它们分别是_____、_____和_____。

11.2 交流伺服电动机的转子结构有两种形式，一种是_____转子，另一种是_____转子。伺服电动机与普通三相鼠笼式异步电动机的转子相似，转子导条和端环采用高电阻率的导电材料_____或铸铝制成；定子主要由_____和_____两部分组成。

11.3 步进电动机根据励磁方式的不同，可分为_____、_____和_____ 3 种。目前，_____步进电动机应用较普遍。

11.4 对于三相单三拍通电方式，"单"是指每次只有_____相通电，"三拍"是指一个循环只换接_____次通电。这种通电方式在_____相绕组断电，而____相绕组开始通电时刻容易造成失步，从而导致运行稳定性较差，因此实际中较少采用。

11.5 自动控制系统对测速发电机的基本要求是：①电压 U_2 与_____成正比，且不随_____条件的改变而变化，以提高_____；②转动惯量_____，以保证反应_____；③输出电压对_____反应灵敏。

11.6 直流测速发电机按励磁方式可分为_____和_____两种。直流测速发电机的工作原理与一般小型直流发电机_____；不同的是，直流测速发电机不对外输出_____。

11.7 交流测速发电机有_____和_____两种，交流异步测速发电机有_____个定子铁芯，一个称为_____，位于转子的_____；另一个称为_____，位于转子的_____。在小号机座的测速发电机中，通常在_____槽中嵌放有在空间上相差90°电角度的两相绕组；在较大号机座的测速发电机中，常把励磁绕组 N_f 嵌放在_____上，而把输出绕组 N_2 嵌放在_____上。内、外定子铁芯间的气隙中为空心杯转子，是一个_____杯（杯壁厚度为0.2～0.3mm），通常采用高电阻率的_____或_____制成。

11.8 交流测速发电机输出的电压 U_2 与速度 n 的关系可表示为_____。交流异步测速发电机的误差主要有：①_____；②_____；③_____。

11.9 旋转异步电动机中的定子在直线异步电动机中称为_____，转子称为_____。在旋转电机中，定子固定、转子旋转。而直线电动机的运行方式可以是____固定，次级运动，称为____；也可以是____固定，而____运动，称为_____。

11.10 直线异步电动机主要有_____型、_____型和_____型3种形式。

11.11 选择电动机主要应确定电动机的_____、_____、_____、_____、_____等，其中最重要的是电动机的_____。

二、选择题

11.12 两相交流伺服电动机在运行上与一般异步电动机的根本区别是（   ）。

　　A．具有下垂的机械特性

　　B．具有两相在空间上互差90°电角度的励磁绕组和控制绕组

　　C．靠不对称运行来达到控制目的

11.13 交流伺服电动机为减小转子转动惯量，转子做得（   ）。

　　A．细而长　　　　　　B．短而大　　　　　　C．又长又大

11.14 一台三相反应式步进电动机，$Z_1=40$，三相单三拍运行，此时每拍转过的角度 θ_b=（   ）。

　　A．9°　　　　　　　　B．3°　　　　　　　　C．1.5°

11.15 交流异步测速发电机的转子是一个非磁性杯，杯壁厚度为（   ）。

　　A．0.02～0.03mm　　　B．0.2～0.3mm　　　　C．2～3mm

11.16 为了减小由温度变化引起磁通 Φ 变化，在设计直流测速发电机时，使磁路处于（   ）。

　　A．不饱和状态　　　　B．足够饱和状态　　　C．不饱和状态与饱和状态均可

11.17 单边平板型直线电动机除了产生切向力，还产生单边磁拉力，即初级磁场与次级之间存在着较大的吸引力，导致直线运动难以进行。为克服此缺点，实际中都设计成（   ）平板型直线异步电动机。

　　A．四边　　　　　　　B．三边　　　　　　　C．双边

11.18 一台三相6极步进电动机，其控制方式为三相双三拍，则通电方式应为（   ）。

　　A．U→V→W→U……

　　B．UV→VW→WU→UV……

　　C．U→UV→V→VW→W→WU→U……

11.19 一台Y2型异步电动机，其额定温升应为（   ）。

　　A．90℃　　　　　　　B．115℃　　　　　　　C．100℃

11.20 一台异步电动机的负载持续率FS=40%，表明它在一个运行周期内应当停歇（   ）。

　　A．4min　　　　　　　B．4h　　　　　　　　C．6min

三、判断题（正确的打√，错误的打×）

11.21 交流伺服电动机的转子细而长，故转动惯量小，控制灵活。（   ）

11.22 步进电动机是将脉冲信号转换成角位移或线位移的电动机。（   ）

11.23 测速发电机将电信号转换成转速,以便用转速表测量。(   )

11.24 一般在同类型同功率的电动机中,电动机的额定转速越高,其体积越小、质量越轻、价格越低、运行的效率越高,因此选用高速电动机较经济。(   )

11.25 为了使直线异步电动机在运动过程中始终保持初级和次级耦合,并且为节省成本,一般采用长次级、短初级。(   )

11.26 当电动机功率一定时,电动机的额定转速越高,其体积越大、质量越重、价格越高、运行的效率越低,因此选用高速电动机不经济。(   )

四、问答题

11.27 伺服电动机的作用是什么?

11.28 简述交流伺服电动机的基本结构和工作原理。

11.29 什么是自转现象?怎样消除?

11.30 什么是步进电动机的步距角?什么是单三拍、单六拍通电方式?

11.31 步进电动机的作用是什么?

11.32 测速发电机的作用是什么?

11.33 简述交流测速发电机的基本工作原理和产生线性误差的主要原因。

11.34 为什么交流测速发电机的转子采用非磁性空心杯结构,而不采用鼠笼式结构?

11.35 直线电动机可分成几类?它主要应用于哪些场合?

11.36 选择电动机主要应考虑哪些因素?

五、计算题

11.37 一台三相 6 极反应式步进电动机,设其步距角 $\theta_b = 1.5°$,则转子有多少齿 Z_r?若脉冲频率 $f_1 = 2000\text{Hz}$,则步进电动机的转速 n 应为多少?

第5篇 电气控制技术

生产机械中的一些运动部件需要原动力来拖动,自从有了电动机,各种生产机械的运动部件就多以电动机为动力来拖动。为了使电动机能按实际生产要求进行,必须对电动机实行控制,称为电气控制。电气控制的方式有传统的继电器-接触器控制和现代的计算机控制。本篇以电动机为控制对象,介绍继电器-接触器控制系统和可编程序控制器(PLC)控制系统。

第12章 常用低压电器

内容提要

- 刀开关、转换开关、自动开关、熔断器、主令电器、接触器、继电器的结构原理和作用。
- 图形文字符号的表示。
- 各种开关的技术参数。

电器是一种常用的电气设备,在电能的产生、输送、分配和应用中起着开关、控制、保护等作用,广泛应用于电力输配、电力拖动控制系统中。工作在交流 1000V 及以下与直流 1200V 及以下电路中的电器称为低压电器。本章讨论的是对电路起到接通或断开作用的常用低压电器,如刀开关、自动开关、主令电器、接触器等。

低压电器品种繁多,用途极为广泛。按它在电气线路中所处的地位和作用可分为低压配电电器和低压控制电器两大类。低压配电电器包括熔断器、刀开关、转换开关和自动开关等,低压控制电器包括接触器、继电器、主令电器等。

12.1 刀开关和转换开关

12.1.1 刀开关

刀开关又称闸刀开关,其结构简单,价格低廉,触点的闭合和断开皆由人手动操作。它由操作手柄、刀片式动触点、插座式静触点、绝缘底板和塑料防护盖组成,触刀下部还有熔断器。它一般用于不频繁接通和断开、容量较小的低压线路或小容量电动机的启停。刀开关的类型有大电流刀开关、负荷开关和熔断式刀开关。下面介绍常用的开启式负荷开关和封闭式负荷开关。

1. 开启式负荷开关

开启式负荷开关又称瓷底胶盖闸刀开关。三极瓷底胶盖闸刀开关的结构及图形文字符号如图 12.1 所示。这种开关没有灭弧装置，因此不宜带负载接通和分断电路，常用作照明电路的电源开关，也可用于 5.5kW 以下电动机的启动和停止。瓷底胶盖闸刀开关的型号有 HK1、HK2 等系列，额定电流在 60A 以下；两极式的额定电压为 220V，三极式的额定电压为 380V。

对于一般负载，刀开关的额定电流大于或等于负载的额定电流；而对于电动机，刀开关的额定电流可选择为电动机额定电流的 3 倍左右。安装和使用时应注意：电源进线端应接在静触点一边的进线端上；安装时，刀开关在合闸状态下的手柄应该向上。

2. HH 系列封闭式负荷开关

封闭式负荷开关又称铁壳开关，如图 12.2 所示。它由刀开关、熔断器、灭弧装置、操作机构和钢板做成的外壳构成，常用作电源开关、隔离开关、应急开关，型号有 HH10、HH11 等系列。它的额定电流在 400A 以下。封闭式负荷开关的操作机构设有机械联锁装置，开关在合闸状态下，铁壳盖不能打开；在分闸状态下，铁壳盖不能合上，以确保操作安全，避免触电。在操作机构中，手柄转轴与底座间装有速动弹簧，使刀开关的接通和断开速度与手柄操作速度无关，这样有利于迅速灭弧。

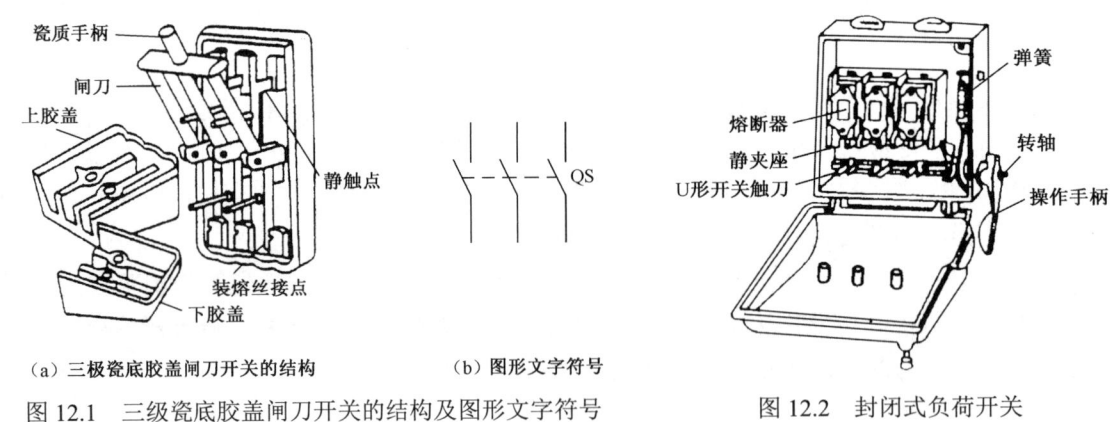

(a) 三极瓷底胶盖闸刀开关的结构　　(b) 图形文字符号

图 12.1　三级瓷底胶盖闸刀开关的结构及图形文字符号　　图 12.2　封闭式负荷开关

封闭式负荷开关的使用注意事项：开关外壳应可靠接地，防止漏电造成触电事故。

12.1.2　转换开关（又称组合开关）

转换开关实质上是一种由多触点组合而成的刀开关，适用于不频繁接通和分断电路，其结构紧凑、体积小。转换开关有多个系列产品，下面以 HZ10 系列为例来说明转换开关的结构。

动触点与具有良好消弧性能的绝缘纸板铆合在一起套在方轴上，静触点装在胶木触点座边缘上的两个凹槽内。当方轴转动时，带动动触点接通或断开相应的静触点，动触点和静触点可做成多层再叠装起来。为了使开关在切断电流时迅速灭弧，在开关转轴上装有扭簧储能机构，使开关能快速闭合或分断，以利于灭弧。转换开关的外形、结构及图形文字符号如图 12.3 所示。

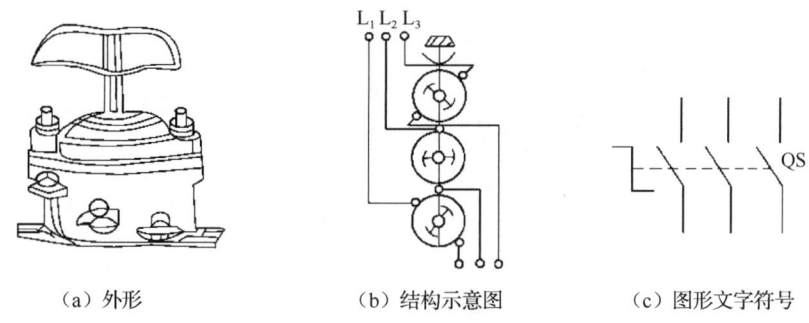

（a）外形　　　　　（b）结构示意图　　　　（c）图形文字符号

图 12.3　转换开关的外形、结构示意图及图形文字符号

HZ10 系列转换开关的额定电压为直流 220V，交流 380V，额定电流在 100A 以下。转换开关多作为电源开关，可用于小容量电动机的启停控制。转换开关的触点闭合情况和接线方式可查阅产品说明书。当不知道转换开关触点的闭合情况且无资料可查时，可用万用表的欧姆挡检测，再画出开关的符号。

12.2　自动开关

自动开关又称为低压断路器或自动空气开关，是低压电路中重要的开关电器。它不仅具有开关的作用，还具有保护功能，能对电路或电气设备发生的短路、过载及失压等进行保护，动作后不需要更换元件，一般容量采用手动操作，较大容量采用电动操作。

12.2.1　自动开关的工作原理

如图 12.4 所示，图中的开关触点处于闭合状态，由锁扣锁住搭钩，使自动开关保持合闸状态。电磁脱扣器的电流线圈与主电路串联，当线路电流超过允许值时，电磁脱扣器衔铁被吸动，顶动杠杆，使搭钩脱开，触点在反力弹簧的拉力下分开。过负荷脱扣器又称为热脱扣器，过负荷是指被控电路的电流超过允许值不多，短时间是允许的，但时间过长便会造成线路或电动机因过热而烧毁。由图 12.4 可见，在主电路中串联热元件，当过负荷时，热元件使热双金属片受热，其自由端向上弯曲，顶动杠杆使开关跳闸，从而实现过负荷保护。欠压脱扣器的电压线圈并联在主电路中，当电压过低时，绕有电压线圈的电磁机构的吸力不足，欠压脱扣器衔铁在拉力弹簧的拉力作用下向上移动，顶动杠杆使开关跳闸。如上所说的 3 种脱扣器并非在自动开关中同时装有，可根据使用要求选择。

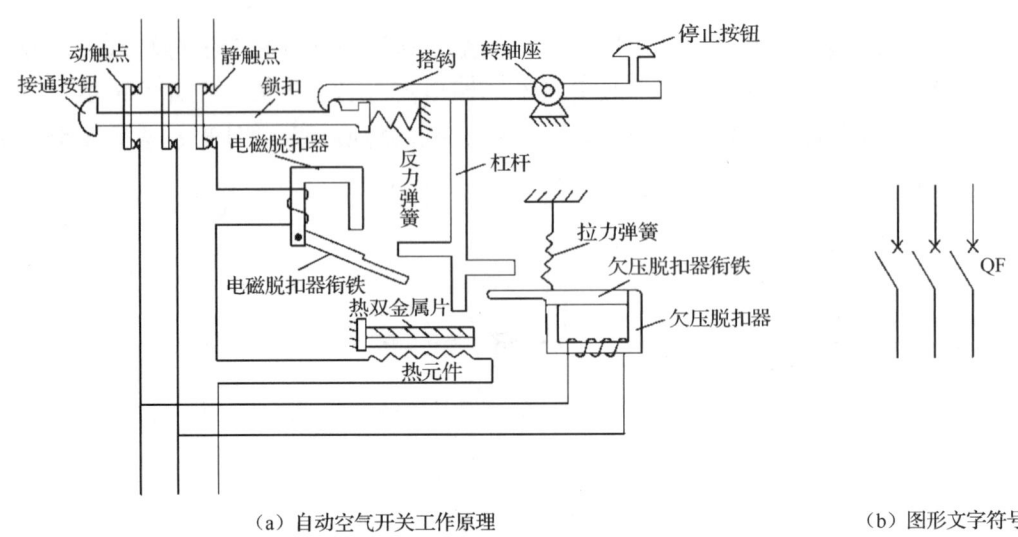

(a) 自动空气开关工作原理　　　　　　　　　　(b) 图形文字符号

图 12.4　自动开关的工作原理及图形文字符号

12.2.2　自动开关的选择方法和维护

自动开关的种类很多，按其用途和结构特点分为塑料外壳式自动开关、框架式自动开关、直流快速自动开关、限流式自动开关和漏电保护自动开关等。塑料外壳式自动开关一般用作照明电路和电动机的控制开关，也用作配电网络的保护开关，其常用的型号有 DZ5、DZ10、DZ15、DZ20 等系列。

1．自动开关的选择方法

（1）电压、电流的选择。自动开关的额定电压和额定电流应不小于电路的额定电压和最大工作电流。

（2）脱扣器整定电流的计算。热脱扣器的整定电流应与所控制负载的额定电流一致。电磁脱扣器的瞬时脱扣器整定电流应大于负载电路正常工作时的最大工作电流。

2．自动开关的维护

在使用自动开关前，应将脱扣器电磁铁工作面的防锈油脂抹去，以免影响电磁机构的动作值。在使用一定次数后，转动机构部分应加润滑油。若触点表面有毛刺和颗粒等，则应及时清理和修整，以保证接触良好。灭弧室在分断短路电流或较长时期使用后，应清除其内壁和栅片上的金属颗粒和黑烟痕。

12.3　熔断器

熔断器是一种结构简单、使用非常广泛的保护电器。它串联在被保护的电路中，当线路发生短路或过载时，电流较大，熔体过热熔化而自动切断电路。

12.3.1 熔断器的结构

熔断器由熔体和护管及器座组成。熔体由易熔金属材料铅、锌、锡、铜、银及合金材料制成，常制成丝状或片状。当流过熔体的电流超过一定值时，熔体熔断。电路中的电流越大，熔体熔断越快。熔体的熔断特性（安秒特性），即电流与熔断时间的关系具有反时限特性，如图 12.5 所示。某种熔断器的熔断电流与熔断时间的关系如表 12.1 所示，表中 I_N 为熔体的额定电流。从表 12.1 中可以看出，熔断器对较轻的过载反应缓慢，是短路保护的理想元件。

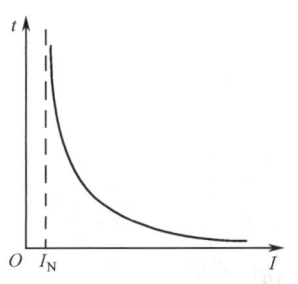

图 12.5 熔断器安秒特性曲线

表 12.1 某种熔断器的熔断电流与熔断时间的关系

熔断电流 I/A	$1.25I_N$	$1.6I_N$	$1.8I_N$	$2.0I_N$	$2.5I_N$	$3I_N$	$4I_N$	$5I_N$
熔断时间 t/s	∞	3600	1200	40	8	4.5	2.5	1

12.3.2 熔断器的技术参数

（1）额定电压——保证熔断器能长期正常工作的电压。
（2）额定电流——保证熔断器能长期正常工作的电流。
（3）极限分断电流——熔断器在额定电压下所能断开的最大短路电流。

12.3.3 常用低压熔断器

1. RC1A 系列瓷插式熔断器

图 12.6 为 RC1A 系列瓷插式熔断器及符号（对所有熔断器都适用）。瓷插式熔断器由瓷底、瓷盖、动、静触点及熔丝等组成，广泛用于照明和小容量电动机的短路保护。

2. RL1 系列螺旋式熔熔断器

如图 12.7 所示，RL1 系列螺旋式熔断器由瓷座、瓷帽、瓷套、熔断管和上/下接线座组成。熔断管内装有一组熔丝或熔片，还装有灭弧用的石英砂；熔断管上盖有一个熔断指示器，当熔断管中的熔丝或熔片熔断时，带红点的指示器自动跳出，显示熔体熔断，通过瓷帽就可以观察到。使用时，应先将熔断管带红点的一端插入瓷帽中，然后将瓷帽拧上瓷座，熔断管便可接通电路。

RL1 系列螺旋式熔断器的断流能力强、体积小、更换熔体容易、使用安全可靠，并带有熔断显示装置，常用在电压为 500V、电流为 200A 的交流线路及电动机控制电路中，作为短路保护装置。

3. RT0 系列填料封闭管式熔断器

RT0 系列填料封闭管式熔断器如图 12.8 所示，主要由熔断管、指示器、石英砂和熔体等组成。熔断管采用高频电瓷制成，具有耐热性强、机械强度高等特点；熔体采用网状薄紫铜片。它是一种灭弧能力强、分断能力强的熔断器,常用于具有较大电流的配电系统中。

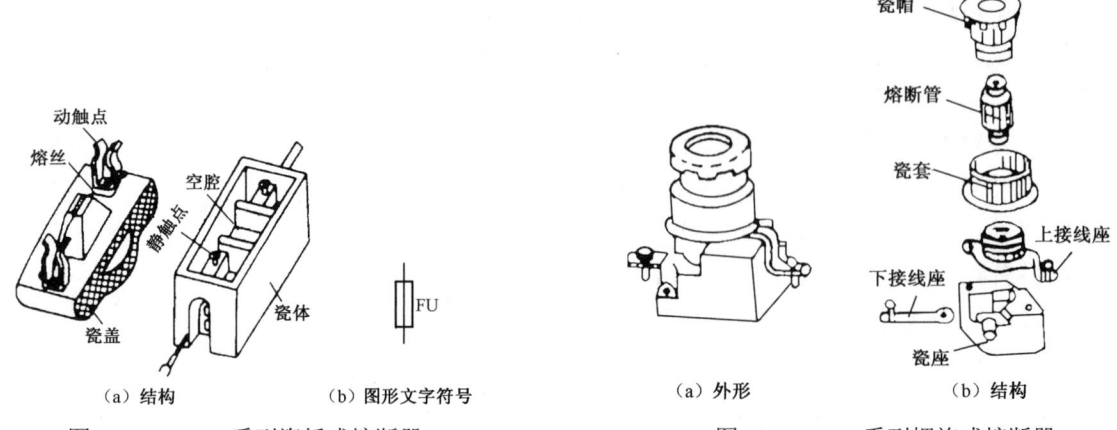

图 12.6　RC1A 系列瓷插式熔断器　　　　图 12.7　RL1 系列螺旋式熔断器

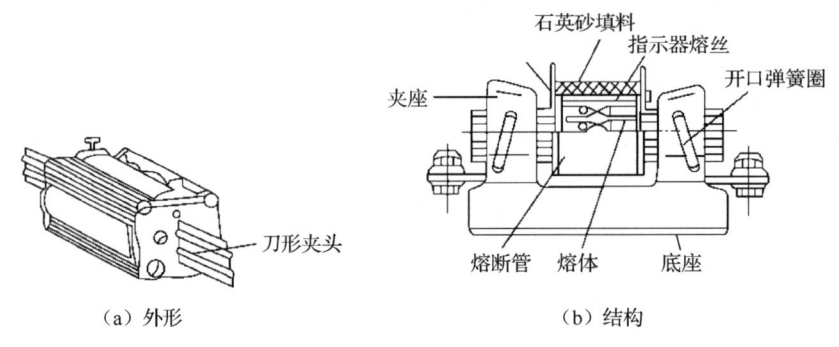

图 12.8　RTO 系列填料封闭管式熔断器

上述 3 种熔断器应用广泛,且构造简单、价格低廉。常用低压熔断器技术数据如表 12.2 所示。

表 12.2　常用低压熔断器技术数据

型号	额定电压/V	额定电流/A	熔体额定电流/A	极限分断电流/kA
RC1A	380	5	2,4,5	0.25
		10	2,4,6,10	0.5
		15	6,10,15	
		30	15,20,25,30	1.5
		60	30,40,50,60	
		100	60,80,100	3
		200	100,120,150,200	
RL1	380	15	2,4,5,6,10,15	2
		60	20,25,30,35,40,50,60	3.5
		100	60,80,100	20
		200	100,125,150,200	50

续表

型 号	额定电压/V	额定电流/A	熔体额定电流/A	极限分断电流/kA
RTO	380	100	30，40，50，60，80，100	50
		200	80，100，120，150，200，	
		400	150，200，250，300，350，400	
		600	350，400，450，500，550，600	
		1000	700，800，900，1000	

12.3.4 熔断器的选择和使用注意事项

1．熔体额定电流的选择

对于一般的电阻性负载，当用作过载保护和短路保护时，熔体的额定电流应稍大于或等于负载的额定电流。

由于电动机的启动电流很大，如果用作过载保护，那么熔体的额定电流整定值就较大，因此对电动机来说，只宜用作短路保护而不用作过载保护。对于单台电动机，熔体的额定电流应大于或等于电动机额定电流的 1.5～2.5 倍；对于多台电动机，熔体的额定电流应大于或等于容量最大的一台电动机的额定电流的 1.5～2.5 倍与其余各台电动机额定电流之和。

2．熔断器的使用注意事项

熔断器的额定电压和额定电流应不小于线路的额定电压与所装熔体的额定电流。

熔断器在使用过程中应注意下面几点。

（1）熔断器的插座与插片要接触良好。

（2）熔体烧断后，应首先查明原因，排除故障。

（3）在更换熔体或熔断管时，必须把电源断开，防止触电，尤其不允许在负荷未断开时带电换熔体，以免发生电弧烧伤。

（4）在安装熔丝时，不要把它碰伤，也不要将螺钉拧得太紧，致使熔丝被轧伤。

（5）在安装熔丝时，熔丝应顺时针方向弯过来，这样，在拧螺钉时就会越拧越紧。熔丝只需弯一圈就可以，不要多弯。

（6）在安装螺旋式熔断器时，熔断器的下接线座的接线端应装在上方，并与电源线连接；连接金属螺纹壳体的接线端应装于下方，并与用电设备的导线相连，这样就能保证在更换熔丝时螺纹壳体上不会带电，从而保证人身安全。

12.4 主令电器

主令电器是用来接通和分断控制电路以发出指令的一类电器，如按钮、行程开关、万能转换开关等。

12.4.1 按钮

按钮是一种手动且一般可以自动复位的主令电器，适用于交流电压为 500V 或直流电压为 440V、电流为 5A 及以下的电路中。按钮的结构原理图及图形文字符号如图 12.9 所示。

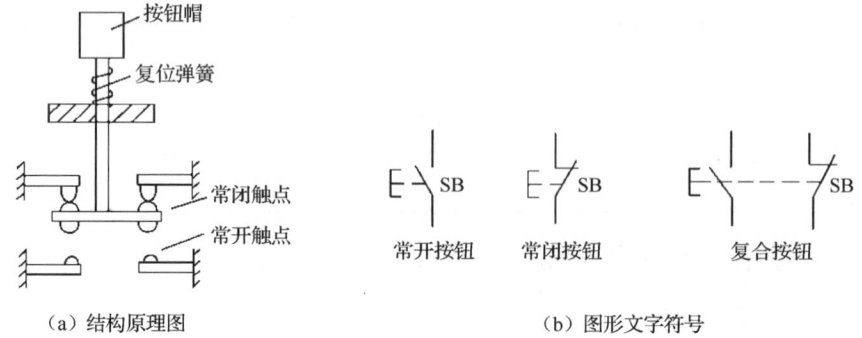

图 12.9 按钮的结构原理图及图形文字符号

常用的按钮有 LA2、LA10、LA18 等系列。

12.4.2 行程开关

行程开关又称位置开关或限位开关，是依机械运动的行程位置而动作的小电流开关电器，即利用机械运动部件的碰撞使其触点动作，来断开或接通控制电路，从而将机械信号变为电信号。常用的行程开关有直动式、滚轮式、微动及无触点的行程开关（接近开关）等，它们在机床中常用来限制机械运动的行程或位置，实现工作台的自动停车、反转或变速。

1. 直动式行程开关

如图 12.10 所示，直动式行程开关的动作与按钮的动作相似，但触点动作不是靠人来按动的，而是靠运动的机械撞块碰撞行程开关的推杆来实现的。它的缺点是触点分合速度取决于撞块移动速度。当撞块移动速度太慢时，触点分断较慢，不能瞬时切断电路，使电弧在触点上停留时间过长，易烧蚀触点。

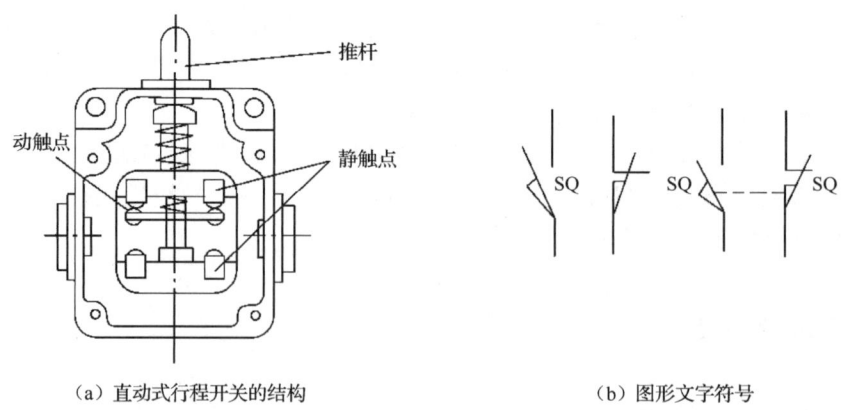

图 12.10 直动式行程开关的结构及图形文字符号

2. 微动开关

微动开关如图 12.11 所示，当推杆被压下时，弹簧片发生变形，储存能量并产生位移,当达到临界点时,弹簧片连同动触点瞬时动作,从而使电路接通或断开。当外力减小时,推杆在弹簧片的作用下迅速复位,微动开关触点复位。微动开关的体积小、动作灵敏,适合在小型设备中使用。

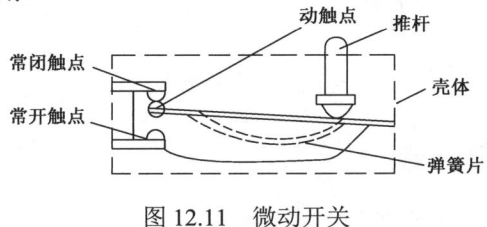

图 12.11 微动开关

3. 接近开关

接近开关是一种非接触型行程开关,由电子元件组成,没有机械部件。高频振荡型接近开关由振荡器、放大器和输出电路组成,在移动部件上装一个金属体,当金属体接近高频振荡器的线圈时,振荡回路发生变化,接近开关就输出一个指令信号,使控制电路发生改变。

12.5 接触器

接触器是一种可以远距离频繁地接通或断开电路的电器。它的主要控制对象是电动机,也可以控制其他电力负载。接触器不仅能自动接通和断开电路,还具有控制大容量、低电压释放保护等优点,在电气控制系统中被广泛应用。

接触器的主要组成部分包括主触点和灭弧系统、电磁系统、辅助触点、支架和外壳等。接触器可以按其主触点控制的电路中电流的种类分为交流接触器和直流接触器。

12.5.1 交流接触器

交流接触器主要由电磁系统、触点系统和灭弧装置组成,型号有 CJ20、CJ21、CJ26 等系列,如图 12.12 所示。当线圈通电时,产生磁场,铁芯克服反作用弹簧和触点压力弹簧的反作用力,将衔铁吸合,动触点动作,三对常开主触点闭合,常闭辅助触点断开,常开辅助触点闭合。当线圈断电时,铁芯电磁吸力消失,衔铁在反作用弹簧作用下返回原位,各触点复位。

1. 电磁系统

电磁系统用来操纵触点的闭合和分断,由静铁芯、吸引线圈和衔铁三部分组成。常用的电磁系统如图 12.13 所示。交流接触器的铁芯一般用硅钢片叠压而成,以降低交变磁场在铁芯中产生的涡流与磁滞损耗,防止铁芯过热;交流接触器线圈的电阻较小,故铜耗引起的发热较少,线圈与铁芯有间隙,为了增大铁芯的散热面积,线圈一般做成短而粗的圆筒状。

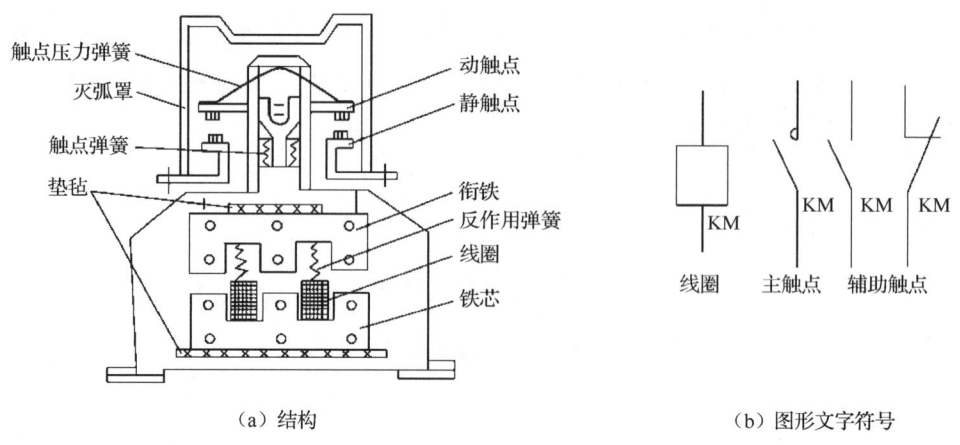

(a) 结构　　　　　　　　　　　　　　　　(b) 图形文字符号

图 12.12　交流接触器的结构及图形文字符号

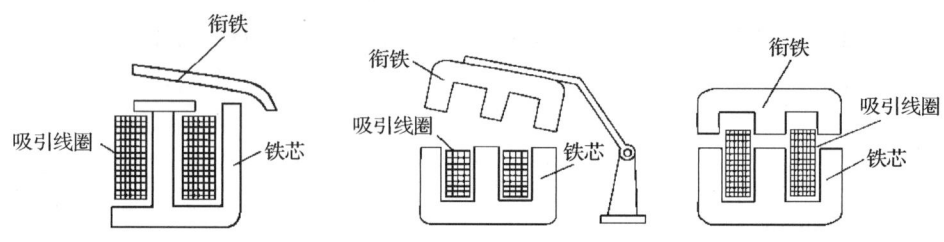

图 12.13　常用的电磁系统

交流接触器的铁芯上装有一个短路环，作用是减小交流接触器吸合时产生的振动和噪声。如图 12.14 所示，交变磁通 Φ 被分成两部分，一部分通过短路环包围的部分，在短路环中产生感应电流，此电流会产生磁通，通过短路环中的磁通为 Φ_2；另一部分通过未被短路环包围部分的磁通为 Φ_1，Φ_1 和 Φ_2 的相位不同，产生的吸力 F_1 和 F_2 也就不会同时过零，从而使吸合时产生的振动和噪声大大减小。

图 12.14　交流接触铁芯的短路环

2．触点系统

接触器的触点用来接通和断开电路，分为主触点和辅助触点。主触点用以通断电流较大的主电路，体积较大，一般由三对常开触点组成；辅助触点用以通断电流较小的控制电路，体积较小，有常开触点和常闭触点。按其接触情况可以分为点接触式、线接触式和面接触式 3 种，按其结构形式可以分为桥式触点和指形触点两种。图 12.15（a）为点接触，图 12.15（b）为面接触，前者适用于电流不大且触点压力小的场合，后者适用于电流较大的场合。图 12.15（a）、（b）都是桥式触点；图 12.15（c）为指形触点，是线接触，适用于接触次数多、电流大的场合。

为了使触点接触紧密、减小接触电阻，并缓冲开始接触时的撞击，在触点上装有触点弹簧，在触点刚接触时产生压力，并随着触点的闭合进一步压缩，从而保证触点在闭合时有一定的压力。

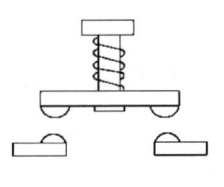 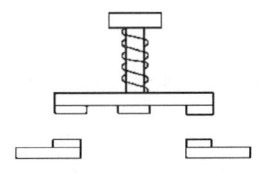 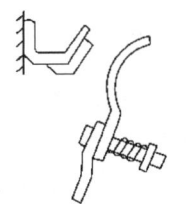

（a）桥式触点、点接触　　　　（b）桥式触点、面接触　　　　（c）指形触点、线接触

图 12.15　触点的结构形式

3．灭弧装置

灭弧装置用来熄灭主触点在切断电路时产生的电弧，保护触点不被电弧烧伤。在交流接触器中，常用的灭弧方法如下。

（1）电动力灭弧。如图 12.16 所示，当触点断开时，在断口处产生电弧，电弧在触点回路电流磁场的作用下，受到电动力作用而拉长，并迅速移开触点而熄灭。这种灭弧方法不需要专门的灭弧装置，但当电流小时，电动力也小，多用在小容量的交流接触器中。当交流电流过零值时，电弧更易熄灭。

（2）栅片灭弧。如图 12.17 所示，电弧在电动力的作用下，进入由许多间隔金属片组成的灭弧栅片之中，电弧被栅片分割成若干段短弧，使每段短弧上的电压达不到燃弧电压，同时栅片具有强烈的冷却作用，致使电弧迅速熄灭。栅片灭弧方法用在交流灭弧中比用在直流灭弧中的效果好得多，因此交流电器多采用栅片灭弧。

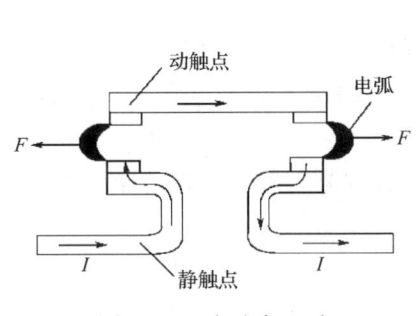 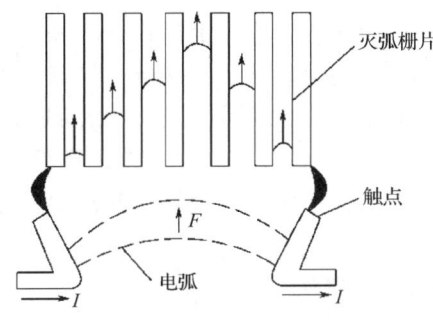

图 12.16　电动力灭弧　　　　　　　图 12.17　栅片灭弧

12.5.2　直流接触器

直流接触器的结构和工作原理与交流接触器的结构和工作原理基本相同，但是因为它主要用于控制直流用电设备，所以具体结构与交流接触器有一些差别，其型号有 CZ18、CZ21、CZ22 等系列。

直流接触器主要由触点系统、电磁系统和灭弧装置三大部分组成。

1．触点系统

直流接触器有主触点和辅助触点。主触点一般做成单极或双极，由于触点接通或断开的电流较大，所以采用指形触点。辅助触点的通断电流较小，常采用点接触的桥式触点。

2. 电磁系统

直流接触器的电磁系统由铁芯、线圈和衔铁等组成。铁芯可用整块铸铁或铸钢制成，不需要装短路环，铁芯不发热，没有铁耗；线圈的匝数较多，电阻大，发热较大，为了使线圈散热良好，通常将线圈绕制成长而薄的圆筒状，线圈紧靠铁芯。

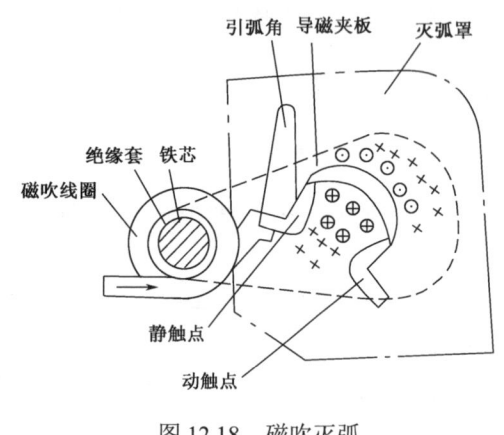

图 12.18 磁吹灭弧

3. 灭弧装置

直流接触器的主触点在分断较大电流的直流电路时，往往会产生强烈的电弧，容易烧伤触点，为了迅速灭弧，直流接触器采用磁吹灭弧。

如图 12.18 所示，在触点回路中串联一磁吹线圈，电弧在吹弧磁场的作用下受力拉长，从触点间吹离，经引弧角引进灭弧罩，加速冷却而熄灭。对于这种串联磁吹灭弧，电流越大，灭弧力越强。当磁吹线圈的绕制方向确定后，磁吹力方向与电流方向无关。

12.5.3 接触器的主要技术数据

（1）额定电压。接触器铭牌上的额定电压是指主触点的额定电压，选用时，主触点控制的电路电压应小于或等于接触器的额定电压。

（2）额定电流。接触器铭牌上的额定电流是指主触点的额定电流。

（3）吸引线圈的额定电压。吸引线圈的额定电压等于控制回路的电压。交流接触器有 36V、110V、127V、220V、380V；直流接触器有 24V、48V、220V、440V。

（4）额定操作频率。接触器的额定操作频率是指接触器每小时允许的操作次数。

12.6 继电器

继电器是一种根据电量或非电量的变化，通过其触点接通或断开控制电路的电器，在控制电路中起传递、转换、放大信号等作用。继电器与接触器的区别如下。

（1）继电器一般用于控制小电流的电路，触点额定电流不大于 5A，因而没有灭弧装置，也没有接触器那样的主触点。

（2）接触器的输入信号是电压，而各种继电器的输入信号可以是各种电量或非电量。

继电器的种类和类型很多，下面介绍常用的几种继电器。

12.6.1 电磁式电流、电压继电器和中间继电器

电磁式继电器在电气控制设备中用得较多，其结构类型有直动式和拍合式两种。它主要由线圈、静铁芯、衔铁、触点系统、反作用弹簧及复位弹簧等组成，其触点符号如图 12.19（a）所示。

1．电流继电器

电流继电器的线圈串联在主电路中，反映电路的电流变化，继电器线圈的导线粗、匝数少，当线圈电流大于整定值时动作的继电器称为过电流继电器，小于整定值时动作的继电器称为欠电流继电器。

过电流继电器的动作逻辑是当线圈实际电流为被控电路的正常工作电流时，继电器不吸合，保持其原始状态；当线圈实际电流超过被控电路的正常工作电流一定值时，继电器吸合，触点动作。欠电流继电器的动作逻辑是当线圈实际电流为被控电路的正常工作电流时，继电器吸合；当线圈实际电流小于被控电路的正常工作电流一定值时，继电器释放。

电流继电器在使用时应根据被控电路的电流要求，正确选择线圈的额定电流并整定其吸合电流与释放电流。电流继电器线圈的图形文字符号如图12.19（b）所示。

2．电压继电器

电压继电器的线圈并联在主电路中，反映电路的电压变化，这种继电器线圈的导线细、匝数多。电压继电器有过电压继电器和欠电压（或零压）继电器。

过电压继电器的动作逻辑是当线圈实际电压为被控电路的正常工作电压时，继电器不吸合，保持其原始状态；当线圈实际电压超过被控电路的正常工作电压一定值时，继电器吸合，触点动作。欠电压继电器的动作逻辑是当线圈实际电压为被控电路的正常工作电压时，继电器吸合；当线圈实际电压低于被控电路的正常工作电压一定值时，继电器释放。

电压继电器在使用时应根据被控电路的电压要求，正确选择线圈的额定电压并整定其吸合电压与释放电压。电压继电器线圈的图形文字符号如图12.19（c）所示。

3．中间继电器

中间继电器实质上是一种电压继电器。它的触点数量较多，触点的额定电流多为5～10A，可以用来增加触点数目和放大信号，其线圈图形文字符号如图12.19（d）所示。常用的中间继电器有JZ系列。

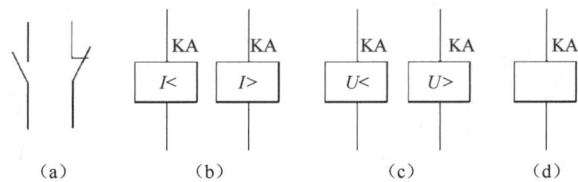

图12.19　电磁式继电器的图形文字符号

12.6.2　时间继电器

时间继电器是当信号输入后，经过一段延时，触点才能接通或断开的电器。时间继电器种类较多，这里主要介绍目前在交流电路中得到广泛应用的空气阻力式时间继电器，其结构简单、延时范围较大，按其动作特征有通电延时型和断电延时型两种。通电延时型时间继电器，当施加输入信号后，其触点经过一段时间才动作，常开触点闭合，常闭触点断开。断电延时型时间继电器，当施加输入信号后，其触点立即动作；而当施加输入信号消失后，其触点经过一定的时间后复原。

下面介绍 JS7-A 系列空气阻尼式时间继电器，它利用气囊中的空气，通过小孔节流的原理来获得延时动作，根据触点延时的特点，分为通电延时动作与断电延时复位两种。JS7-A 系列空气阻尼式时间继电器的外形及结构如图 12.20 所示，它由电磁系统、触点、气室及传动机构等组成，其中，电磁系统由线圈、铁芯、衔铁、反力弹簧组成；触点有瞬时触点和延时触点；气室内有一块橡皮薄膜，随空气的增减而移动，气室上面的调节螺钉可调节延时长短；传动机构由推板、推杆、杠杆及宝塔形弹簧组成。

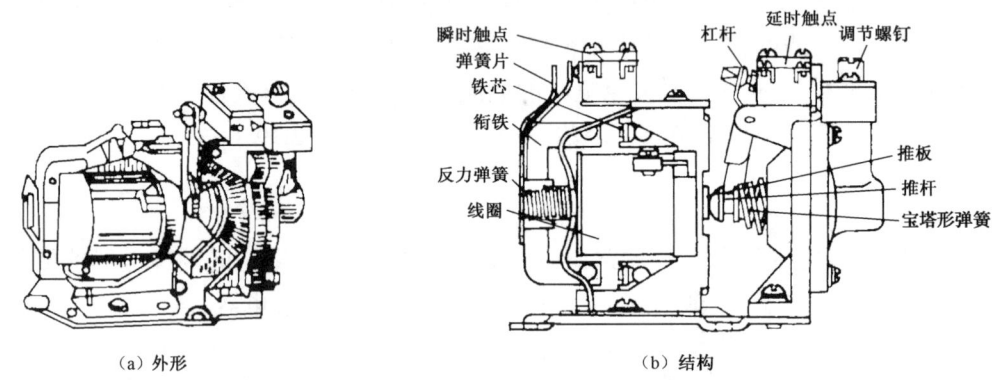

(a) 外形　　　　　　　　　　(b) 结构

图 12.20　JS7-A 系列空气阻尼式时间继电器的外形及结构

通电延时型时间继电器的工作原理如图 12.21（a）所示，图示为线圈未通电而衔铁未吸合的状态，此时推杆被压下，宝塔形弹簧受压，气室内的橡皮薄膜被压下，微动开关处于未受压的状态。

当线圈通电时，衔铁立即吸合，推板压动微动开关，使瞬时触点动作，但推杆不能立即上移，空气从进气孔进入气室橡皮薄膜的下方，空气压力逐渐增大，推杆在宝塔形弹簧的作用下带动活塞及橡皮薄膜缓慢上移，橡皮薄膜上部的空气从气室的空隙处排出。当推杆上移到一定位置时，杠杆压动微动开关使其延时触点动作。

断电延时型时间继电器的工作原理如图 12.21（b）所示，读者可自行分析。

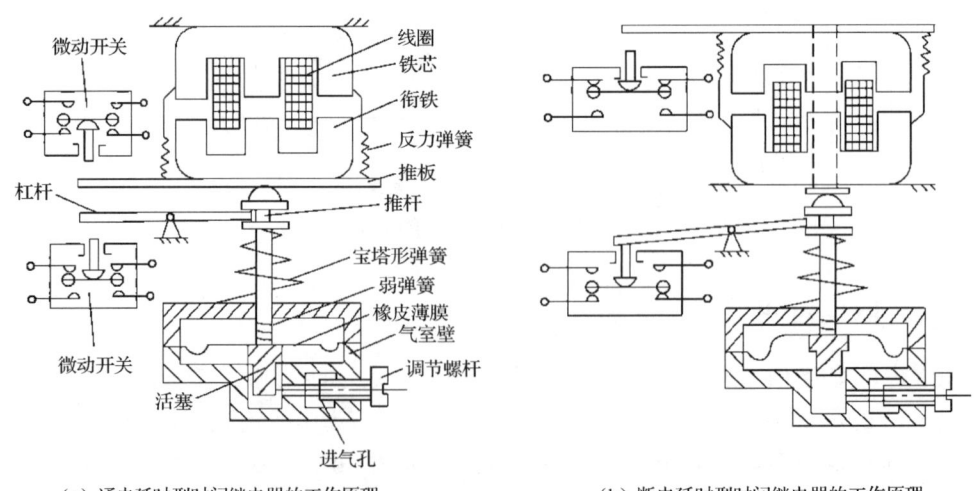

(a) 通电延时型时间继电器的工作原理　　　　(b) 断电延时型时间继电器的工作原理

图 12.21　JS7-A 系列空气阻尼式时间继电器的工作原理

时间继电器的图形文字符号如图12.22所示。

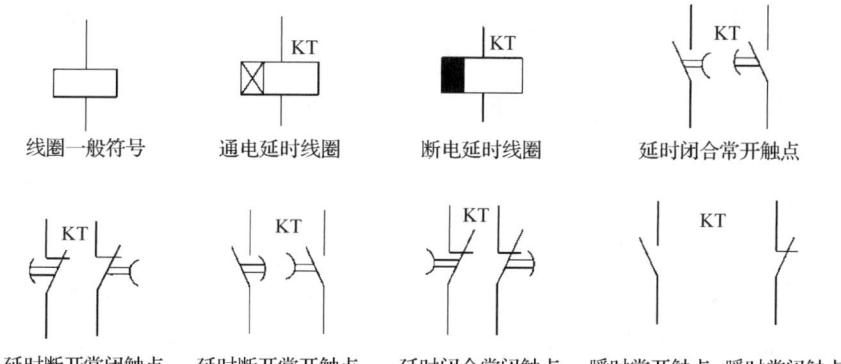

图12.22 时间继电器的图形文字符号

12.6.3 热继电器

电动机在运行过程中经常会出现过载现象，长期过载可能引起电动机过热，损坏绕组的绝缘，缩短电动机的使用寿命，严重时甚至烧坏电动机，因此，必须对电动机采取过载保护措施，最常用的方法是利用热继电器进行过载保护。热继电器是一种利用电流的热效应来切断电路的保护电器，即当电动机过载超过允许限度时，它可以使电动机自动停车。

热继电器的结构原理图及图形文字符号如图12.23所示，图中电阻丝串接在电动机的定子回路中，反映电动机的过载情况。电流流过电阻丝使其发热，双金属片被加热而弯曲。当电流较大时，经过一定的时间，双金属片下端向右弯曲到一定程度，通过推杆使触点动作。

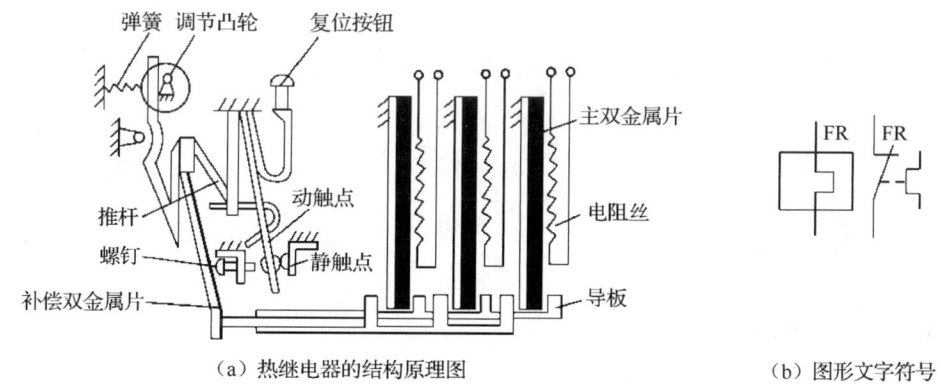

(a) 热继电器的结构原理图　　　　　　　　(b) 图形文字符号

图12.23 热继电器的结构原理图及图形文字符号

热继电器的触点容量很小，与接触器配合使用。热继电器触点的复位多采用手动复位方式，即当发热元件的电流消失后，双金属片冷却后复原，但其触点被卡住而不能复原，需要按动复位按钮方可使其复原。采用这种复位方式可提醒运行维修人员，一旦因电动机过载在热继电器作用下停止后，需要查明过载原因并排除故障，再使热继电器复位，方可重新启动。

热继电器不适于保护短路。当发生短路时，一般电流都很大，远远超过线路和电器的允许值，在很短的时间内就会造成危害，而热继电器由于热惯性，在很短的时间内是动作不了的。

常用的热继电器的型号有 JR0、JR10、JR15、JR16 系列。JR16 系列热继电器具有断相保护作用。

热继电器的选择原则如下。

（1）通常按被保护电动机的额定电流选择热继电器。一般应使热继电器的额定电流接近或略大于电动机的额定电流，即热继电器的额定电流为电动机额定电流的 0.95~1.05 倍。但对于过载能力较差的电动机，它所配用的热继电器的额定电流就应适当小些，即选取热继电器的额定电流为电动机额定电流的 60%~80%。

（2）在非频繁启动场合，必须保证热继电器在电动机的启动过程中不致动作。通常，在电动机的启动电流为其额定电流的 6 倍且启动时间不超过 6s 的情况下，只要是很少连续启动的情况，就可按电动机的额定电流来选择热继电器。

（3）断相保护用热继电器的选用。对于星形接法的电动机，一般采用两相结构的热继电器。对于三角形接法的电动机，若热继电器的热元件接于电动机每相绕组中，则选用三相结构的热继电器；若发热元件接于三角形接法电动机的电源进线中，则应选择带断相保护装置的三相结构热继电器。

12.6.4 速度继电器

速度继电器常用于电动机反接制动的控制线路中，由定子、转子和触点三部分组成。如图 12.24 所示，转子是一个圆柱形永久磁铁；定子是一个笼式空心圆环，由硅钢片叠成，并装有笼式导条。速度继电器的工作原理与鼠笼式异步电动机的工作原理相似。

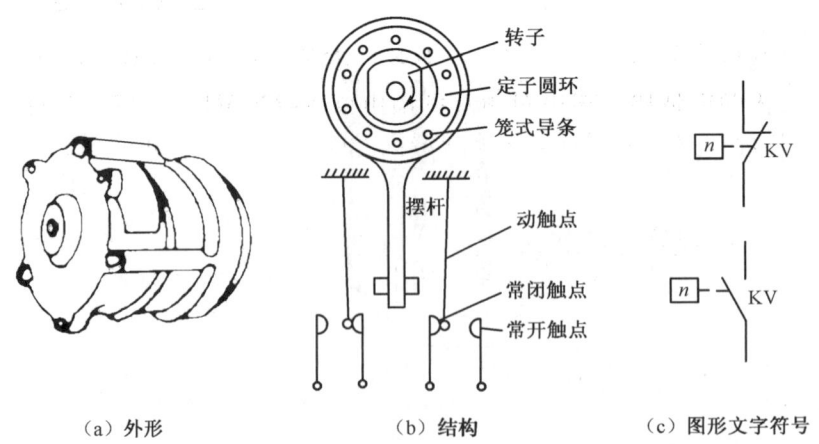

图 12.24 速度继电器的外形、结构及图形文字符号

速度继电器转子的轴与电动机的轴相连接，随电动机的轴转动。当电动机启动旋转时，速度继电器的转子转动，带动永久磁铁旋转，永久磁铁的静止磁场成了旋转磁场，定

子圆环中的笼式导条因切割磁力线而产生感应电势和感应电流，在磁场作用下产生电磁转矩，使定子外环跟随转子转动，转到一定角度，摆杆推动动触点动作，使常闭触点断开，常开触点闭合。当电动机转速低于某一数值时（小于 100r/min），触点复位。

常用的速度继电器的型号有 JY1 和 JFZ0 系列。一般速度继电器触点的动作转速为 120r/min，触点的复位转速为 100r/min。

12.7 低压控制电器的常见故障与维修

低压控制电器在使用过程中会因种种原因发生故障，如果不及时检查、维修，则会造成电气设备的损坏，线路工作不正常。常用低压控制电器品种较多，表 12.3 列出了接触器的常见故障、故障原因及维修方法。

表 12.3 接触器的常见故障、故障原因及维修方法

故障现象	故障原因	维修方法
触点过热或灼伤	（1）触点接触压力不足 （2）触点表面有油污或有氧化层 （3）触点因电弧烧灼而表面凹凸不平 （4）操作频率过高或工作电流过大	（1）调节触点弹簧压力或更换弹簧与触点 （2）用小刀将氧化层刮去，将油污擦掉或用汽油清洗 （3）可用小刀修整表面，但不能用砂纸修整 （4）更换容量较大的接触器
触点过度磨损	通常是由于闭合时的撞击和摩擦造成的	当触头厚度较小时，需更换新的触点
触点熔焊	（1）操作频率过高或过载使用 （2）负载侧短路 （3）触点弹簧压力过小 （4）触点表面有金属颗粒凸起或异物 （5）操作回路电压过低或机械结构卡住，致使吸合过程中出现停滞现象，触点停顿在刚接触的位置上	（1）更换合适的接触器 （2）排除短路故障，更换新的触点 （3）调整触点弹簧压力 （4）清理触点表面 （5）提高操作电源电压，排除机械卡住故障
铁芯吸合后噪声大	（1）电源电压过低 （2）触点弹簧压力过大 （3）电磁系统歪斜或机械卡住，使铁芯不能吸平 （4）极面生锈或油垢、尘埃等异物侵入铁芯极面 （5）短路环断裂 （6）铁芯极面磨损过度而不平	（1）调高电源电压 （2）调整触点弹簧压力 （3）排除卡住现象 （4）清理铁芯极面 （5）更换铁芯或短路环 （6）更换铁芯
铁芯吸不上或吸力不足	（1）电源电压过低 （2）触点弹簧压力过大 （3）操作回路电源容量不足或断线、配线错误及控制触点接触不良 （4）电器受损，如线圈断线或烧毁、机械可动部分被卡住、转轴生锈或歪斜等 （5）线圈参数与使用技术条件不符	（1）调高电源电压 （2）调整触点参数 （3）增大电源容量，更换线路，修理触点 （4）更换线圈，排除卡住现象，修理损坏部件 （5）更换线圈

续表

故障现象	故障原因	维修方法
铁芯不释放或释放缓慢	(1) 触点弹簧压力过小 (2) 触点熔焊 (3) 机械可动部分被卡住，转轴生锈或歪斜 (4) 反力弹簧损坏 (5) 铁芯极面有油污或尘埃附着 (6) 当 E 形铁芯的使用寿命终了时，因为去磁使气隙消失，所以剩磁增大，使铁芯不释放	(1) 调整触点参数 (2) 排除熔焊故障，更换触点 (3) 排除卡住现象，修理损坏部件 (4) 更换反力弹簧 (5) 清理铁芯极面 (6) 更换铁芯
线圈过热	(1) 电源电压过高或过低 (2) 交流操作频率过高 (3) 交流铁芯极面不平或气隙过大，造成衔铁与铁芯接触不紧密 (4) 线圈匝间短路	(1) 调整电源电压 (2) 选择其他合适的接触器 (3) 清除铁芯极面或更换铁芯 (4) 更换烧坏的线圈

本 章 小 结

本章介绍了低压控制系统中常用的低压电器的结构、工作原理、图形文字符号、技术参数及用途。工作在交流 1000V 及以下与直流 1200V 及以下电路中的电器称为低压电器，可以分为低压配电电器和低压控制电器。

1．刀开关和转换开关多用作电源开关，一般不带大负载接通与断开电路，可启停小容量的电动机。

2．自动空气开关可用于不频繁地接通和断开电路，一般具有过载、短路和欠压保护。

3．当熔断器用作过载保护和短路保护时，在电动机线路中，因为电动机的启动电流较大，所以只宜用作短路保护。

4．按钮、行程开关等主令电器用来接通和分断控制电路以发出指令。

5．接触器可远距离频繁地接通或分断大电流电路，有交流接触器和直流接触器。

6．继电器是根据一定输入信号而使输出触点动作的，控制继电器有中间继电器、时间继电器、速度继电器，保护继电器有热继电器、电流继电器、电压继电器。

在学习本章内容时，应理论联系实际，对照电器的图形文字符号，并结合实物进行分析，抓住各自的特点和共性，合理使用和选择低压控制电器。

习 题 12

一、填空题

12.1 接触器可以按其_____控制的电路的电流种类分为_____和_____。

12.2 接触器是一种可以_____频繁地接通和断_____的电器。它的主要控制对象是_____，也可以控制其他_____。

12.3 对于某一组合开关，当不知道触点闭合情况时，可用_____检测。

12.4 交流铁芯上短路环的作用是_____。

12.5 主令电器是自控系统中用于发布_____的电器。

12.6 低压断路器又称自动空气开关，是具有_____、_____、_____保护的开关电器。

二、判断题（正确的打√，错误的打×）

12.7　热继电器既可用作电动机的过载保护，又可用作短路保护。（　　）

12.8　熔断器只能用作短路保护。（　　）

12.9　速度继电器的动作特点是速度越高，动作越快。（　　）

12.10　按钮开关和行程开关都需要人的手去碰动才能动作。（　　）

12.11　刀开关常配合熔断器作为电源开关。（　　）

三、问答题

12.12　若将额定电压为 220V 的交流线圈误接到交流 380V 或交流 110V 的电路上，则分别会引起什么后果？为什么？

12.13　两个参数相同的交流接触器的线圈能否串联使用？

12.14　有人为了观察接触器主触点的电弧情况，将灭弧罩取下后启动电动机，这样做是否允许？为什么？

12.15　交流接触器和直流接触器在结构上有何区别？为什么？

12.16　电动机的启动电流大，当电动机启动时，热继电器会不会动作？为什么？

12.17　空气阻尼式时间继电器利用什么原理达到延时目的？

12.18　交流接触器线圈断电后，衔铁不能立即释放，从而使电动机不能及时停止。分析出现这种故障的原因，应如何处理？

12.19　电压线圈和电流线圈在结构上有哪些区别？能否互相代用？为什么？

第13章 电气控制的基本线路

内容提要

- 三相异步电动机的直接启动控制线路和调速控制线路。
- 三相鼠笼型异步电动机的降压启动控制线路。
- 三相绕线型异步电动机的启动控制线路。
- 三相异步电动机的制动控制线路。

随着现代工业技术的发展,对工业电气设备控制提出了越来越高的要求,为满足生产机械的要求,采用了许多新的控制方式。但继电器-接触器控制仍是控制系统中最基本的控制方法,是学习其他控制方法的基础。在第12章中,介绍了常用的低压电器,用这些开关电器就可构成基本的控制线路。在实际生产中,任何复杂的电气控制线路都是由一些基本控制线路组成的,因此,掌握电气控制的基本线路对理解各种生产机械的电气控制线路的工作原理及维护、维修是非常重要的。

13.1 电气控制线路的绘制

电气控制线路是由各种电器按实际的控制要求组成的,为了便于设计、阅读分析、安装和使用,控制线路中的电器必须采用统一的符号来表示。利用图形来表示其连接的图称为电气控制线路图。

13.1.1 常用电气控制系统的图形符号

电气图示符号有图形符号、文字符号及回路标号等,必须采用国家最新标准。国家标准化管理委员会参照国际电工委员会(IEC)颁布的有关文件,制定了我国电气设备的有关国家标准,如《电气图用图形符号》《机床电气设备通用技术条件》《电气技术中的文字符号制定通则》《电气制图》《电气技术中的项目代号》等。

13.1.2 电气控制系统图

电气控制系统图包括电气原理图、电气安装图、电器布置图等。各种图的图纸尺寸一般选用 297mm×210mm、297mm×420mm、297mm×630mm 和 297mm×840 mm 4 种幅面,当有特殊需要时,可按《机械制图》国家标准选用其他尺寸。

1. 电气原理图

电气原理图是表示各电器连接关系和工作原理的图。由于电气原理图结构简单、层次分明，所以适用于分析电路的工作原理，在设计部门和生产现场得到了广泛的应用。下面以图 13.1 所示的 CW6132 型普通车床电气原理图为例来说明其绘制原则。

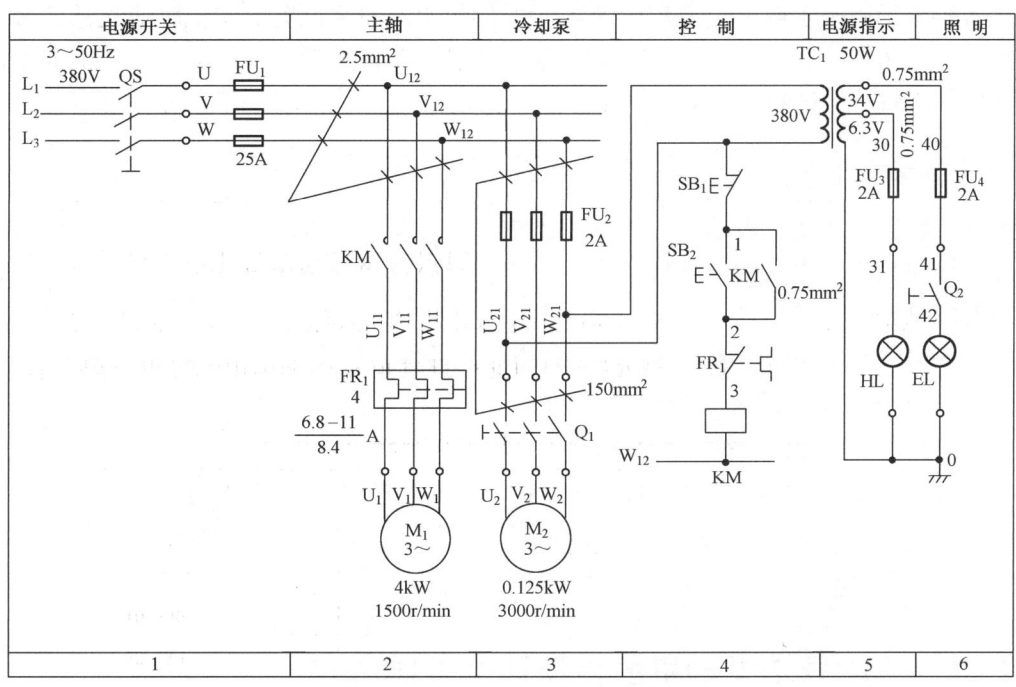

图 13.1　CW6132 型普通车床电气原理图

（1）电气原理图由主电路和控制电路组成。主电路是从电源到电动机的电路，绘在左侧或上方。控制电路是继电器、接触器等电磁线圈通电的电路或信号电路，绘在右侧或下方。

（2）电器应以未通电时的状态绘出，二进制逻辑元件应以置零时的状态绘出，机械开关应以未操作前的状态绘出。

（3）电气原理图上应标出各个电源电路的电压值、极性或频率及相数，以及某些元器件的特性（如电阻、电容的数值等）与不常用电器（如位置传感器、手动触点等）的操作方式和功能。

（4）当触点的图形符号垂直放置时，以"左开右闭"的原则绘制，当触点的图形符号水平放置时，以"上闭下开"的原则绘制。

（5）电气原理图按功能布置，同一功能尽量集中绘在一起，按动作顺序从左至右或从上而下绘制，电路的安排应便于分析、维修和寻找故障。

（6）当采用垂直布置时，动力电路的电源电路绘成水平线，受电的动力装置（电动机）及其保护电器支路应垂直电源电路画出。

（7）控制和信号电路应垂直绘在两条或几条电源线之间。耗能元件（如线圈、电磁铁、信号灯等）绘在电路的最下端。

（8）在电气原理图中，尽可能避免线条交叉，有电联系的导线连接点用实心圆点表示，无电联系的导线连接点不画实心圆点，需要测试和拆接的端子采用空心圆表示。

（9）在电气原理图上方将图分成若干个图区，并标明该区电路的功能，数字区在图的下方；在继电器、接触器线圈下方标注触点以表示触点所在的图区号。

2. 电器布置图

电器布置图用来表明电气原理图的各元器件的实际安装位置。布置时应注意的是，强弱电应分开，体积大、较重的元器件应尽量安装在下面，各元器件间应有一定的间距，要便于维护、检修，也要整齐、美观。

3. 电气安装图

电气安装图主要用来表示电气控制线路中所有电器、电机的实际位置，用于电器的安装接线、线路检查、电气故障检修。电气安装图与电气原理图一起使用。绘制电气安装图应按照下列原则进行。

（1）各电气元器件以图形符号表示，各电气元器件的位置均应与实际安装位置一致。

（2）电气安装图中的各电气元器件的文字符号及接线端子的编号应与电气原理图一致，并按电气原理图连接，符合国家标准。

（3）对于不在同一处的电气元器件的连接，应通过接线端子进行连接。

（4）在绘制连接导线时，应标明导线的规格、型号、根数及穿线管的尺寸。

（5）方向相同的相邻导线可用一根线来表示。

13.2 三相异步电动机的直接启动控制线路

直接启动是最简单、最可靠的启动方式。直接启动又称全压启动。

13.2.1 单向连续旋转控制线路

1. 线路的工作情况分析

如图 13.2 所示，启动时，合上刀开关 QS，按下启动按钮 SB_2，接触器 KM 的线圈通电，其触点动作，主触点闭合，电动机启动运转。同时，KM 的辅助常开触点闭合，形成自锁，该触点称为"自锁触点"。此时按按钮的手可抬起，电动机仍能继续运转。停止时，按下停止按钮 SB_1，KM 的线圈失电释放，主触点断开，电动机脱离电源而停转。

2. 线路的保护

（1）短路保护。电路中的熔断器 FU_1、FU_2 用作短路保护。为了扩大保护范围，熔断器应尽量靠近电源安装。

（2）过载保护。热继电器 FR 用作电动机的长期过载保护。当出现过载时，双金属片受热弯曲而使其常闭触点断开，KM 的线圈失电释放，电动机停止。

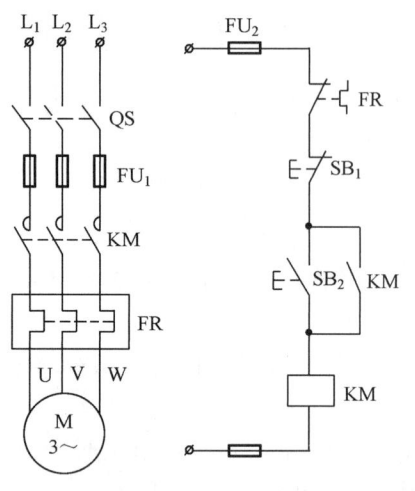

图 13.2 单向连续旋转控制线路

因为热继电器有热惯性，所以电动机启动时不会动作。

（3）失压保护。失压保护是依靠接触器本身的电磁机构来实现的。当电动机启动运转后，电源电压由于某种原因而严重欠压或失压时，将造成接触器线圈电磁吸力不足或消失，动铁芯释放，主电路和自锁电路中的全部常开触点断开，电动机断电停转，从而得到保护。当电源电压恢复正常时，因为自锁电路已断开，接触器不会自行通电，所以电动机也不会自行启动运转，可以避免发生意外事故。只有当操作人员再次按下启动按钮 SB_2 后，电动机才能再次启动。

13.2.2 点动与连续旋转控制线路

生产机械的运转除连续运转外，常常还需要试车和调整，这就需要"点动"控制。常用的点动与连续旋转控制线路如图13.3所示。

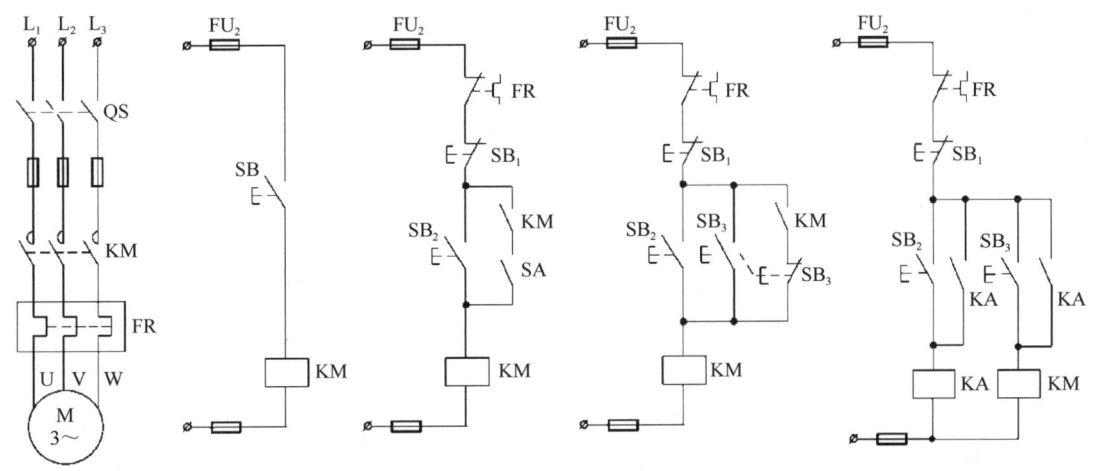

（a）基本点动控制线路　（b）带手动开关的控制线路　（c）两个按钮的控制线路　（d）中间继电器控制线路

图 13.3　常用的点动与连续旋转控制线路

1. 只能点动的控制线路

图 13.3（a）是基本点动控制线路，此线路只用了接触器和按钮开关。当按下启动按钮 SB 时，接触器 KM 的线圈通电，主触点闭合，电动机启动运转；当手松开时，KM 的线圈失电释放，电动机停止。

2. 常用的既能点动又能连续旋转的控制线路

构成既能点动又能连续旋转的控制线路的方法很多，图 13.3（b）是用手动开关实现的控制线路，当需要点动时，将开关 SA 断开，按下 SB_2 可实现点动控制；当需要连续旋转时，合上 SA，按下 SB_2，接触器 KM 的线圈通电吸合，主触点闭合，电动机启动运转，同时其辅助常开触点闭合，形成自锁，实现连续旋转。图 13.3（c）是采用复合式按钮实现的控制线路，点动时，按下 SB_3，其常闭触点断开自锁回路，实现点动控制；连续运转时，按下 SB_2，接触器 KM 的线圈通电吸合，主触点闭合，电动机启动运转，同时其辅助常开触点闭合，形成自锁，实现连续运转。图 13.3（d）是采用中间继电器实现的控制线路，点动时，按下 SB_3，KM 的线圈通电，当手松开时，KM 的线圈失电释放，电动机停止，实现点动控制；连续运转时，按下 SB_2，中间继电器 KA 的线圈通电吸合，常开触点闭合，形成自锁，同时另一常开触点闭合，接通接触器 KM 的线圈，主触点闭合，电动机启动运转，实现连续运转，按下 SB_1，电动机停止。

13.2.3 正、反转控制线路

生产机械往往要求运动部件能够进行正、反两个方向的运动，这就要求电动机能实现正、反转，只要改变电动机三相电源的任何两相的相序，就能改变电动机的旋转方向。能实现正、反转的控制线路如图 13.4 所示，合上刀开关 QS，按下正转启动按钮 SB_2，KM_1 的线圈通电并自锁，电动机正转，此时若按下反转启动按钮 SB_3，则 KM_2 的线圈也通电，由于 KM_1、KM_2 的线圈同时通电，所以其主触点闭合，造成电源两相短路，这种电路［见图 13.14（a）］不能采用。

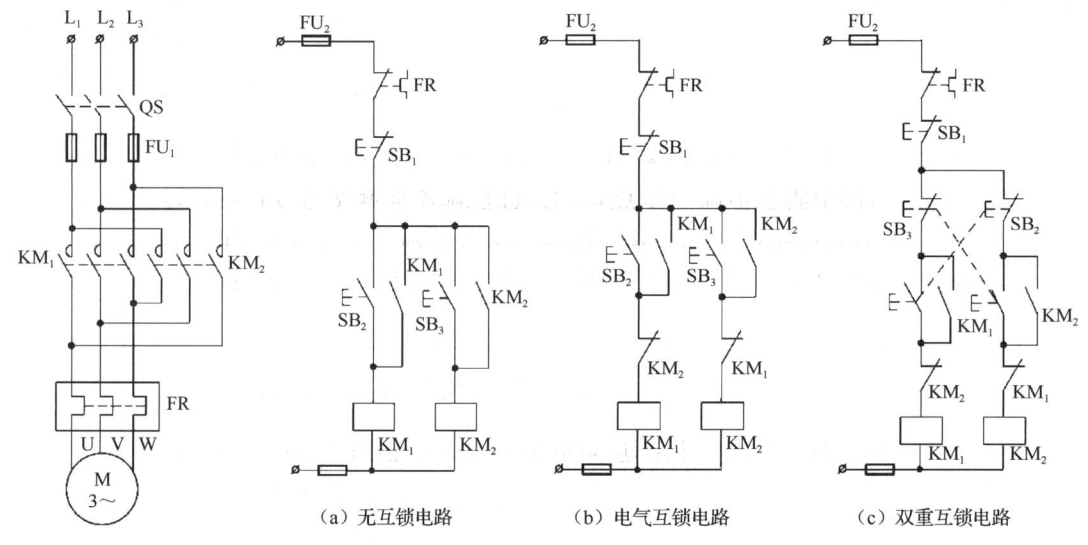

图 13.4 能实现正/反转的控制线路

如图 13.4（b）所示，将 KM_1、KM_2 的辅助常闭触点串接在对方线圈电路中，称为互锁控制，利用接触器常闭触点的互锁称为电气互锁。以电动机正转为例，按下正转启动按钮 SB_2，正向接触器 KM_1 的线圈通电，其主常开触点闭合，使电动机正向运转，同时自锁触点闭合形成自锁，其常闭触点，即互锁触点断开，切断了反转通路，防止误按反转启动按钮造成的电源短路现象。

反转时，必须先按下停止按钮 SB_1，使 KM_1 的线圈失电释放，电动机停止，然后按下反向启动按钮 SB_3，电动机才可反转。上述电路的工作过程是正转→停止→反转→停止→正转。由于正转和反转的变换必须经过按停止按钮方可进行转换，所以对运行中需要迅速反向的控制是其不足之处，为了克服此不足，采用复合式按钮控制，即接触器触点的电气互锁和控制按钮的机械互锁，使线路可靠性提高。

如图 13.4（c）所示，正转启动按钮 SB_2 与反转启动按钮 SB_3 的常闭触点串接在对方线圈电路中（利用按钮常闭触点的连接称为机械互锁）。这种具有电气、机械双重互锁的控制电路是可靠的，可实现正转→反转→停止的控制。

13.2.4 自动往复循环控制线路

某些机床的工作台需要自动往复运行，而自动往复运行通常利用行程开关来控制往复运动的行程，进而控制电动机的正、反转以实现生产机械的往复运动。

如图 13.5 所示，SQ_2、SQ_1 为正、反向行程开关，SQ_3、SQ_4 为正、反向限位保护行程开关。合上电源开关 QS，按下启动按钮 SB_2，正向接触器 KM_1 的线圈通电，其触点动作，主常开触点闭合，使电动机正转并拖动工作台向右移动，当右移到设定位置时，工作台上安装的撞块碰撞右侧安装的行程开关 SQ_2，使它的常闭触点断开，常开触点闭合，KM_1 的线圈失电释放，反向接触器 KM_2 的线圈通电，其触点动作，电动机反转并拖动工作台向左移动，当移动到限定位置时，撞块碰撞左侧安装的行程开关 SQ_1，其触点动作，使 KM_2 的线圈失电释放，KM_1 的线圈又重新通电，工作台又右移。如此这般自动往返循环，直到按下停止按钮 SB_1，电动机停止。

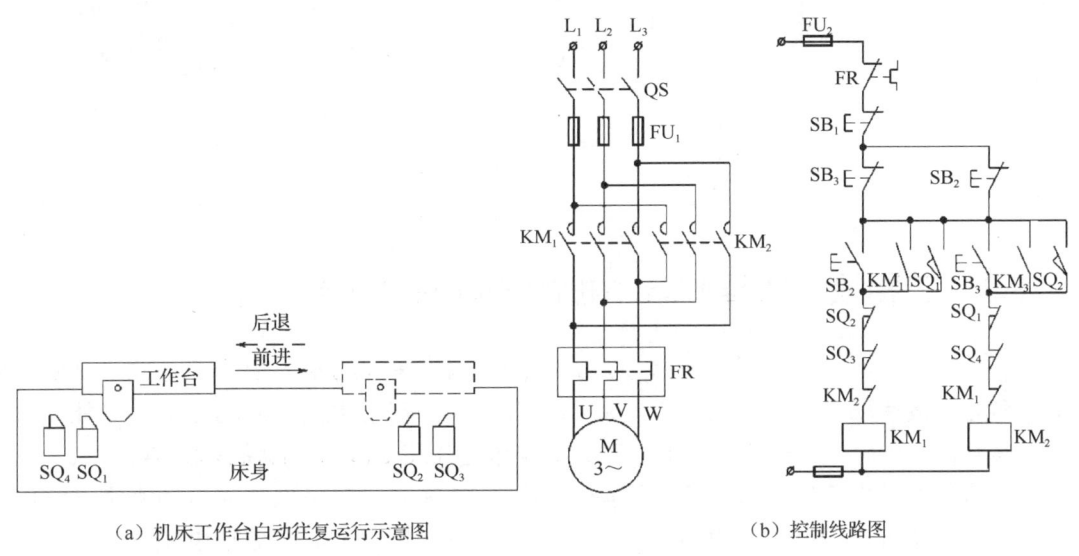

（a）机床工作台自动往复运行示意图　　　　　　（b）控制线路图

图 13.5　自动循环控制

13.2.5 多地控制与顺序控制线路

1. 多地控制

为了实现电动机的多地控制，应选用多个启动按钮和停止按钮，实质上是将各地点的常开启动按钮并联起来，而将常闭停止按钮串联起来。两地控制线路如图 13.6 所示。

2. 顺序控制

当对多台电动机进行控制时，在生产上往往要求电动机按一定的顺序启动和停止。如图 13.7（a）所示，合上电源开关，按下启动按钮 SB_2，KM_1 的线圈通电后自锁，电动机 M_1 启动运转，串在 KM_2 的线圈回路中的 KM_1 的辅助常开触点闭合，此时按下 SB_4，KM_2 的线圈通电并自锁，电动机 M_2 启动运转。如果先按下 SB_4，则 KM_1 的辅助常开触点断开，KM_2 无法通电，电动机 M_2 不能启动运转。停车时，可按下 SB_1 或 SB_3，电动机 M_1、M_2 停止。如

图13.7（b）所示，要求KM₁的线圈通电后，才允许KM₂的线圈通电，KM₂的线圈断电释放后，才允许KM₁的线圈断电释放。在图13.7（a）的基础上，将接触器KM₂的辅助常开触点并联在停止按钮SB₁的两端。停车时，如果先按下SB₁，则KM₂的线圈未断电，电动机M₁不会停转，只有按下SB₃，使电动机M₂先停止，再按下SB₁才能使电动机M₁停止。

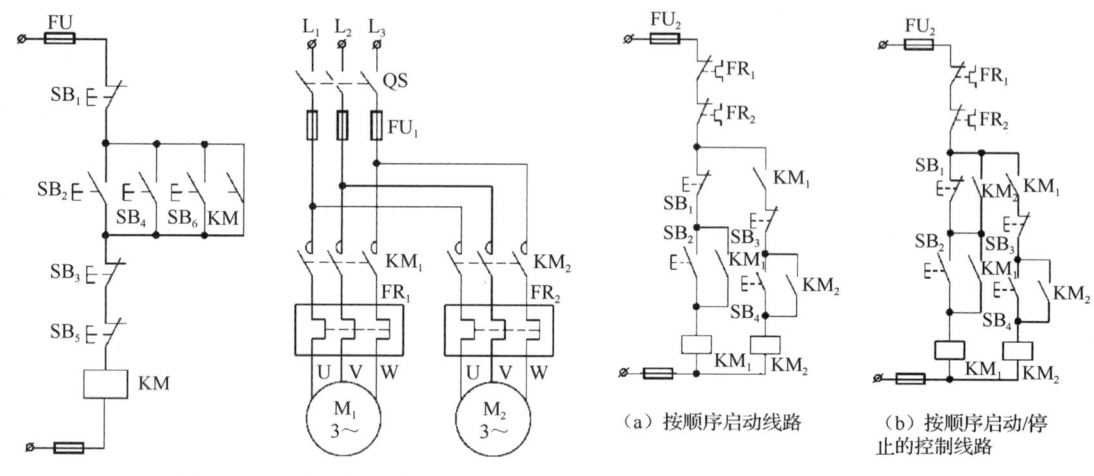

图13.6 两地控制线路　　　　　　　　　图13.7 两台电动机顺序控制线路

13.3　三相鼠笼式异步电动机的降压启动控制线路

当鼠笼式异步电动机采用直接启动时，控制线路简单、维护方便。但是并不是所有的电动机都能直接启动。这是因为，直接启动时有较大的启动电流和启动压降，可能使供电设备产生短时过负荷，电压波动较大，对其他要求电压稳定运行的设备有影响。

当电动机不能直接启动时，应采用降压启动，即在启动时降低加在电动机定子绕组上的电压，当电动机启动过程结束后，将电压恢复到额定值，使其在额定电压下运行。由于电流与电压成正比，所以降压启动可以减小启动电流，不致在线路中产生过大的压降，影响在同一网路中运行的其他电气设备。

常用的降压启动方法有星形-三角形换接、串联电阻或电抗、自耦变压器降压及延边三角形启动等。下面介绍几种常用的降压启动控制线路。

13.3.1　星形-三角形换接降压启动控制线路

星形-三角形换接降压启动适用于正常运行时定子绕组接成三角形的鼠笼式异步电动机。当电动机定子绕组接成三角形时，每相绕组承受的电压为电源的线电压（380V）；而接成星形时，每相绕组承受的电压为电源相电压（220V）。如果在电动机启动时，先将定子绕组接成星形，待启动结束再自动改接成三角形，就可以达到启动时降压的目的。如图13.8所示，其工作原理是：启动时，合上电源开关QS，按下启动按钮SB₂，KM₁的线圈通电并自锁，同时KM₃的线圈、KT通电吸合，电动机接成星形进行降压启动。当电动机的转速接近额定转速时，KT延时动作，其常闭触点断开，常开触点闭合，使KM₃的线圈断电，KM₂的线圈通电吸合并自锁，电动机换成三角形接法运行，KT断电，星形-三角形换接降压启动结束。当需要停止时，按下停止按钮 SB_1。

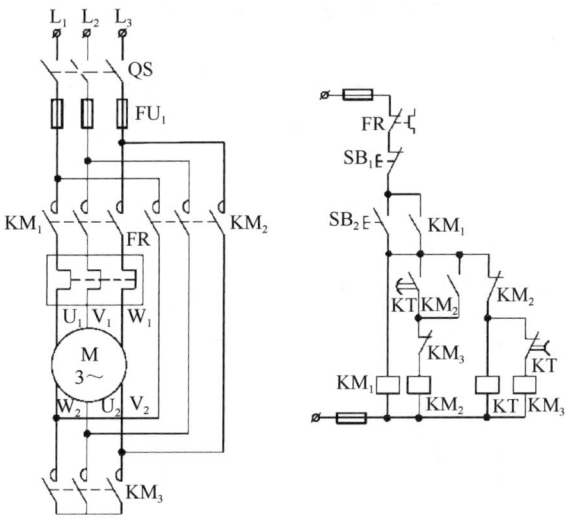

图 13.8 星形-三角形换接降压启动控制线路

13.3.2 串联电阻（或电抗）降压启动控制线路

当电动机定子绕组接法在运行时不是三角形接法时，是不能用星形-三角形换接降压启动这种方法的，这时可在电动机定子绕组电路中串联电阻或电抗来降压启动，当启动结束后，将所串联的电阻或电抗短接，使电动机进入全电压稳定运行状态。图 13.9 为定子绕组串联电阻降压启动控制线路。启动时，合上电源开关 QS，按下启动按钮 SB_2，KM_1 的线圈通电并自锁。电动机定子串入电阻 R 降压启动，同时 KT 通电，当 KT 的延时常开触点闭合时，KM_2 的线圈通电并自锁，主触点闭合，辅助常闭触点断开，KM_1 的线圈断电，电动机在全电压下运转，同时 KT 断电。当需要停止时，按下停止按钮 SB_1。在本线路中，电动机全电压正常运转时，只有接触器 KM_2 的线圈长期通电，而接触器 KM_1 和时间继电器 KT 的线圈仅在降压启动过程中通电，使线路可靠性得到了提高。

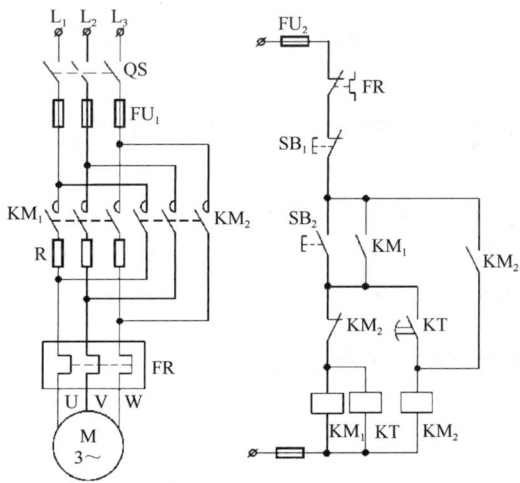

图 13.9 定子绕组串联电阻降压启动控制线路

13.3.3 自耦变压器（补偿器）降压启动控制线路

电动机启动电流的限制是靠自耦变压器的降压作用来实现的，常用于容量较大的异步电动机的启动控制。电动机启动时，定子绕组得到的电压是自耦变压器的副绕组电压。启动结束后，自耦变压器被切除，电动机在全电压下稳定运行。自耦变压器降压启动控制线路如图 13.10 所示，启动时，合上电源开关 QS，按下启动按钮 SB_2，KM_1 的线圈通电并自锁，电动机开始降压启动，同时 KT 的线圈通电，KT 经过延时，其常开通电延时闭合触点闭合，中间继电器 KA 通电并自锁，同时使 KM_1 的线圈断电，随即 KM_2 的线圈通电，电动机在全电压下运转，降压启动结束。当需要停止时，按下停止按钮 SB_1。

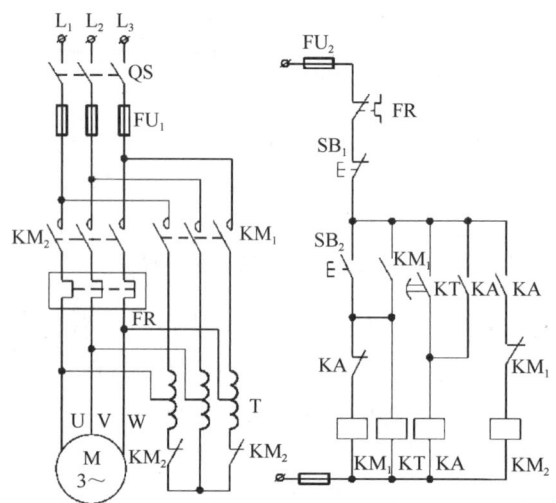

图 13.10 自耦变压器降压启动控制线路

自耦变压器绕组一般具有多个抽头以获得不同的变比。当采用自耦变压器降压启动时，电动机从电网索取的电流要比采用串联电阻降压启动时从电网索取的电流小得多。也可以说，如果从电网取得同样大小的启动电流，则采用自耦变压器降压启动会产生较大的启动转矩。但这种方法的缺点是所用自耦变压器的体积庞大、价格较贵。

13.4 三相绕线式异步电动机的启动控制线路

三相绕线式异步电动机可以通过滑环在转子绕组中串接电阻或频敏变阻器，以达到减小启动电流，并提高转子电路的功率因数和增大启动转矩的目的，适合于重载启动，在要求转矩较大的场合，三相绕线式异步电动机得到了广泛的应用。

13.4.1 转子绕组串联电阻的启动控制线路

在启动前，将启动电阻全部接入电路，随着启动过程的结束，启动电阻被逐段地短接。电阻串入转子绕组有对称接法和不对称接法，这里只介绍对称接法。图 13.11 是依靠时间继电器自动短接启动电阻的控制线路。转子回路 3 段启动电阻（R_1、R_2、R_3）的短接是依靠 KT₁、KT₂、KT₃ 三只时间继电器及 KM₁、KM₂、KM₃ 三只接触器的相互配合来实现的。

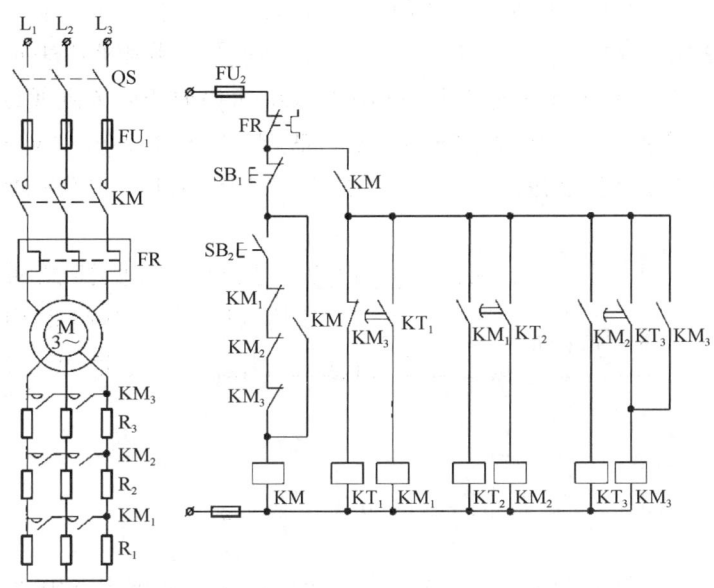

图 13.11 依靠时间继电器自动短接启动电阻的控制线路

启动时，合上电源开关 QS，按下启动按钮 SB₂，接触器 KM 的线圈通电，电动机串接全部电阻启动，接着时间继电器 KT₁ 的线圈通电，经一定的延时后，KT₁ 的常开触点闭合，使 KM₁ 的线圈通电吸合，KM₁ 的主触点闭合，将电阻 R₁ 短接，电动机加速运行，同时 KM₁ 的辅助常开触点闭合，使 KT₂ 的线圈通电。KT₂ 经一定的延时后，其常开触点闭合，使 KM₂ 的线圈通电吸合，KM₂ 的主触点闭合，将电阻 R₂ 短接，电动机继续加速，同时 KM₂ 的辅助常开触点闭合，使 KT₃ 的线圈通电。KT₃ 经一定的延时后，其常开触点闭合，使 KM₃ 的线圈通电吸合并自锁，将电阻 R₃ 短接。至此，全部启动电阻被短接，于是电动机进入稳定运行状态，同时 KM₃ 的辅助常闭触点使 KT₁ 的线圈断电，依次使 KM₁、KT₂、KM₂、KT₃ 的线圈失电。

接触器 KM₁、KM₂、KM₃ 的辅助常闭触点串接在 KM 的线圈电路中，目的是保证只有当上述接触器全部都处于断电状态时，即电动机必须在转子电阻全部接入的情况下，方能进行启动。

13.4.2 转子绕组串联频敏变阻器的启动控制线路

三相绕线式异步电动机采用转子绕组串电阻的启动方法，在电动机的启动过程中，逐段切除启动电阻，电流及转矩突然增大，产生不必要的机械冲击。从机械特性上看，在启动过程中，转矩不是平滑的，而是有突变性的。为了克服这种不足，可采用转子绕组串频敏变阻器启动。频敏变阻器的阻抗能随转子频率的下降而自动减小，从而接近恒转矩启动。

频敏变阻器实质上是一个铁芯损耗非常高的三相电抗，具有铁芯与线圈两部分，通常接成星形。在电动机的启动过程中，转子电流频率 f_2 与电源频率 f_1 的关系为 $f_2=Sf_1$。当电动机的转速为零时，转差率 $S=1$，即 $f_2=f_1$，电抗很大，同时，涡流集肤效应使电阻变大，这就能限制电动机的启动电流并增大启动转矩了。当转差率 S 随着电动机转速的上升而减小时，f_2 下降，电阻自动减小，电抗也随 f_2 的下降而自动减小，从而达到自动变阻的目的。

图 13.12 是转子绕组串频敏变阻器的启动控制线路，在电动机的启动过程中串联频敏变阻器，待电动机启动结束时，手动或自动将频敏变阻器切除，线路工作情况如下：利用转换开关 SA 实现手动及自动控制的变换，用中间继电器 KA 的常闭触点短接热继电器 FR 的热元件，防止在启动时误动作。

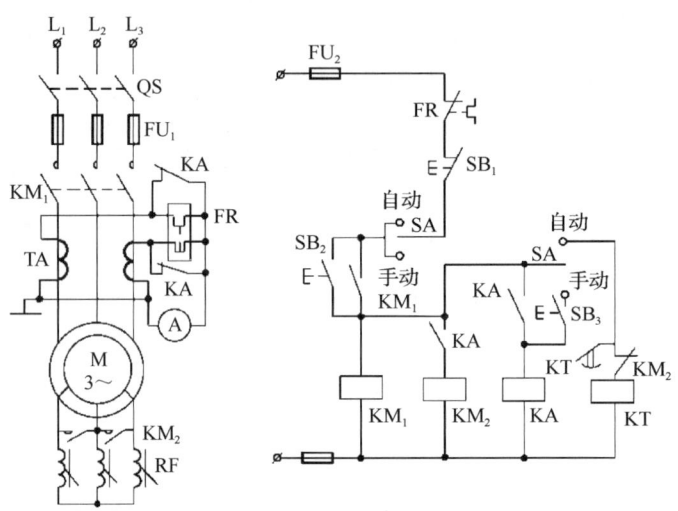

图 13.12　转子绕组串频敏变阻器的启动控制线路

自动控制时，将 SA 拨至"自动"位置，合上电源开关 QS，按下启动按钮 SB_2，接触器 KM_1 和时间继电器 KT 的线圈通电，电动机串联频敏变阻器启动，待启动结束后，KT 的触点延时闭合，使中间继电器 KA 的线圈通电，其常开触点闭合，使接触器 KM_2 的线圈通电，将频敏变阻器短接，电动机进入稳定运行状态，同时，KA 的常闭触点断开，热继电器的热元件与电流互感器副绕组连接，起过载保护作用。

手动控制时，将 SA 拨至"手动"位置，按下 SB_2，KM_1 的线圈通电，电动机串联频敏变阻器启动，当看到电流表 A 中的读数减小到电动机额定电流时，按下手动按钮 SB_3，使 KA 的线圈通电，KM_2 的线圈通电，频敏变阻器被短接，电动机进入稳定运行状态。

13.5　三相异步电动机的制动控制线路

三相异步电动机从切断电源到完全停止旋转，由于惯性的关系总要经过一段时间，这往往不能满足某些生产机械的工作要求。同时，为了缩短辅助时间，提高生产机械效率，也要求电动机能够迅速而准确地停止转动，需要用某种手段来限制电动机的惯性转动，从而实现机械设备的紧急停车，常把紧急停车的措施称为电动机的制动。

异步电动机的制动方法有两类：机械制动和电气制动。机械制动包括电磁离合器制动、电磁抱闸制动等。电气制动包括反接制动、能耗制动、电容制动、再生发电制动等。在此仅讨论反接制动和能耗制动。

13.5.1 反接制动控制线路

所谓反接制动，就是指将异步电动机的定子绕组电源相序任意两相反接，产生和原旋转方向相反的转矩，以平衡电动机的惯性转矩，达到制动的目的。当电动机转速下降接近于零时，必须立即切除电动机电源，否则将使电动机反方向启动。为此，可利用速度继电器，在转子速度接近零时，及时切除电动机电源，防止反向启动。在反接制动时，转子与定子旋转磁场的相对速度接近于 2 倍的同步转速，因此，定子绕组中流过的反接制动电流相当于直接启动电流的 2 倍。为了限制制动电流和减小机械冲击，异步电动机反接制动时，常在定子绕组中串接反接制动电阻，电阻的接法有对称与不对称两种。速度继电器常用于异步电动机反接制动中，也可用在能耗制动电路中，作为电动机制动结束后自动切断电源之用。

1. 单向反接制动的控制线路

如图 13.13 所示，启动时，按下启动按钮 SB_2，接触器 KM_1 的线圈通电吸合，电动机启动运转，速度继电器 KV 的转子也随之转动，当电动机转速升高到约 120r/min 时，速度继电器 KV 的常开触点闭合，为反接制动做准备。

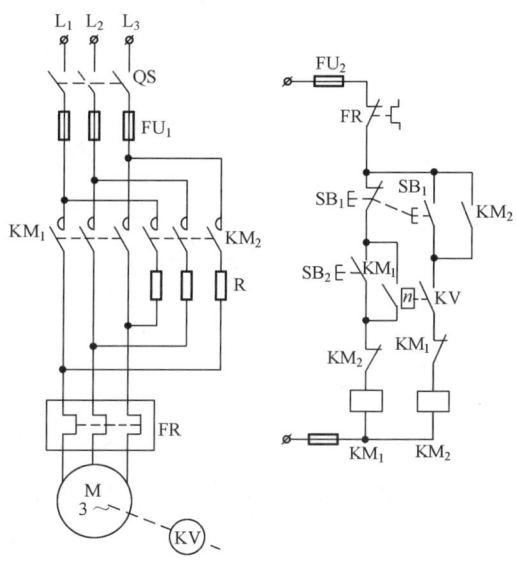

图 13.13 单向反接制动的控制线路

停止时，按下复合式按钮 SB_1，KM_1 的线圈失电释放，接触器 KM_2 的线圈通电吸合，电动机串接对称电阻 R 进行反接制动，电动机转速降低，当电动机转速降至 100r/min 以下时，速度继电器 KV 的常开触点复位，KM_2 的线圈失电释放，制动结束。

2. 双向反接制动的控制线路

图 13.14 为双向反接制动的控制线路。SB_2、SB_3 分别为正、反转启动按钮，通过中间继电器 KA_3、KA_4 控制正、反转接触器 KM_1、KM_2，以实现电动机的正、反转启动。KA_1、KA_2 两个中间继电器的线圈分别经过 KM_1、KM_2 的辅助常开触点与速度继电器正、

反转常开触点 KV_1、KV_2 接至电源，再由 KA_1、KA_2 的常开触点控制反、正转接触器，实现正、反转的反接制动。在本线路中，定子所串接的对称电阻 R 在电动机反接制动时作为限流电阻，同时在电动机启动时作为启动时的限流电阻。

电动机正转启动时，按下正转启动按钮 SB_2，KA_3 的线圈通电自锁，KA_3 的常开触点闭合，使 KM_1 的线圈通电吸合，电动机正转启动。刚开始启动时，因 KV_1 尚未闭合，因此 KA_1 的线圈不通电，接触器 KM_3 不吸合，R 接入主电路，限制了启动电流。当电动机转速上升到使 KV_1 闭合时，KA_1 的线圈相应通电并自锁，于是 KM_3 吸合，切除电阻 R，电动机继续升速，直到进入稳定运转状态。

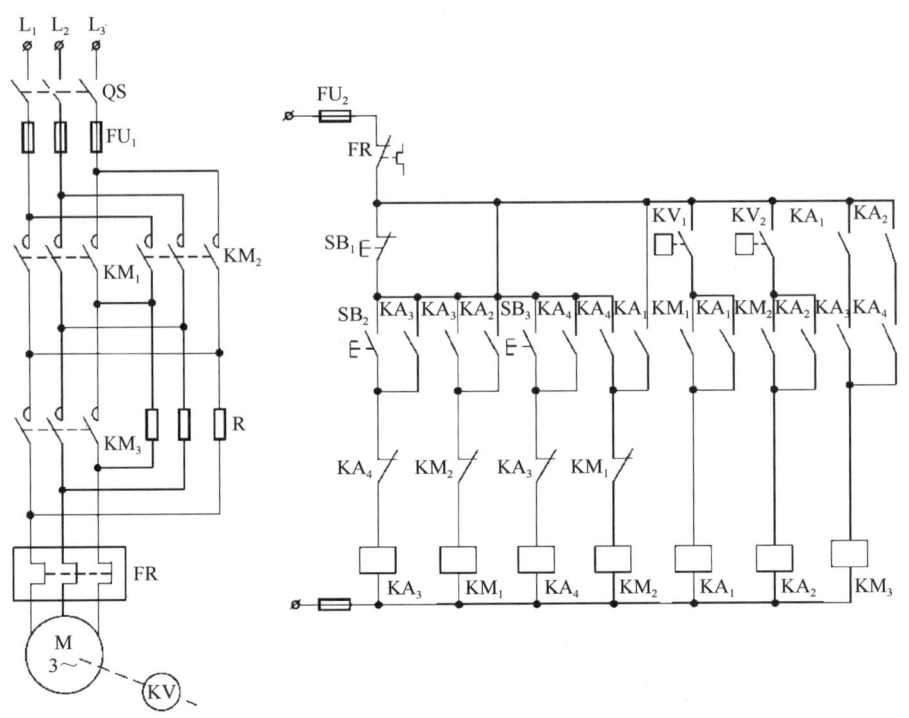

图 13.14 双向反接制动的控制线路

停车时，按下停止按钮 SB_1，KA_3 及 KM_1 的线圈断电，KM_1 的主触点断开，断开了电动机正转电源。由于电动机转速仍较高，所以 KV_1 保持闭合状态，KA_1 的线圈继续通电，当正转接触器 KM_1 的辅助常闭触点复位时，反转接触器 KM_2 的线圈通电，电动机接入反转电源，同时，由于 KA_3 的线圈断电，所以 KM_3 的线圈断电，电阻 R 接入主电路，限制反接制动电流。当电动机转速下降接近于零时，速度继电器恢复正常位置，KV_1 断开，KA_1 和 KM_2 的线圈均断电，反接制动结束。

电动机反向启动及反接制动停车的过程与正转启动及反接制动停车的过程相似，此处不再赘述。

13.5.2 能耗制动控制线路

所谓能耗制动，就是指在电动机切断交流电源后接入直流电源，这时电动机的定子绕组通过直流电，产生一个静止磁场，利用转子感应电流与静止磁场的相互作用产生制动转矩,达到制动的目的,使电动机迅速而准确地停止。绕线式异步电动机在能耗制动时,如果在转子电路中串入不同阻值的附加电阻,则可改变其制动特性。

如图 13.15 所示,启动时,按下启动按钮 SB_2,接触器 KM_1 的线圈通电并自锁,主触点闭合,电动机接通电源而启动运行。停止时,按下停止按钮 SB_1,KM_1 的线圈断电,主触点断开,电动机从交流电源上切除,同时,接触器 KM_2 的线圈通电,将整流变压器输出的直流电源接入电动机定子绕组,进行能耗制动。在 KM_2 的线圈通电动作的同时,时间继电器 KT 的线圈通电,经过整定延时后,KT 的常闭触点断开,KM_2 的线圈断电,电动机脱离直流电源,能耗制动结束。注意:操作时应将停止按钮 SB_1 按到底,否则可能无法制动。另外,整流变压器交流侧与直流侧同时进行切换,有利于延长接触器触点的寿命。电阻 R 是用于调节制动强弱。

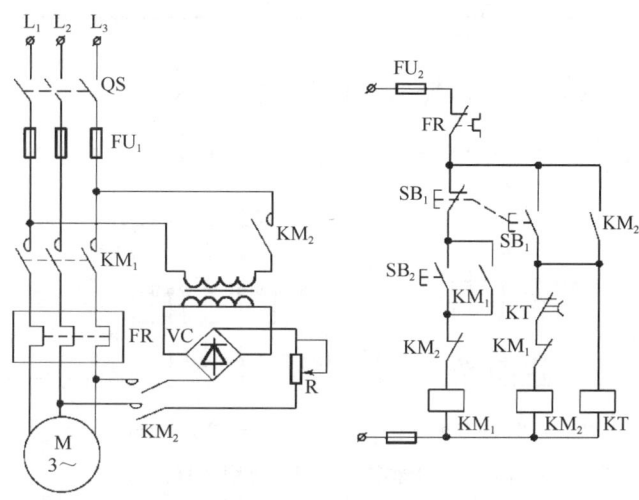

图 13.15 单向能耗制动控制线路

13.5.3 单管能耗制动

能耗制动适用于电动机容量较大,要求制动平稳和启动频繁的场合。它的缺点是需要一套整流装置,而整流变压器的容量随电动机容量的增大而增大,这就使其体积和质量加大。为了简化线路,对于 10kW 以下的电动机,当制动要求不高时,可采用无变压器的单管能耗制动。如图 13.16 所示,KM_1 为运行用接触器,KM_2 为制动用接触器,电源 L_3 由 KM_2 的主触点接至电动机定子绕组,经二极管 VD 接至电源的零线 N。单管能耗制动的控制线路与图 13.15 相似。

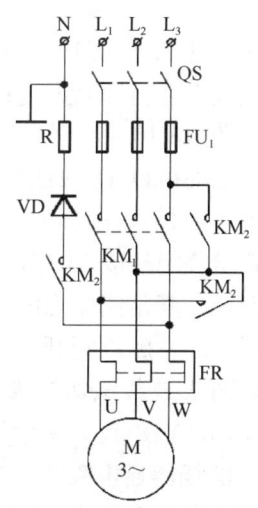

图 13.16 单管能耗制动主电路

13.6 三相异步电动机的调速控制线路

三相异步电动机的调速方法有改变定子绕组的极对数调速(变极调速)、改变转差率调速和变频调速。改变电源电压调速、改变转子电路电阻调速、串级调速都属于改变转差率调速。改变转子电路电阻调速适用于绕线式异步电动机；变频调速和串级调速的性能好，一般用在调速要求高的场合。本节只介绍仅适用于鼠笼式异步电动机的变极调速。变极电动机一般有双速、三速和四速，图 13.17 是双速电动机定子绕组的连接方法。其中，图 13.17（a）为电动机的三相绕组接成了三角形，U_1、V_1、W_1 接电源，U_2、V_2、W_2 断开不接，此时电动机磁极为 4 极，同步转速为 1500r/min；图 13.17（b）是将绕组接线端 U_1、V_1、W_1 连接在一起，U_2、V_2、W_2 接电源，此时电动机定子绕组为 YY 连接，磁极为 2 极，同步转速为 3000r/min。必须注意的是，当从一种接法改为另一种接法时，为了保证旋转方向不变，应改变电源相序。

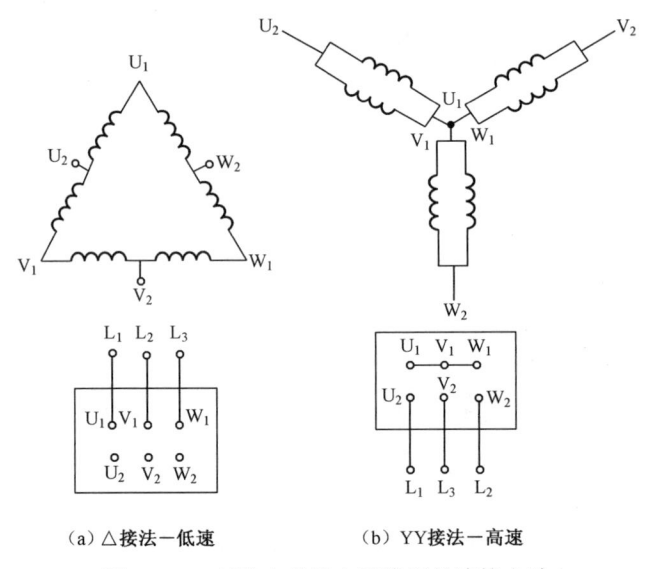

图 13.17　双速电动机定子绕组的连接方法

双速电动机的调速控制线路如图 13.18 所示。图 13.18（a）所示的工作原理是：合上电源开关 QS，按下 SB_2，接触器 KM_1 的线圈通电吸合并自锁，电动机属于三角形连接（D 接法），以低速旋转。按下 SB_3，接触器 KM_1 的线圈断电释放，接触器 KM_2、KM_3 的线圈通电吸合并自锁，电动机定子绕组属于 YY 接法，电动机高速旋转。

图 13.18（b）所示的工作原理是：当电动机高速旋转时，为了降低高速启动时的能耗，电动机以 D 接法启动，然后自动地转换为 YY 接法运行。按下启动按钮 SB_2，时间继电器 KT 的线圈通电，其常开延时断开触点瞬时闭合，接触器 KM_1 的线圈通电吸合，电动机定子绕组接成 D 接法启动。KM_1 的辅助常开触点闭合，中间继电器 KA 的线圈通电吸合并自锁，其常闭触点断开，使时间继电器 KT 的线圈断电，经过一段延时后，KT 的线圈常开延时断开触点断开，接触器 KM_1 的线圈断电，接触器 KM_2、KM_3 的线圈通电吸合，电动机自动从 D 接法切换成 YY 接法运行。

图 13.18（c）所示的工作原理是：SA 为高低速选择开关，将 SA 扳到"低速"位置，KM_1 的线圈通电吸合，为 D 接法，电动机低速运行，停止时，将 SA 扳到中间位置。将 SA 扳到"高速"位置，KT 的线圈通电吸合，其瞬动触点闭合，KM_1 的线圈通电吸合，低速启动，KT 延时到后，其常闭触点断开，常开触点闭合，KM_2 的线圈通电吸合，其辅助常开触点闭合，KM_3 的线圈通电吸合，为 YY 接法，电动机高速运行。

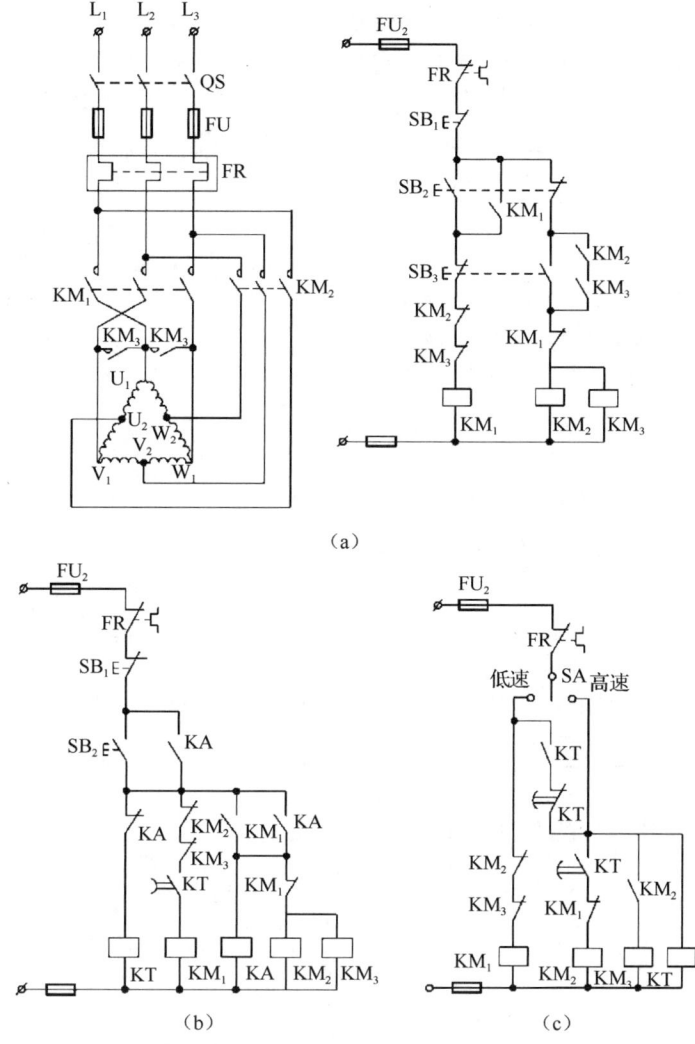

图 13.18 双速电动机的调速控制线路

本 章 小 结

本章主要介绍了继电器-接触器控制线路的基本环节,掌握这些基本环节是分析生产机械电力设备的基础,有的基本环节应熟记,要会画、会接线、会分析电路,更重要的是要掌握这些基本环节的共同本质、各种控制电路的特点及使用场合。

1. 异步电动机允许直接启动的条件是:电动机容量小于 10kW 或电源容量允许、启动电压降符合要求等。直接启动的控制线路简单,所用设备较少。

2. 鼠笼式异步电动机的降压启动:定子绕组串联电阻降压启动,适合于电动机容量不大、启动不频繁且平稳的场合,其缺点是启动电流较大、启动力矩较小、需要启动电阻、电能损耗较高;星形-三角形换接降压启动适合于空载或轻负载启动,其优点是启动电流小、启动转矩较小、可以频繁启动;自耦变压器降压启动适合于电动机容量较大,要求限制对电网冲击电流的场合,其优点是启动电流小、启动力矩较大、损耗低,缺点是设备较庞大、成本高。

3. 绕线式异步电动机的启动:当转子绕组串联电阻时,启动转矩大、功率因数高、控制线路复杂、设备较多、启动过程中有冲击；转子绕组串联频敏变阻器启动近似于恒转矩启动，电路简单，启动平稳。

4. 异步电动机的制动：为了缩短辅助时间，提高生产效率及准确停车而采取的方法。制动方式有机械制动和电气制动，本章只介绍了电气制动的反接制动和能耗制动。反接制动适用于要求制动迅速、系统惯性较大/制动不频繁的场合，优点是设备简单、调整方便、制动迅速、价格低，缺点是制动冲击大、准确性差、能耗高、不宜频繁制动。能耗制动适用于要求平稳、制动能耗低的场合，其缺点是需要直流电源，设备费用较高。

5. 异步电动机的调速：主要介绍了适合鼠笼式异步电动机的变极调速的控制线路。

6. 异步电动机的保护环节：短路保护可用熔断器、自动开关、过电流继电器；电动机过载保护可用热继电器；零电压、欠电压保护可用电压继电器或接触器。

习 题 13

13.1 绘制电气原理图的原则是什么？

13.2 实现点动的控制线路有几种？各有什么特点？

13.3 试分析图 13.19 中各线路的错误，以及工作时会出现的现象，并进行改进。

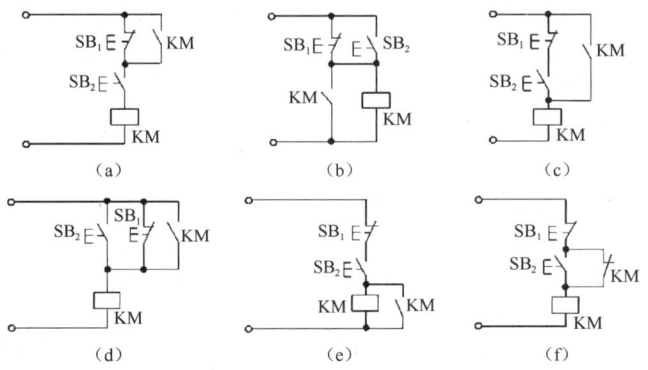

图 13.19 习题 13.3 的图

13.4 在电动机可逆运转双重互锁控制电路中，已采用了控制按钮的机械互锁，为什么还要采用接触器的电气互锁？

13.5 什么叫自锁控制？为什么说接触器自锁控制线路具有欠压和失压保护作用？

13.6 何为制动？三相异步电动机的制动方法有哪些？各有何特点？

13.7 画出具有双重联锁的正、反转控制线路，接线后，按按钮时发生下列故障，请分析其原因（经检查，接线没错）。

（1）按正转按钮，电动机正转；按反转按钮，电动机停止，不能反转。

（2）按正转按钮，电动机正转；按反转按钮，电动机仍正转；按停止按钮，电动机停止。

13.8 画出三相鼠笼式异步电动机的星形-三角形换接降压启动控制线路。

13.9 设计两台三相异步电动机的顺序启动控制线路。要求电动机 M_1 先启动，M_2 后启动；停车时同时停止。

13.10 画出用速度继电器实现双向能耗制动的控制线路。

13.11 分析图 13.14 所示的双向反接制动的控制线路的电动机反向启动及反接制动的工作原理。

第14章 机床电气控制线路

内容提要

- 摇臂钻床、万能铣床的结构、运动形式及控制线路的工作原理。
- 机床电气控制线路的维护与检修。

工矿企业的电气设备很多,控制系统也各有不同,理解电气控制系统对电气设备的安装、调试、维修及使用是非常重要的,学会分析电气控制原理图是理解电气控制系统的基础。本章以机械加工业常用的机床(如万能铣床、摇臂钻床)的电气控制线路为例进行介绍,使读者学会分析电气控制系统的方法,提高读图能力,掌握分析和处理电气故障的方法。

14.1 摇臂钻床控制线路

钻床是一种应用广泛的机床,主要用来对工件进行钻孔、扩孔、铰孔、镗孔、攻螺纹及修刮平面等。钻床的形式很多,有立式钻床、卧式钻床、深孔钻床及多轴钻床等。摇臂钻床应用较广泛,适用于带有多孔的大型工件的孔加工。本节以 Z3040 型摇臂钻床为例进行介绍。

14.1.1 主要结构和运动形式

Z3040 型摇臂钻床主要由底座、内立柱、外立柱、摇臂、主轴箱、工作台等组成,如图 14.1 所示。内立柱固定在底座上,外立柱套在内立柱上,外立柱可以绕着内立柱回转 360°。摇臂一端的套筒与外立柱滑动配合,借助丝杆,摇臂可沿着外立柱上下移动,但两者不能做相对转动,因此,摇臂只能与外立柱一起绕内立柱回转。主轴箱是一个复合部件,由主电动机、主轴及主轴传动机构、进给及进给传动机构、变速和操纵机构等组成。主轴箱可以沿着摇臂上的水平导轨移动。当进行加工时,可利用特殊的夹紧机构将外立柱紧固在内立柱上,将摇臂紧固在外立柱上,将主轴箱紧固在摇臂的水平导轨上,然后进行钻削加工。

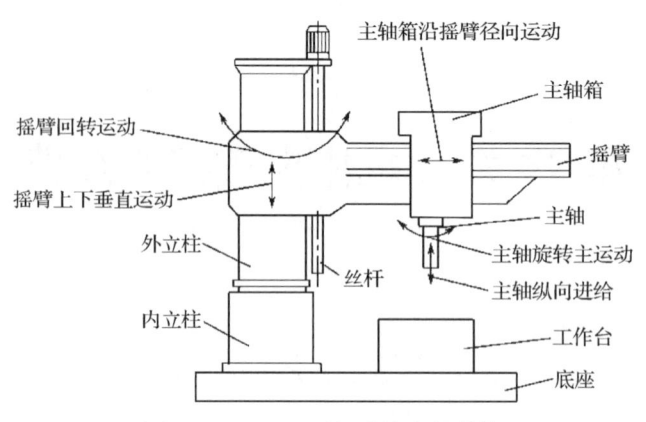

图 14.1 Z3040 型摇臂钻床的结构

14.1.2 电力拖动的特点和控制要求

（1）摇臂钻床采用多台电动机拖动，分别为主轴电动机、摇臂升降电动机、夹紧放松用的液压电动机和冷却泵电动机。

（2）摇臂钻床的主运动和进给运动用同一台电动机拖动，分别由主轴传动机构、进给传动机构来实现主轴的旋转和进给。主轴与进给通过机械调速，用手柄操作变速箱来调节，主轴变速机构与进给变速机构放在同一个变速箱内。

（3）加工螺纹时要求主轴能正/反转。摇臂钻床的正/反转一般用机械方法实现，电动机只需单方向旋转即可。

（4）要求摇臂升降电动机能实现正/反转。

（5）摇臂的夹紧与放松，以及立柱的夹紧与放松由一台异步电动机配合液压装置完成，要求这台电机能正/反转。摇臂的回转和主轴箱的移动在中小型摇臂钻床上都采用手动方式。

（6）在进行钻削加工时，应对刀具及工件进行冷却，需要由一台冷却泵电动机拖动冷却泵来输送冷却液。

（7）完善的保护环节。

14.1.3 电气控制线路分析

图 14.2 是 Z3040 型摇臂钻床的电气控制线路。

1．主电路分析

三相电源由刀开关 QS 配合熔断器 FU_1 引入。

M_1 是主轴电动机，由接触器 KM_1 控制，M_1 单方向旋转，主轴的正/反转由机械手柄操作。M_1 装在主轴箱顶部，带动主轴及进给传动系统，热继电器 FR_1 用作过载保护。

M_2 是摇臂升降电动机，装于主轴顶部，由接触器 KM_2 和 KM_3 控制以实现正/反转。因为摇臂移动是短时工作，所以不用设过载保护，摇臂的夹紧与松开的配合由控制电路保证。

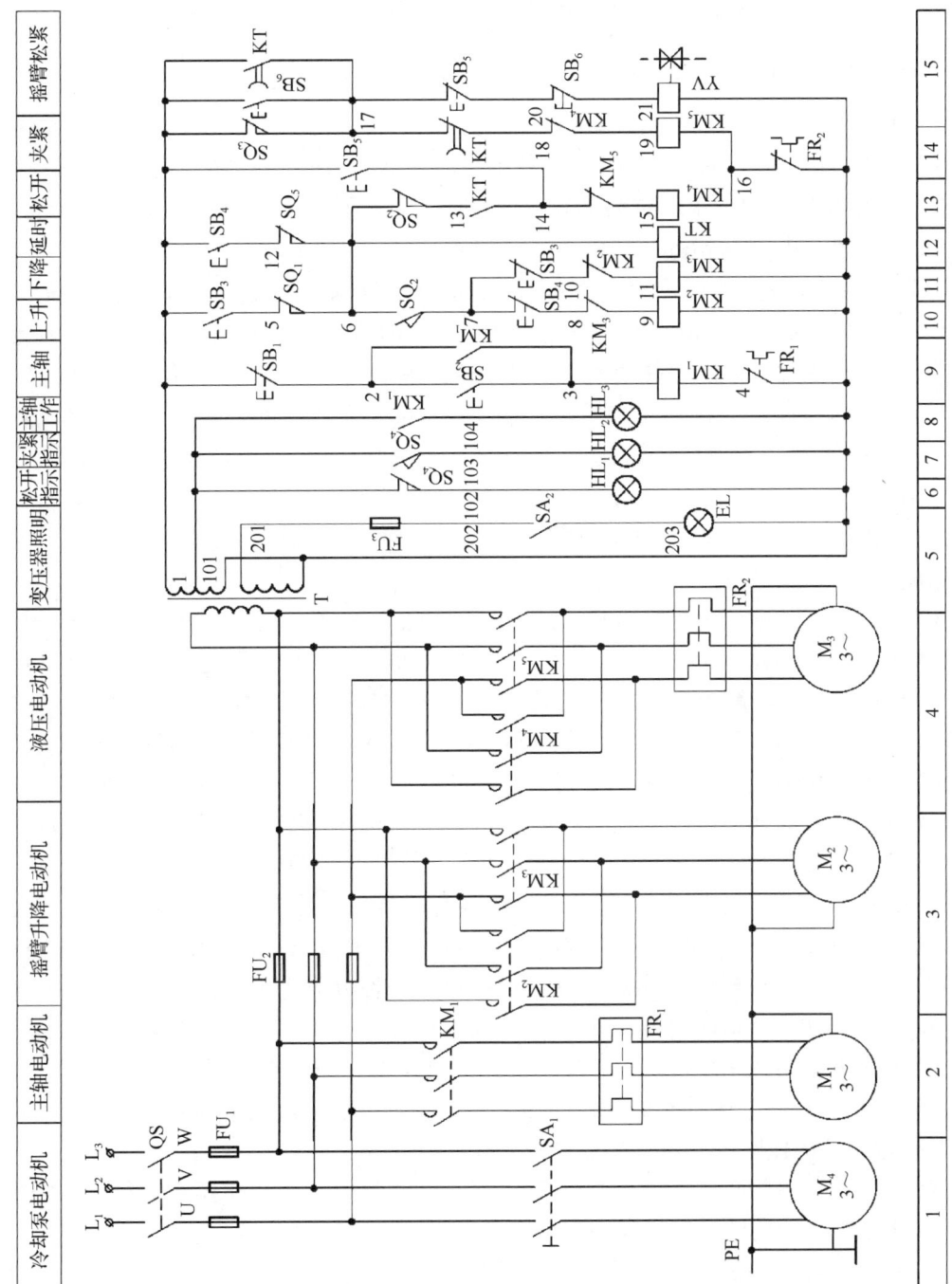

图 14.2 Z3040 型摇臂钻床的电气控制线路

M_3 是液压电动机,由接触器 KM_4 和 KM_5 控制以实现正/反转,热继电器 FR_2 用作过载保护。该电动机的主要作用是供给夹紧装置压力油,实现摇臂和立柱的夹紧与松开。

M_4 是冷却泵电动机,功率很小,由开关直接启动、停止。

2. 控制电路分析

(1) 主轴电动机 M_1 的控制。合上电源开关 QS,按下启动按钮 SB_2,接触器 KM_1 的线圈通电吸合并自锁,使主轴电动机 M_1 启动运行,指示灯 HL_3 亮。按下停止按钮 SB_1,接触器 KM_1 的线圈断电释放,主轴电动机 M_1 停止旋转,指示灯 HL_3 熄灭。

(2) 摇臂升降电动机 M_2 的控制。

① 摇臂上升。按下上升启动按钮 SB_3,时间继电器 KT 的线圈通电吸合,瞬时闭合常开触点 KT(13-14)闭合,延时断开常开触点 KT(1-17)闭合,前者使接触器 KM_4 的线圈通电吸合,后者使电磁阀 YV 的线圈通电。此时,液压电动机 M_3 正向启动旋转,供给压力油,压力油经二位六通阀进入摇臂松开油腔,推动活塞移动,活塞推动菱形块,使摇臂松开。同时,活塞杆通过弹簧片压动行程开关 SQ_2,使其常闭触点 SQ_2(6-13)断开,常开触点 SQ_2(6-7)闭合,前者使接触器 KM_4 的线圈断电,KM_4 的主触点断开,液压电动机停止工作,摇臂处于松开状态;后者使接触器 KM_2 的线圈通电,主触点接通 M_2 的电源,摇臂升降电动机启动,正向旋转,带动摇臂上升。

当摇臂上升到预定位置时,松开按钮 SB_3,接触器 KM_2 和时间继电器 KT 的线圈同时断电释放,M_2 停止工作,摇臂停止上升。时间继电器 KT 的线圈断电释放,经 1~3s 的延时后,延时闭合的常闭触点 KT(17-18)闭合,接触器 KM_5 的线圈通电吸合,液压电动机 M_3 反向旋转,延时断开常开触点 KT(1-17)断开,电磁阀 YV 的线圈断电。送出的压力油经另一条油路流入二位六通阀,再进入摇臂夹紧油腔,摇臂夹紧。在摇臂夹紧的同时,活塞杆通过弹簧片压动行程开关 SQ_3,使常闭触点 SQ_3(1-17)断开,KM_5 的线圈断电释放,M_3 停止旋转,完成了摇臂的松开→上升→夹紧的动作。

② 摇臂下降。按下下降启动按钮 SB_4,其工作过程与上升的工作过程相似,可自行分析。

组合开关 SQ_1 和 SQ_5 是摇臂升降的极限保护。当摇臂上升到极限位置时,SQ_1(5-6)断开,使接触器 KM_2 的线圈断电释放,M_2 停止运行,摇臂停止上升;当摇臂下降到极限位置时,SQ_5(12-6)断开,使接触器 KM_3 的线圈断电释放,M_2 停止旋转,摇臂停止下降。

如果液压夹紧系统出现故障,则不能自动夹紧摇臂,或者由于 SQ_3 调整不当,在摇臂夹紧后不能使 SQ_3 的常闭触头断开,会使液压电动机因长期过载运行而损坏。虽然电动机 M_3 是短时运行,但电路中仍设有热继电器 FR_2 用作过载保护。

摇臂升降电动机的正/反转控制接触器不允许同时得电动作,在摇臂上升和下降的控制线路中采用了接触器的辅助触点互锁与按钮互锁方法,以确保电路安全工作。

(3) 主轴箱与立柱的夹紧、松开控制。主轴箱与立柱的夹紧、松开是同时进行的,均采用液压操纵夹紧与松开,工作时要求电磁阀 YV 的线圈不通电,松开与夹紧分别由 SB_5 和 SB_6 控制,按下松开按钮 SB_5,KM_4 的线圈通电吸合,M_3 电动机正转,液压泵送出压力油,由于 SB_5(17-20)触点断开,所以电磁阀 YV 的线圈不通电,供给的压力油经 YV 到另一条油路,进入立柱与主轴箱松开油腔,推动活塞移动,活塞推动菱形块,使立柱和主轴箱同时松开。行程开关 SQ_4 释放，常闭触点 SQ_4(101-102)闭合，指示灯 HL_1 亮，表示主轴箱和立柱已松开。

立柱和主轴箱同时夹紧的工作原理与同时松开的工作原理相似，按下夹紧按钮 SB_6，KM_5 的线圈通电吸合，M_3 电动机反转，液压泵送出压力油，进入立柱与主轴箱夹紧油腔，推动活塞移动，活塞推动菱形块，使立柱和主轴箱同时夹紧。行程开关 SQ_4 被压下，常闭触点 SQ_4(101-102)断开，指示灯 HL_1 灭，常开触点 SQ_4(101-103)闭合，指示灯 HL_2 亮，表示主轴箱和立柱已夹紧。因为立柱和主轴箱的松开与夹紧是短时间的调整工作，所以采用点动控制。

（4）冷却泵电动机 M_4 的控制。M_4 由手动开关 SA_1 控制，单向旋转。

14.2 万能铣床的电气控制线路

在金属切削机床中，铣床的应用非常广泛。铣床的种类也很多，有卧铣、立铣、龙门铣、仿形铣和各种专用铣床等，其中以卧式和立式的万能铣床应用最为广泛。铣床可以用来加工平面、斜面和沟槽等。

14.2.1 主要结构和运动形式

以常用的 X62W 型卧式万能铣床为例来介绍其结构及电气控制线路，其结构外形如图 14.3 所示，床身固定在底座上，在床身内装有主轴机械变速传动和变速操纵机构，床身顶部有水平导轨，在它的上部装有悬梁，悬梁上装有刀杆支架，铣刀心轴的一端固定在主轴上，另一端固定在刀杆支架上。刀杆支架在悬梁上可水平移动，悬梁在床身的水平导轨上也可水平移动，以便安装不同的刀具心轴。在床身的正面有垂直导轨，升降台可沿此导轨垂向（上、下）移动，升降台上装有溜板和工作台，溜板可沿升降台上的导轨横向（前、后）移动，工作台可沿溜板上的导轨做与主轴旋转线速度方向一致的纵向（右、左）移动。在升降台箱体内装有进给电动机、齿轮变速和传动机构，工作台的纵向移动和横向、垂向移动分别由两个操作手柄操纵。

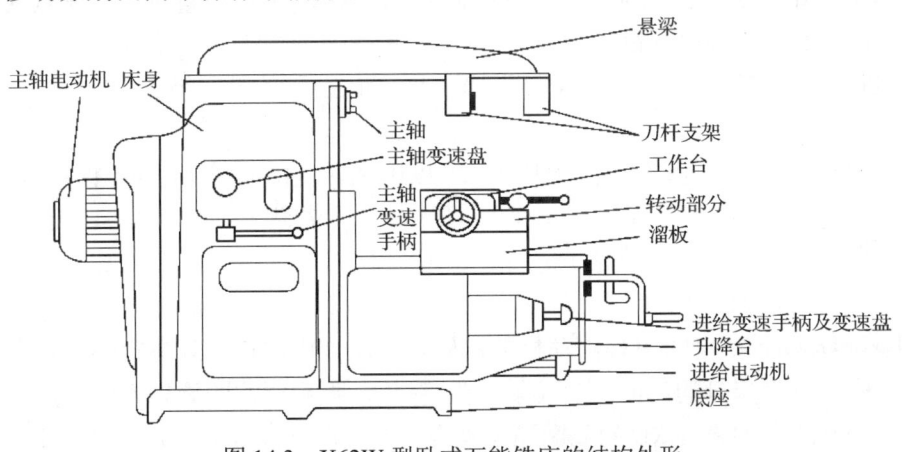

图 14.3 X62W 型卧式万能铣床的结构外形

铣床的主运动是铣刀的旋转运动，进给运动是工作台的纵向、横向、垂向的直线运动。机床的主轴和工作台分别由两台三相鼠笼式电动机单独拖动。主轴和工作台进给都采用齿轮变速方式。

14.2.2　电力拖动方式和控制要求

（1）为满足在加工工件时能进行顺铣和逆铣，主轴电动机应能正/反转，不需要经常改变电动机的转向，可用电源相序转换开关实现主轴电动机的正/反转。铣刀的切削是一种不连续切削，负载波动，为减小这种影响，在主轴传动系统中装有飞轮，增大了惯量，但为了快速停车，采用电磁离合器制动，主轴换刀时也采用制动，主轴可在两处启停。

（2）工作台由一台电动机拖动，要求电动机能正/反转，能做 6 个方向的进给运动，可以在 6 个方向上快速移动。

（3）要求主轴电动机启动后，进给电动机才能启动；停止时，在电气上采用了主轴和进给同时停止的方式，由于主轴惯性大，所以能保证进给运动先停止。

（4）冷却泵电动机拖动冷却泵，供给冷却液。

（5）主轴转速和进给速度都采用机械变速，为保证变速时齿轮啮合良好，变速时电动机应能点动。

（6）圆工作台旋转工作时，工作台不能在 6 个方向上移动。

（7）完善的保护。

14.2.3　电气控制线路分析

图 14.4 为 X62W 型卧式万能铣床的电气控制线路。

1. 主电路分析

机床的电源总开关是 QS，熔断器 FU_1 为电源短路保护，机床共有 3 台电动机。

M_1 为主轴电动机，它的启动与停止由接触器 KM_1 的常开主触点控制，其正转与反转在启动前用组合开关 SA_5 预先选择。主轴换向开关 SA_5 在 3 个位置时，各触点的通、断如图 14.4 所示。FR_1 为主轴电动机的过载保护。

M_2 为进给电动机，其正、反转由接触器 KM_2 和 KM_3 的常开触点控制，FR_2 用作过载保护。

M_3 为冷却泵电动机，由于其容量很小，所以用 SA_3 直接控制，FR_3 用作过载保护。

2. 控制电路分析

（1）主轴电动机 M_1 的控制。

① 主轴电动机的启动。主轴电动机的启停可在两处中的任一处进行操作，一处在工作台的前面，另一处在床身的侧面。启动前，先将 SA_5 扳到所需的旋转方向，然后按下启动按钮 SB_3 或 SB_4，接触器 KM_1 的线圈通电吸合，其辅助常开触点闭合自锁，电动机 M_1 便拖动主轴旋转。

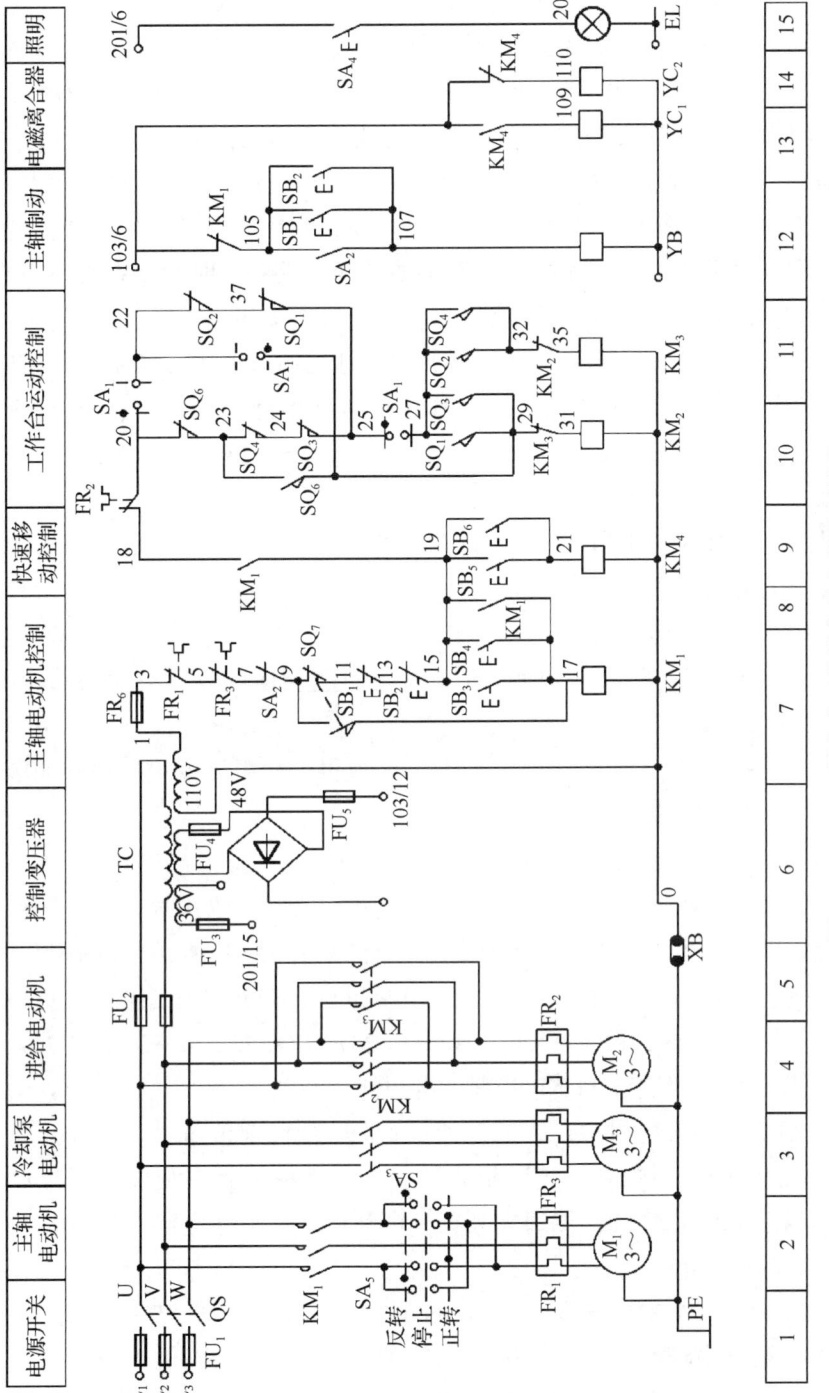

图 14.4 X62W 型卧式万能铣床的电气控制线路

② 主轴的停车制动。按下停止按钮 SB_1 或 SB_2，SB_1(11-13)或 SB_2(13-15)常闭触点断开，接触器 KM_1 的线圈断电。SB_1(105-107)或 SB_2(105-107)闭合，主轴制动电磁离合器 YB 的线圈通电吸合，使主轴制动，迅速停止运转。

③ 主轴的变速冲动。为了使变速时变换后的齿轮顺利地啮合好，变速时电动机应能点动，这种在变速时电动机稍微转动一下的现象称为变速冲动。主轴变速时，先将变速手柄拉到前面，将变速盘转到所需的转速，然后将变速手柄推回去，就在变速手柄被推回去的过程中，有一个与变速手柄相连接的凸轮短时压一下行程开关 SQ_7，其常开触点闭合一下，接触器 KM_1 的线圈短时吸合，主轴电动机 M_1 就短时转动一下，使变速后齿轮易于啮合。操作时应注意迅速推合变速手柄，而不要使变速手柄长时间停在使 SQ_7 压合的位置，否则电动机 M_1 转动起来不但不利于齿轮啮合，而且会撞坏齿轮牙。

④ 装卸刀具时的主轴制动。在主轴上刀或卸刀时，为了安全，主轴应不能转动，为此，设置了转换开关 SA_2。在上刀或卸刀时，将 SA_2 扳到换刀位置，它的一个触点 SA_2(7-9)断开控制电源，另一个触点 SA_2(105-107)接通主轴制动电磁离合器 YB，使主轴不能转动。换完刀后将 SA_2 扳回原位。

(2) 进给电动机 M_2 的控制。要求只有在主轴开车后，才能进行工作台的进给运动，因此，进给控制电路串接了接触器 KM_1 的辅助常开触点。进给电动机的转动只有正、反两个方向，而工作台的进给运动有上、下、左、右、前、后 6 个方向，这是通过十字和纵向两个手柄来操作控制的。操作手柄时，在电气上压动相应的行程开关 SQ_1、SQ_2 和 SQ_3、SQ_4，在机械上使垂直、纵向、横向 3 根丝杆等机构完成耦合。十字手柄有上、下、中、前、后 5 个位置，纵向手柄有左、中、右 3 个位置，如果要停止工作台的运动，则只要将相应的手柄扳向中间位即可。

① 工作台的纵向进给运动。SA_1 控制工作台水平移动，SA_1(20-22)、SA_1(25-27)接通，SA_1(20-29)断开。当将工作台纵向操纵手柄扳到向右或向左位置时，会压下行程开关 SQ_1 或 SQ_2，SQ_1(27-29)或 SQ_2(27-32)闭合，使接触器 KM_2 或 KM_3 的线圈得电。通电路径为 FR_2(18-20)→SQ_6(20-23)→SQ_4(23-24)→SQ_3(24-25)→SA_1(25-27)→SQ_1(27-29)→KM_3(常闭触点)→KM_2 线圈→电源 或 FR_2(18-20)→SQ_6(20-23)→SQ_4(23-24)→SQ_3(24-25)→SA_1(25-27)→SQ_2(27-32)→KM_2(常闭触点)→KM_3 线圈→电源。

② 工作台横向和升降进给。当将手柄扳到向下或向前位置时，行程开关 SQ_3 被压动，接触器 KM_2 的线圈通电吸合，电动机正转。当将手柄扳到向上或向后位置时，行程开关 SQ_4 被压动，接触器 KM_3 的线圈通电吸合，电动机反转。通电路径为 FR_2(18-20)→SA_1(20-22)→SQ_2(22-37)→SQ_1(37-25)→SA_1(25-27)→SQ_3(27-29)→KM_3(常闭触点)→KM_2 线圈→电源 或 FR_2(18-20)→SA_1(20-22)→SQ_2(22-37)→SQ_1(37-25)→SA_1(25-27)→SQ_4(27-32)→KM_2(常闭触点)→KM_3 线圈→电源。

工作台的 6 个方向的运动必须相互联锁，以保证在任何时候工作台只能有一个方向的运动。这是用机械和电气的方法共同实现的，工作台向左、向右的控制是用同一个十字手柄来操作的，因此，手柄本身起到左右运动的联锁作用。工作台的横向与垂向运动的联锁是由同一个十字手柄来操作完成的，工作台的纵向与横向、垂向运动的联锁由行程开关 SQ_1、SQ_2 和 SQ_3、SQ_4 的常闭触点分别相串联，然后形成两条通路供电给接触器 KM_2、KM_3 的线圈，若两个操作手柄都扳动，则将把这两条电路都断开，不能工作，可以防止两个手柄同时扳动时可能产生的危险。

另外，工作台的 6 个方向的运动还设置了限位保护。当工作台运动到极限位置时，终端的挡铁撞动相应的手柄使其回到中间位置，行程开关复位，工作台便停止运动。

③ 工作台的快速移动。工作台 6 个方向的快速移动也是由进给电动机 M_2 拖动的。当工作台按操作手柄指定的方向进给时，按下按钮 SB_5 或 SB_6，接触器 KM_4 的线圈通电，进给电磁离合器 YC_2 脱离，快速移动电磁离合器 YC_1 通电合上，工作台就按原操作手柄指定的方向快速移动。当松开 SB_5 或 SB_6 按钮时，接触器 KM_4 的线圈断电释放，YC_1 脱离，YC_2 合上，工作台仍按原进给速度和方向移动。

④ 进给变速冲动。由进给变速手柄带动冲动行程开关 SQ_6 短时接通接触器 KM_2，以便于变速时齿轮的啮合。

⑤ 圆工作台的控制。为了加工螺纹、弧形槽等，机床还带有圆工作台及其传动机构。需要时，将它安装在工作台和纵向进给传动机构上，圆工作台的回转运动由进给电动机 M_2 拖动。在使用圆工作台时，先将转换开关 SA_1 扳到圆工作台的工作位，SA_1(20-29)接通，SA_1(20-22)、SA_1(25-27)断开，这时按下主轴启动按钮，主轴电动机 M_1 启动，主轴旋转，进给电动机 M_2 也因 KM_2 的线圈通电吸合而启动，使圆工作台回转。只有当纵向移动手柄和横向、垂向手柄都在中间位置时，电路才能接通，这是使用圆工作台的控制、传动所要求的。通电路径为 FR_2(18-20)→SQ_6(20-23)→SQ_4(23-24)→SQ_3(24-25)→SQ_1(25-37)→SQ_2(37-22)→SA_1(22-29)→KM_3(常闭触点)→KM_2 线圈→电源。

（3）冷却泵电动机的控制。接通开关 SA_3，冷却泵电动机 M_3 就通电运转。

3．照明电路

照明变压器将 380V 的交流电压降为 36V 的安全电压，照明电路由转换开关 SA_4 控制，灯泡有一端接地。熔断器 FU_5 用作照明电路的短路保护。

14.3 机床电气控制线路的维护与检修

14.3.1 机床电气控制线路的维护

机床控制线路的日常维护包括电动机、电气元件及电气线路的维护，其中，电动机及电气元件的维护在前面的章节已介绍，在此只对电气线路及其他维护方法介绍如下。

（1）应该注意经常清除切屑，擦干净油垢，保持设备整洁。

（2）在高温和梅雨季节，应注意对设备的检查。

（3）检查电气设备的接地是否可靠。

（4）检查连接导线是否有断裂、脱落或绝缘老化等现象。

(5）检查各电气元件及接线端子接点是否松动、损坏或脱落。

(6）检查各电气元件和导线是否浸油或绝缘损伤。

14.3.2 机床控制线路的检修

机床控制线路是多种多样的，它们的故障又往往和机械、液压气动系统交织在一起，较难分辨。对于机床的使用者与维护者来说，理解电气线路的工作原理的主要目的是对电气故障进行分析检查，从而迅速、准确地找到故障点，并予以修复。故障的处理过程一般是：根据故障现象，经初步观察，大致确定故障点所在范围；再经分析，找出故障的可能原因；然后进一步检查，找出发生故障的真实原因，即故障点；最后进行修复。

故障分析与检查是一个重要的环节，在检查分析电气故障之前，要向操作者调查故障产生的情况，询问故障发生在机床的哪个部分，现象是怎样的（如响声、冒火、冒烟、异味或无法启动等），故障发生前按压过哪些按钮，故障发生后是否有人动过，这类故障是否经常发生。了解了故障的情况以后，对照电气原理图进行分析，然后进行检查。检查分析的方法有以下几种。

(1）观察法：在可能存在故障点的电路段内观察触点接触情况和导线连接情况。

(2）试验法：对机床控制线路做通电试验检查。通电试验检查应在不带负载的条件下进行，以免发生事故。有下列情况之一时不能做通电试验检查：发生飞车和打坏传动机构；因短路烧坏熔断器的熔丝，未查明原因，通电时会烧坏电器或电机等；尚未确定相序是否正确，因为有的机床要求不能接反。

在做通电试验检查时，应先用万用表检查电源电压是否正常，有无缺相或严重不平衡情况。检查时，应先易后难，分步进行。每次检查的部位及范围不要太大，范围越小，故障情况越明显。检查的顺序是：先控制电路后主电路，先辅助系统后主传动系统，先开关电路后调整电路，先重点怀疑部位后一般怀疑部位。

在做通电试验检查时，应根据动作顺序检查有故障的线路。当操作一只开关或按钮时，观察线路中的有关继电器和接触器有没有按要求顺序进行工作。如果发现一个电器的工作状态异常，则说明该电器或有关电路有故障，再进一步通电检查故障的原因。一般用万用表检查电路有没有开路的地方，当怀疑某触点接触不良时，有时可用导线短接该触点进行试验，有时也可用验电笔、钳形电流表等进行检查。

检查时一定要注意安全，不要随意触动带电电器，养成单手操作的习惯，随时注意停车按钮和电源总开关在什么地方，发现不正常情况应立即停车检查。

(3）仪表法：可用万用表的电阻挡测量通路情况或用电压挡测量电压情况。在用电阻挡测量通路情况时，注意要断开存在的并联支路，并断开待测电路的电源，否则会造成误判断或损坏万用表。另外，还要注意万用表的量程选择和电阻数值，否则也会造成误判断。

14.3.3 典型机床控制线路的故障分析

下面仅分析 X62W 型卧式万能铣床的常见故障、故障原因及维修方法，如表 14.1 所示。

表 14.1　X62W 型卧式万能铣床的常见故障、故障原因及维修方法

故障现象	故障原因	维修方法
主轴电动机不能启动	（1）控制电路熔断器 FU_6 熔丝烧断 （2）换刀转换开关 SA_2 在制动位置 （3）主轴换向开关 SA_5 在停止位置 （4）按钮 SB_1、SB_2、SB_3 或 SB_4 的触点接触不良 （5）主轴变速冲动行程开关 SQ_7 的常闭触点不通 （6）热继电器 FR_1 或 FR_3 已跳开	（1）更换熔丝 （2）将换刀转换开关 SA_2 扳回原位 （3）将主轴换向开关 SA_5 扳回原位 （4）更换触点 （5）更换触点 （6）对热继电器 FR_1 或 FR_3 进行复位
主轴不能变速冲动	主轴变速冲动行程开关 SQ_7 位置移动、撞坏或断线	检查 SQ_7
主轴不能制动	主轴制动电磁离合器线圈已烧毁，按下停止按钮后主轴不停。这一故障的原因一般是接触器 KM_1 触点熔焊	更换电磁离合器线圈，同时更换 KM_1 触点
工作台不能进给	（1）主轴电动机未启动 （2）接触器 KM_2、KM_3 的线圈断开或主触点接触不良 （3）行程开关 SQ_1、SQ_2、SQ_3 或 SQ_4 的常闭触点接触不良、接线松动或接线脱落 （4）热继电器 FR_2 的常闭触点脱开 （5）进给变速冲动行程开关 SQ_6 的常闭触点断开 （6）两个进给操作手柄都不在零位	（1）启动主轴电动机 （2）检查线圈或触点 （3）检查常闭触点及接线 （4）检查是否过载，然后按复位按钮 （5）检查 SQ_6 的常闭触点 （6）扳回零位
进给不能变速冲动	（1）进给变速冲动行程开关 SQ_6 位置移动、撞坏或接线松动脱落 （2）进给操作手柄没有在零位 （3）工作台向左、向右、向前和向下进给都正常，没有向上和向后进给，这是行程开关 SQ_4 的常开触点断开所致的 （4）工作台的横向进给和垂向进给都正常，不能纵向进给，这是 SQ_6、SQ_4 或 SQ_3 的常闭触点有断开处所致的	（1）检查 SQ_6 （2）扳回零位 （3）检查 SQ_4 的常开触点 （4）检查 SQ_6、SQ_4 或 SQ_3 的常闭触点
工作台不能快速移动	（1）快速移动按钮 SB_5 或 SB_6 的触点接触不良或接线松动、脱落 （2）接触器 KM_4 的线圈已损坏 （3）整流二极管损坏 （4）快速移动电磁离合器 YC_1 损坏	（1）更换触点或检查接线 （2）更换线圈 （3）更换整流二极管 （4）更换 YC_1

本 章 小 结

本章介绍了两种机床电气控制线路，在实际工作中会遇到许多不同电气设备的控制，控制线路也不同，重要的是掌握分析一般生产机械电气控制的方法，学会分析电气原理图和诊断故障。

1. 对机械设备的电气原理分析应首先了解设备的结构、运动形式、工艺要求、操作方法，以及机床对电力拖动的要求，再进行电气分析。在进行电气分析时，应先主电路后控制电路，通过分析主电路来看出设备由几台电动机拖动，分析电动机的启动方法，是否正/反转、采用何种制动。在分析控制电路时，以机床工艺要求为索引，将控制电路分成几个局部控制电路，逐步分析各台电动机的控制电路，分析控制电路

的工作顺序和联锁关系。

2．对于 Z3040 型摇臂钻床，主要介绍摇臂的松开、移动、夹紧的控制。

3．对于 X62W 型卧式万能铣床，主要介绍主轴制动、变速冲动，以及机械操作手柄与行程开关、各进给方向的联锁关系。

4．机床电气控制故障分析应在检查分析电气故障之前，向操作者了解故障产生的情况，询问故障发生在机床的哪个部分，现象是怎样的，故障发生前按压过哪些按钮，故障发生后是否有人动过，这类故障是否经常发生。了解了故障的情况以后，对照电气原理图进行分析，然后进行检查。对故障的处理过程一般是：根据故障现象，经初步观察，大致确定故障点所在范围；再经分析，找出故障的可能原因；然后进一步检查，找出发生故障的真实原因，即故障点；最后进行修复。

习　题　14

14.1　在 Z3040 型摇臂钻床电路中，设置有哪些联锁与保护环节？

14.2　在 Z3040 型摇臂钻床电路中，以摇臂下降为例分析电路工作情况。

14.3　X62W 型卧式万能铣床的工作台是怎样实现快速移动的？

14.4　X62W 型卧式万能铣床电气控制线路主要采取了哪些联锁？是如何实现的？

14.5　在 X62W 型卧式万能铣床电路中，发生了下列故障，请分别分析其原因。

（1）当主轴停车时，正、反方向都没有制动作用。

（2）在进给运动中，能向上、下、左、右、前运动，不能向后运动。

（3）在进给运动中，不能向前、右运动，能向上、下、后、左运动，也不能实现圆工作台的运动。

（4）在进给运动中，能向上、下、右、前、后运动，不能向左运动。

第15章 可编程序控制器（PLC）

内容提要

- PLC 的产生、发展、特点、组成及工作过程。
- 三菱 FX2 系列 PLC 的内部元件的功能和编号。
- FX2 系列 PLC 的基本指令、步进指令和简单的功能指令。

PLC 是在继电器控制和计算机控制的基础上开发出来的，并逐渐发展成以处理器为核心的工业自动控制装置，其种类繁多，不同厂家的产品各有其特点，但它们具有一定的共性。本章主要介绍 PLC 的特点、组成、原理及小型 PLC 的应用技术，使初学者掌握 PLC 应用的入门知识，为今后的学习打下基础。

15.1 PLC 概述

15.1.1 PLC 的产生与发展

20 世纪 60 年代，计算机技术已应用于工业控制，但由于其价格高、编程难度大、难适应复杂的工业环境等而未能得到广泛的应用。后来，美国通用汽车公司（GM）为适应汽车型号的不断变化，根据生产需要提出了如下设想：能否把计算机功能完善、灵活、通用等优点和继电器的简单易懂、操作方便、价格便宜等优点结合起来做成一种通用的控制装置，并把计算机的编程方法和程序输入方式加以简化，用面向控制过程、面向问题的"自然语言"编程，使不熟悉计算机的人也能方便应用。这一设想提出后，美国数字设备公司首先响应，于 1969 年成功研制出了第一台 PLC，即 PDP-14，在 GM 汽车生产线上试用成功。

从此，这项技术迅速发展起来。继日本研制出自己的第一台 PLC 后，欧洲国家也研制出了 PLC。之后，我国也开始研制 PLC 并应用于工业。早期的 PLC 主要由分立元件和小规模集成电路组成。中央处理器出现后，被应用于 PLC 中，使 PLC 工作速度加快、功能增强，可靠性大大提高。到 20 世纪末，PLC 几乎计算机化，速度更快、功能更强，各种模块不断被开发出来。现在的 PLC 不仅能实现开关量的逻辑控制，还具有数据处理、运动控制、模拟量控制、通信联网、PID 等功能。PLC 已经广泛应用于工业部门。

15.1.2 PLC 的定义与特点

1. PLC 的定义

早期的可编程序控制器只能进行逻辑控制，被称为可编程序逻辑控制器（Programmable

Logic Controller），简称 PLC。随着电子技术和集成电路的发展，特别是中央处理器和计算机的发展，它的功能越来越强大，不仅可以进行逻辑控制，还可以进行数据处理、运动控制、模拟量控制等。因此，国外工业界也曾将其命名为可编程序控制器（Programmable Controller），简称 PC。但由于它与个人计算机（Personal Computer）的名称容易混淆，为了区别，仍把可编程序控制器简称为 PLC。

2．PLC 的特点

（1）通用性强。PLC 产品已系列化，功能模块多，灵活组合可适应不同的工业控制系统。而且 PLC 是通过软件来实现控制的，同一台 PLC 可用于不同的控制系统，只需改变软件就可实现不同的控制要求。

（2）可靠性高，抗干扰能力强。PLC 采用微电子技术，大量的开关动作由无触点电子存储器件完成。在硬件上采取了隔离、屏蔽、滤波、接地等抗干扰措施，在软件上设置故障检测和诊断程序。PLC 专为工业控制而设计，能适应环境较恶劣的工业现场。

（3）功能强大。PLC 不仅可以进行逻辑控制，还能进行数据处理、运动控制、模拟量控制、通信联网、PID 等功能。它既可以实现单机控制，又可以进行群控；既能现场控制，又能远程控制。

（4）编程简单。PLC 采用面向控制过程、面向问题的"自然语言"编程，目前大多采用梯形图或面向工业控制的简单指令编程。梯形图与大多数电气技术员熟悉的继电器原理图相似，容易掌握，使不熟悉计算机的人也能方便应用。

（5）接线简单。PLC 的接线是将输入信号与 PLC 的输入端子连接，将输出信号与相应的 PLC 输出端子连接即可。

（6）维护方便、体积小、质量轻；PLC 内部有自诊断功能，通过此诊断可查出故障。

15.1.3　PLC 的分类

1．按结构形式分类

（1）整体式结构：将 CPU、存储器、I/O 单元、电源、通信口等组装在一个箱体内构成主机。这种结构简单、体积小、成本低；但使用不够灵活，维修较麻烦。

（2）模块式结构：将 CPU、存储器、I/O 单元、电源、通信口等分别做成独立的模块，将各个模块插在带有总线的底板上。这种方式配置灵活，I/O 点数可自由选择，便于维护；但插件多，成本高。

2．按 I/O 点数分类

（1）小型 PLC：I/O 点数在 256 点以下。

（2）中型 PLC：I/O 点数为 256～2048。

（3）大型 PLC：I/O 点数在 2048 点以上。

15.1.4　PLC 的组成与工作过程

PLC 是一种为工业控制设计的专用计算机，其组成与微型计算机的组成基本相似，也是由硬件系统和软件系统两部分组成的。

1. PLC 的硬件组成

图 15.1 为 PLC 硬件系统简化框图。继电器控制系统主要由三大部分组成，即输入部分（开关、按钮等）、控制部分（继电器逻辑控制线路）、输出部分（接触器、电磁阀等）。由图 15.1 可以看出，PLC 控制系统也可以认为由输入部分、控制部分、输出部分这三大部分组成。但 PLC 的控制部分由 CPU 和存储器来代替控制线路，通过编制好的程序来实现。下面介绍 PLC 的硬件组成。

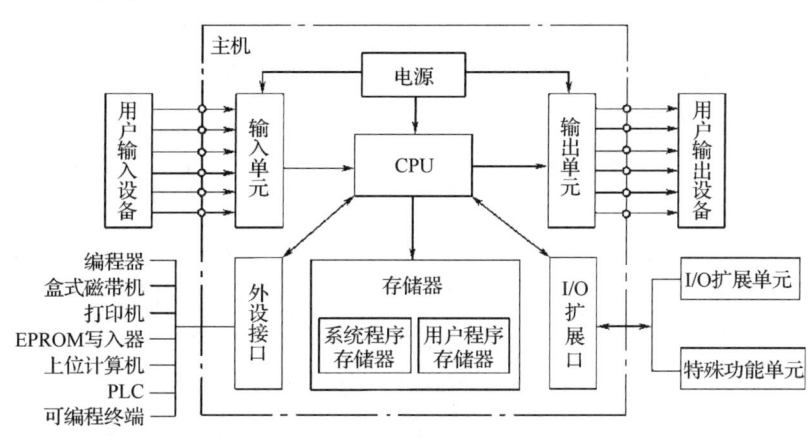

图 15.1 PLC 硬件系统简化框图

（1）CPU。CPU 是 PLC 的核心，是运算与控制的中心，并对全机进行控制。CPU 完成的任务如下。

① 接收并存储从编程器、上位计算机或其他外围设备输入的用户程序和数据。

② 用扫描方式接收现场输入设备的状态和数据，并存入输入映像寄存器或数据寄存器中。

③ 诊断 PLC 内部电路的工作状态和编程过程中的语法错误。

④ PLC 进入运行状态后，从存储器中逐条读取用户程序，经指令解释后，按指令规定的任务进行传送、运算，根据计算结果，更新有关标志位的状态和输出映像寄存器的内容，产生相应的控制信号以控制有关电路。

（2）存储器。存储器是用来存储数据或程序的，有随机存取的 RAM 和只读存储器。只读存储器有：掩膜只读的 ROM；可由用户用编程器一次性写入且不能改写的 PROM；可由用户用编程器写入且用紫外线照射擦除的 EPROM；由用户写入，用电擦除的 EEPROM。

（3）输入单元。输入单元接收和采集现场的输入信号，将输入的高电平信号转换为 PLC 内部的低电平信号。每个输入点的输入电路可以等效成一个输入继电器。开关量输入模块分直流输入模块、交流输入模块和交直流输入模块。一般输入单元有光电隔离和滤波，目的是把外部电路与 PLC 隔离开来，提高抗干扰能力。

（4）输出单元。输出单元将 PLC 的输出信号传递给被控对象中各执行元件（如接触器、电磁阀等），将 PLC 内部的低电平信号转换成外部所需的输出信号，每个输出点的输出电路可以等效成一个输出继电器。开关量输出接口有继电器输出（交直流输出）、晶体管输出（直流输出）和晶闸管输出（交流输出）。一般输出单元也有光电隔离和滤波，目的也是把外部电路与 PLC 隔离开来，提高抗干扰能力。

（5）电源。PLC 的电源可直接采用单相交流电供电，也可以用直流 24V 供电。

（6）编程器及其外围设备。编程器是人机对话的连接，用以完成用户程序的编制、调试和监视。外围设备有 EPROM 写入器、打印机等。

2．PLC 的软件组成

（1）系统程序。系统程序包括系统管理程序、用户指令解释程序和诊断程序。管理程序主要用于管理全机，用户指令解释程序将程序语言翻译成机器语言，诊断程序用于诊断机器故障。系统程序由厂家提供。

（2）用户程序。用户程序是由用户根据实际控制要求，用 PLC 的程序语言编制的应用程序。对使用者而言，可以不考虑 CPU 和存储器内部的复杂结构，而把 PLC 内部看作由许多"软继电器"组成的控制器，便于使用者按继电器控制线路的设计形式编程。由于软继电器的实质为存储单元，它们的常开、常闭触点实质上都是存储单元的状态，所以触点可以无限多。PLC 常用的编程语言有梯形图（LAD）、指令表（STL）、顺序功能流程图（SFC）等。下面以三菱 FX2 系列梯形图和指令表为例进行介绍。

① 梯形图。梯形图与继电器控制电路图相似，是目前电气人员应用最广的一种编程语言。梯形图如图 15.2 所示，它与继电器控制电路中电器符号的对比如图 15.3 所示。梯形图按从上而下、从左到右的顺序排列，每个继电器线圈为一个逻辑行，每个逻辑行起始于左母线，终于继电器线圈或右母线，右母线可省略。

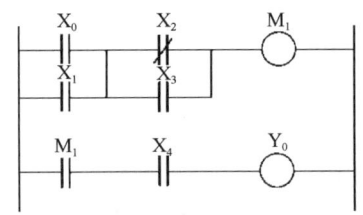

项目	物理继电器	PLC继电器
线圈	─□─	─○─
常开触点	─/─	─| |─
常闭触点	─/─	─|/|─

图 15.2　梯形图　　　　　　　图 15.3　符号对比

为了进一步理解 PLC 的控制系统，应了解 PLC 控制部分的等效电路，如图 15.4 所示。输入、输出继电器与外部设备相连，而其他继电器与外部无关，称为内部继电器。PLC 为用户提供大量继电器，是梯形图编程用的"软继电器"。

② 指令表。指令表类似于计算机汇编语言，是采用指令的助记符来编程的。它与梯形图具有同样的功能。对于不同型号的 PLC，它的助记符和指令格式表示的方式有所不同。对如图 15.2 所示的梯形图写出下面的指令表。

    LD X_0 （与左母线连接）
    OR X_1 （接点并联）
    LDI X_2 （与新母线连接）
    OR X_3

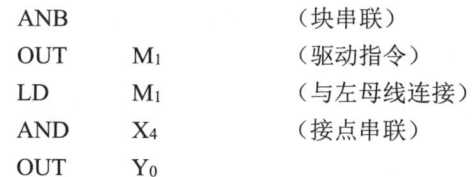
```
ANB                    （块串联）
OUT    M_1             （驱动指令）
LD     M_1             （与左母线连接）
AND    X_4             （接点串联）
OUT    Y_0
```

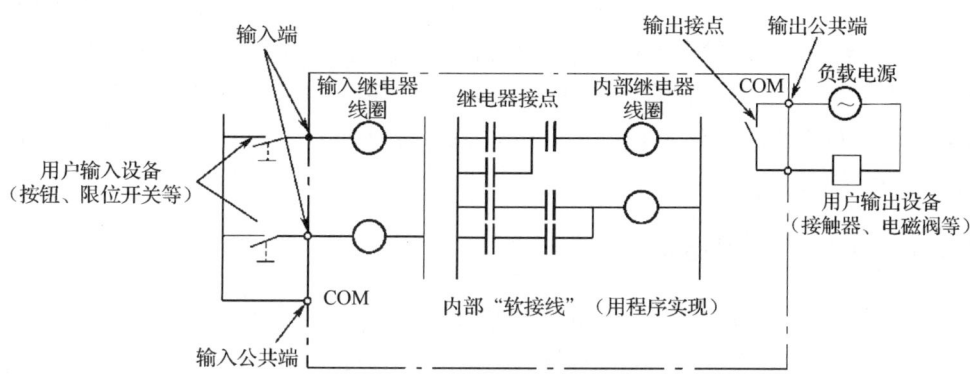

图 15.4 PLC 控制部分的等效电路

3．PLC 的工作过程

PLC 的工作过程就是程序的执行过程，用户根据控制要求，编制好程序并将程序存储在 PLC 的存储器内，当 PLC 正常运行时，顺序逐条执行用户程序，一直到结束，然后从头开始，反复执行。这种分时操作的过程称为 CPU 对程序的扫描。PLC 的工作过程与继电器控制系统的区别在于，继电器控制系统同时执行所有程序，而 PLC 采用循环扫描方式。

PLC 对用户程序的循环扫描过程一般分为 3 个阶段进行，即输入采样阶段、程序执行阶段和输出刷新阶段，如图 15.5 所示。

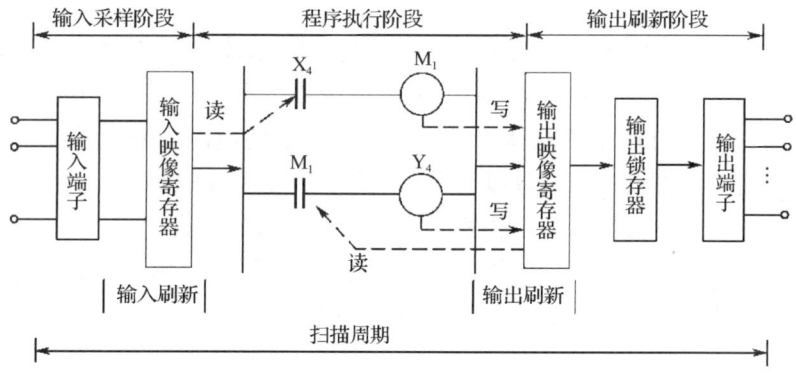

图 15.5 PLC 对用户程序的循环扫描过程

（1）输入采样阶段。在输入采样阶段，PLC 扫描所有输入端子，将各输入端子的状态存入内存中各个对应的输入映像寄存器中，称为输入刷新。接着进入程序执行阶段，在程序执行阶段或输出刷新阶段，输入映像寄存器与外界隔离，无论输入信号如何变化，其内容保持不变，直到下一个扫描周期的输入采样阶段，才重新写入输入端子的新内容。

（2）程序执行阶段。在程序执行阶段，PLC 对用户程序进行扫描，如果是梯形图，则按先左后右、先上后下的步序扫描,当指令中涉及输入、输出状态时,PLC 从输入映像寄存器中"读入"输入端子的状态;从输出映像寄存器中"读入"输出端子的状态。然后进行逻辑运算,将运算结果再存入输出映像寄存器中,即输出映像寄存器的内容会随着程序的执行而变化。

(3)输出刷新阶段。在所有指令执行完毕后,输出映像寄存器中所有输出继电器的状态(接通/断开)在输出刷新阶段转存到输出锁存器中,通过一定的方式输出,驱动外部负载。

PLC 重复执行上述 3 个阶段,每重复一次的时间就是一个工作周期,称为扫描周期,工作周期的长短与用户程序的长短有关。PLC 采用集中采样、集中输出的工作方式,提高了系统的抗干扰能力。

15.1.5 PLC 的技术指标

(1)用户存储容量。用户程序存储器的容量。
(2)I/O 的总点数。输入、输出信号用的端子的个数。
(3)扫描速度。执行程序的速度,以毫秒/千字为单位。
(4)指令种数。表示 PLC 的编程功能,指令越多,功能越强。
(5)扩展能力。PLC 使用功能块进行功能扩展。

15.2 三菱 FX2 系列 PLC

现在生产 PLC 的厂家很多,不同厂家、不同型号的 PLC 的梯形图和指令表的表示不同,但差别不大,本章以三菱 FX2 系列 PLC 为例来介绍。

15.2.1 FX2 系列 PLC 的构成与内部元件

FX2 系列 PLC 是三菱公司推出的小型机,是整体式结构,由基本单元、扩展单元、扩展模块、特殊适配器组成。它的最大 I/O 点数为 128 点,利用扩展模块可增加 I/O 点数,输出电路有继电器、双向可控硅和晶体管型。特殊适配器的电源由基本单元提供,可以连接的单元是模拟量输入、输出单元、温度输入单元等。FX2 系列 PLC 有手持简易编程器和便携式图形编程器。另外,还可以使用编程软件在个人计算机上进行编程。

不同厂家、不同型号的 PLC 的内部功能和编号有所不同,用户在编程时,必须熟悉每条指令涉及的元器件的功能及规定的编号。下面介绍 FX2 系列 PLC 的元件功能和编号。

1. 输入继电器(X)

输入继电器的编号是 $X_0 \sim X_{177}$。输入继电器是 PLC 与外部用户输入设备相连的接口单元,只能由外部输入信号驱动,不能由程序中的指令驱动,因此,程序中只有触点,没有线圈。

2. 输出继电器(Y)

输出继电器的编号是 $Y_0 \sim Y_{177}$。输出继电器是 PLC 与外部用户输出设备相连的接口单元，将输出信号传送给外部负载，外部信号无法直接驱动输出继电器，只能在程序内部用指令驱动它。输入、输出继电器的地址编号均采用八进制形式，输入、输出继电器都有无数个触点以供使用；其他所有元件编号均采用十进制形式。

3．辅助继电器（M）

PLC 具有许多辅助继电器，每个辅助继电器都有无数个触点，这些触点只供内部使用，不可驱动外部负载。对于辅助继电器，地址编号通用型为 $M_0 \sim M_{499}$，断电保持型为 $M_{500} \sim M_{1023}$，特殊型为 $M_{8000} \sim M_{8255}$。其中，M_{8000} 为运行监控，M_{8002} 为初始脉冲，M_{8011} 为 10ms 脉冲，M_{8012} 为 100ms 脉冲。

4．状态继电器（S）

状态继电器是步进顺序控制中的重要元件，其地址编号初始状态为 $S_0 \sim S_9$，回零状态为 $S_{10} \sim S_{19}$，通用状态为 $S_{20} \sim S_{499}$，断电保持状态为 $S_{500} \sim S_{899}$，故障报警状态为 $S_{900} \sim S_{999}$。

5．定时器（T）

PLC 中的定时器相当于继电器控制系统中的时间继电器，可以提供无数个触点供编程使用。定时器的延时时间由编程时设定的系数 K 决定。

（1）通用定时器。通用定时器的编号为 $T_0 \sim T_{245}$，其中，100ms 定时器的编号为 $T_0 \sim T_{199}$，$K=1 \sim 32767$；10ms 定时器的编号为 $T_{200} \sim T_{245}$，$K=1 \sim 32767$。如图 15.6 所示，当 X_0 接通时，定时器启动，计时从 000.0s 开始，当累计时间达到预置值 K 时，触点 T_0 接通，驱动输出继电器 Y_0。当 X_0 断开或停电时，定时器复位，T_0 触点断开。

（2）积算定时器。积算定时器的编号为 $T_{246} \sim T_{255}$，其中，1ms 定时器的编号为 $T_{246} \sim T_{249}$，$K=1 \sim 32767$；100ms 定时器的编号为 $T_{250} \sim T_{255}$，$K=1 \sim 32767$。如图 15.7 所示，当 X_1 接通时，定时器启动，计时从 000.0s 开始，当累计时间达到预置值 K 时，触点 T_{250} 接通，驱动输出继电器 Y_1。在计数过程中，当 X_1 断开或停电时，会停止工作，当来电时，定时器继续工作，当累计时间达到预置值 K 时，触点 T_{250} 接通，驱动输出继电器 Y_1。当 X_2 接通时，定时器复位，T_{250} 触点断开。

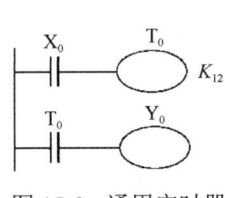

图 15.6　通用定时器　　　　　　图 15.7　积算定时器

6．计数器（C）

计数器的作用是计数。FX2 系列计数器有 16 位增计数器和 32 位双向计数器。16 位增

计数器的编号为 $C_0 \sim C_{199}$，设定值 $K=1 \sim 32767$，其中通用的编号为 $C_0 \sim C_{99}$，断电保持的编号为 $C_{100} \sim C_{199}$。在此只介绍 16 位增计数器的工作过程。如图 15.8 所示，当 X_{11} 每次接通时，计数器当前值增 1，当计数达到计数器的设定值 10 时，计数器 C_0 的常开触点闭合，驱动输出继电器 Y_0。此时，当 X_{11} 再次接通时，计数器的当前值保持不变。当复位输入 X_{10} 接通时，计数器复位，当前值变为 0，C_0 触点断开。

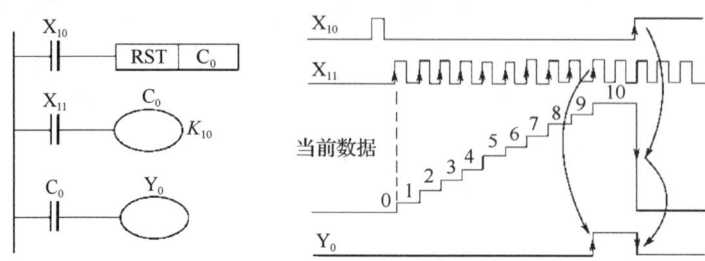

图 15.8　16 位增计数器的工作过程

7．数据寄存器（D）

数据寄存器是存储数据的元件，每个数据寄存器都是 16 位的，可以将两个数据寄存器合并组成 32 位。数据寄存器的编号是：通用的为 $D_0 \sim D_{199}$，断电保持的为 $D_{200} \sim D_{511}$，特殊的为 $D_{8000} \sim D_{8255}$，文件寄存器为 $D_{1000} \sim D_{2999}$。

8．变址寄存器（V/Z）

变址寄存器一般用于元件编号的修改。

15.2.2　FX2 系列 PLC 的基本指令

FX2 系列 PLC 的基本指令有 20 条。

（1）取指令和线圈输出指令 LD、LDI、OUT。LD、LDI 是用于左母线连接的指令，目标元件是 X、Y、M、S、T、C。OUT 用于输出逻辑运算结果，目标元件是 Y、M、S、T、C，如图 15.9 所示。

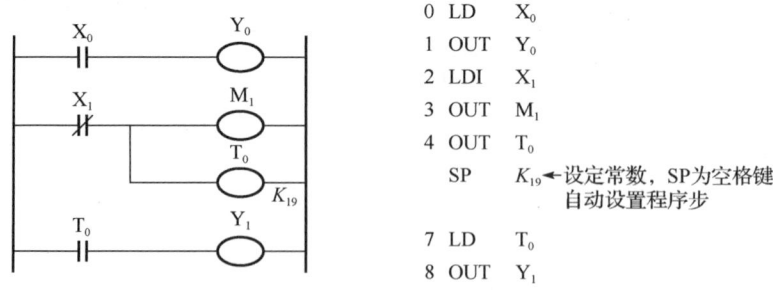

图 15.9　LD、LDI、OUT 指令的用法

（2）触点串联指令 AND、ANI。AND、ANI 用于触点的串联，完成逻辑与运算，目标元件是 X、Y、M、S、T、C，如图 15.10 所示。

（3）触点并联指令 OR、ORI。OR、ORI 用于触点的并联，完成逻辑或运算，目标元件是 X、Y、M、S、T、C，如图 15.11 所示。

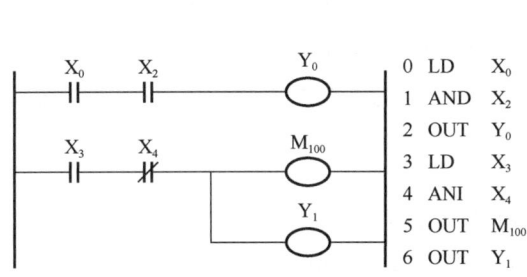

图 15.10 AND、ANI 指令的用法

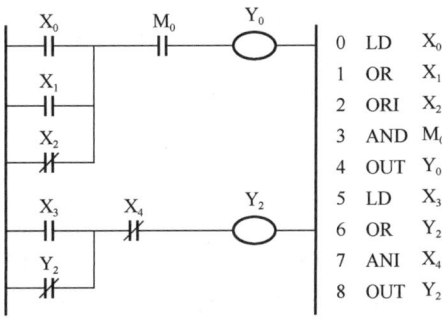

图 15.11 OR、ORI 指令的用法

（4）或块指令 ORB。ORB 用于触点块的并联，块的起点以 LD 或 LDI 指令开始，如图 15.12 所示。

（5）与块指令 ANB。ANB 用于触点块的串联，块的起点以 LD 或 LDI 指令开始，如图 15.13 所示。

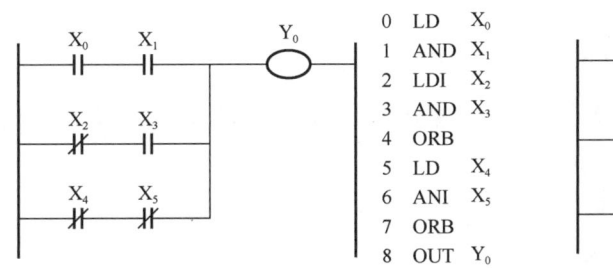

图 15.12 ORB 指令的用法

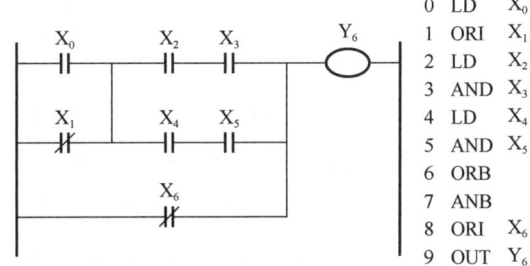

图 15.13 ANB 指令的用法

（6）栈指令 MPS、MRD、MPP。MPS、MRD、MPP 分别为进栈、读栈、出栈指令，用于多重输出电路中，如图 15.14 所示。

（7）主控、主控结束指令 MC、MCR。MC、MCR 用于公共串联触点的连接，如图 15.15 所示。

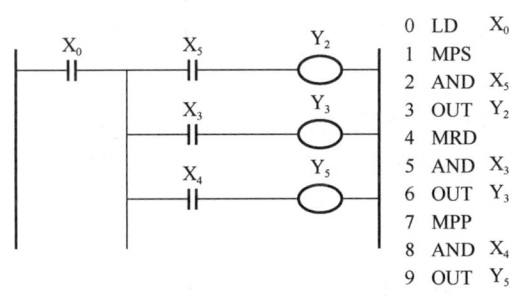

图 15.14 MPS、MRD、MPP 指令的用法

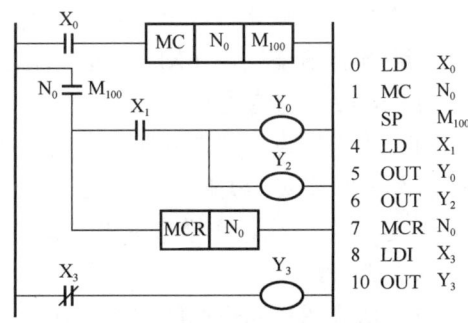

图 15.15 MC、MCR 指令的用法

（8）置位、复位指令 SET、RST。SET 是置位指令，用于动作保持，目标元件是 Y、M、S。RST 是复位指令，用于操作保持复位，目标元件是 Y、M、S、V、Z、T、C，如

图 15.16 所示。

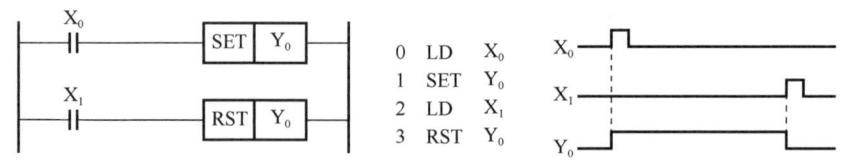

图 15.16 SET、RST 指令的用法

（9）上升沿、下降沿脉冲指令 PLS、PLF。PLS 在输入信号的上升沿产生脉冲输出，PLF 在输入信号的下降沿产生脉冲输出，目标元件是 Y、M，如图 15.17 所示。

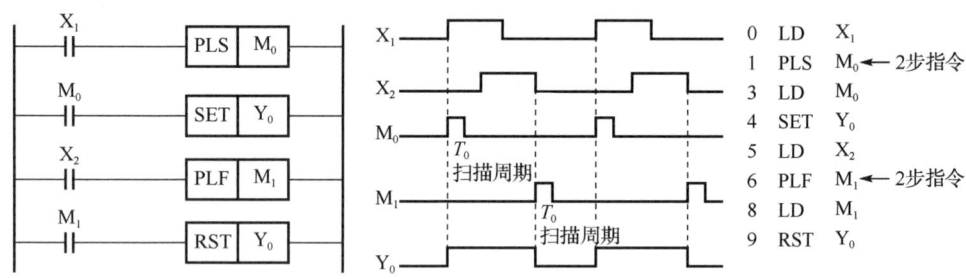

图 15.17 PLS、PLF 指令的用法

（10）空操作指令 NOP。若程序中有 NOP 指令，则在改动或增加语句时，可减少步序号的改变。用 NOP 指令取代原指令，可以修改电路。

（11）程序结束指令 END。END 用于程序的结束。

15.2.3 FX2 系列 PLC 的步进指令

步进指令能够对复杂的顺序控制进行程序编制。

（1）步进指令。步进指令有两条：步进指令 STL 和步进返回指令 RET。步进返回指令表示步进指令功能结束后，母线恢复到原位。步进指令编程的方式是根据控制系统的工作过程绘制顺序控制系统的功能图，功能图可以转换成梯形图、语句表。如图 15.18 所示，功能图的绘制是将工作过程分成若干步，每一步完成一个工作任务，步与步之间有转换条件，当转换条件成立时，上一步转换到下一步，上一步停止，下一步成为活动步。每一步用状态继电器 S 表示，FX2 系列 PLC 的状态元件是 $S_0 \sim S_{899}$。控制系统必须有一个初始步，$S_0 \sim S_9$ 用于功能图的初始步。

STL 步进触点只有常开触点，同一状态下，继电器的 STL 触点只使用一次。STL 触点一般与左母线连接，类似于主控触点。STL 右侧的触点用 LD 或 LDI 指令开始，RET 指令使 LD 返回左母线。在梯形图中，允许双线圈输出，因为梯形图中同一线圈可以由不同的 STL 触点驱动。

（2）功能图与梯形图的转换。在功能图中，要注意初始步的设置，如图 15.19 所示。用初始化脉冲设置初始化条件，使初始化的状态继电器 S_0 置位，而其他状态继电器只能用 STL 指令驱动。步进顺序控制有很多方式，图 15.20 为选择序列分支与合并，图 15.21 为并行序列分支与合并。

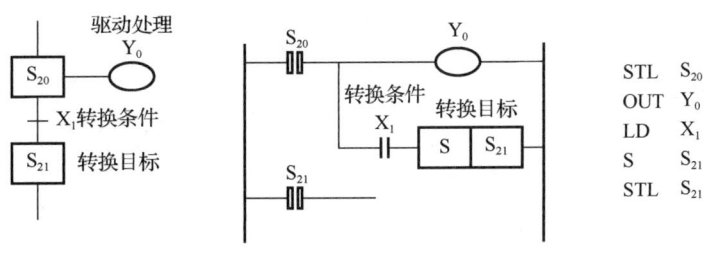

图 15.18 STL 指令

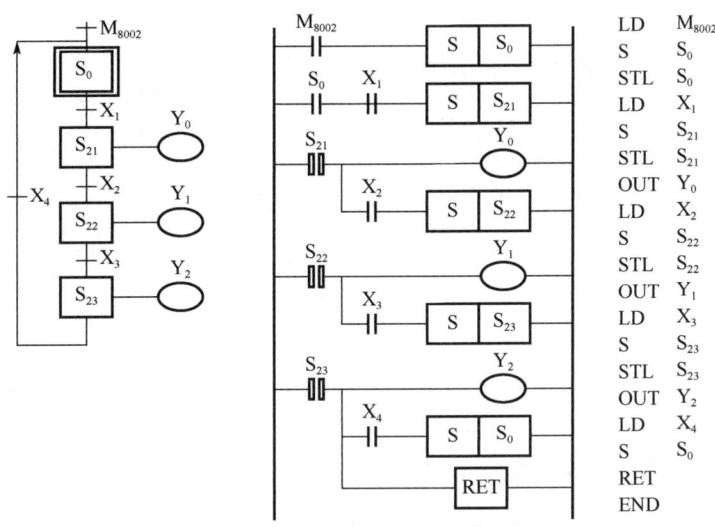

图 15.19 功能图与梯形图的转换

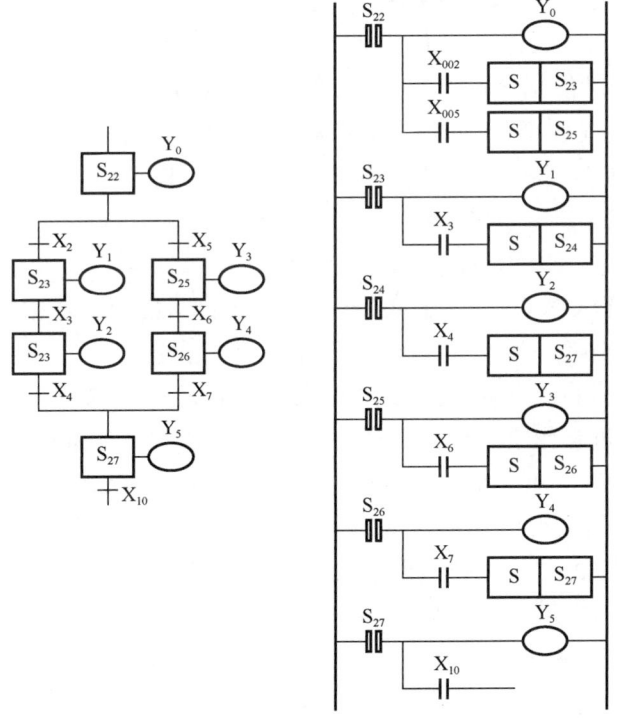

图 15.20 选择序列分支与合并

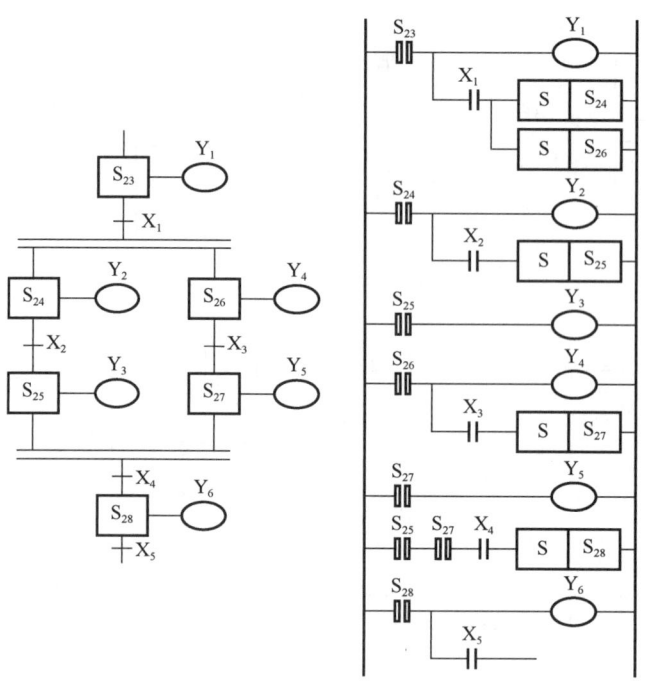

图 15.21 并行序列分支与合并

15.2.4 FX2 系列 PLC 的功能指令

PLC 不仅有基本指令和步进指令，还有许多功能指令，FX2 系列 PLC 有丰富的功能指令。功能指令与基本指令的形式有些不同（基本指令简单易懂）。功能指令用功能号表示，功能指令由功能号、助记符、操作元件（或称操作数）等组成。功能指令的编号是 FNC00～FNC250，各功能指令可参看 FX2 的说明书。功能指令的基本格式如图 15.22 所示。在图 15.22 中，前面部分为指令的代码或助记符，后面部分是操作数，有源操作数（S）和目标操作数（D）。当源操作数有多个时，用 S_1、S_2 表示，源操作数有 K_nX、K_nY、K_nM、K_nS、T、C、D。当目标操作数有多个时，用 D_1、D_2 表示，目标数有 K_nY、K_nM、K_nS、T、C、D、V、Z，K、H 为常数。

位元件：用于处理 ON/OFF 状态的继电器，其内部只能存储一位数据（0 或 1）。

字元件：由一个 16 位寄存器构成，用于处理 16 位数据。

双字元件：由相邻的两个 16 位寄存器组成，以组成 32 位数据操作数。

位元件的组合（可看作字元件）：由位元件也可构成字元件进行数据处理，位元件组合由 K_n 加首元件号来表示。4 个位元件为一组，组合成单元，K_nM_i 中的 n 是组数，i 为首位元件号，即存放数据最低位的元件，为避免混乱，建议采用以"0"结尾的位元件，如用 X_0、Y_{10}、S_{20} 等作为最低位。16 位运算是 K_1～K_4，32 位运算是 K_1～K_8，如 K_2X_0 表示组成 X_0～X_7 的 8 位数据。在功能指令中，用 P 表示具有脉冲执行功能，用 D 表示处理 32 位数据。变址寄存器在传送、比较指令中用来修改操作对象的元件号。下面就两个常用的功能指令进行介绍。

<table>
<tr><td>FNC</td><td>代码</td><td rowspan="2">源操作数（S）</td><td rowspan="2">目标操作数（D）</td></tr>
<tr><td colspan="2">助记符</td></tr>
</table>

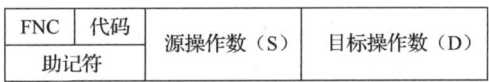

图 15.22　功能指令的基本格式

（1）比较指令 CMP：对两个源操作数 S_1、S_2 数据进行比较，将结果送到目标操作数 D 中，如图 15.23 所示。当 X_0 接通时，进行比较，当 $K_{100}>C_{20}$ 的当前值时，M_0 闭合；当 $K_{100}=C_{20}$ 的当前值时，M_1 闭合；当 $K_{100}<C_{20}$ 的当前值时，M_2 闭合。当 X_0 断开时，指令不执行，此时 M_0、M_1、M_2 的状态保持不变。

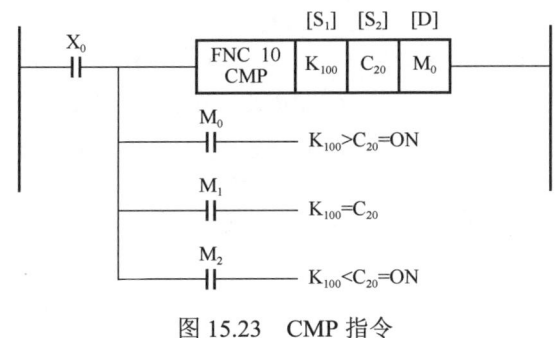

图 15.23　CMP 指令

（2）传送指令 MOV：将源操作数传送到指定的目标操作数中，如图 15.24 所示。当 X_0 接通时，源操作数中的数据 K_{126} 被传送到目标操作数地址 D_{26} 中。当 X_0 断开时，指令不执行，数据保持不变。

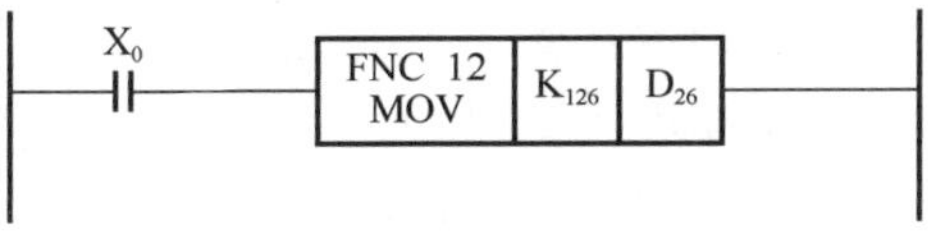

图 15.24　MOV 指令

功能指令还有许多，请参阅三菱 FX2 系列相关资料。

本章小结

1．PLC 是一种为工业控制设计的专用计算机。继电器控制系统主要由输入部分（开关、按钮等）、控制部分（继电器、逻辑控制线路）、输出部分（接触器、电磁阀等）组成。PLC 控制系统也可以认为由输入部分、控制部分、输出部分这三大部分组成。但 PLC 的控制部分由 CPU 和存储器来代替控制线路，PLC 的工作过程就是程序的执行过程，采用循环扫描方式。每个扫描周期包括输入采样、程序执行、输出刷新 3 个阶段。

2．PLC 常用的编程语言有梯形图（LAD）、指令表（STL）、顺序功能流程图（SFC）等。较常用的是梯形图，梯形图的编程规则：梯形图按从上而下、从左到右的顺序排列，所有触点都应画在线圈的左边；能流只能单方向从左向右通过各编程元件的触点和线圈；所有编程元件的触点和线圈一律按规定的符号和编号标出；每一编号的触点可以出现任意次，而每一编号的线圈只能出现一次。

3．FX2 系列 PLC 的元件有 X、Y、M、S、T、C、D；基本指令有 LD、LDI、OUT、OR、ORI、

ORB、AND、ANI、ANB、MPS、MRD、MPP、MC、MCR、SET、RST、PLS、PLF、NOP、END；步进指令有 STL 和 RET；功能指令较多，可查阅相关资料。

习 题 15

一、填空题

15.1 PLC 的逻辑控制部分主要由_____和_____组成。

15.2 按结构形式的不同，PLC 主要分为_____和_____两类。

15.3 开关量输出接口有_____、_____、_____。

15.4 输入继电器是 PLC 与外部用户_____相连的接口单元，输入继电器只能由外部_____驱动，不能由程序中的_____驱动，因此，程序中只有接点，没有_____。

15.5 PLC 中的定时器相当于继电器控制系统中的_____，它可以提供无数个_____供编程使用。定时器的延时时间由编程时设定的_____决定。

15.6 PLC 重复执行输入采样、程序执行、输出刷新 3 个阶段，每重复一次的时间就是一个_____或称_____。

二、问答题

15.7 PLC 有什么特点？

15.8 PLC 的编程语言主要有哪些？

15.9 PLC 中各元件的触点为什么可以无限使用？

15.10 PLC 循环扫描工作过程一般分为哪 3 个阶段？在程序执行阶段，如果输入发生变化，那么输入映像寄存器、输出映像寄存器的内容会不会改变？

15.11 梯形图与继电器控制线路有哪些异同点？

15.12 指出如图 15.25 所示的梯形图有什么语法错误。

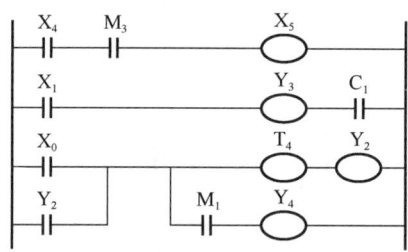

图 15.25 习题 15.12 的图

15.13 试画出用 PLC 控制三相异步电动机正/反转的梯形图。

15.14 用两个定时器设计一个定时电路，在 X_0 接通 2 小时后接通 Y_1。

参 考 文 献

[1] 胡幸鸣. 电机及拖动基础[M]. 北京：机械工业出版社，2000.
[2] 许晓峰. 电机及拖动[M]. 北京：高等教育出版社，2004.
[3] 王艳秋. 电机及电力拖动[M]. 北京：化学工业出版社，2005.
[4] 龙子俊. 电机及拖动基础[M]. 北京：航空工业出版社，1993.
[5] 赵承荻. 电机及应用[M]. 北京：高等教育出版社，2003.
[6] 刘子林. 电机及拖动基础[M]. 武汉：武汉工业大学出版社，2000.
[7] 许缪. 电气控制与PLC应用[M]. 北京：机械工业出版社，2005.
[8] 方承远. 工厂电气控制技术[M]. 北京：机械工业出版社，2000.
[9] 何焕山. 工厂电气控制设备[M]. 北京：高等教育出版社，1999.
[10] 周怀武. 建材机械电气设备[M]. 武汉：武汉工业大学出版社，1999.
[11] 李振安. 工厂电气控制技术[M]. 重庆：重庆大学出版社，2001.
[12] 刘子林. 实用电机拖动维修技术[M]. 北京：北京师范大学出版社，2016.
[13] 刘子林. 电机与电气控制[M]. 北京：电子工业出版社，2008.

反侵权盗版声明

电子工业出版社依法对本作品享有专有出版权。任何未经权利人书面许可，复制、销售或通过信息网络传播本作品的行为；歪曲、篡改、剽窃本作品的行为，均违反《中华人民共和国著作权法》，其行为人应承担相应的民事责任和行政责任，构成犯罪的，将被依法追究刑事责任。

为了维护市场秩序，保护权利人的合法权益，我社将依法查处和打击侵权盗版的单位和个人。欢迎社会各界人士积极举报侵权盗版行为，本社将奖励举报有功人员，并保证举报人的信息不被泄露。

举报电话：（010）88254396；（010）88258888
传　　真：（010）88254397
E-mail：dbqq@phei.com.cn
通信地址：北京市万寿路173信箱
　　　　　电子工业出版社总编办公室
邮　　编：100036